Faune sauvage et colonisation

Une histoire de destruction et de protection de la nature congolaise (1885–1960)

PETER LANG

Bruxelles · Berlin · Bern · New York · Oxford

Patricia Van Schuylenbergh

Faune sauvage et colonisation

Une histoire de destruction et de protection de la nature congolaise (1885–1960)

Outre-Mers
Vol. 8

Information bibliographique publiée par « Die Deutsche Bibliothek »
« Die Deutsche Bibliothek » répertorie cette publication dans la « Deutsche
Nationalbibliografie »; les données bibliographiques détaillées sont
disponibles sur le site <http://dnb.ddb.de>.

Nous remercions le Musée royal de l'Afrique centrale (AfricaMuseum,
Tervuren) pour son soutien financier.

Illustration de couverture : Dessin préparatoire (crayon, gouache) de E. Vloors,
pour le timbre « Ivoire », Congo belge, 1924. Collection MRAC Tervuren.
HO.1927.450.1. Droits réservés.

ISSN 2034-8428 • ISBN 978-2-8076-1115-3 (Print)
E-ISBN 978-2-8076-1116-0 (E-PDF) • E-ISBN 978-2-8076-1117-7 (EPUB)
E-ISBN 978-2-8076-1118-4 (MOBI) • DOI 10.3726/b16159
D2019/5678/47

Cette publication a fait l'objet d'une évaluation par les pairs.

© Peter Lang S.A.
Éditions scientifiques internationales
Bruxelles, 2020
Tous droits réservés.

Toute représentation ou reproduction intégrale ou partielle
faite par quelque procédé que ce soit, sans le consentement de l'éditeur
ou de ses ayants droit, est illicite.

Sommaire

Liste des sigles et abréviations 11

Introduction 13
    Problématique 13
    Pistes historiographiques et ressources documentaires 16
    Plan 26

Partie I Chasses et Protection (1885-1908) 33

1. Préambule : Faune sauvage et imaginaires européens 35

2. Chasses, viande et ivoire 39
    2.1. Occupation territoriale et enjeux de pouvoir 40
    2.2. Ressources et profits 47
    2.3. Rituels sportifs et exhibitions 67

3. Sauver les éléphants 77
    3.1. Déclin de la faune 79
    3.2. Controverses sur la disparition des éléphants 90
    3.3. Les réponses de l'État indépendant du Congo à
        la destruction de la faune 95

Partie II Sciences et Préservation (1880-1930) 121

1. Laboratoires naturalistes 123
    1.1. Explorations, collectes et nationalisme 125
    1.2. Premières collections de faune congolaise 128
    1.3. Spécimens zoologiques et le Musée du Congo 140
    1.4. Chasses scientifiques et réponses gouvernementales 158

2. Un patrimoine faunique préservé 163
2.1. Vestiges préhistoriques 167
2.2. Exposition et éducation 170

PARTIE III MARCHES VERS LA CONSERVATION : HOMMES ET RÉSEAUX (1880-1930) 187

1. Contexte global : quelques clés de lecture 189
1.1. En Europe occidentale 190
1.2. Dans l'espace nord-américain 197
1.3. Internationalisation du mouvement 201

2. De la Belgique au Congo 209
2.1 Des activistes précurseurs 209
2.2. Promotion scientifique et réserves naturelles 211
2.3. Quelques chefs de file 216

PARTIE IV GESTION ET CONSERVATION (1910-1960) 225

1. Politiques cynégétiques au Congo belge 227
1.1. Agriculture et capital « faune » (1910–1930) 228
1.2. Législation et inquiétudes persistantes (1930–1940) 239
1.3. Technicisation et déconvenues (1940–1960) 247
1.4. Réserves de faune 258

2. Parcs nationaux : la création du Parc national Albert 267
2.1. Un « Gorilla Sanctuary » 269
2.2. Une vocation scientifique 274
2.3. De l'écologie au tourisme 282

3. Hommes ou animaux : un dilemme continu 297
3.1. Des intérêts divergents 297
3.2. Des Africains « hors-la-loi » 299

3.3. Parc national de la Garamba, or et éléphants 305
3.4. Parc national de l'Upemba, Comité Spécial du Katanga et droits fonciers 314

4. Coloniser n'est pas piller 327
  4.1. Victor Van Straelen et le spectre de la famine 329
  4.2. Jean-Paul Harroy ou l'*Afrique, terre qui meurt* 331
  4.3. Vers une expertise de la conservation : la Conférence de Bukavu (1953) 334
  4.4. Épilogue. Entre espoirs et désillusions 341

Principaux fonds d'archives consultés 345

Bibliographie sélective 347

Liste des sigles et abréviations

AA	Archives Africaines (Archives de l'ex-ministère des Colonies)
ABIR	Anglo-Belgian India Rubber and Exploring
AE	Archives Affaires étrangères (Archives du ministère des Affaires étrangères)
AGR	Archives générales du Royaume
AIA	Association internationale africaine
AIC	Association internationale du Congo
AMNH	American Museum of Natural History
ARB	Académie royale de Belgique
ARSC	Académie royale des Sciences coloniales
ARSOM	Académie royale des Sciences d'Outre-mer
BA	Bulletin administratif du Congo belge
BO	Bulletin officiel du Congo belge
BCZC	Bulletin du Cercle zoologique congolais
CB	Congo belge
CCCI	Compagnie du Congo pour le Commerce et l'Industrie
CCTA	Commission pour la Coopération technique en Afrique au Sud du Sahara
CEDI	Commission d'enquête sur les droits des indigènes
CEHC	Comité d'Études du Haut-Congo
CIPO	Comité international pour la Protection des Oiseaux
CPCP	Commission permanente de la Chasse et de la Pêche
CSA	Conseil scientifique de l'Afrique au Sud du Sahara
CSK	Comité spécial du Katanga
CNKi	Comité national du Kivu
CTIPN	Conférence technique internationale sur la Protection de la Nature
DG	Direction générale
EIC	État indépendant du Congo
GG	Gouverneur général
FESPNCB	Fondation pour favoriser l'Étude scientifique des Parcs nationaux du Congo belge

INEAC	Institut national pour l'Étude agronomique au Congo belge
IPNCB	Institut des Parcs nationaux du Congo belge
IRSNB	Institut royal des Sciences naturelles de Belgique
MCB	Musée du Congo belge
MG	Mouvement Géographique
Min. Col.	Ministère des Colonies
MRAC	Musée royal de l'Afrique centrale
MRHNB	Musée royal d'Histoire naturelle de Belgique
NAHV	Nieuwe Afrikaansche Handels Vennootschap
OIPN	Office international de Documentation et de Corrélation pour la Protection de la Nature
ONU	Organisation des Nations Unies
PNA	Parc national Albert
PNG	Parc national de la Garamba
PNK	Parc national de la Kagera
PNU	Parc national de l'Upemba
PR	Palais royal
SAB	Société anonyme belge pour le Commerce du Haut-Congo
SDE	Station de Domestication des Éléphants
SEE	Sanford Exploring Expedition
SPFE	Society for the Preservation of the Fauna of the Empire
SPNR	Society for the Promotion of Nature Reserves
UICN	Union internationale pour la Conservation de la Nature
ULB	Université libre de Bruxelles
UMHK	Union minière du Haut-Katanga
UNESCO	Organisation des Nations Unies pour l'Éducation, la Science et la Culture
UNSCCUR	Conférence scientifique des Nations Unies sur l'utilisation et la conservation des ressources naturelles

Introduction

Problématique

Les sensibilités liées à la problématique de la protection et de la conservation de l'environnement découlent des héritages et des combats de longue haleine menés depuis un plus d'un siècle et demi. Des personnalités de plus en plus nombreuses ont revendiqué la nécessité de défendre coûte que coûte les animaux sauvages d'Afrique, lion, éléphant, okapi, antilope, hippopotame, symboles en puissance de nombreux États-nations. Ces espèces, devenues emblèmes, illustrent autant leur présence ancienne et caractéristique sur certains territoires que la reconnaissance de leurs qualités humanisées (liberté, force, courage, sagesse, etc.). Le prestige qui leur est conféré ne garantit cependant pas la sauvegarde de la plupart de ces espèces. Chassées jusqu'à leur extinction définitive ou annoncée, certaines d'entre elles survivent dans des îlots de protection qui tendent, eux aussi à se réduire devant l'âpreté des pressions politiques, économiques nationales et internationales et les dégâts provoqués par des populations riveraines pauvres et violentées.

Durant plusieurs siècles, le rapport avec les animaux sauvages a été pourtant capital dans la vie sociopolitique, les rapports économiques et les manifestations culturelles de ces populations. Les pouvoirs précoloniaux ont notamment utilisés les représentations animales dans de nombreux rituels, par l'intermédiaire du masque ou de la tradition orale, afin d'exprimer leur relation avec le surnaturel et comme support à la fondation de clan, soudant ainsi la cohésion du groupe sous un esprit tutélaire qui les protégeait, lui et son environnement naturel. Totémisées, certaines espèces ont été déclarées interdites à manger ou à chasser. Les activités corporatives de chasse, confiées à des groupes de chasseurs munis d'armes dites traditionnelles et qui possédaient une fonction sociale importante, constituaient des prélèvements réglementés dans l'espace et le temps. Cet état de fait, qui prouverait une longue période d'harmonie avec la nature, ne doit cependant pas occulter des prédations plus ou moins importantes sur certaines espèces, phénomènes liés à l'histoire de certains groupes et associations, des royaumes ou des empires africains. L'organisation de corporations de chasseurs professionnels, l'irruption de commerçants, de trafiquants et d'aventuriers animés par des projets économiques, de conquêtes territoriales et de pouvoirs politiques ont constamment modifié une apparente prospérité et conduit à une violence accrue, exercée aussi bien sur les hommes que sur la faune. Les armes à feu ont facilité l'abattage des grands mammifères comme l'éléphant, chassé pour sa viande mais surtout pour son ivoire. L'économie esclavagiste induite par les mondes musulman et européen a activé un commerce hybride composé d'hommes, de fusils et de ressources naturelles d'origine animale. Les poussées impérialistes africaines, arabo-swahili et européennes en Afrique centrale ont tracé le sillage des mouvements de colonisation de la région qui introduisirent les diktats du capitalisme moderne naissant dans le cadre d'un nouvel ordre mondial basé sur l'exploitation croissante des ressources naturelles des régions occupées.

La destruction de la faune sauvage a imprimé ses marques sur l'État indépendant du Congo et du Congo belge. Tandis que plusieurs espèces étaient chassées pour nourrir les agents de l'État et leurs caravanes de porteurs africains, les plus importantes furent abattues pour leur ivoire, leurs cornes, leurs peaux ou leurs plumes, de même que pour l'exploit sportif ou pour enrichir les collections occidentales et l'arbre taxinomique des espèces biologiques. Ces prélèvements frénétiques, pratiqués localement ou sur une plus grande échelle, participaient au saccage progressif de l'environnement et induisaient des déséquilibres biologiques préjudiciables, en fin de compte, aux hommes, à la fois acteurs et victimes de ces altérations.

Face à la fureur cynégétique et aux nombreux épisodes de « rencontre » entre les Occidentaux et les espèces les plus charismatiques de la grande faune africaine, des consciences affirmèrent progressivement la nécessité de protéger les espèces les plus menacées. Poussées par des ambitions diverses, philosophiques, politiques, scientifiques, elles entretinrent des réseaux aux origines et affiliations diverses (nationale, transnationale, internationale), organisèrent des rencontres, élaborèrent des programmes et réalisèrent des actions sur le terrain. Elles voulaient répondre avec pressentiment, lucidité, sens de l'éthique ou simple pragmatisme à l'un des plus importants enjeux, souvent incompris ou méprisés, de l'Afrique sub-saharienne du 20e siècle : l'extinction définitive de ses animaux les plus caractéristiques et, par conséquent, la réduction de sa biodiversité et la menace grandissante que celle-ci entraînait sur les populations humaines.

À l'heure actuelle où les espèces (notamment vertébrés et invertébrés) reculent de manière massive, en termes de nombre et d'étendue[1], cet anéantissement biologique constitue la sixième extinction de masse sur la terre où les disparitions d'espèces ont été multipliées par 100 depuis 1900, soit un rythme sans équivalent depuis l'extinction des dinosaures il y a 66 millions d'années. Cette « défaunation » provoquera, à court et à moyen terme, des conséquences catastrophiques pour les écosystèmes et des impacts écologiques, économiques et sociaux majeurs de ce 21e siècle avançant.

Le bassin du Congo constitue l'une des zones mondiales les plus touchées par l'érosion spectaculaire de sa biodiversité et de certaines espèces en particulier, éléphants, lions, rhinocéros, hippopotames, grands singes, okapis. Si les causes de ces reculs sont d'abord imputables à la perte et à la dégradation de leurs habitats sous l'effet de l'agriculture, de l'exploitation forestière, de l'urbanisation et de l'extraction minière, la surexploitation des espèces par la chasse, la pêche et le braconnage sont également des facteurs importants. Si ces pratiques ne sont pas toutes inhérentes à la colonisation belge en Afrique centrale, elles en ont néanmoins constitué les ferments importants d'une ambition économique favorisant le grand capital. En parallèle, cette période historique a aussi été marquée par un effort considérable pour limiter les dégâts environnementaux et engager les pouvoirs à prendre des responsabilités en légiférant et en créant des espaces protégés destinés à assurer aux générations futures des ressources naturelles en suffisance. Tel est l'un des importants paradoxes coloniaux.

Cette étude a donc pour objectif de proposer une vision nuancée des politiques engagées par le pouvoir colonial afin de protéger la faune du Congo, vivant et évoluant elle-même dans un environnement naturel global. Cette histoire politique du fait environnemental consiste donc, plus précisément, à cerner la manière dont les pratiques légales et illégales de chasse sévissaient sur l'ensemble du territoire colonisé et, en parallèle, les outils législatifs, administratifs et techniques mis en place pour protéger certaines espèces.

Durant la période étudiée, en effet, l'émergence et l'évolution de sensibilités en faveur de la protection de la nature issues d'une multiplicité

---

[1] Ceballos, G., Ehrlich, P. R. et Dirzo, R., « Population losses and the sixth mass extinction », in *Proceedings of the National Academy of Sciences*, 2017, n°11/3 (https://doi.org/10.1073/pnas.1704949114)

de courants (esthétiques, philosophiques, scientifiques, pragmatiques) entraînent des changements d'attitudes et d'actions sur le terrain. Des politiques de conservation de la nature se mettent en place, qui constituent des clés de lecture indispensables pour observer les transferts, les interactions, les connexions, les pressions ou les contournements qui se jouent entre divers niveaux d'espaces, locaux, métropolitains, coloniaux, transnationaux et globaux. Ces politiques mettent dès lors en évidence les forces et les faiblesses d'adaptation du système colonial par rapport à des forces exogènes ou difficilement maîtrisables. Dans cette perspective, les sources de conflits deviennent plus visibles et montrent plus clairement les démarcations économiques, sociales et raciales. Ces fractures sont particulièrement explicites dans la législation cynégétique et les zones de protection qui indiquent qui peut chasser, avec quels moyens et à quel prix.

L'ouvrage mobilise dès lors de nombreuses sources qui illustrent également la manière dont la colonie représente et agence un territoire considéré comme « sauvage », comment elle exerce des actions et des comportements sur sa faune et, inversement, comment celle-ci influence et détermine les ambitions et les pratiques coloniales. Par ce biais, il s'agit de questionner les moteurs et les conséquences de l'instrumentalisation de la faune sauvage et les tensions que celle-ci exerce sur des colonisateurs qui s'assignent un statut de gardiens et d'experts, tandis qu'ils sont corollairement des destructeurs et des exploiteurs de ressources naturelles.

En proposant pour la première fois de se pencher sur l'histoire de la gestion et de la conservation de la faune sauvage en Afrique centrale, cet ouvrage analyse en fin de compte l'environnement naturel comme lieu de pouvoir et vise ainsi à restaurer une dimension environnementale dans l'historiographie coloniale belge.

Pistes historiographiques et ressources documentaires

Les études dans le domaine de l'histoire environnementale se développent de manière exponentielle ces dernières années, surtout depuis l'intérêt grandissant des chercheurs pour le concept de l'Anthropocène et sa fin annoncée[2]. La genèse et le développement grandissant de ce

---

[2] Voir, par exemple, le dossier paru en 2017 de la revue *Annales. Histoire, Sciences Sociales* consacré à ce concept. L'article de Grégory Quenet offre en particulier un

champ, ses principaux acteurs et ses axes privilégiés de recherche sont l'objet de plusieurs panoramas globaux régulièrement dressés depuis la fin des années 1980, notamment en ce qui concerne les recherches environnementales en situations impériales et coloniales[3]. L'Afrique moderne et contemporaine est largement revisitée sous l'angle des effets écologiques, souvent désastreux, produits depuis les conquêtes et occupations européennes et l'arrivée de la modernité et du capitalisme[4]. La biodiversité du continent et ses nombreuses niches écologiques encouragent aussi à analyser les circulations internes d'espèces botaniques et zoologiques ainsi que leurs mouvements d'importation et d'exportation vers d'autres espaces du globe, notamment par le biais de l'agronomie tropicale[5]. Dans ce cadre, les espaces coloniaux sont également perçus

---

large panorama des scènes et pistes intellectuelles ouverte par l'Anthropocène depuis une quinzaine d'années (Quenet, G., « L'Anthropocène et le temps des historiens », in *Annales. Histoire, Sciences Sociales*, 2017, n° 72/2, p. 267-299). La genèse du concept, issu du milieu géologique (via la chimie et les études climatiques) au tournant des années 2000, et ayant atteint les études sur la biodiversité et l'environnement par l'intermédiaire des sciences humaines et de l'histoire. Coordonné par des historiens, plutôt sceptiques sur la pertinence du concept dans le domaine historique (où il tendrait à gommer la dimension diachronique des recherches historiques), le numéro discute de manière très intéressante les différences (sources à la fois de discussions fécondes et de malentendus) entre les périodisations typiques en histoire et en géologie ; ainsi que l'écart entre la prise en compte nécessaire du risque écologique au niveau politique et le discours scientifique, que ce soit en sciences de la terre et en sciences humaines. La longue bibliographie (dans la rubrique « compte rendus ») étayée de notes de lecture denses est particulièrement intéressante.

[3] Citons par exemple, Beinart, W. et Hughes, L., *Environment and Empire*, Oxford, Univ. Press, 2007; Beattie, J., « Recent Themes in the Environmental History of the British Empire », in *History Compass*, 10, n° 2, 2012, p. 129-139; Locher, F. et Quenet, G. « L'histoire environnementale: origines, enjeux et perspectives d'un nouveau chantier », *Revue d'histoire moderne et contemporaine*, n°56/4, 2009, p. 7-38 ;

[4] Voir, par exemple, Kjekshus, H., *Ecology, Control and Economic Development in East African History*, Londres, Heinemann, 1977; Giblin, J. L., *The Politics of Environmental Control in Northeastern Tanzania, 1840-1940*, Philadelphia, Univ. of Pennsylvania Press, 1992; Davis, M., *Génocides tropicaux. Catastrophes naturelles et famines coloniales. Aux origines du sous-développement*, Paris, La découverte, 2003; Headrick, D., *The Tentacles of Progress : Technology Transfer in the Age of Imperialism, 1850-1940*, Oxford, Univ. Press, 1998; Anderson, D. et Grove, R. (éd.), *Conservation in Africa : Peoples, Policies and Practice*, Cambridge, Cambridge Univ. Press, 1987.

[5] Bonneuil, Ch. et Bourguet, M.-N., « Le Muséum national d'histoire naturelle et l'expansion coloniale de la Troisième République (1870-1914) », in *Revue française d'Histoire d'Outre-Mer*, n° 322-323, 1999, p. 143-169 ; Drayton, R., *Nature's Government : Science, Imperial Britain, and the « Improvement » of the World*, New

comme laboratoires où émergent des préoccupations, des théories et des pratiques de l'environnementalisme et de protection environnementale, mais aussi des zones de créativité où s'impriment des dynamiques entre centres et périphéries[6]. Les historiens des sciences contribuent également de manière convaincante à replacer les questions d'écologie scientifique, d'expertises environnementales et de protection de la nature aux échelles nationale, transnationale et internationale. Dans ce cadre, la colonie belge est perçue comme un laboratoire où peuvent être analysées les relations entre les modèles biologiques et les empirismes locaux[7]. Les colonies constituent également des espaces environnementaux où se jouent des confrontations, réelles ou imaginaires, entre les théories scientifiques occidentales et leurs applications sur le terrain et les savoirs et les pratiques locales de l'Autre. À cet égard, les « mythes environnementaux » qui

---

[6] Haven, Yale Univ. Press, 2000; Anker, P., *Imperial Ecology : Environmental Order in the British Empire, 1895-1945*, Cambridge, Harvard Univ. Press, 2001.

Grove, R., *Green Imperialism: Colonial Expansion, Tropical Islands Edens and the Origines of Environmentalism, 1600-1860*, Cambridge, Cambridge Univ. Press, 1995; Osborne, M., *Nature, the Exotic, and the Science o f French Colonialism*, Bloomington – Indianapolis, Indiana Univ. Press, 1994 ainsi que « Acclimatizing the world : A history of the paradigmatic colonial science », in *Osiris*, n° 15, 2001, p. 601-617, de même que « Science and the French Empire », in *Isis*, n° 96, 2005, p. 80-87; Ford, C., « Nature, culture and conservation in France and her colonies, 1840-1940 », in *Past & Present*, n° 183, 2004, p. 173-198; Gissibl, B., Höhler, S. et Kupper, P. (éd.), *Civilizing nature. National Parks in Global Historical Perspective*, New York – Oxford, Berghahn Books, 2012.

[7] Notamment, Van Schuylenbergh, P., « Congo Nature Factory : wetenschappelijke netwerken en voorbeelden van Belgisch-Nederlandse uitwisselingen (1885-1940) », in *Jaarboek voor Ecologische Geschiedenis*, 2009, p. 79-104; De Bont, R., Schleper, S. et Schouwenburg, H., « Conservation Conferences and Expert Networks in the Short Twentieth Century », in *Environment and History*, n° 234, 2017, p. 569-599; De Bont, R., « "Primitives" and Protected Areas : International Conservation and the "Naturalization" of Indigenous People, ca. 1910-1975 », in *Journal of the History of Ideas*, n° 76/2, 2015, p. 215-236; De Bont, R. et Vanpaemel, G., « The Scientist as Activist : Biology and the Nature Protection Movement, 1900-1950 », in *Environment and History*, n°18/2, 2012, p. 203-208 et « Animals without borders. On science and international nature protection, 1890-1940 », in *Tijdschrift voor Geschiedenis*, n°125/4, 2012, p. 520-535; Mantel, R. *Geleert in de Tropen. Leuven, Congo en de wetenschap, 1885-1960*, Leuven, Universitaire Pers, 2007; Vandersmissen, J. et Pouillard, V., *Environment as object and actor of conquest and conservationism in colonial Congo* (Conference Poster, UGent, 2017).

ont circulé entre les colonies et les métropoles font l'objet de nouvelles recherches[8].

Dans ce prolongement, les pratiques de préservation ou de conservation de la nature ne sont plus seulement analysées en termes d'outils impérialistes mais sont aussi reliées à l'émergence de pensées et d'éthiques proto-écologiques, parfois inspirées par les cultures des colonisés. Néanmoins, inspiré par les *Subaltern Studies*, le terrain environnemental reste encore majoritairement analysé en termes de confrontation entre populations colonisées et politiques coloniales, notamment au niveau des formes d'actions et de résistances[9].

Alors qu'historiquement, ces espaces naturels ont représenté l'un des premiers axes de développement de l'histoire environnementale écrite par les historiens nord-américains qui y ont perçu leur importance dans la construction de leur identité nationale, les Parcs nationaux, en particulier, constituent des terrains idéaux d'analyse de ces tensions[10]. Les résistances des populations aux Parcs nationaux d'Afrique centrale ont d'abord été analysées dans des perspectives politiques, sociologiques et anthropologiques[11] par des chercheurs belges et congolais. Ces

---

[8] Ce que prouve le récent ouvrage de Davis, D. K., *Les mythes environnementaux de la colonisation française au Maghreb*, Seyssel, Champ Vallon, 2012 (trad.de l'anglais, 2007).

[9] Beinart, W. et MacGregor, J. (éd.), *Social History and African Environments*, Oxford – Athens – Cape Town, James Currey-Ohio Univ. Press – David Philip, 2003; Ranger, T., *Voices from the Rocks. Nature, Culture and History in the Matopos Hills of Zimbabwe*, Harare – Bloomington – Indianapolis – Oxford, Baobab – Indiana Univ. Press – James Currey, 1999; Alexander, J., MacGregor, J. et Ranger, T., *Violence and Memory. One Hundred Years in the 'Dark Forests' of Matabeleland*, Social History of Africa, Oxford – Portsmouth – New York – Cape Town – Harare, James Currey – Heinemann – David Philip – Weaver Press, 2000.

[10] Voir par exemple Carruthers, J., *The Kruger National Park. A social and political History*, Pietermaritzburg, University of Natal Press, 1995.

[11] Citons les travaux du politologue Willame, J.-C., *BanyaRuanda et Banyamulenge. Violence ethnique et gestion identitaire au Kivu*, Paris, L'Harmattan, 1997 ou encore, *Conflits et guerres au Kivu et dans la région des Grands Lacs*, Cahiers Africains, n°39-40, Tervuren – Paris, Institut Africain/Cedaf – L'Harmattan, 1999, Nzabandora Ndi Mubanzi, J., *Histoire de conserver : Evolution des relations socio-économiques et ethnoecologiques entres les Parcs nationaux du Kivu et les populations avoisinantes*, thèse de doctorat, Fac. Sciences sociales, politiques et économiques, ULB, 2002-2003 ainsi que plusieurs mémoires de licence en Histoire et en Sciences sociales de l'Institut supérieur de Pédagogie de Bukavu rédigés entre 1980 et 1996 (Gapira wa Mutazimiza, Z., *Les incidences socio-économiques et politiques de la création du*

études tendent à souligner la présence anxiogène de ces enclaves jusqu'à aujourd'hui et leur impact sur les questions contemporaines de pression foncière et de pillage des ressources naturelles. Par ailleurs, quelques articles mettent en évidence le bilan largement positif de la politique belge dans la création, le développement et la reconnaissance internationale des parcs et réserves durant la période coloniale[12]. Depuis, d'autres études ont abordé ces perspectives, notamment par le biais d'analyses pluridisciplinaires qui mettent en évidence l'effort collectif réalisé en vue d'assurer la survie du Parc national des Virunga[13]. Les archives et les collections relatives à l'histoire de ce parc ont aussi été recensées et replacées dans le contexte colonial belge[14]. L'histoire politico-administrative, les pratiques de gestion écologique et la dimension touristique s'ajoutent désormais à l'histoire sociale des Parcs nationaux.

Si l'environnement colonial de la Belgique en Afrique centrale a fait l'objet de nombreuses études depuis les années 1960, celles-ci ont souvent fait fi de la perspective historique et ont surtout concerné les sociétés rurales en transition, l'agriculture, la pêche et l'aménagement de l'espace et du milieu[15], ou des problématiques relevant de la biogéographie (cartographie de l'environnement et des aménagements urbains, évolution des paysages ruraux, dégradations anthropiques). Plus

---

P.N.A. dans le Territoire de Rutshuru (1980) ; Baitsura Musowa, W., *Impact du PNVi sur la population de la zone de Beni (1935-1978)* (1982) ; Mbilizi Ubighi, H., *La conservation de la nature chez les Lega des Bamuguba/Sud en Zone de Shabunda au Sud-Kivu* (1996), pour ne citer que quelques exemples consacrés à cette problématique).

[12] Principalement Verschuren, J., biologiste, grand connaisseur des Parcs nationaux congolais et ex-directeur de l'Institut Zaïrois pour la protection de la nature dans un chapitre consacré à la « Conservation de la nature » (in *Le développement rural, op. cit.*, n°2, p. 1053-1085) et Harroy, J.-P., professeur à l'ULB et membre du Comité de direction de l'Insitut des Parcs nationaux du Congo belge et du Ruanda-Urundi (« Contribution à l'histoire jusque 1934 de la création de l'Institut des Parcs nationaux du Congo belge », in Thoveron, G. et Legros, H. (éd.), *Mélanges Pierre Salmon : Histoire et ethnologie africaines*, Bruxelles, ULB, Institut de Sociologie, 1993, p. 427-442).

[13] Languy, M. et de Merode, E. (éd.). *Virunga, Survie du Premier Parc d'Afrique*, Tielt, Editions Lannoo, 2006.

[14] Van Schuylenbergh, P. et De Koeijer, H. (éd.), *Virunga, archives et collections d'un Parc national d'exception*, Collections MRAC – IRSNB, Tervuren, 2017.

[15] Pour une idée générale des études historiques réalisées, voir Loriaux, F. et Morimont, F., *Bibliographie historique du Zaïre à l'époque coloniale (1880-1960). Travaux publiés en 1960-1996*, Coll. Enquêtes et Documents d'Histoire africain (Vellut, J.-L. dir.), Louvain-la-Neuve – Tervuren, UCL – MRAC, 1996.

récemment, les questions de la gouvernance environnementale ont fait l'actualité, en lien avec la gouvernance sociopolitique de la région[16].

Les liens entre la chasse, la gestion et la conservation de la faune sauvage augurent également une tendance en hausse de l'histoire environnementale, progressivement inspirée des nouvelles approches relatives aux relations hommes-animaux qui se développent depuis les années 1980[17] et au sujet desquelles une littérature considérable existe aujourd'hui. Aux États-Unis, en Angleterre et en Allemagne, les *Animal studies* sont devenues un champ prometteur de la recherche transdisciplinaire[18]. Des auteurs importants comme John MacKenzie avaient déjà démontré la nécessité d'éclairer les modes d'exploitation des animaux par une *fully integrated cultural school* qui insistait sur la nécessité de replacer l'histoire environnementale dans son contexte économique, politique et culturel, y compris dans ses aspects symboliques[19]. L'histoire

---

[16] Notamment Trefon, T. et De Putter, T. (dir.), *Ressources naturelles et développement. Le paradoxe congolais*, Cahiers Africains, Tervuren – Paris, MRAC – L'Harmattan, 2017.

[17] En Belgique, la philologue classique Bodson, L., a été précurseur de ces approches en organisant entre 1989 et 2003 à l'Université de Liège des colloques annuels consacré à l'histoire des savoirs zoologiques. Voir notamment, Bodson L. (dir), *Les animaux exotiques dans les relations internationales: espèces, fonctions, significations*, Liège, Université de Liège/Institut de zoologie, 1998, 232 p. En France, des historiens tels Delort, R. (*Les Animaux ont une histoire*, Paris, Seuil, 1984) et Baratay, E. (*La société des animaux, de la Révolution à la Libération*, Paris, La Martinière, 2008) ont développé dans leurs ouvrages une histoire des animaux relégués jusqu'alors dans la catégorie des « Subalterns » et ont mis en évidence les individualités animales.

[18] Voir notamment Deluermoz, Q. et Jarrige, F., « Introduction. Écrire l'histoire avec les animaux », in *Revue d'histoire du XIXe siècle*, n° 54/1, 2017, p. 15-29 ; Michalon, J., « Les Animal Studies peuvent-elles nous aider à penser l'émergence des épistémès réparatrices? », in *Revue d'anthropologie des connaissances*, n°11/3, 2017, p. 321-349 ; Nance, S. « Animal History : The Final Frontier ? », in *The American Historian*, n° 6, novembre 2015, p. 28-32.

[19] MacKenzie, J., *The Empire of Nature : Hunting, Conservation and British Imperialism* (Manchester, 1988), *Imperialism and the Natural World* (Manchester, 1990) et « Empire and the ecological apocalypse: the historiography of the imperial environment », in Griffiths, T. et Robbins, L. (éd.), *Ecology and Empire. Environmental History of Settler Society*, Edinburgh, Keele Univ. Press, 1997, p. 220; Neumann, R. P., *Imposing Wilderness. Struggles over Livelihood and Nature Preservation in Africa*, Berkeley – Los Angeles – Londres, University of California Press, 1998; Gissibl, B., *The Nature of German Imperialism. Conservation and the Politics of Wildlife in Colonial East Africa*, The Environment in History : International Perspectives series, New York – Oxford, Berghahn, 2016.

de la conservation et de la gestion de la faune sauvage constitue une thématique bien étudiée en histoire de l'environnement africain[20]. En Belgique, l'histoire de la faune est particulièrement mobilisée pour ouvrir les perspectives de compréhension de l'histoire coloniale. L'histoire de la « découverte », des captures et des parcours d'espèces emblématiques comme le gorille de l'Est illustre les interactions homme-animal à travers les politiques, les pratiques et les gestes opérés en situation coloniale et à travers les (re)présentations de celles-ci dans les zoos, ménageries et autres lieux d'exposition européens et nord-américains du 19e siècle jusqu'à aujourd'hui[21].

La reconstruction historique de cette périodisation nécessitait l'établissement d'un choix arbitraire dans la vaste documentation qui existe à propos des problématiques envisagées dans l'ouvrage. Les prélèvements de la faune du Congo, étudiés par le biais du phénomène de la chasse, ne sont renseignés, dans la majorité des cas, que par les sources officielles, la littérature cynégétique, les statistiques et les documents économiques. Les sources officielles, documents législatifs et administratifs, recueils de législation, fournissent ainsi, pour cette première partie, la base des informations permettant d'appréhender le phénomène de la chasse et celui de la protection de certaines espèces animales. Ces sources constituent le reflet d'une volonté politique et malgré leur caractère rigide et informel, elles permettent de décrire les étapes du processus menant à l'idée de protection et de conservation de la faune sauvage au Congo. Considérés comme une panacée pour une série de maux du monde colonial, les actes législatifs forment les réponses concrètes des nations européennes et permettent de prendre des mesures immédiates

---

[20] Voir à ce sujet Beinart, W., « Beyond de Colonial Paradigm : African History and Environmental History in Large-Scale Perspective », in Burk III, E. et Pomeranz, K. (éd.), *The Environment and World History*, Berkeley, 2009, p. 211-228.

[21] Herzfeld C. avec notamment, « L'invention du bonobo », in *Bulletin d'histoire et d'épistémologie des sciences de la vie*, n°14/2, 2007, *Petite histoire des grand singes*, Paris, Seuil, 2012 et *The Great Apes. A Short Story*, New Haven – Londres, Yale Univ. Press, 2017; Herzfeld C. et Van Schuylenbergh P., « Singes humanisés, humains singés: dérive des identités à la lumière des représentations occidentales », in *Social Sciences Information*, n° 50/2, 2011, Londres – Thousand Oaks – New Delhi, Sage Publications ; Pouillard, V., « Conservation et Captures Animales Au Congo belge (1908-1960) : Vers une histoire de la matérialité des politiques de gestion de la faune », in *Revue Historique*, n°679, 2016, p. 577-604 et « Vie et mort des gorilles de l'Est (Gorilla Beringei) en captivité (1923-2012) », in *Revue de Synthèse*, n°136/3-4, 2015, p. 375-402.

sur toute une série de questions relatives à la gestion et à la régulation de la faune sauvage : réglementation du port d'armes à feu, instauration d'une panoplie de permis et d'autorisations de chasse pour Européens et populations africaines, cloisonnement temporel des périodes d'ouverture et de fermeture de la chasse, cloisonnement spatial de certains lieux réservés à la protection d'espèces spécifiques, établissement d'interdits divers.

Compulsées pour la période de l'État indépendant du Congo, les archives officielles sont majoritairement absentes, Léopold II procédant à la destruction de documents qu'il considérait comme « personnels ». D'autres types d'archives subsistent toutefois, financières, politiques, économiques, judiciaires. Les archives de particuliers, surtout, offrent des informations émanant des acteurs de cette première période d'occupation et d'installation sur l'ensemble du territoire et révèlent des détails d'une richesse insoupçonnée sur leur vie quotidienne au Congo. Si elles fournissent des observations sur la faune, des récits de chasse, des mesures des spécimens, des photographies de trophées, ces données ne sont cependant que parcellaires dans la vaste somme d'écrits de tous genres, lettres, carnets de notes, documents de service. Elles offrent aussi une représentation plus nette des mentalités de l'époque et permettent de plonger au cœur des sentiments, parfois même les plus intimes et les plus contradictoires. Il en est de même pour toute la problématique du commerce de l'ivoire, étudié pour éclairer le phénomène généralisé de la chasse à l'éléphant au Congo et dans toute l'Afrique. Les documents personnels révèlent de manière plus directe les intentions des auteurs car ils ne sont pas, en principe, rédigés à des fins de divulgation publique. Ils témoignent surtout de leur volonté de renseigner leurs proches de leur état physique et mental, et de garder une trace écrite à propos des événements singuliers qu'ils ont vécus ou observés. Néanmoins, les données éparses révélées dans ces sources, les volumes d'ivoire collectés en tant que butins de « guerre » notamment, sont accessoirement fournis et ne permettent pas de retracer systématiquement les modes de prélèvement de l'ivoire. Ces données sont complétées par les statistiques officielles qui offrent davantage de précision au sujet des chiffres de l'ivoire, mais qui sont également tronqués par l'absence de considération pour le commerce illicite.

Les nombreuses sources documentaires et littéraires puisées surtout dans la presse coloniale et dans des récits biographiques de style plus littéraires ont fourni une base importante d'informations de tous types.

Elles nécessitaient cependant une lecture et un maniement prudents, liés à la nature et aux objectifs poursuivis de publication. L'importance assignée par la presse aux découvertes de tout type sur le terrain manifeste le besoin d'appuyer la conquête et l'expansion territoriale des agents léopoldiens. Les descriptions des paysages parcourus, des populations rencontrées, des faunes et flores observées deviennent des instruments dont elle dispose pour valider l'œuvre de conquête coloniale. De même, les publications des acteurs de la conquête doivent être comprises comme une tendance vers la reconnaissance publique de l'œuvre accomplie, mais également comme des témoignages du sentiment de supériorité des Européens sur les populations autochtones.

Un autre genre largement utilisé est le document publié dans lequel prévaut une volonté d'explication scientifique. Les auteurs tentent de fournir des informations utiles au progrès des connaissances et contribuent de ce fait à compléter le grand catalogue raisonné de la systématique. De même, les résultats publiés des zoologistes et biologistes à propos de leurs travaux dans les différents Parcs nationaux du Congo ont également été pris en compte, afin de suivre les grandes tendances de la recherche et leurs évolutions. Elles permettaient, le cas échéant, de constater l'influence de leurs écrits dans les pratiques coloniales ou de dégager certaines critiques fondamentales émises à leur propos.

Les archives officielles d'institutions belges fournissent une autre base essentielle de ces recherches. Les Archives Africaines conservées au SPF Affaires étrangères de Bruxelles constituent un ensemble fondamental de sources inédites et de première main. Celles-ci proviennent surtout de la section des Affaires étrangères de la Direction générale « Droit public, Institutions politiques et administratives » en ce qui concerne la politique des autorités locales au sujet des relations extérieures, les rapports avec les diplomaties étrangères, ainsi que la participation belge à l'organisation de conventions et conférences internationales sur la protection de la faune africaine. Elles proviennent également la DG « Agriculture et Colonisation », extrêmement riche à propos des Parcs nationaux, de la chasse et des missions scientifiques organisées au Congo par le ministère des Colonies. Les archives historiques du Musée royal de l'Afrique centrale à Tervuren constituent un autre centre privilégié. Elles rassemblent de nombreux fonds de particuliers ayant exercé leurs fonctions dans l'EIC ou le Congo belge, des dossiers du Secrétariat du Musée à propos de collections et de missions scientifiques sur le terrain ainsi que des documents d'entreprises et d'institutions telles que le Comité Spécial du Katanga et l'Institut des Parcs nationaux du Congo belge.

Les Archives du Palais royal contiennent, quant à elles, des informations totalement inédites sur les rapports des rois Albert Ier et Léopold III avec le monde scientifique et diplomatique, avec l'étranger et les États-Unis en particulier, leur intérêt pour la question de la protection de la nature, leurs voyages internationaux et leur rôle dans la création des Parcs nationaux du Congo. Certains fonds de l'Institut royal des Sciences naturelles de Belgique comportent également plusieurs compléments d'informations sur la politique initiale des collectes zoologiques en provenance du Congo. Bien que lacunaires, les documents consultés émanent des dossiers des premiers directeurs de l'institution ainsi que des archives du Patrimoine du Musée. Enfin, les documents belges ont été complétés par les archives de l'Union internationale pour la Conservation de la Nature (UICN) à Gland, en Suisse, où se fondait l'espoir d'y découvrir les archives de l'Office international de Documentation et de Corrélation pour la protection de la nature (OIPN), fondé en 1929 et installé à Bruxelles, et de retrouver la trace du Comité belge pour la protection de la nature, dirigé par Jean-Marie Derscheid, qui joua un rôle essentiel dans la création du Parc national Albert. Ces pistes sont malheureusement restées infructueuses, les archives semblant avoir été perdues durant le déménagement de Bruxelles en Suisse, ou peut-être même, déjà brûlées à Bruxelles. Par contre, des ouvrages essentiels, issus notamment du reliquat de la bibliothèque de P.-G. Van Tienhoven, l'un des importants promoteurs de la protection internationale de la nature, qui a entretenu de nombreux contacts avec la Belgique en la matière, ont été consultés concernant les premières réunions, les congrès et conférences relatives à une protection internationale de la faune et de la flore en Afrique et dans les autres continents, étapes fondamentales pour comprendre l'évolution des politiques en la matière. Enfin, les archives de la Gemeentearchief (Stadsarchief) Amsterdam ont complété les enquêtes suisses par la consultation de la Nederlandsche Commissie voor internationale Natuurbescherming, le pendant hollandais du Comité Belge mentionné plus haut.

D'autres types d'archives ont été volontairement mis de côté : celles du Jardin Zoologique d'Anvers à propos de la thématique de la domestication et de l'acclimatation des espèces sauvages exotiques en Belgique ; celles de missions religieuses, malgré le fait que plusieurs missionnaires se sont révélés d'excellents chasseurs, d'habiles collecteurs, ou des guides expérimentés de missions scientifiques. Ces pistes peuvent faire l'objet d'études plus ciblées. Il en est de même pour les archives laissées éventuellement par diverses institutions et sociétés s'occupant, spécifiquement ou accessoirement en Belgique, des questions de protection de la nature telles que la Commission royale des Monuments et des Sites, le Conseil supérieur de la Chasse ou la Société royale zoologique de Belgique, entre autres. Cependant, certains articles ont été utilisés à diverses reprises et sont mentionnées dans les notes de bas de page ou dans la bibliographie de l'ouvrage.

Plan

Afin de montrer l'évolution des usages précités de la faune, l'ouvrage se compose de quatre parties qui correspondent à des périodisations précises se situant globalement entre 1885, année de fondation de l'État indépendant du Congo, et 1960, année de l'indépendance du pays. En leur sein, les thématiques abordées soulignent les ambivalences entre les ambitions et pratiques successives des politiques coloniales en relation avec l'utilisation des ressources naturelles (chasse, sciences, gestion) et l'évolution des idéologies et des pratiques en matière de gestion de la faune sauvage (protection, préservation, conservation).

La première partie, *Chasses et Protection (1885–1908)*, propose d'éclairer les relations entre la politique d'appropriation des richesses naturelles mise en place durant la période de l'État Indépendant du Congo et l'émergence d'une sensibilité pour la protection de la faune sauvage. Le territoire congolais, rapidement perçu comme un pays neuf et prometteur de nombreuses sources de revenus, a très vite, en effet, représenté un paradis pour le chasseur. La pratique cynégétique, loisir favori de nombreux agents de l'État entrepreneur et de ses compagnies concessionnaires, participe à la viabilité de l'entreprise d'occupation et de conquête du territoire et se développe à grande échelle, par l'intermédiaire des armes à feu, confiées ou non aux populations locales. La viande de chasse qui nourrit les colonnes militaires, les porteurs et les suiveurs autochtones, les agents de sociétés, le personnel des stations devient aussi un moyen de créer des rapports de force et des relations de dépendance entre Blancs et Noirs. Rapidement, afin de financer son entreprise et sa volonté d'extension vers le Nil, Léopold II mise sur l'exportation de l'ivoire, produit important des réseaux commerciaux africains, sur le marché d'Anvers par la voie atlantique. Guerres avec les Arabo-swahili, mise sur pied de législations, taxes pour les particuliers et primes pour les agents font de cette ressource un monopole d'État et encouragent les chasses à l'éléphant sur une grande échelle. Cette politique précipite un important déclin des populations d'éléphants.

Ces chasses s'entourent souvent d'un appareil sportif dont les narrations dans les textes publiés ou non des protagonistes, des dessins et croquis, et la photographie révèlent les « exploits » réalisés et les enregistrent pour la postérité. Plus que montrés pour leur valeur intrinsèque, les trophées sont exhibés selon des conventions spécifiques ou recréés dans un espace imaginaire qui démontrent la prise de possession des dépouilles par le chasseur.

Produit précieux, l'ivoire exporté dans les principaux ports européens, Londres, Liverpool, puis Anvers, devient le symbole par excellence de l'impérialisme occidental et un témoin de la sauvagerie dès à présent civilisée. L'augmentation de son commerce, en volume et en valeur, multiplie des voix alarmées de la disparition des éléphants. Des sensibilités européennes émergent ; de même, des thèses, certaines fiables, d'autres plus fantaisistes, venues d'autres empires coloniaux (France, Allemagne, Grande-Bretagne), se développent par rapport au commerce belge, au sujet de la cause animale et proposent certaines solutions pour conserver l'espèce.

Des essais de domestication de l'éléphant, du zèbre et du zébu sont organisés, dans un contexte de réflexions générales sur l'expansion économique nationale, pour répondre à cette problématique et pour résoudre les difficiles questions du portage humain, du transport et de la maladie du sommeil. La Conférence internationale pour la Protection des Animaux en Afrique (Londres, 1900) jette les bases d'une législation commune applicable dans les colonies africaines. L'établissement d'une législation cynégétique et l'organisation de premières réserves de chasse par le gouvernement léopoldien répondent en théorie à cet appel, tandis que, sur le terrain, la situation ne cesse de se détériorer.

La deuxième partie, intitulée *Sciences et Préservation (1880–1930)*, couvre les limites chronologiques de la partie précédente tout en les dépassant pour les faire coïncider avec un autre tenant de la politique de l'EIC et du Congo belge qui vise à renforcer l'expansion et le prestige nationaux par le biais de la science et non plus seulement de l'économie. La pénétration européenne en Afrique centrale n'engendre pas seulement l'ouverture vers de nouveaux produits commerciaux existants et dont l'essor est souhaité ; elle développe progressivement, et sous la pression des scientifiques et de certains hommes politiques, le terreau d'une « politique scientifique » de la métropole qui se sent investie d'une obligation quasi morale de découvrir les ressources du pays nouvellement ouvert à la « civilisation » et de les mettre en valeur par des études aussi complètes que possible. L'essor des sciences naturelles en Belgique fortifie cette tendance grâce à l'institutionnalisation des recherches dans les centres de savoirs et les musées qui prennent sa pratique en charge. La découverte de nouvelles espèces, le développement des chasses pour constituer des collections de spécimens et les apports taxinomiques participent à l'ambition de la nation de se hisser au rang des grandes nations colonisatrices. Le terrain colonial, par conséquent, offre un laboratoire idéal pour les scientifiques et les collecteurs qui y observent les traces de faunes anciennes que les barrières naturelles du Congo ont isolées depuis des millénaires.

Dans ce contexte, la création du Musée du Congo belge et la politique qui y est menée sont intimement liées à cette histoire. Champ d'études exemplaire à ce sujet, l'institution est à la fois réceptacle des collectes sur le terrain et diffuseur des connaissances fondées sur leurs bases et diffusées dans le public. Par extension, il devient un lieu de préservation des témoignages parallèles des cultures matérielles du Congo et des spécimens de sciences naturelles vivant sur son sol, liant sa triple vocation (lieu de collections, de savoirs et d'éducation) aux idées et méthodes étrangères de préservation des collections fauniques. Cette période correspond également à un phénomène important d'internationalisation des recherches sur le terrain. De nombreuses missions étrangères s'emparent de spécimens du Congo pour enrichir les collections d'institutions et musées européens et nord-américains. Cette ruée sur les richesses de la colonie belge provoque une concurrence entre les institutions scientifiques pour obtenir des spécimens rares et en voie de disparition dont Bruxelles souhaite obtenir la primauté. Le Musée du Congo belge et le ministère des Colonies tentent de freiner ensemble le mouvement tout en accordant encore des libéralités, pour des raisons scientifiques pour l'un et diplomatiques pour l'autre, ce qui n'est pas sans susciter des frictions entre ces établissements.

La troisième partie, *Marches vers la conservation : Hommes et réseaux (1880–1930)*, constitue un volet d'introduction générale et globale qui retrace les lignes de force de la politique de conservation de l'environnement, telle qu'elle se joue et se développe en Europe et aux États-Unis sur base de racines multiples et de problématiques locales ou régionales. Elle vise à dégager les caractéristiques de ce courant qui deviendra majoritaire à l'échelle internationale durant le 20ᵉ siècle et qui procède d'un souci commun émergeant par des facteurs socio-économiques similaires (l'essor industriel, le passage d'une société rurale à une société urbaine, une économie reposant sur l'utilisation libérale des ressources naturelles) : la confrontation entre un monde naturel, évoluant sur une longue durée et qui préservait des formes anciennes de vie, et un monde de « progrès » provoquant, sur un court laps de temps, des changements souvent radicaux et des pertes irrémédiables de modes de vie traditionnels et de biotopes naturels. En Belgique, la perte de ces biotopes engage des artistes, des politiques et des scientifiques à demander et à proposer des efforts pour conserver des sites naturels remarquables. Des chefs de file proto-écologistes deviennent incontournables. Supportés par des réseaux internationaux et supranationaux, ils participent aux conférences internationales et exportent leurs réflexions dans la colonie où elles sont traduites en plusieurs instruments de conservation de l'environnement.

La quatrième et dernière partie, *Gestion et Conservation (1910–1960)*, poursuit en détail l'analyse de liens entre la mise en valeur des ressources de la faune et une politique plus volontariste de conservation. Alors que la problématique de la chasse et de la disparition des espèces reste d'actualité, avec d'importants pics durant les années de guerre et de crise économique, la métropole développe pour sa colonie un agenda destiné à promouvoir, sur base d'informations scientifiques moins empiriques et de données expérimentales de plus en plus systématiques, une gestion raisonnée et technique des terres et de ses ressources agricoles, forestières, minières et aquifères en milieux ruraux afin d'augmenter et de perfectionner ses moyens de production. En matière de ressources fauniques, deux modes de gestion se développent simultanément dans l'espace congolais : d'une part, une tentative de contrôle de la faune sauvage évoluant dans le cadre d'une politique globale de « mise en valeur » des ressources naturelles tournée vers des objectifs de bien-être économique et social ; d'autre part, des modèles de conservation de la faune sauvage, impliquant le maintien permanent d'une quantité raisonnable et rationnelle d'espèces dans des espaces réservés à cet usage. Les premiers chapitres s'attachent donc à définir l'ensemble des mesures gouvernementales destinées à garantir cette conservation environnementale, politique qui traduit un certain nombre de tensions entre les lieux du pouvoir décisionnel et exécutif métropolitain et colonial. Et tandis que les législations en matière de cynégétique, de vente des ressources naturelles et de port d'armes souhaitent poursuivre l'encadrement d'activités de chasse toujours nombreuses et qui se diversifient en fonction des avancées technologiques et de l'essor des infrastructures routières notamment, la protection de la faune sauvage s'oriente, quant à elle, vers l'agencement, sur l'ensemble du territoire colonial, de réserves de nature et de statut divers (réserves de chasse, totale, partielle, réserve à éléphants, réserve à hippopotames, etc.) qui tiennent compte des circonstances socio-économiques régionales et vers la mise sur pied d'un personnel administratif puis technique belge et congolais requis pour les surveiller. Les conférences internationales, telle que la 2e Conférence pour la Protection de la Nature tenue à Londres en 1933, stimulent ces politiques mais démontrent aussi un changement des mentalités induit par certains groupements associatifs en faveur de la conservation de la nature tout comme par la diversification de la recherche scientifique dans le domaine environnemental. En parallèle à ces nouvelles structures se développe une conservation scientifique de la nature organisée par une structure para-étatique et qui s'applique aux Parcs nationaux de la colonie. La création de ces parcs, dont le Parc national Albert (1925) qui constitue le premier parc d'Afrique, vise à protéger des biotopes particuliers et leur faune exemplaire. Organisés sous le statut de réserves naturelles intégrales, ces parcs sont essentiellement destinés à accueillir des scientifiques belges et internationaux afin d'étudier les conditions biologiques et écologiques de ces espaces régénérés sans intervention anthropique et d'y prélever des spécimens dans un but de classification dans les laboratoires métropolitains. Îlots quasi indépendants de l'autorité coloniale, les parcs font autant l'objet d'un enthousiasme international que de vives critiques dans la colonie. Des pressions multiples émanant des populations riveraines évincées des zones protégées, de l'administration locale, de la magistrature, du gouvernement général de Léopoldville, des colons agricoles et des entreprises minières rendent périlleuse les activités dans les parcs. Le cas des Parcs nationaux de la Garamba et de l'Upemba illustrent les visions divergentes, les conflits de pouvoir et les anxiétés qui en découlent.

Malgré une conception parfois rigide de la conservation de la nature qui excluait *a priori* les populations qui y vivaient ou y chassaient avant la détermination des frontières des parcs, leurs dirigeants sont parmi les premiers à dénoncer le pillage des ressources naturelles par la colonisation. En effet, les recherches écologiques et pédologiques entamées dans les parcs permettent de mettre en évidence les déséquilibres des sols et des sous-sols. Ces préoccupations, qui rejoignent celles des colonies britanniques voisines, inaugurent une nouvelle période de gestion de l'environnement, dominée par l'expertise scientifique et technique.

Ce travail de longue haleine, retravaillé à partir d'une thèse de doctorat, constitue donc une solide base de travail pour des recherches ultérieures. Le Musée royal de l'Afrique centrale a soutenu financièrement cette publication. Ma gratitude va, en particulier, à son directeur général Guido Gryseels qui m'a accordé toute sa confiance pour la finaliser.

La révision et les corrections orthographiques du texte ont bénéficié de l'aide minutieuse et efficace d'Hélène Abraham. Qu'il me soit ici permis de la remercier chaleureusement, ainsi que toutes les personnes qui, de près ou de loin, ont manifesté de l'intérêt, du soutien pour ce projet et m'ont encouragée à persévérer, malgré de nombreuses autres occupations. Elles se reconnaîtront.

Partie I
Chasses et Protection (1885–1908)

1. Préambule : Faune sauvage et imaginaires européens

Dans nos imaginaires collectifs, environnement africain et faune sauvage sont intimement mêlés. Ils renvoient à un état « sauvage » primitif et intemporel, ce que J. Fabian caractérise comme « invention of anachronistic space »[22]. Les engagés dans l'aventure exploratoire, impériale et coloniale véhiculent leur propre bagage mental et culturel à propos d'une nature maîtrisée depuis des siècles, tout comme les savoirs et stéréotypes transmis par leurs prédécesseurs dans le bassin du fleuve Congo. Les sources publiées par les Européens, récits d'aventures, descriptions naturalistes, notes de voyages et leurs illustrations, décrivent des milieux à la fois exubérants et fertiles, mais aussi passifs et inexploités. La nature est le principal décor d'un théâtre personnel où les protagonistes sont appelés à lutter contre des dangers réels ou imaginaires, les maladies, les animaux, la végétation, les phobies, les famines.

De James Tuckey, commandant de la première expédition scientifique britannique sur le bas-fleuve en 1816, aux narrations des expéditions d'Henry Morton Stanley entre 1872 et 1889, la « savage anarchy »[23] de cette vaste région de l'Afrique centrale renvoie à des images d'opacité, d'obscurité et de désastre provoquées par la traite esclavagiste des siècles précédents et la razzia sur ses matières premières[24], mais dont la faune diversifiée témoigne à l'évidence d'un territoire inexploré par l'homme blanc. La pénétration progressive et empirique des artères fluviales dans des buts commerciaux, scientifiques et d'occupation propose d'éclaircir les mystères de ces terres lointaines et, par conséquent, de les faire passer de l'ombre à la lumière en ordonnant ce nouveau monde sous l'impact de l'évolutionnisme. Remontant le fleuve, les agents du jeune État

---

[22] Fabian, J. *Time and the Other. How Anthropology Makes Its Object*, New York, Columbia Univ. Press, 2002, p. 31.
[23] Stanley dans la préface de l'ouvrage de Burrows, G., *The Land of the Pigmies*, Londres, C. Arthur Pearson Ldt, 1898, p. 11.
[24] Tuckey, J. K., *Narrative of an Expedition to explore the river Zaire usually called the Congo, in South Africa in 1816*, Londres, John Murray, 1818.

indépendant du Congo décrivent alors les potentialités de l'exubérante nature des « Indes Africaines »[25], ce Haut-Congo forestier abritant essences précieuses, mammifères en surnombre et populations humaines laborieuses. Outils de diffusion et de propagande de l'entreprise royale, les revues des sociétés belges de géographie (Société de Géographie d'Anvers et Société royale belge de Géographie) publient sous leurs auspices les observations rapportées par les agents de l'État, les missionnaires, les agents commerciaux, tandis que la revue Le *Mouvement Géographique*, fondée en 1884 par le biais de l'Institut national de Géographie et dirigée par Alphonse-Jules Wauters, popularise un Congo présenté avec l'œil du scientifique et non plus par le mythe d'« un désert sans fin, domaine d'animaux fantastiques, [et qui] n'excita guère la curiosité de l'Europe »[26]. Après quelques années, Wauters est capable de livrer un premier panorama descriptif des espèces fauniques connues, des mammifères aux insectes, en passant par les oiseaux, reptiles, mollusques et autres crustacés, avec une description de leurs aires de dispersion, leur nombre et leurs caractéristiques physiques. Ce travail se base sur les informations fournies par des monographies, des courtes descriptions, des observations naturalistes recensées dans les relations de voyage de Livingstone, Burton, Stanley, Schweinfurth, Junker, Johnston, Cappello et Ivens, Giraud, Emin, Stuhlmann, ainsi que par les récits de chasse d'Anderson, Baines, Baldwin, S.-W. Baker, Faulkner qui, bien que ne se rapportant pas au bassin du Congo, fournissent des renseignements concernant les animaux africains qu'ils rencontrent. Il faudra attendre quelques décennies pour que des monographies scientifiques concernant la faune exotique soient publiées par des naturalistes sur base des collectes opérées sur le terrain colonial.

Parallèlement à ces tentatives d'explication scientifique, l'expérience de terrain, les émotions et les représentations mentales qu'elles alimentent forgent des sentiments partagés entre crainte et fascination d'une faune sauvage réellement approchée. Les narrations d'épisodes et d'exploits cynégétiques auprès d'animaux « redoutables », les descriptions anthropomorphiques côtoient les évocations où transparaît un sentiment généralisé de méfiance envers les carnivores. Les cris lugubres, le

---

[25] Ainsi nommées par Alphonse Vangèle (1848-1939), accompagnateur de Stanley dans le Haut-Congo en 1883 (*Mouvement Géographique [MG]*, 14 juin 1885, p. 1-2).
[26] Wauters, A. J., *L'État Indépendant du Congo*, Bruxelles, Librairie Falk Fils, 1899, p. 7.

comportement charognard et l'hermaphrodisme de l'hyène[27] traduisent une « expression bête et jésuitique », une « démarche lourde » et sa « voracité »[28], tandis que le léopard, ce fauve dangereux, devient un « traître, cruel et voleur, [qui] a toujours soif de sang »[29]. Face aux grands défis que représentent pour les occupants européens le climat et les maladies, les animaux constituent des menaces tangibles et mortifères contre la percée du progrès technique et de la civilisation matérielle. Si les serpents, pythons, couleuvres et autres vipères freinent les travaux routiers, les crocodiles ralentissent la course des steamers sur le fleuve[30], tandis que les mouches et autres insectes infectent les caravanes et inoculent des maux inconnus. Ces (re)présentations côtoient, inversement, les images d'une faune paisible, inviolée depuis toujours mais perturbée par la rude et bruyante intrusion des nouveaux moyens de locomotion, steamers et chemin de fer, qui l'effraient et la chassent de ses territoires[31].

La chasse devient l'un des moyens de maîtriser une faune redoutée, de délimiter des territoires partagés avec elle, de s'approprier et d'exhiber ses dépouilles pour répondre à des objectifs pluriels qui, très souvent, se combinent : l'alimentation, le commerce, le sport. La convoitise pour l'ivoire devient un leitmotiv important de l'entreprise léopoldienne. Matière première recherchée et exploitée depuis des siècles, l'ivoire surtout enrichit une économie-monde brutale, dominée par une rude concurrence entre les exploitants, qu'ils soient africains ou européens. En parallèle, l'utilisation d'armes à feu plus perfectionnées et sur de plus grands espaces facilite les exploits cynégétiques et, instruments de prestige, s'échangent contre d'autres matières premières ou des articles commerciaux en vue, ivoire, esclaves, tissus, perles et coquillages. En Afrique centrale, la faune sauvage devient l'un des principaux moteurs du pillage des ressources organisé par l'État indépendant du Congo.

---

[27] « Les Fauves », in *MG*, 6 juin 1897, col. 275.
[28] *MG*, 14 novembre 1897, col. 518.
[29] Hanolet, L., « Notes sur la chasse au Congo », in *Bulletin de la Société belge d'Études coloniales*, n° 11, nov. 1904, p. 741.
[30] Stanley, H. M., *op. cit.*, p. 160, p. 276, p. 320.
[31] Glave, E. J., *Six Years of Adventure in Congo-Land*, Londres, Sampson Low, Ldt, 1893, p. 246; Becker, J., *La Vie en Afrique ou Trois Ans dans l'Afrique centrale*, t. I, Paris-Bruxelles, J. Lebègue et Cie, 1887, p. 23; Augouard, Mgr, *Vingt-huit Années au Congo. Lettres de Mgr Augouard*, Poitiers, 1905, p. 307.

La destruction imminente ou annoncée de certaines espèces devient un phénomène global à l'échelle du continent et déclenche des anxiétés. Certains chasseurs, témoins directs des bouleversements environnementaux observés sur le terrain, sont les premiers à alerter les gouvernements coloniaux de l'inquiétante disparition des animaux dits « utilitaires », éléphants, autruches, antilopes, hippopotames. L'Afrique du Sud devient le chef de file de ce combat et l'exporte en Europe où des voix prennent le relais pour dénoncer les ravages effectués par les pouvoirs coloniaux sur la faune sauvage africaine. L'augmentation du nombre des défenses d'ivoire exportées dans les principaux ports européens, Londres, Liverpool et Anvers, offre à la critique des témoignages tangibles de la disparition des éléphants d'Afrique sub-saharienne. À partir des années 1890, la thèse de la disparition du gibier devant l'« avancée du progrès » sera d'ailleurs souvent exploitée pour témoigner de l'incompatibilité entre le développement de la civilisation moderne et ces représentants d'un environnement naturel sauvage appelé à être protégé et préservé. En Belgique, porté par une pression internationale accrue, le gouvernement léopoldien tente de calmer le jeu en proposant des premières mesures de protection de l'éléphant et d'autres espèces à vocation utilitaire. Trois voies principales seront suivies, avec des bonheurs divers : la domestication de l'éléphant et du zèbre d'une part, l'élaboration d'une législation cynégétique d'autre part, l'organisation de premières réserves de chasse enfin. Ce premier chapitre examine le contexte et l'évolution de ces visions et de ces politiques contrastées.

2. Chasses, viande et ivoire

Pratique se confondant avec les débuts de l'humanité, l'activité de la chasse se déploie dans le cadre d'une relation intime entre l'homme et l'animal, dont les résultats sont multiformes. L'animal entier ou des parties de l'animal dépecé se voient ainsi consommés, utilisés, sacrifiés, domestiqués, ritualisés, représentés dans des contextes économiques, sociopolitiques et culturels variés. La chasse permet aussi de repousser ou d'éliminer les prédateurs ou les compétiteurs de l'homme, tout comme elle se transforme progressivement en une activité de loisirs et de reconnaissance identitaires pour des groupes ou des classes ; elle constitue un moyen de réguler des populations animales en surnombre, de détruire les « nuisibles », de réduire les maladies ou risques sanitaires, notamment dans les régions fortement anthropisées. En situation coloniale, elle offre aussi un cadre de référence pour appréhender les rapports de pouvoir de l'occupant européen, exportant sa culture cynégétique propre sur une faune sauvage qu'il doit apprendre à reconnaître et connaître. Ces rapports sont également applicables aux individus et aux groupes africains qui possèdent des savoirs et des méthodes de chasse liés à un environnement, une gestion des ressources naturelles et des pratiques sociétales spécifiques. S'y lit la manière dont la chasse participe à la viabilité, à la rentabilité et à la visibilité de l'entreprise coloniale : autour d'elle se tissent des réseaux se distinguant par des modalités d'action particulières qui visent des objectifs bien définis. La chasse du gibier pour la viande et celle de l'éléphant pour l'ivoire constituent des étapes importantes, voire cruciales, dans la formation et la consolidation de l'État indépendant du Congo (EIC) sur le terrain : elle fait vivre physiquement et financièrement l'entreprise léopoldienne et lui imprime reconnaissance et pouvoir. De même, elle permet de dépasser les catégorisations traditionnellement établies entre collaboration contre résistance ou colonisateur contre colonisé pour définir des interrelations plus complexes dans diverses zones de contact[32].

---

[32] Copper, F., « Conflict and Connection. Rethinking Colonial African History », in *American Historical Review*, 1994, n°99, p. 1527-1528.

2.1. Occupation territoriale et enjeux de pouvoir

Lors des expéditions de reconnaissance, de conquête et d'occupation du territoire de l'EIC par ses agents, de même que dans les campements provisoires et les postes fixes de l'État, la viande de chasse alimente à peu de frais et sans trop d'effort les Européens et leurs auxiliaires africains. Son don participe à la constitution, entre individus ou groupes, de relations et de filières de dépendance et d'interdépendance. Bien plus, les pistes à gibier influencent parfois notablement la direction ou l'installation des troupes sur le territoire, comme l'a démontré John MacKenzie pour la poussée impérialiste des Boers et des Britanniques en Afrique du Sud et centre-orientale[33]. Dans la conquête du bassin du Congo qui aboutira à la formation en 1885 de l'EIC, le constat est similaire. En 1884, le Britannique Henry Bailey, employé de l'Association internationale africaine (AIA), remonte la région du Pool qui « grouille » d'éléphants[34] ; dans son expédition de reconnaissance du Kasaï, l'Allemand Hermann von Wissmann se pose près de l'embouchure de la Lefini, dans le Haut-Congo, où le gibier abonde[35] ; dans l'occupation du Katanga, le Belge Edgard Verdick ravitaille ses hommes sur les rives de la Lofoi visitées par les antilopes[36]. Ces quelques exemples illustrent une réalité que le *Manuel du Voyageur et Résident* officialisera en 1897 en complétant l'attirail : la chasse n'est plus seulement reconnue comme le moyen le plus efficace de nourrir un nombre croissant de nouveaux arrivants, elle doit alimenter la main-d'œuvre des grands chantiers de l'État, « amadouer » les populations locales et permettre la destruction des animaux dangereux[37]. Sauf exceptions notoires, les descriptions de chasse sont cependant assez maigres dans les témoignages écrits des agents de l'EIC. Ce constat tient plus à la banalité de cette besogne quotidienne, par ailleurs souvent

---

[33] Le Grand Trek, organisé dès 1832 par les Boers, tout comme l'expédition de Livingstone à la fin 1886 vers la vallée de la Loangoua, sont poussées par la faim, à la recherche de gibier en suffisance pour alimenter les participants (MacKenzie, J., *The Empire of Nature. Hunting, conservation and British imperialism*, Manchester – New York, Manchester Univ. Press, 1997).

[34] Bula N'Zau, *op. cit.*, p. 140-156.

[35] von Wissmann, H., *My second journey through Equatorial Africa from the Congo to the Zambezi in the Years 1886 and 1887*, Londres, Chatto & Windus, 1891.

[36] Verdick, E., *Les premiers jours au Katanga (1890-1903)*, CSK, 1952, p. 49.

[37] *Manuel du Voyageur et du Résident au Congo*, Bruxelles, Société d'Études Coloniales, 1897, p. 234.

contraignante, qu'à un simple désintérêt. Par contre, lorsqu'elles retracent des exploits ou qu'elles mettent en lumière l'établissement de nouveaux réseaux d'échanges, de dons et de rémunérations carnées avec les populations locales, ceux-ci sont plus prolixes. Agents de l'État, prospecteurs miniers, missionnaires utilisent largement leur statut de « chasseur » pour favoriser les contacts, arrondir les angles lors de conflits ou entretenir une cohorte d'autochtones chassant pour leur compte et recevant une part des profits[38].

Pour les besoins des expéditions organisées dans le cadre de l'EIC, ses agents sont accompagnés de caravanes de porteurs, de suiveurs de tous genres, de domestiques des deux sexes[39] qui représentent de nombreuses bouches à nourrir, et qui constituent, de ce fait, un facteur important d'insécurité alimentaire. Si ces caravanes s'alimentent principalement sur le dos des locaux dans les régions traversées, les aléas conjoncturels (guerres et pillages des ressources) et environnementaux (sécheresses, ravages d'insectes, de rongeurs, de mammifères) rendent toutes provisions impossibles. Dans le meilleur des cas, les chasses pallient alors le déficit protéinique et permettent de poursuivre la route et de survivre ; dans le pire des cas, l'absence de gibier met en péril les expéditions engagées. Par expérience, Jérôme Becker, membre de la 3ᵉ expédition de l'AIA, conseillait aux futurs partants des menus « végétariens », sinon, des bagages composés de conserves de viande australienne[40]. Plusieurs expéditions connaissent des épisodes dramatiques où des périodes de famines déciment une grande partie des engagés. L'expédition katangaise de 1891 d'Alexandre Delcommune pour le compte de la Compagnie du Congo pour le Commerce et l'Industrie (CCCI) perd la moitié de

---

[38] Ce système de « putting out » que décrit MacKenzie est beaucoup utilisé par les Boers du Zoutpansberg, au nord du Transvaal et par les chasseurs Westbeech et Phillips au Zambèze. Il est encore en usage au Congo dans les années 1920-1930 (MacKenzie, J., « Chivalry, social Darwinism and ritualised killing : the hunting ethos in Central Africa up to 1914 », in Anderson, D. et Grove, R. (éd.), *Conservation in Africa. People, policies and practice*, Cambridge, Cambridge Univ. Press, 1987, p. 41-61).

[39] Voir notamment à ce sujet Leduc-Grimaldi, M., « *This way !* Aperçu des apports africains aux expéditions européennes du 19ᵉ siècle. Porteurs, éclaireurs et interprètes », in Van Schuylenbergh, P., Lanneau, C. et Plasman P.-L., *L'Afrique belge aux XIXe et XXe siècles. Nouvelles perspectives en histoire coloniale*, coll. Outre-Mers, n° 2, Bruxelles, P.I.E. Peter Lang, Coll. Outre-Mer, vol. 2, 2014, p.89-99.

[40] Becker, J., *op. cit.*, t. I, *Vade-Mecum*, p. I-II, p. 472.

sa caravane qui est ensuite restaurée par des festins « pantagruéliques »[41] dont celui composé de 15 tonnes de viande d'hippopotames fraîchement abattus, viande partagée entre ses quatre cents suiveurs et en partie offerte au chef Kasongo Kalombo afin d'annoncer sa venue pacifique dans son territoire. À la même époque, laissant derrière elle cinq cents morts, l'expédition Bia-Franqui arrive en piteux état à Lusambo où son chef de poste, Oscar Michaux, chasseur averti, alimente les survivants[42]. Arrivé au poste de Redjaf-Lado en avril 1897 avec quelque huit mille hommes, le commandant Louis Chaltin envisage de suspendre son expédition vers le Nil en estimant que les maigres chasses ne suffiraient pas à nourrir toutes les bouches et que la poursuite du gibier les obligerait à migrer vers des zones moins accessibles pour l'homme[43]. Le retour du lac Dilolo en 1904 de l'expédition géographique dirigée par l'officier de la Force publique Valdemar Willmoës d'Obry à travers une région dépeuplée et privée de vivres est, lui aussi, pathétique[44].

Une fois installés dans les postes fixes, les agents restent tout autant préoccupés par la question des vivres. Des témoignages confirment que des lieux d'installation des stations sont souvent choisis en fonction de ce facteur. L'expédition Le Marinel au Katanga (1890–1895) s'installe au poste de Lofoi, à proximité d'une vaste plaine où elle dispose du gros gibier nécessaire à sa subsistance, puisque la saison sèche raréfie les vivres et que l'approvisionnement par une caravane de ravitaillement est incertain. C'était sans compter avec l'arrivée de la peste bovine dont les premiers signes se manifestent dans la région à partir de 1892 et font des ravages parmi de nombreux ruminants, les antilopes et les buffles. Pour pallier ces inconvénients imprévisibles, les stations, qui sont des lieux de passage mais aussi de séjours plus ou moins longs, tentent de rassembler les réserves importées d'Europe et s'entourent de nouvelles plantations pour produire en continu une nourriture supplémentaire. À son arrivée à Vivi en 1879, Stanley avait perçu la nécessité d'y faire aménager un

---

[41] Delcommune, A., *Vingt années de Vie africaine 1874-1893*, t. 2, Bruxelles, F. Larcier, 1922, p. 126.
[42] Michaux, O., *Au Congo. Carnet de Campagne. Épisodes et impressions de 1889 à 1897*, Namur, Librairie Dupagne-Counet, 1913, p. 150.
[43] MRAC/Hist : Fonds L. Chaltin (HA.01.0058) : cahier n° 21 : lettre de Chaltin au GG, poste du Mont Loka, 10/06/1897.
[44] MRAC/Hist : Fonds V. Willmoës d'Obry (HA.01.0084) : « La famine », copie dactylographiée parue dans *La Colonisation Moderne*, 1904.

potager pour obtenir des légumes et des fruits frais, et il n'hésite pas à faire transporter des terres alluvionnaires jusqu'à la station, établie sur une colline, pour augmenter la fertilité du sol[45]. De tels aménagements ne comblent cependant pas la lenteur des approvisionnements extérieurs, en lien avec les difficultés financières des débuts de l'entreprise léopoldienne, et qui entraîne, par conséquent, une forte dépendance vis-à-vis des productions locales. La station de Léopoldville est ainsi alimentée par les marchés vivriers de Manyanga et de Sabuka qui rassemblent les produits locaux, des importations européennes (étoffes, poudre, sel) et de la viande de chasse, pièces de buffle, d'éléphant et d'antilope[46]. Pourtant, l'approvisionnement sur les marchés locaux n'est pas forcément garanti pour les occupants de l'EIC. Des chefs locaux vont exercer des pressions pour manifester leur résistance. Le puissant commerçant tio Ngaliema, qui contrôle le Pool depuis 1880 et subit déjà la concurrence du commerçant hollandais Greshoff à Kinshasa, organise un blocus des vivres à Sabuka qui va mener au délabrement de Léopoldville en un an à peine. Bâtiments en ruine, envahie d'herbes sauvages, la station est au bord de la famine pour la poignée d'Européens et les quelque deux cents Africains qui y vivent, tandis que l'abondance règne ailleurs[47]. Pendant plusieurs années, des chasseurs de passage, tel le commandant Léon Hanolet[48], agrémenteront occasionnellement les faibles rations de la troupe en viande fraîche. Le cas de Léopoldville n'est pas isolé. La viande de chasse procure souvent la seule subsistance. À Zongo, où Hanolet fonde, en 1889, une base d'opérations et de ravitaillement pour les vapeurs venant du Pool, la garnison de Zanzibarites est exclusivement nourrie de viande de buffles et d'antilopes, très nombreux dans la région. Ces situations, obligeant les soldats à chasser eux-mêmes pour alimenter leurs rations, sont communes en de nombreuses régions du Congo, contrairement aux stations établies le long du fleuve, qui bénéficient de ressources piscicoles pour survivre. Progressivement, la nécessité de résoudre le problème des denrées alimentaires de base (manioc, bananes, ignames) s'impose pour

---

[45] Cornelis, S., « Stanley au service de Léopold II. La fondation de l'EIC 1878-1885 », in *H. M. Stanley. Explorateur au service du Roi*, Tervuren, MRAC, 1991, p. 43.
[46] Lettre de Stanley à Strauch, 23/06/1881, cité dans Maurice, A., *Stanley. Lettres inédites*, Bruxelles, Office de Publicité, 1955, p. 81 ; Slosse, E., « Le chemin de fer du Congo. En avant avec la brigade d'études », in *Le Congo Illustré*, 1893, p. 54.
[47] Stanley, H. M., *op. cit.*, p. 23.
[48] Hanolet, L., *Chasse et Pêche, Causeries du Mercredi*, Cercle Africain, Bruxelles, Impr. des Travaux Publics, 1906, p. 42.

répondre à l'approvisionnement des hôtes de passage, des résidents et travailleurs toujours plus nombreux des postes et stations. Les postes de garnisons de la Force publique, quant à eux, sont approvisionnés par les villages occupés qui fournissent des impositions en nature (nourriture, bois) à partir de 1888, officialisées par décret en 1891[49], chargeant les chefs de leur organisation selon l'état et les besoins de leurs populations. L'État y encourage aussi plus systématiquement les plantations et l'élevage de petit bétail et de volaille pour remédier aux carences alimentaires, tandis que du poisson séché est distribué aux Africains qui y travaillent ou y vivent. La chasse améliore la ration quotidienne des soldats là où les cultures vivrières ne suffisent pas et constitue parfois un substitut du paiement de leur solde[50]. Souvent des équipes de chasseurs professionnels africains, les *fundi*, munis d'armes et de munitions livrées par les stations y livrent la venaison fraîche[51].

La présence européenne engendre donc de nouveaux circuits commerciaux en viande de chasse et provoque de nouveaux besoins locaux : cette viande constitue une gratification pour les autochtones qui s'en montrent très friands lorsqu'elle ne figure pas au menu quotidien. Plusieurs types de gibier sont particulièrement recherchés. Outre le gibier commun (antilopes, zèbres, échassiers), l'hippopotame constitue la principale source carnée, car il est une proie de choix pour les stations établies le long des cours d'eau[52] et pour les passagers des steamers qui, depuis le pont, visent ces animaux vivant en troupeaux et opèrent de véritables massacres. Cette nouvelle forme de chasse, considérée par le Nemrod Hanolet comme un « assassinat du gibier au 'gîte' »[53], est pourtant officiellement légitimée par son excellent rapport qualité/rendement afin de nourrir une main-d'œuvre nombreuse et de servir

---

[49] Décret du 6 octobre1891 (in *Bulletin Officiel de l'État indépendant du Congo [BO]*, octobre 1891, p. 259-261).

[50] Vandervelde, E., *Les derniers jours de l'État du Congo. Journal de voyage (juillet-octobre 1908)*, Paris-Mons, Société Nouvelle, 1909, p. 95.

[51] AA : Fonds Divers (Janssens) 1365 : rapports de Malfeyt du 29/07/1904 au 25/10/1904, cité dans Vangroenweghe, D., *Du sang sur les lianes. Léopold II et son Congo*, Bruxelles, Didier Hatier, 1986, p. 208 ; Cercle Africain, *op. cit.*: article du capitaine Colmant, p. 32-33 ;

[52] *Manuel du voyageur et du résident au Congo*, Bruxelles, Société d'Études Coloniales, 1897, p. 255.

[53] Hanolet, L., « La chasse au Congo », in *Bulletin de la Société d'Études Coloniales*, mai-juin 1895, p. 147.

de moyen d'échanges. La chasse à l'hippopotame participe ainsi à une réduction drastique des troupeaux, tout en les rendant plus craintifs et plus agressifs dans les endroits fréquentés, ce qui constitue, de ce fait, un obstacle à la navigation.

Outre sa nécessité alimentaire, la viande de chasse devient rapidement un objet de rémunération pour les porteurs dans les caravanes, la main-d'œuvre du chemin de fer et des stations, et les employés domestiques engagés par l'État pour qui elle constitue un bénéfice net. Elle sert également de moyen d'échange contre d'autres vivres locaux. Dans certains cas, sa valeur dépasse celle des usuels objets d'échange (étoffes de coton rayées *mérikani*, étoffes de couleur, fils de cuivre, perles, fusils, poudre de charge, couteaux, miroirs, etc.) qui sont relayés dans des catégories moins prisées. Lors de son voyage dans l'Upemba, le voyageur et chasseur français Édouard Foà (1862–1901) indique que les Hemba, « de réputation belliqueuse et peu dociles », accueillent pacifiquement sa caravane porteuse de viande qui semble plus estimée que les étoffes et que ses porteurs luba la préfèrent également à un paiement en étoffes (*posho*)[54]. Le remplacement du *posho* par de la viande fraîche ou séchée réduit ainsi progressivement le poids des charges et fournit une provision de bouche intéressante. La viande sert aussi à payer l'impôt de passage (*hongo*) des caravanes dans certaines régions comme au Katanga, ou, au moins, à le diminuer[55].

La question du ravitaillement en vivres demeure un problème crucial durant les premières années d'occupation des territoires où les agents doivent traiter avec les chefs locaux. La construction des nouvelles infrastructures, le chemin de fer en particulier, exige par ailleurs une main-d'œuvre abondante et fiable. Afin de les encourager, les nouveaux engagés sont alléchés par la viande fraîche en récompense du travail fourni, un phénomène qui crée une véritable émulation parmi la population, principalement dans les régions où le gibier est moins abondant. La viande d'éléphant surtout, dont le partage occasionne des réjouissances,

---

[54] Foà, E., *La traversée de l'Afrique du Zambèze au Congo Français*, Paris, Plon-Nourrit et Cie, 1900, p. 121 et 170.

[55] Jérôme Becker fournit plusieurs exemples de ses tentatives de diminuer au maximum cet impôt de passage en distribuant la chair d'un rhinocéros qu'il a abattu ou en cachant aux sultans locaux de grandes quantités de poudre sur lesquelles ils exigent les *hongo* les plus élevés (Becker, J., *La Vie en Afrique ou Trois ans dans l'Afrique centrale*, t. 1, Paris-Bruxelles, J. Lebègue et Cie, 1887, p. 419, 470).

est très prisée et sert notamment à « amadouer » les chefs locaux. Les porteurs volontaires pour les expéditions de chasse ne manquent pas à l'appel, s'engageant pour des périodes de « huit, dix, quinze jours, un mois, avec un plaisir marqué »[56]. Certaines descriptions comparent les rabatteurs locaux à des fauves qui débitent leur proie : « un spectacle aussi sauvage que ragoûtant [...]. Des scènes qui défient la description se passent pendant le dépeçage. Représentez-vous des fauves se disputant une proie trop petite! »[57]. La fête peut tourner au conflit, lorsque l'animal est abattu sur le territoire d'un chef qui a refusé d'accorder l'autorisation d'y circuler. Des rixes meurtrières surviennent aussi entre le personnel fixe des caravanes (chasseurs, domestiques et leurs femmes, porteurs) et les surnuméraires qui rendent des services occasionnels.

Le don de viande participe aussi à la démonstration du pouvoir et est un moyen efficace de l'affermir. Dès 1869, Samuel-W. Baker, pasha du gouvernement du Bahr-el-Djebel dans la Province Équatoriale et autorité en matière cynégétique, utilisait la viande d'éléphant, espèce devenue rare dans la région, pour soumettre les autorités locales et amasser l'ivoire qu'elles possédaient[58]. Sa réputation de chasseur, gagnée durant de précédentes expéditions dans la région, force l'admiration et favorise sa reconnaissance sociale auprès des populations soumises pour qui le droit sur le gibier représente un des éléments constitutifs de la propriété. Certains agents engagés pour le compte de l'État et de ses compagnies concessionnaires utilisent cette prérogative pour obtenir des terres. Edward-James Glave, directeur, dès 1886, des stations de Lukolela et de l'Équateur, en bordure forestière où les éléphants abondent, met à profit ses loisirs pour organiser des parties de chasse qui lui confèrent l'estime des Bobangi qui l'acceptent dans leur société de chasseurs[59]. Hanolet témoigne à son tour de la considération mêlée de crainte qu'il provoque : il est installé au poste de Zongo depuis 1889 et ses faits de chasse consacrent sa réputation dans la région où l'on vient le « dévisager de loin »[60]. De manière indirecte, ces témoignages confirment la complémentarité entre les Européens et les Africains en matière de chasse où, finalement, chacun

---

[56] Foà, E., *op. cit.*, p. 38.
[57] Hanolet, L., « La chasse au Congo », *op. cit.*, p. 147-148.
[58] Baker, S.-W., *Ismaïlia. Récit d'une expédition dans l'Afrique centrale pour l'abolition de la traite des noirs*, Paris, Librairie Hachette et Cie, 1875, p. 175-176.
[59] Glave, E. J., *Six Years of Adventure*, *op. cit.*, p. 93-95.
[60] Hanolet, L., « Notes sur la chasse au Congo », *op. cit.*, p. 734.

peut trouver profit. Lorsque Glave décrit le prestige substantiel, voire la puissance mystique, acquis auprès des Bobangi qui l'intègrent dans le groupe et le nomment Makula (la Flèche), terme attribué aux chasseurs distingués, celui-ci est à son tour instrumentalisé pour abattre les animaux déprédateurs qui opèrent des ravages dans les cultures et pour fournir un important ravitaillement. D'autres Européens reçoivent des surnoms qui qualifient leur degré de notoriété dans ce domaine. Louis Valcke est appelé Tembo (l'Éléphant), Alexandre Delcommune, le Grand Tireur ou le Chasseur d'hippopotames[61], Édouard Foà, l'Homme-canon[62]. Tel est également le cas du populaire Henry Bailey, affublé du nom Bula N'Zau (destructeur d'éléphants).

2.2. Ressources et profits

Chasser répond à un autre objectif, et non des moindres : produire des bénéfices financiers à l'État par le biais du commerce, afin de payer l'entreprise d'exploration et d'occupation de l'Afrique centrale et, surtout, de la rentabiliser. Dans ce contexte, l'ivoire constitue l'une des ressources naturelles les plus convoitées. Sa disponibilité sur place, son incorporation dans des réseaux commerciaux existants et structurés autour d'importants pôles économiques régionaux et suprarégionaux et, enfin, sa valeur croissante sur le marché international provoquent la mise en pratique d'un système de récolte et, par conséquent, accroissent la chasse aux animaux porteurs de défenses, éléphants (*Loxodonta africana* et *Loxodonta cyclotis*), rhinocéros, et accessoirement, aux porteurs de cornes et de peaux. Les circuits, les systèmes et les principaux pôles commerciaux à longue distance de l'ivoire ont fait l'objet de plusieurs

---

[61] Ces surnoms pouvaient également varier, tel était le cas pour Delcommune qui fut également connu comme « *Mongong* » qui expliquait probablement son penchant pour les femmes. Lothaire reçut le surnom de « *Bwana Pembe* » (Monsieur Ivoire) pour des raisons évidentes de récolte d'ivoire, Henry Johnston, celui d'Araignée, parce qu'il collectionnait les insectes, tandis que Janssens fut surnommé Poule Blanche, pour des raisons obscures. Voir à ce sujet l'article de Etambala, Z. A., « Lachen met de 'zwartjes'. Humoristische anekdotes uit koloniale reisverhalen (1880-1945) », in Beyen, M. et Verberckmoes, J. (éd), *Humor met het verleden*, Alfred Cauchies Reeks, n° 8, Leuven, Universitaire Pers, 2006.

[62] Foà, E., *La traversée…, op. cit.*, p. 210.

études, principalement pour ce qui est de l'Afrique orientale et centrale[63]. L'analyse qui suit met en lien divers résultats de recherche et les confronte avec des données inédites centrées principalement sur la chasse aux éléphants observées à partir des sources européennes ; elle structure le *modus operandi* des agents léopoldiens pour s'approprier l'ivoire sur l'ensemble du territoire congolais et l'exploiter.

Espaces économiques africains

Toutes les régions qui, dès 1885, formeront l'EIC ne sont pas uniformément fournies en populations d'éléphants. Vivant surtout dans les régions forestières (*Loxodonta cyclotis*) bordant le fleuve Congo et ses affluents ainsi que dans les régions septentrionales, les troupeaux (*Loxodonta africana*) sont encore abondants dans les savanes et forêts claires du Katanga jusqu'en 1870. Ces animaux se déplacent sur de longues distances en quête de nourriture en suffisance, mais aussi vers des lieux moins accessibles à l'homme qui les poursuit. Chassé par les peuples de la cuvette, l'éléphant représente une valeur importante pour sa chair, comme nous l'avons vu, et ses défenses, utilisées comme trophées de guerre et de chasse, constituent une preuve de prestige et de compétition sociale entre les hommes. À cette époque, l'Afrique centrale est divisée en plusieurs espaces économiques qui sont intégrés directement ou indirectement dans un réseau d'échanges mondialisés et qui entraînent de grands bouleversements socio-économiques et politiques et ce, dès avant la mutation encore plus profonde liée à son occupation territoriale par l'État léopoldien. L'essor de l'économie de traite, en particulier, a accéléré ces processus de changement où les cycles de l'ivoire et des esclaves dessinent de grands espaces commerciaux[64].

---

[63] Alpers, E. A., *Ivory and Slaves in East Central Africa. Changing Patterns of International Trade to the Later Nineteenth Century*, Londres, Heinemann, 1975 ; Beachey, E. W., « The East African Ivory trade in the nineteenth century », in *Journal of African History*, n° 8, 1967, p. 269-290; Hahner-Herzog, I., *Tippu Tip und der Elfenbeinhandel in Ost- und Zentralafrika im 19. Jahrhundert*, Tuduv-Studien, Reihe Völkerkunde, n° 2, München, 1990; Harms, R. W., *River of Wealth, River of Sorrow. The Central Zaire Basin in the Era of Slave and Ivory Trade, 1500-1891*, New Haven – Londres, Yale Univ. Press, 1981; Sheriff, A., *Slaves, Spices and Ivory in Zanzibar. Integration of an East African Commercial Empire into the World Economy, 1770-1873*, Eastern African Studies, Londres – Nairobi, James Currey – Heinemann Kenya, 1987; Vangroenweghe, D., *Voor rubber en ivoor : Leopold II en de ophanging van Stokes*, Leuven, Van Halewyck, 2005.

[64] Vellut, J.-L., « Épisodes d'un 'grand désordre », 1880-1910, in *Congo. Ambitions et désenchantements 1880-1960*, Paris, Karthala, 2017, p. 64.

Introduit massivement, dès les années 1850, dans la cuvette et au sud du fleuve Congo, le fusil devient un allié essentiel de ce mouvement en se superposant aux armes traditionnelles, lances, flèches empoisonnées, trappes et filets[65]. Essentiellement aux mains des traitants et des commerçants du fleuve, il est surtout utilisé comme un instrument de prestige et de chasse au petit gibier, techniquement impuissant pour l'éléphant ou l'hippopotame. L'usage du fusil pour la chasse au gros gibier devient plus courant après l'invention du *makula*, un fusil dans le canon duquel étaient introduites des lancettes munies d'un manche en bois qui les projetait avec force. Malgré le danger qu'il représentait pour son utilisateur (il explosait souvent), son usage à grande échelle accentue alors le nombre des chasses opérées sur les éléphants.

Si, globalement, la demande d'ivoire est relativement faible dans le bassin du fleuve Congo jusqu'à la fin des années 1870, la majeure partie des défenses livrées au commerce provenant du résidu des chasses à l'éléphant amassé dans les villages comme trophées à la gloire personnelle du chasseur et utilisé pour des fonctions artistiques, magiques ou religieuses, la demande s'accentue à partir de cette période. La recherche de sources de richesses matérielles, basées sur des économies esclavagistes anciennes ou plus récentes[66], devient plus que jamais une assurance de puissance et d'autorité, et stimule la progression vers de nouveaux territoires pourvoyeurs de biens. L'ivoire, dont la valeur sur le marché international augmente, constitue donc pour les sociétés esclavagistes qui commercent à longue distance depuis la côte atlantique, la côte orientale, la vallée du Nil et la mer Rouge, une source primordiale d'enrichissement et l'un des principaux produits de traite. Les économies locales et régionales d'Afrique centrale s'adaptent, volontairement ou de force, à ces transformations.

Plusieurs régions à éléphants fournissent la base des prélèvements de l'Afrique centrale occidentale. Dans la cuvette forestière, et notamment la région de la Mongala, les populations Akula et Mbengia sont réputées pour la chasse à l'éléphant. Dans l'Ubangi, la Sanga, le bassin de la Maringa-Lopori, de la Likwala et de l'Alima, des groupes de chasseurs pygmées

---

[65] Voir à ce sujet Macola, G., *The Gun in Central Africa. A history of technology and politics*, Athens, Ohio Univ. Press, 2016.
[66] Voir à ce propos Vellut, J.-L., « Réflexions sur la question de la violence dans l'histoire de l'État indépendant du Congo », in Mabiala Mantuba-Goma, P. (éd.), *La nouvelle histoire du Congo. Mélanges offerts Frans Bontinck, CICM*, Tervuren – Paris, MRAC – L'Harmattan, 2006, p. 269-287.

(Binga, Twa, Buti) et les Loi, autres chasseurs d'éléphants, fournissent l'ivoire en fonction de relations de dépendance et de clientélisme.

Une fois captées, les défenses d'ivoire sont acheminées vers la côte atlantique par des réseaux commerciaux desservis, par voie terrestre, par les Vili, les Zombo et les maisons angolaises depuis Luanda et, sur le fleuve, par les pirogues bobangi, ngala et nunu. En bordure océanique, des factoreries européennes installées sur place les exportent contre des fusils et d'autres articles de traite. Ce commerce à longue distance est entretenu par des intermédiaires locaux à la recherche d'un ivoire bon marché qu'ils revendent avec des marges bénéficiaires plus importantes en vue de l'exportation. Ce commerce consolide les rapports sociaux et l'émergence de nouvelles structures sociopolitiques en lien direct avec l'apport de richesses développées par cette activité. Au Bas-Congo, dans la zone du Pool, elle consacre l'émergence de classes commerçantes monopolisées par les Tio et les Bobangi[67], qui abandonnent certaines activités productrices, comme la chasse à l'éléphant pour contrôler une succession de zones commerciales concurrentes bien délimitées sur lesquelles ils acheminent les produits, privilégient certains partenaires et organisent, en cas d'insatisfaction, des blocus[68]. Le transport fluvial au moyen de larges pirogues où l'ivoire accompagne d'autres produits de cueillette (cire, huile de palme, arachides, esclaves) se pratique surtout durant la saison des pluies, lorsque les rivières sont navigables, et concurrence fortement les caravanes terrestres.

---

[67] Les Tio, appelés aussi Teke, sont situés dans la région du Stanley Pool, ce qui leur donnait une situation privilégiée dans le domaine du commerce et de la pêche. Les Bobangi ou Yanzi, situés au sud-est de Kinshasa, descendaient du royaume Tio et migrèrent avec les Teke pour s'en séparer au 16ème siècle ; ils exercent principalement le commerce et vendent tabac, bois, objets importés et achètent l'ivoire et les esclaves venant du nord du pays (voir à ce sujet Harms, R., *Competition and Capitalism: The Bobangi role in Equatorial Africa's trade revolution, ca. 1750-1900*, Ph. D. African History, University of Wisconsin-Madison, 1978, p. 86-87 et *River of Wealth, River of Sorrow. The Central Zaire Basin in the Era of Slave and Ivory Trade, 1500-1891*, New Haven – Londres, Yale Univ. Press, 1981; Vansina, J., *The Tio Kingdom of the Middle Congo 1880-1892*, Oxford Univ. Press, 1973, p. 17 et 250.

[68] Les Bangala, par exemple, ne peuvent pas empiéter sur le bief réservé aux Bobangi et ceux-ci, arrivés au Pool, doivent payer des « droits de douane » au chef Tio. Ces derniers revendent à leur tour leurs produits aux commerçants Zombo ou Kongo qui vont le revendre dans les factoreries du bas-fleuve et surtout de la côte (Vansina, J., *Les anciens royaumes de la savane*, Coll. Études sociologiques-1, I.R.E.S., Léopoldville, Univ. de Lovanium, 1965, p. 82 ; Harms, R. H., op. cit, p. 159-175).

Intégrée depuis le début du 19ᵉ siècle dans le commerce à longue distance de l'ivoire, des armes et des esclaves, la région entre le lac Tanganyika et le fleuve Lualaba est un autre important axe de passage de deux réseaux articulés, cette fois, sur le réseau côtier de Zanzibar. Depuis Tabora, le réseau des Nyamwezi, population originaire de la côte orientale du lac Tanganyika, le contourne par le sud et atteint le Katanga où il déstabilise et entraîne précisément la chute de royaumes luba et lunda du Kazembe. Quant au réseau swahili, il bénéficie de l'ouverture de la route commerciale tracée par les Nyamwezi entre Zanzibar et le centre du continent pour rejoindre le pays luba jusqu'à Nyangwe. Des chefs caravaniers, « envahisseurs-entrepreneurs », tels que Tippo Tip et M'siri, acquièrent suffisamment de pouvoir pour constituer de nouveaux États politiques qui supplantent, avec plus ou moins de difficultés, les dynasties au pouvoir. Ces immenses espaces qu'ils contrôlent désormais s'organisent en réseaux de produits régionaux complémentaires, sur base de nouveaux modèles de production. Depuis Kasongo, centre de pouvoir et d'opération de Tippo Tip et de ses alliés, des groupes professionnels spécialisés, armés de fusils, mènent des raids violents dans l'entre-Lomami-Lualaba pour chasser les éléphants et razzier l'ivoire conservé chez les populations locales et ils le stockent dans des centres disséminés sur leurs territoires conquis. En 1870, l'ivoire constitue le principal revenu du royaume de Garenganze[69] fondé par M'siri où un réseau de sous-traitants achemine les défenses vers la capitale Bunkeya[70], tandis que des chefferies alliées de gré ou de force lui versent de lourds tributs d'ivoire échangés contre des armes et des munitions. Entre 1870 et 1885, la chasse à l'éléphant a atteint d'importantes proportions. En 1883, le monopole de l'ivoire de Tippo Tip, qui s'étend jusqu'au Sankuru, avec des ramifications vers le confluent du Congo et de l'Aruwimi, entraîne une forte régression de l'espèce[71] et de nouvelles équipées dans des zones plus éloignées, ce qui nécessite un plus important contingent de porteurs. Plusieurs voyageurs européens contemporains décrivent ces groupes de chasseurs, nombreux et lourdement armés, qui mènent de véritables expéditions vers les

---

[69] Legros, H., *Chasseurs d'ivoire. Une histoire du royaume yeke du Shaba (Zaïre)*, Institut de Sociologie, Anthropologie Sociale, Bruxelles, Édit. de l'ULB, 1996, p. 33.

[70] Arnot, F. D., *Garenganze ; or, Seven Years's Pionner Mission work in Central Africa*, Londres, J. E. Hawkins, 1889, p. 234-235.

[71] Bontinck, F., *L'autobiographie de Hamed ben Mohammed el-Murjebi Tippo Tip (ca 1840-1905)*, Mémoire de l'Académie royale des sciences d'Outre-mer, classe Sc. mor. et polit., n° 42/4, Bruxelles, 1974.

régions forestières où les éléphants sont encore abondants. La troupe des chasseurs d'ivoire d'Ipoto (Ituri) du chef Kilonga Longa, composée de 400 hommes et esclaves porteurs originaires du Maniema, pénètre aussi loin que possible vers le nord-est pour trouver cette matière précieuse[72]. Le chef Mounie Mabanga de Tabora, sujet du chef Matoumoula, lui-même allié de Mirambo, un autre important commerçant qui possède un empire économique à l'est du lac Tanganyika, dispose de 300 chasseurs d'éléphants réputés pour être les plus intrépides tireurs de la région de Karema[73].

Plus ancien, le réseau côtier luso-portugais est apparu au milieu du 17e siècle dans la savane du sud. À partir de 1870, ses caravanes traversent le continent d'ouest en est en passant chez les Lunda du Kasaï, chez les Luba Shandaki, chez les Yeke de M'siri pour aboutir au fleuve Zambèze où elles rencontrent des traitants venus d'Afrique australe. Les courtiers vili et ovimbundu traitent, quant à elles, avec des commerçants portugais déjà fortement métissés aux cultures locales. Ce réseau est alimenté par une série de secteurs régionaux, spécialisés dans des productions et des opérations commerciales bien spécifiques et qui s'adaptent progressivement pour répondre à la demande du commerce de longue distance. C'est ainsi que les Tshokwe, originaires de l'Angola et grands producteurs d'ivoire et de cire d'abeille, puis de caoutchouc, pénètrent l'entre-Kasaï-Lulua dès 1865[74] sur la piste des éléphants qui ont disparu de leur territoire après 1850[75]. Devenus suffisamment puissants pour établir leur propre système caravanier, ils traitent avec les Lulua et les Lunda, eux-mêmes commerçants d'esclaves et d'ivoire[76], avant d'éclipser le pouvoir des chefs lunda dans la région de l'entre-Tshikapa-Kasaï.

Dans le Sud katangais, en dehors des régions sous l'autorité de M'siri, de nombreuses caravanes constituées de plusieurs centaines d'hommes provenant de la région du Bihé et des Bienos séjournent durant de longues périodes dans les territoires des chefs locaux comme le Luba

---

[72] Stanley, H. M., *Dans les Ténèbres de l'Afrique*, t. 1, p. 218.
[73] Becker, J., *op. cit.*, p. 354.
[74] Vansina, J., *Les anciens royaumes de la savane*, *op. cit.*, p. 167.
[75] Birmingham, D., « The forest and the savanna of Central Africa », in Flint, J. E. (éd.), *The Cambridge History of Africa*, t. 5, Cambridge – Londres – New York – Melbourne, Cambridge Univ. Press, 1976, p. 236-238.
[76] Vellut, J.-L., *Notes sur le Lunda et la frontière luso-africaine (1700-1900)*, Études d'Histoire africaine, t. 3, 1972, p. 87.

Kasongo Kalombo, pour obtenir ivoire et esclaves contre des fusils et de la poudre[77]. Dans les années 1880, plusieurs milliers de chasseurs africains quittent annuellement Tete, en territoire portugais, en direction des lacs Moero et Bangwelo, armés de *flintlocks* et de mousquets pour poursuivre les éléphants[78].

Au nord de la forêt équatoriale, le réseau des Khartoumiens fusionne avec un réseau militaire et commercial plus ancien établi le long du Nil sous le gouvernement du khédive Ismaïl. Les trafiquants d'origines diverses et surtout des Nubiens puis des marchands arabes (*jellaba*) qui composent de réseau et s'implantent progressivement dans le Bahr el-Ghazal où ils razzient ivoire et esclaves qu'ils acheminent en Égypte par l'intermédiaire du Darfour où un autre réseau (*hausa*) s'étend plus à l'ouest, autour du lac Tchad[79]. Vers 1860, ce réseau atteint la région de l'Uele, au nord des puissantes chefferies zande, à la recherche de l'ivoire en razziant progressivement autour de camps fortifiés (*zariba*), sous le contrôle de Zubeir. À l'insu du gouvernement égyptien qui veut occuper cette région et obtenir le paiement de taxes sur l'ivoire, ce dernier intensifie ses expéditions dans le pays zande où il profite des luttes de successions pour s'allier certains chefs, comme Semio et Mopoi Mokori, en leur offrant des armes en échange d'ivoire et en leur confiant des *zaribas*[80]. Ces expéditions deviendront systématiques et un monopole étatique. Dans la région de l'Uele-Bomu, les grandes chefferies Bandia (Bangaso, Rafai et Djabir) et Zande (Semio) se marquent par l'abondance de leur ivoire bon marché qui s'échange contre tissus, perles, laiton, fusils à piston, poudre et capsules[81]. Dans les postes de l'Ugangi-Bomu (Sandu, Darbaki, Kuria),

---

[77] Delcommune, A., *Vingt années de Vie africaine*, t. 2, Bruxelles, Larcier, 1922, p. 139, 172-173.

[78] Kerr, M., « The Upper Zambesi zone », in *Scottish Geographical Magazine*, 1886-2, p. 385-402, cité par MacKenzie, J., *op. cit.*, p. 125; il a aussi écrit, *The far Interior. A narrative of travel and adventure from the Cape to Good Hope across the Zambesi to the lake region of Central Africa* (2ᵉ éd., Londres, S. Low-Marston-Searle&Rivington, 1887).

[79] Vellut, J.-L., *Congo. Ambitions et désenchantements*, *op. cit.*, p. 26-27.

[80] Thuriaux-Hennebert, A., « Les grands chefs Bandia et Zande de la région Uele-Bomu (1860-1895) », in Études d'Histoire africaine, n° 3, 1972, p. 173.

[81] Vandevliet, C., « L'exploration de l'Uele », in *Le Congo Illustré*, 1894, p. 122 ; Delcommune, A., *op. cit.*, p. 172.

l'ivoire se trouve en abondance et leurs chefs sont des intermédiaires de choix pour les commerçants arabes[82].

Un « new deal » européen

Pour répondre aux ambitions de l'EIC, un commerce européen de l'ivoire supplante progressivement ces réseaux africains complexes et multiformes en se les appropriant et en instaurant des mesures législatives et coercitives sur les populations autochtones. La systématisation de la collecte d'ivoire au profit de l'État sur l'ensemble de son territoire s'inscrit dans une politique de mise en œuvre des conditions d'exploitation des ressources naturelles sur le marché international. Les grandes offensives guerrières que livrera l'EIC aux divers groupes arabo-swahili établis à l'intérieur des frontières du nouvel État tiennent en grande partie à sa volonté de se garantir le monopole de cette précieuse ressource destinée, dans un premier temps, à rembourser les frais de l'entreprise léopoldienne, à autofinancer ses expéditions impérialistes, puis, à devenir une source importante de profits. À ces fins, l'État va mettre en place un mécanisme qui s'organise en trois étapes: dans un premier temps s'allier la filière des réseaux commerciaux d'ivoire existants, remonter ensuite directement à la source de l'approvisionnement en utilisant les intermédiaires locaux, et finalement, consolider l'appropriation étatique de l'ivoire par divers moyens législatifs, de taxation et de contrôle sur l'éléphant et ses défenses.

Première étape : s'allier la filière existante de l'ivoire dans le bassin du Congo

En règle générale, les factoreries européennes installées sur la côte échangent des fusils, de la poudre, des pièces d'étoffe et d'autres objets « de pacotille » contre des défenses d'ivoire sur les marchés locaux comme celui de Kisembo (Banana) où l'on trouve aussi, par exemple, des animaux sauvages, vivants ou morts[83]. Des estimations de voyageurs indiquent

---

[82] MRAC/Hist : Fonds R. Stroobant (HA.01.0029) : lettre de Stroobant à sa mère, Dabago, mai-juin 1894.

[83] Les crocodiles sont élevés dans des marais aménagés et vendus vivants à des prix très élevés sur les marchés de la région des Ngombe et des Bobangi, ainsi que sur les marchés de Lukolela et de Mpumbu où l'on trouve également des quantités de chiens, de la viande d'hippopotame, des escargots, des iguanes, et du poisson. Un commerce de cornes de rhinocéros est aussi observé sur les marchés de la région pour des fins médicales (Johnston, H. H., *The River Congo, op. cit.*, p. 376-377; de Martrin-Donos, Ch., *op. cit.*, p. 157, p. 246-247 ; Coquilhat, C., *Sur le Haut-Congo*, Paris, J. Lebègue et Cie, 1888, p. 131 ; Stanley, H. M., *Cinq années…, op. cit.*, p. 363).

jusqu'à près de 10 000 défenses de grandeur variable entreposées dans les factoreries du bas-fleuve. Stanley, par exemple, compte une moyenne de 150 tonnes d'ivoire, y compris des dents de morse (*sic*), d'hippopotame, et de nombreuses peaux de léopard, de singe, de loutre et de « chat-tigre », exportées depuis la façade atlantique. Témoin des divers usages de l'ivoire durant son expédition à la recherche de Livingstone (1871–1872), l'explorateur décrit une ressource encore insuffisamment exploitée à l'intérieur des terres, comme c'est le cas au Maniema[84]. Chargé de la direction supérieure des entreprises du Comité d'Études du Haut-Congo (CEHC) qui se forme à Bruxelles, en novembre 1878, dans la perspective de mettre en valeur le bassin congolais et d'instaurer les processus à mettre en œuvre pour y parvenir (1879–1885), Stanley presse Bruxelles de lui donner les moyens de récolter l'ivoire dans le Pool et le haut-fleuve. Dans sa correspondance à Maximilien-Charles Strauch, président du Comité et bras droit du souverain, il juge que l'ivoire permettrait de pallier les dépenses engendrées par l'expédition et de poursuivre l'entreprise. Pour preuve, les dépôts de Ngaliema, l'un des puissants négociants d'ivoire (*lingster*) du Pool, contiendraient chacun quelque 150 défenses, pour une valeur de 45 000 francs belges (fr)[85], tandis que les Bobangi « possèdent assez d'ivoire pour acheter chaque jour autant de marchandises qu'en puissent porter cent hommes »[86]. À partir de cette période, Stanley se présente comme un « commerçant d'ivoire »[87] ; il remonte le fleuve afin d'observer les pratiques commerciales en vigueur, il opère parfois des transactions « expérimentales » pour découvrir les conditions locales[88] et négocier directement avec les chefs locaux, sans passer par leurs intermédiaires habituels. Ces « transactions » varient en fonction des rapports entretenus et qui fluctuent selon une panoplie de

---

[84] De Martrin-Donos, Ch., *Les Belges dans l'Afrique centrale*, op. cit., t. 1, p. 78, 340 et 362.
[85] Stanley, H. M., *Cinq années au Congo*, op. cit., p. 208.
[86] Stanley à Strauch, Zinga, 08/09/1881, cité par Maurice, A., *op. cit.*, p. 262.
[87] Stanley va gérer un type différent d'approche des autochtones que celle plus brutale de son expédition précédente sur le fleuve où il mena plusieurs combats – 32 au total pour l'ensemble du territoire – et où il se présente comme le chef de bande de mercenaires lourdement armés où la route était « *ouverte par les carabines* ». Voir à ce sujet l'article de Vellut, J.-L., « La violence armée dans l'État Indépendant du Congo. Ténèbres et clartés dans l'histoire d'un État conquérant », in *Cultures et développement*, n° 16/3-4, 1984, p. 673.
[88] Stanley, H. M., *Cinq années au Congo…*, op. cit., p. 260-262.

comportements : contrainte et intimidation au moyen d'armes à feu, offre de cadeaux, promesses et actes d'alliances, désignation de certaines personnalités, parfois au détriment de celles investies des pouvoirs coutumiers. L'échange du sang entre Ngaliema et Stanley assure à ce dernier le privilège d'obtenir par achat cinquante défenses par jour[89], tandis qu'il convoite également les biens de Manguru d'Ibaka (Sankuru), qu'il nomme le « Rotschild de l'Afrique centrale », possédant d'importants domaines agricoles, des sites non défrichés et des forêts impénétrables hantées par des troupeaux d'éléphants.

Durant la décennie 1880–1890, l'entreprise léopoldienne s'apparente désormais à un réseau commercial armé qui se greffe sur des réseaux africains établis entre le Pool et le haut-fleuve, utilisant les marchés les plus importants en matière de transit des vivres et de l'ivoire (Ntamo, Mfwa, Malima, Kimbangu, Bolobo, Iboko) et se positionnant aux points névralgiques, comme au confluent entre le Congo et la Lulonga, en territoire ngala[90], autre grande zone d'influence du marché de l'ivoire. Des chefs comme Ngaliema et Ibaka utilisent, à leur tour, cette ouverture du fleuve par les Européens, alliés puissants et armés, pour s'émanciper des relations souvent contraignantes de diverses sphères d'influence et développer de nouvelles sources de bénéfices. Ces modifications d'alliances économiques engendrent aussi de nouveaux types d'entreprises privées. Tels sont les exemples de Makitu, commerçant ngombe, et de Lungumbila, ancien esclave émancipé d'Ibaka, qui accroissent leur puissance financière et leur statut social et politique en réorientant leurs activités vers la production de viande, de porteurs et de main-d'œuvre pour le compte de l'État[91]. Ces nouvelles relations complexifient les échanges et transforment les jeux de pouvoir. Elles entraînent aussi des résistances. Considérant l'État comme une menace pour leur prospérité et leur puissance, les chefs de Ngombe et du Pool recourent à une résistance passive ; le blocus organisé à la station de Léopoldville par Ngaliema, allié de Stanley devenant adversaire après

---

[89] MRAC/Hist : Fonds H. M. Stanley : Lettrebook, Stanley à Strauch, Camp ¾ of a mile from Stanley Pool, 30/11/1881.

[90] Les Ngala ou Bangala étaient installés sur le Haut-Congo qu'ils contrôlaient sur une vaste zone. Grands commerçants, ils pratiquent également l'industrie du fer, l'agriculture et la chasse (Vansina, J., *Les anciens royaumes, op. cit.*, p. 82 ; Hamrs, R. H., op. cit, p. 159-175)

[91] Bontinck, F., « Makitu, commerçant et chef des Besi Ngombe (vers 1875-1899) », in *Le centenaire de l'État Indépendant du Congo. Recueil d'études*, ARSOM, Bruxelles, 1988, p. 351-380 ; Mumbanza mwa Bawele, J., *op. cit.*, p. 472-474.

le départ de celui-ci, prouve les retournements possibles. S'émanciper de l'indispensable collaboration des Africains et des contraintes qu'elle suscite devient crucial pour l'EIC, d'autant plus que la question de l'acheminement des vivres vers les stations est dorénavant liée à l'assurance de pouvoir s'établir dans des postes où les agents européens peuvent librement contrôler les sorties commerciales des affluents du Congo, l'Ubangi en particulier, autre grande zone de collecte d'ivoire.

Deuxième étape: remonter à la source en utilisant les intermédiaires locaux dans le Congo oriental

Poursuivant leur avancée en remontant le fleuve, les agents de l'État entrent dans la vaste zone commerciale monopolisée par les réseaux arabo-swahili qui poursuivent, de leur côté, leur percée au nord et au sud d'une vaste zone s'étendant du Maniema au Tanganyika. La concurrence pour la course à l'ivoire va engendrer entre ces deux forces armées et organisées de véritables « guerres coloniales »[92] menées par des chefs d'expéditions militaires tels que Dhanis, Chaltin et Van Kerckhoven. L'argument idéologique anti-esclavagiste de cette lutte s'efface en faveur d'ambitions avant tout économiques : briser la concurrence des commerçants d'esclaves, d'armes et d'ivoire qui freine l'État dans son expansion territoriale et commerciale. La Conférence de Bruxelles (1890) va juridiquement appuyer cet objectif en offrant aux occupants européens des mesures législatives et pénales pour lutter contre la traite esclavagiste sur l'ensemble du continent[93]. Elle autorise en particulier les puissances européennes à poursuivre, par une présence militaire « protectrice ou répressive », les convois d'esclaves en marche et à les intercepter à leur profit, y compris tout autre type de marchandises, armes et ivoire en tête

---

[92] Marechal, Ph., *De Arabische « Campagne » in het Maniema-Gebied (1892-1894 situering binnen het kolonistieproces in de onafhankelijke Kongo*, Annales, Historische Wetenschappen, n° 18, Tervuren, MRAC, 1992, p. 2-4.

[93] Organisée à la demande de l'Allemagne et de la Grande-Bretagne qui faisaient face, dans leurs colonies d'Afrique orientale, aux troubles liés à l'extension croissante de ces empires, la Conférence de Bruxelles avait également pour objectif consécutif à la traite des esclaves de réduire le commerce des armes et d'en définir leur strict usage et de prohiber une partie du trafic des spiritueux dans une grande partie de l'Afrique sub-saharienne. Elle est ratifiée le 2 juillet 1890 par les États européens ainsi que par les États-Unis, la Russie, la Perse, l'empire ottoman et Zanzibar (*General Act of the Brussels Conference relative to the African Slave Trade. Signed at Brussels, July 2, 1890, Treaty Series*, col. VII, Londres, Harrison & Sons, 1892).

(art. 15 et 16). De nouvelles expéditions menées par l'EIC s'organisent dans ce cadre et répondent à l'ambition politique de Léopold II d'étendre sa mainmise territoriale vers le Haut-Zambèze, les lacs Nyassa et Victoria, et surtout le Haut-Nil, régions où le potentiel commercial en ivoire est important et encore aux mains des Arabo-swahili ou des « Soudanais ». Dans la littérature de l'époque abondent alors des témoignages à charge de ces « dévastateurs » des ressources humaines et naturelles qui, par la même occasion, sont accusés du massacre du gibier, et des éléphants en particulier[94]. Une vision édénique du Congo oriental avant les invasions arabo-swahili (nature gratifiante, population nombreuse et gibier abondant) contraste avec les calamités qui suivent leurs prédations[95], tandis que la brutalité du commerce esclavagiste est mise en opposition avec le commerce européen qualifié de « légal »[96] et que l'ivoire acquis par les esclavagistes sur le sang des hommes contrarie la délicatesse du travail des ivoiriers[97].

Malgré plusieurs revers et retournements de situations, les troupes de l'État remportent des victoires acquises grâce à leur supériorité en armes perfectionnées. Les populations locales, libérées des contraintes et des violences liées à la réduction en esclavage, se mettent, volontairement ou de force, sous la bannière et la protection des Européens. Simultanément,

---

[94] Becker, J., *La Vie en Afrique ou Trois ans dans l'Afrique centrale*, t. 1, Paris-Bruxelles, J. Lebègue et Cie, 1887, p. 104.

[95] De nombreuses sources issues surtout d'agents de l'EIC accusent les Arabo-swahili d'avoir provoqué la ruine de plusieurs régions (voir Stanley, H. M., *In Darkest Africa or the quest, rescue, and retreat of Emin Governor of Equatoria*, New York, Charles Scribners Sons, 1890, p. 238-240; von Wissmann, H., *My second journey throught Equatorial Africa form the Congo to the Zambezi in the Years 1886 and 1887*, Londres, Chatto & Windus, 1891, p. 181, 194 et 241; Luwel, M., citant H. von Wissmann (Tagebuch, 19/03/1887) in « Un plan d'action dressé contre les esclavagistes dressé par l'explorateur Hermann von Wissmann », in *Africa-Tervuren*, n°16/3-4, 1970, p. 96 ; Hinde, S. L., *La chute de la domination des Arabes du Congo*, Publication de la Société d'Études Coloniales, Bruxelles, Librairie européenne G. Muquardt, 1897, p. 28 ; Chaltin, L., « Le district de l'Aruwimi-Uelle », in *Le Congo Illustré*, 1894, p. 115 et MRAC/Hist : Fonds L. Chaltin (HA.01.0058): cahier n°1, La question arabe, p. 9-10 et cahier n°2, District de l'Aruwimi-Uele, p. 19).

[96] Selon Werner, J. R., en remontant le fleuve, les Européens remplaceront le stock de vieil ivoire, noir et sale, caché ou emmagasiné dans les villages des autochtones par un ivoire blanc, apporté directement après avoir tué l'éléphant (in *A visit to Stanley's Rear-Guard at Major Barttelot's Camp on the Aruhwimi*, Edinburgh – Londres, William Blackwood ans sons, 1889, p. 321-324).

[97] Glave, E. J., *Six Years of Adventure, op. cit.*, p. 229.

Ressources et profits 59

l'ivoire change de mains. Avec ou sans ménagement, les agents de l'État tentent alors de recueillir un maximum d'ivoire en signe de soumission, en échange de fusils ou de poudre, mais aussi par taxes ou par pillage. Dans certains cas, pourtant, une politique d'alliance avec les Araboswahili constitue le plus sûr moyen de garantir l'occupation territoriale de la région orientale. Engagé pour le compte de l'État comme *vali*[98] des Stanley Falls en 1887, Tippo Tip accepte, tout en assurant sa prospérité personnelle, de servir ses intérêts en écoulant l'ivoire récolté par ses collaborateurs par le fleuve vers Boma plutôt que par la route terrestre qui mène à Zanzibar[99].

Dès 1889, pressé de fournir d'indispensables fonds à son État, le roi veut davantage d'ivoire à échanger contre de plus larges provisions d'armes et de munitions, et ordonne un établissement plus solide de ses agents dans les Bangala et dans les régions et têtes de rivières à ivoire[100]. Cet encouragement à peine masqué à la force incite ses agents à piller la matière précieuse. Son regard se porte aussi vers le Haut-Nil où, suite au rapport de Stanley sur son expédition de secours à Emin Pasha (1887–1889)[101], il voit l'occasion d'étendre ses ambitions géopolitiques dans sa marche vers le Nil et d'y assurer un marché pour ses ressources. Déçu par l'échec de l'expédition von Wissmann au Kasaï (1885) qui devait lui fournir une masse importante d'ivoire pour payer ses avances, le roi se met à espérer devant la description des amoncellements d'ivoire observés dans

---

[98] Les conditions dans lesquelles Tippo Tip a accepté cette fonction et ses relations avec l'EIC sont décrites dans l'ouvrage de Hahner-Herzog, I., *Tippu Tip und der Elfenbeinhandel in Ost- und Zentralafrika im 19. Jahrhundert*, tuduv-Sudien, Reihe Völkerkunde, t. 2, München, 1990, p. 311-328.

[99] Voir à ce sujet Renault, F., *Tippo-Tip. Un potentat arabe en Afrique centrale au XIXème siècle*, Société française d'histoire d'outre-mer, Nvelle série, Travaux, 5, Paris, L'Harmattan, 1987, plus spécifiquement les p. 191-208.

[100] MRAC/Hist : Fonds Léopold II (HA.01.0125): lettre de Léopold II à Strauch (?), Bruxelles, 09/03/1890.

[101] La rumeur attribue à cette période septante-cinq tonnes d'ivoire récoltées par Emin Pasha (1840-1892), représentant isolé de l'autorité du Khédive dans une partie de la Province d'Équatoria, pour payer les coûts de son administration et qui représentent quelques 1 500 000 Fr de l'époque (Vellut, J.-L., « La violence armée dans l'État Indépendant du Congo. Ténèbres et clartés dans l'histoire d'un État conquérant », in *Cultures et développement*, n°16/3-4, 1984, p. 678). L'ivoire d'Emin, selon Stanley, constitue un moyen de rembourser le Khédive qui a versé une somme de soutien à l'expédition, de même qu'un « *joli surplus qui aiderait à récompenser largement les survivants des Zanzibari* » (Stanley, H. M., *Dans les ténèbres …, op. cit.*, t. I, p. 62).

l'Uele et le Bahr-el-Ghazal. Se défaisant de l'alliance avec Tippo Tip, l'État organise de véritables razzias sur l'ivoire; les expéditions de Van Kerckhoven, Vangèle et leurs successeurs prolongent ainsi les réseaux khartoumiens en échangeant l'ivoire contre des fusils et des munitions[102] et en utilisant souvent la force pour s'emparer de leurs nombreux dépôts[103]. Au cours des combats d'octobre 1891, Van Kerckhoven s'approprie près de 3000 pointes d'ivoire du clan de Tippo Tip dans l'Uele[104]. La guerre de la colonne de Francis Dhanis contre les Arabo-swahili au Maniema est financée par l'immense butin d'ivoire prélevé dans les fiefs de Sefu, fils de Tippo Tip, et par les 25 tonnes d'ivoire acquises lors la prise de Kasongo le 22 avril 1893[105]. Lors de la chute de Redjaf en 1897, Chaltin entre en possession de 4 tonnes d'ivoire et s'empare de fusils et de poudre permettant d'acheter de l'ivoire aux auxiliaires Makrakras[106] pendant plusieurs années[107]. Ces quelques exemples prouvent une systématisation de la conquête de l'ivoire par des procédés expéditifs. Conjointement à ces pratiques, l'État met en place d'autres moyens pour obtenir rapidement l'ivoire à son profit.

Troisième étape: consolider un système légal d'appropriation de l'ivoire

La fin du monopole commercial des Arabo-swahili au profit de l'État s'accompagne, en parallèle, d'une gabegie de la concurrence pratiquée par les sociétés commerciales européennes, établies sur les terres domaniales de l'État en amont du Stanley-Pool et, jusqu'alors, exemptes de droits de sortie pour les produits récoltés, conformément à la liberté commerciale

---

[102] MRAC/Hist : Fonds A. Daenen (HA.01.0042): carnet de route (1890).

[103] Vellut, J.-L., *op. cit.*, p. 683-688 ; MRAC/HIST : Fonds A. Vangèle (HA.01.0124): Carnet des achats d'ivoire, 1888-1889 ; Van Kerckhoven à Van Eetvelde, 16/09/1891 (AGR : Pap. Van Eetvelde, n° 4), cité par Ceulemans, P., *La question arabe et le Congo (1883-1892)*, Mémoire de l'Académie royale des Sciences coloniales, Cl. Sc. Morales et Politiques, t. 22/1, Bruxelles, 1959, p. 205.

[104] *MG*, 18/09/1892, p. 97.

[105] Voir à ce sujet Marechal, Ph., De « Arabische » Campagne..., *op. cit.*, 1992.

[106] Les Zande orientaux, appelés Adyo, étaient établis dans une région où avait reflué une mosaïque de peuples réfugiés devant les colonnes zande, soudanaises, etc (selon Junker, W., *Reisen in Afrika, 1875-1886*, Vienne, Hölzel, 1889, n°1, p. 352, 416, 454). En 1893-1894, dans le Haut-Nil, ces troupes « régulières » de l'EIC et ses alliés et les forcent à abandonner armes et ivoire et à évacuer les postes de l'État sur le Nil et la Haute-Dungu (Vellut, J.-L., *Congo. Ambitions et désenchantements, op. cit.*, p. 82)

[107] MRAC/Hist : Fonds L. Chaltin (HA.01.0058): cahier n° 21: Chaltin au GG, Poste du Mont Loka, 10/06/1897.

garantie par la Conférence de Berlin. L'État affirme progressivement sa volonté de monopoliser toutes les recettes de l'ivoire, en instaurant un système de faire-valoir direct suivant lequel il achète ou s'approprie à son compte les produits de cueillette et les met en vente. Cette pratique se réalise au détriment des sociétés commerciales belges et étrangères privées installées au Congo comme la Sanford Exploring Expedition (SEE) (1886), reprise en décembre 1888 par la Société anonyme belge pour le commerce du Haut-Congo (SAB) et qui possède 83 factoreries dans le Haut-Congo[108]. En juillet 1889, un rapport de Van Kerckhoven, commandant des Bangala, exprime au gouverneur général Camille Coquilhat la volonté de se dégager de cette concurrence en prétextant que ces sociétés ont acquis leur ivoire de manière illégale :

> Par le vol et le pillage, aucune marchandise n'a été donnée en échange, aucune transaction commerciale n'a eu lieu. On pourrait donc également le [l'ivoire] confisquer si la chose était possible. Elle ne l'est pas. Mais il y a quelque chose à faire. Cet ivoire est à notre portée aussi bien qu'à celle des Arabes. Nous sommes-nous organisés dans le but de l'acquérir ? Je le répète, nous le pouvons. Les ressources qui en résulteraient indemniseraient le Gouvernement de ses efforts et on aurait à peu de frais, ou même sans frais, de nouvelles découvertes, de nouvelles possessions et l'organisation du pays[109].

À partir de 1889, date charnière pour l'exploitation de l'ivoire, l'État organise et met en pratique deux types de mesures législatives et administratives : l'établissement d'un système de contrôles, de taxes et de primes à la récolte de l'ivoire et la réglementation de la chasse aux éléphants en vue de les protéger contre tous actes illégaux.

Des Commissions sont accordées aux agents afin de les encourager à récolter les produits du domaine aux plus bas prix. Alors qu'un bénéfice de 5% est octroyé sur les profits nets à l'achat de l'ivoire perçu, cet incitant est remplacé, en 1890, par un système plus complexe dont le pourcentage

---

[108] *Procès-verbaux des A.G. de la SAB*, fasc. 8, (Bruxelles, 1893), p. 12 ; fasc. 9, (Bruxelles, 1894), p. 15-22 (cité par Salmon, P., *La carrière africaine de Harry Bombeeck, agent commercial (1896-1899)*, Coll. Histoire de l'Afrique, Les correspondances de Civilisations, Bruxelles, ULB, Institut de Sociologie, 1990, p. 9-10).

[109] AA/AE : Papiers F. Van Kerckhoven, 55, n°8: Voyage aux Stanley Falls, rapport de Van Kerckhoven au GG, 05/07/1889 (cité par Salmon, P., « L'État Indépendant du Congo et la question arabe (1885-1892) », in *Le centenaire de l'État indépendant du Congo. Recueil d'Études*, Bruxelles, ARSOM, 1988, p. 453).

est inversement proportionnel au prix d'achat en Europe et des droits de sortie de l'ivoire[110]. Les sociétés commerciales européennes, belges y comprises, établies au Congo critiquent dès lors cette pratique déloyale et obtiennent l'abandon partiel du droit exclusif de l'État de récolter l'ivoire dans une partie du domaine public[111]. Le produit reste, par contre, fortement imposé par des droits de sortie quatre fois plus élevés, après la mise en application du décret du 25 mars 1890[112] et par un droit de patente par zone fluviale, droit bientôt remplacé par une taxe sur sa valeur[113]. Ces mesures fiscales provoquent notamment des protestations de la Nieuwe Afrikaansche Handels-Vennootschap (NAHV), héritière de la maison hollandaise d'import-export installée à la côte depuis 1857 et parmi les premières à commercer avec les réseaux africains drainant les produits du fleuve Congo. Cette société transfère son siège de Kinshasa à Brazzaville et développe ses activités sur la rive portugaise, comme nous le verrons dans le chapitre suivant[114]. De même, les entraves imposées par l'État provoquent l'exode du commerce bobangi vers la rive française qui ajoute au commerce d'ivoire la production et la vente de vivres afin de compléter ses revenus[115].

L'année suivante, plusieurs mesures imposent aux chefferies des prestations de travail pour le compte de l'État[116] et proclament son droit

---

[110] Les Commissions atteignent parfois 10% pour l'ivoire acheté à 8 fr par kilo alors qu'elles régressent en fonction de la hausse du prix d'achat de l'ivoire – 9% pour 10 fr par kilo, 8% pour 9 fr par kilo (AA : Fonds G. Fivé (D12/387) : note de Fivé, s. l., 11/04/{1889}, cité par Marechal, Ph., *op. cit.*, p. 243).

[111] Selon le décret du 9 juillet 1890, l'État permet aux sociétés privées la récolte de l'ivoire de son domaine dans les territoires situés au delà du Stanley Pool et qui sont accessibles aux vapeurs, en aval des chutes de Stanley Falls et en aval des chutes des affluents du Congo, sur une profondeur de rive de 50 km.

[112] Ceux-ci passent de 50 à 200 Fr par tonne d'ivoire (*BO*, 1890, p. 81).

[113] Sur le réseau navigable (1ère zone), l'EIC prélève un droit de patente de 2 fr/kg, tandis que dans l'hinterland (2ème zone), le droit de patente est porté à 4 fr/kg d'ivoire (*BO*, 1890, p. 80) ; de plus, un droit de sortie de 2 fr frappe chaque kilo d'ivoire quittant le territoire de l'État. Le décret du 19 février 1891 supprime les droits de patente sur l'ivoire et établit une taxe de 10% ad valorem sur l'ivoire acheté dans tous les territoires du Congo dans une zone s'étendant à 50 km du fleuve et sur les rivières navigables et une taxe de 25% sur l'ivoire acheté dans le reste de l'État (*BO*, 1891, p.23).

[114] Wauters, A.-J., *L'État Indépendant du Congo*, Bruxelles, Librairie Falk Fils, 1899, p. 401.

[115] Vellut, J.-L., *Congo. Ambitions et désenchantements, op. cit.*, p. 55.

[116] Art. 4 du Décret du 6 octobre 1891 sur les chefs indigènes (*BO*, octobre 1891, p. 260)

de propriété sur toutes les terres vacantes, terres non directement occupées par les autochtones. Plusieurs actes législatifs et arrêtés d'exécution renforcent cette radicalisation patrimoniale de l'État sur l'ivoire, de même que sur d'autres ressources naturelles comme le caoutchouc naturel (*funtumia elastica*) ; ils introduisent surtout la notion de fraude pour recel d'ivoire ou récolte illicite, tant dans le chef des autochtones que dans celui des commerçants étrangers: tous sont tenus de le rapporter aux chefs des divers postes de l'État[117]. Désormais interdite, la récolte de l'ivoire est exclusivement réservée à l'État et à ses propres sociétés concessionnaires constituées en août 1892, la Compagnie anversoise du Commerce au Congo, dans le bassin de la Mongala et l'Anglo-Belgian India Rubber and Exploring (ABIR) dans le bassin Lopori-Maringa et dans la région de l'Équateur, particulièrement riche en ivoire et en caoutchouc. Ces sociétés se voient confier l'exploitation, l'administration et la police de ces zones d'occupation. Transformée en domaine privé, une grande partie de l'EIC est ainsi exploitée par des agents privés sous la surveillance des commissaires de districts et des contrôleurs locaux. Entre juillet et octobre 1892, les sociétés commerciales privées émettent à nouveau de véhémentes protestations contre l'État qui met en jeu leur liberté commerciale. Le décret du 30 octobre 1892 établit un *modus vivendi* en répartissant ce territoire en trois zones économiques distinctes[118]. La première zone est réservée au commerce libre, où les dispositions de l'acte

---

[117] Le décret du 29 septembre 1891 (Van Grieken, M. (éd.), *Décrets de l'État Indépendant du Congo non publiés dans le Bulletin Officiel, Ière Partie (1886-1895)*, Tervuren, 1967, p. 164) ordonne aux commissaires de districts de l'Aruwimi-Uele, de l'Ubangi-Uele et aux chefs d'expéditions du Haut-Ubangi de prendre des mesures urgentes et nécessaires pour conserver à la disposition de l'État les ressources naturelles de son domaine, principalement le caoutchouc et l'ivoire. Ainsi, en application à celui-ci, la circulaire du commissaire de district de l'Ubangi-Uele, Ernest Baert défend aux autochtones de chasser l'éléphant à mons de remettre à l'État l'ivoire récolté (Bangala, 15/12/1891, in *MG*, 19/12/1892, p. 147). Deux mois plus tard, Georges Le Marinel, commandant de l'expédition de l'Ubangi-Uele, adopte la même circulaire pour le Haut-Ubangi (14/02/1892). En outre, cette circulaire stipule que « *les commerçants qui achèteraient ces produits dont l'État n'autorise pas la récolte qu'à condition qu'on lui en apporte les fruits se rendraient coupables de recel et seraient dénoncés aux autorités judiciaires* ». (Wauters, A. J., « Le commerce au Congo belge », in *MG*, 24/07/1892, p. 61-62).

[118] La 1ère zone est constituée du Mayumbe, région des Chutes, rives du Haut-Congo depuis le Pool jusqu'aux Stanley Falls – à l'exception des districts de l'Equateur et de l'Aruwimi -, rive gauche de l'Ubangi en aval du confluent du Bomu, bassins Ruki, Ikelemba, Lulonga et Kasaï ; la 2ème correspond aux bassins Congo-Lualaba

de Berlin continuent à être appliquées ; la deuxième, à l'État pour cause de sécurité publique et fermée au commerce, avec possibilité d'y exploiter le caoutchouc en fonction des circonstances ; la dernière, enfin, constitue le domaine privé du roi, qui deviendra « Fondation de la Couronne » en 1901, et de ses compagnies concessionnaires, et correspond à l'immense territoire de la cuvette, la plus riche en ivoire et en caoutchouc. Le système des primes est également supprimé au bénéfice de frais d'indemnisation qui sont, en réalité, des récompenses déguisées pour les agents récolteurs. Fixés par l'État au cas par cas, ils sont réglés par les commissaires de districts qui gagnent par ce biais, de beaux bénéfices personnels de ces achats[119]. Ces pratiques, à l'évidence, engendrent des abus. Dans une correspondance privée à sa mère, le duc d'Uzès, en voyage dans la région de l'Ubangi, témoigne, sur fond de rivalités franco-belges, des abus provoqués par la frénésie ambiante pour l'ivoire:

> Il suffit de dire que les Belges se donnant comme officiers de l'armée touchent un tant pour cent sur l'ivoire, il est bien naturel, n'est-ce pas, de s'en procurer par tous les moyens possibles […]. Dans un district, les indigènes sont réduits à cacher dans la brousse leur ivoire et leur caoutchouc, de peur d'être volés par les officiers de l'État. Il y avait dans ce district un grand nombre de villages. L'habile politique qui est à sa tête a réduit ce nombre à deux. Dès qu'il savait qu'un village avait de l'ivoire, il suscitait des querelles parmi les habitants et sous prétexte de calmer les esprits, il brûlait le village et raflait les marchandises, tuait quelques hommes et menait le reste à la libération. Il est vrai que chaque pointe d'ivoire et chaque libéré lui rapportaient un joli petit bénéfice[120].

La réglementation de la chasse aux éléphants constitue l'autre versant de la politique monopolistique de l'État. Le décret du 25 juillet 1889 interdit la chasse à l'éléphant sur tout le territoire de l'EIC à l'exception de permissions spéciales destinées aux particuliers, Européens comme Africains[121]. Ce décret s'inspire des mesures proposées au roi dès l'été

---

et Haut-Lomami, Urua ainsi qu'au Katanga ; la 3ème, des bassins du Bomu, Uele, Mongala, Itimbiri, Aruwimi, Lopori, Maringa, et des lacs Léopold II, Tumba et Lukenie.

[119] Marechal, Ph., *op. cit.*, p. 243-245.

[120] d'Uzes, Duchesse, *Le voyage de mon fils au Congo*, Paris, E. Plon, Nourrit et Cie, 1894, p. 169 et 243-247.

[121] Avant cette date, un précédent législatif, concrétisé par l'arrêté du 20 novembre 1888 (*Recueil administratif*, 1890, n° 55) du gouverneur général sur la chasse existe déjà et règle les faits de chasse à Boma et ses alentours, dans un souci de tranquilité publique

1885 par Francis de Winton, administrateur général du nouvel État afin de garantir ses intérêts et d'alléger ses dépenses. Parmi elles, l'établissement d'un permis commercial de chasse, agrémenté d'une clause spéciale relative aux éléphants menacés d'extinction : « *A heavy game license should be charged for all persons who make hunting an object for trade and a special clause concerning elephants should be issued otherwhise these animals will soon disappear* »[122]. Dorénavant, le gouverneur général frappe les contrevenants de pénalités par une mesure de police administrative qui soumet l'exercice du droit de chasse à une autorisation et s'accapare, de ce fait, toutes les dépouilles chassées de façon illicite. Présenté comme une volonté de « conservation de la race des éléphants », il vise surtout à maintenir garantis « les droits de l'État sur les éléphants capturés ou tués sur ses domaines »[123]. Il marque ainsi la volonté de l'État de faire mainmise sur le produit que procure l'éléphant et veut, par la contrainte, établir une situation où il contrôle les mouvements de cette source de profit. Ce décret pose, de manière implicite, la question de l'existence du lien direct entre les droits de chasse dits « traditionnels » des populations concernées et le droit de propriété[124]. À la demande d'Edmond Van Eetvelde (1852–1925), secrétaire d'État à l'Intérieur de l'EIC, l'éminent

---

en évitant le recours intempestif aux armes à feu. Celui-ci s'apparente davantage à des mesures de police qu'à une gestion du système d'appropriation des ressources naturelles par l'État. Nous y trouvons pourtant une clause relative à l'interdiction de chasse des oiseaux insectivores – pique-bœufs et corbeaux – pour cause de salubrité publique, ces espèces utiles pouvant aider à combattre certains parasites ou maladies animales et humaines. Plusieurs autres arrêtés de ce type suivront, en 1894 et 1895, renforçant les mesures afin d'empêcher la destruction de toutes espèces d'oiseaux à Boma, à l'exception des oiseaux de proie et du gibier d'eau (Arrêté GG du 7 février 1894), puis autorisant la chasse aux corbeaux, qui avait auparavant été interdite (Arrêté GG du 11 juin 1895), et celles d'interdiction de tir dans les agglomérations habitées de Boma (Arrêté du GG, 17/12/1895).

[122] MRAC/Hist : Fonds de Winton, RG 840 : lettre de de Winton à Léopold II, Vivi, 9/07/1885.

[123] *BO*, 1889, p. 169-171.

[124] Dans diverses régions du Congo, cette pratique est courante. Chez les Yeke, par exemple, celui qui abat un éléphant dans un territoire sous leur contrôle, rapporte les défenses au Mwami ; chez les Tio, une patte ou une défense d'éléphant abattu sur le domaine du chef lui revient de droit ; en Angola, l'imposition *o dente da terra* consiste à offrir une défense d'ivoire au chef du territoire sur lequel l'éléphant est tombé (Legros, H., *op. cit.*, p. 110-111 ; Vansina, J., *Les anciens royaumes de la savane*, *op. cit.*, p. 82 ; Foà, E., *After Big Game in Central Africa*, p. 143).

juriste Edmond Picard ne tranche pas la question sous prétexte que le droit belge, qui lie pourtant le droit de chasse à la propriété, ne peut être utilisé pour répondre au cas africain[125]. Devant ce vide juridique, l'État préfère faire table rase en abrogeant « tous usages et coutumes ayant force de loi et contraires aux dispositions du présent décret ». Sont donc visés tous types de chasses pratiquées par les Africains, l'État s'accaparant ainsi, par plusieurs circulaires exécutives du décret, toutes les dépouilles chassées considérées comme illicites.

Dans l'attente de la mise à exécution du décret de 1889 par le règlement de 1896[126], suppléé par celui du 28 novembre 1893 relatif à la perception des prestations en nature, l'arrêté du gouverneur général Coquilhat du 5 octobre 1889[127] précise que la chasse à l'éléphant dans tout le territoire de l'État est conditionnée par l'obtention préalable d'un permis annuel pour les non-autochtones, munis d'armes à feu perfectionnées, et d'une autorisation pour les autochtones chassant au moyen de fusils à silex ou d'armes traditionnelles. Après avoir banni les populations locales du droit de chasse, le règlement de 1896 édicte une mesure générale concernant la conservation des éléphants en leur assurant des conditions de reproduction favorables et interdit, dans ce but, leur chasse dans les zones forestières et aux époques déterminées par les commissaires de districts délégués[128]. Une fois l'assurance prise de pouvoir utiliser à son profit toutes les ressources naturelles des terres vacantes, l'État adoucit toutefois ses mesures draconiennes. Il autorise les chefs reconnus par lui à chasser ou à faire chasser l'éléphant dans les domaines désignés par eux, à condition d'acquitter une taxe équivalant à la moitié de l'ivoire provenant de la chasse, tandis que l'autre moitié reste leur propriété, tout en étant marquée par l'État.

---

[125] Picard, E., *Consultation sur les droits domaniaux de l'État Indépendant du Congo*, novembre 1892, p. 63-64.

[126] Règlement d'exécution du décret du 25 juillet 1889, in *BO*, 1896, p. 272.

[127] *Recueil Mensuel des Circulaires*, 1896, p. 153.

[128] Lycops, A., *Codes congolais et lois usuelles en vigueur au Congo collationnés d'après les textes officiels et annotés*, Bruxelles, F. Larcier, 1900, p. 389 ; *MG*, 08/11/1896, n°45, p. 551.

2.3. Rituels sportifs et exhibitions

Outre les objectifs alimentaires et commerciaux, la chasse sportive ou de loisirs se manifeste dès le début des explorations et de l'occupation territoriale. S'y déploie un arsenal de pratiques, de concepts et de rituels spécifiques qui illustrent une hiérarchisation de classes sociales, de genres et de races. Globalement, la supériorité morale, scientifique et technique des Européens est opposée aux pratiques des populations africaines considérées dans la plupart des cas comme des « hors-la-loi ». Les représentations visuelles de la chasse, que ce soient les illustrations et les photographies mais aussi les trophées, manifestent clairement de ces préjugés. Elles témoignent tout autant de l'héroïcisation de l'occupant étranger qui maîtrise l'animal exotique et sauvage et le transforme en objet utilitaire, de curiosité ou de contemplation.

Une pratique élitiste

Dans les premières années de présence européenne dans le bassin du Congo, les chasses au gibier sont davantage une corvée qu'une occupation choisie, une activité à ajouter aux longues heures de marche dans des régions inconnues, où règne parfois la famine et où les hommes, toutes origines confondues, fatigués ou malades, doivent, en outre, chercher des appoints protéiniques nécessaires à leur subsistance. La chasse fournit cependant, nous l'avons indiqué, un surplus parfois non négligeable dans les stations et les postes de l'État qui sont également des centres de ravitaillement pour les troupes et les hommes de passage. En règle générale, peu d'Européens, en quête de gibier plus abondant, osent pourtant s'aventurer loin de leur campement. Les Belges, en particulier, sont décrits, à de rares exceptions près, comme de piètres manieurs d'armes par les Britanniques et les Allemands, classés, quant à eux, au palmarès des chasseurs les plus réputés ; pire, ils semblent les mépriser[129]. Lorsque le colonel Gustave Fivé (1849–1909), pourtant routinier de l'art de la guerre qu'il mène contre les Arabo-swahili, déclare dans une allocution au Cercle Africain : « en ma longue carrière de voyages je me suis souvent laissé entraîner dans les pires aventures de chasse, mais, vous l'avouerais-je,

---

[129] MacKenzie, J., *op. cit.*, p. 305: citant des auteurs comme Campbell, D. (*Wanderings in Central Africa*, Londres, 1929) et Daly, M. (*Big Game Hunting and Adventure, 1897-1936*, Londres, 1937).

je ne me sens pas l'âme d'un grand chasseur ; l'observation me séduit et m'attire davantage »[130], il résume sans aucun doute le sentiment de la plupart de ses compatriotes ; ainsi, le commandant Georges Le Marinel doit moins ses « exploits » à son habileté qu'à des cibles particulièrement dociles[131]. Les voyageurs britanniques en Afrique centrale sont, par contre, plus prolixes à cet égard. Stanley, qui se présente comme un sportif accompli, avoue avoir réalisé « tous les rêves du *sportman* » et préconise aux novices d'emporter trois types de fusil au minimum, un pour la plume, un pour la grosse bête et un pour la défense[132].

Pour certains agents cependant, la chasse constitue un loisir qui meuble les moments d'inactivité, de mélancolie, de déprime, et devient une excellente alternative aux tensions et aux fatigues. Les jeunes hommes engagés dans une carrière militaire la considèrent comme une activité modèle qui sert d'émulation à leurs qualités « viriles » et à l'entraînement hygiénique qui allie courage, endurance, vigueur, effort sportif, saine émotion, goût de la nature et sensation de liberté. L'engagement au service de l'État constitue donc pour ces militaires une estimable source d'avancement dans la carrière, mais aussi un terrain propice pour affronter en temps réel les « dangers de toutes natures » qui excitent leur « fièvre de chasse »[133] : cet « excellent cours de tir sur des cibles vivantes »[134] préfigure un entraînement utile aux combats contre les hommes.

Le commandant Léon Hanolet illustre une symbiose réussie du militaire et du chasseur de gros gibier. Nemrod expérimenté, accompagné de son fidèle braque campinois, il prétexte la « raison d'État »[135] pour justifier un passe-temps favori qui conduit parfois à de véritables carnages. Parallèlement au prestige qu'il tire de ses campagnes militaires, la réputation de ses exploits cynégétiques est liée à l'histoire de la station de Léopoldville qu'il alimente en un nombre impressionnant de gibiers

---

[130] Fivé, G., « Causeries du Mercredi, Chasse et Pêche », in *Cercle Africain*, p. 3.
[131] Lemarinel, G., « Causeries du Mercredi », in *Cercle Africain*, p. 9.
[132] Stanley, H. M., *Comment j'ai retrouvé Livingstone. Voyages, aventures et découvertes dans le centre de l'Afrique*, Paris, Hachette, 1884, p. 54.
[133] Hanolet, L., *op. cit.*, p. 142.
[134] MRAC/Hist : Fonds C. Gilleain (HA.01.0131) : journal de notes, Ndobo, 1898-1899.
[135] Hanolet, L., *op. cit.*, p. 732.

de toutes tailles. Dans les articles qu'il rédige sur le sujet[136], il note que son engagement pour l'État tient pour beaucoup à l'esprit de chasse, alliant aventures et entreprises, mais aussi à la liberté concédée à la chasse non réglementée : « Il n'y a ni gendarme, ni garde-champêtre, ni garde-forestier. Pas de chasses privées, donc pas de procès-verbaux »[137]. Assurément hâbleur, Oscar Michaux, premier commandant en chef de l'artillerie de l'EIC, publie à son tour un récit haut en couleur de ses épisodes cynégétiques sous prétexte d'être le « fournisseur de la table » du poste de Lusambo, lui donnant ainsi l'occasion de s'adonner à son plaisir favori. Il se vante notamment d'avoir tiré à coups de canon Krupp sur un groupe d'antilopes qui « furent littéralement couvertes de pierrailles et de terre, et, bien entendu, au plus grand plaisir des camarades qui assistaient à cette chasse, d'un genre nouveau et tout à fait inédit »[138].

La chasse ne représente pas seulement une nécessité vitale, une exigence commerciale ou un prétexte à l'action, elle permet aussi de mesurer les hiérarchisations raciales et socioculturelles sur base des critères d'identité et de reconnaissance définis par le groupe élitaire des chasseurs sportifs. À l'époque, la pratique cynégétique est liée à un code de conduite qui propose un modèle vers lequel tendre : le chasseur tire avec « sentiments », il apprécie et respecte la beauté et la force de l'animal, évite de tuer les femelles et leur progéniture, poursuit les animaux blessés pour éviter leur souffrance inutile et ne tire pas depuis un train ou à bord d'un steamer. Le chasseur est membre d'un club exclusif, dont les pouvoirs se distinguent par la technologie des armes à feu et les connaissances scientifiques occidentales. Ce code de chasse est surtout un code de classe, défendu indistinctement au sein de différentes nations occidentales. Tous ceux qui s'en écartent en sont exclus d'office, déconsidérés et relégués au rang de « chasseurs médiocres » pour les Européens et de « braconniers » pour les Africains. Ainsi Hanolet distingue deux catégories de chasseurs, les véritables, amateurs de « fortes et saines émotions, si la fatigue et le manque

---

[136] Il est l'un des rares agents de l'EIC à réunir des renseignements inédits de chasse au gibier des bassins du Congo et du Haut-Nil dans un opuscule de 47 pages intitulé *Chasses dans l'Afrique Centrale*, paru en 1904, dans lequel il démontre ses doubles penchants pour la chasse et pour l'observation avisée des animaux et rédige plusieurs articles consacrés à la chasse dans le *Bulletin de la Société belge d'Études coloniales*, mai-juin 1895, n°3, p. 141-56 et *MG*, 13/11/1940, n° 46, col. 544-545.

[137] Hanolet, L., « La chasse au Congo », *op. cit.*, p. 156.

[138] Michaux, O., *Au Congo. Carnet de Campagne. Episodes et impressions de 1889 à 1897*, Namur, Librairie Dupagne-Counet, 1913, p. 53.

de confort ne vous effraient pas », et ceux de la parade, « chasseurs à gants jaunes, à belles guêtres de même nuance, à blouse à plis de chez le faiseur, à l'héroïque plume de faisan qui feront bien de ne pas aller chasser au Congo »[139]. Tel qu'il apparaît, le code de chasse fait, de la même manière, transparaître une catégorisation des espèces animales qui fait écho à la diffusion des théories évolutionnistes. Considérés comme des adversaires à part entière dans cette rencontre tragique pour l'un et victorieuse pour l'autre, les animaux les plus évolués reçoivent davantage de considération de la part du chasseur. Le passage d'une chasse commune à une chasse sacralisée se produit lors du « duel à mort », à la fois le plus beau et le plus terrible, entre le chasseur expérimenté et le buffle, « le plus redoutable adversaire du chasseur »[140]. Le gibier est anthropomorphisé et catégorisé selon sa sportivité, sa personnalité et son caractère. Au palmarès des élites se situent l'éléphant et le rhinocéros, les plus difficiles à tuer et, de la même manière, les plus sportifs, ainsi que le buffle, le plus dangereux. Au bas de l'échelle se trouvent les prédateurs, tels que l'hyène, aux « mœurs terribles, odieux maraudeur », et le chien sauvage, féroce et audacieux, voyageant par troupe, ainsi que les animaux sans intérêt comme la girafe ou le rhinocéros, stupide et farouche, au « caractère impossible ». Le crocodile, quant à lui, représente le stade le plus ancien de l'évolution ; abhorré, il est abattu insensiblement.

De même, la chasse occidentale exacerbe la domination sur les autochtones qui sont majoritairement considérés comme des « braconniers » du fait que leur chasse diffère de la chasse sportive par son objectif de survie et par ses techniques rudimentaires. La cruauté des techniques utilisées (feux de brousse, pièges, filets) est surtout critiquée. La chasse à l'hippopotame pratiquée au moyen de fosses ou de harpons heurte la sensibilité européenne, un spectacle « barbare {qui} dure des heures et revêt trop souvent un caractère de brutale cruauté », et est « dépourvue de toute idée sportive »[141]. Ces considérations témoignent du rejet considérable des pratiques africaines et d'une méconnaissance de leurs fonctions et usages ; elles seront utilisées pour progressivement éliminer ces techniques, et, par extension, éliminer, jusqu'à un certain point, les Africains de toute pratique de chasse. Comme dans le code appliqué aux animaux, les autochtones sont soumis à des jugements de

---

[139] Hanolet, L., « La chasse au Congo », *op. cit.*, p. 154.
[140] « Le Buffle », in *La Belgique Coloniale*, 08/12/1895, p. 41.
[141] Hanolet, L., « Notes sur la chasse au Congo », *op. cit.*, p. 726 et 731

valeur qui les relèguent aux rangs inférieurs d'auxiliaires, de pisteurs ou traqueurs, tandis que l'acte du tir reste l'apanage du colonisateur. Hanolet argumente cette ségrégation par la trop grande émotivité des traqueurs locaux : « dès que le gibier est signalé, le 'blanc' doit seul s'avancer vers lui sinon, les noirs, trop impressionnables, compromettraient le résultat de la chasse par leurs cris et leurs gestes »[142]. Cependant, certains agents de l'État chargent des autochtones de confiance, boys et chasseurs locaux, de chasser pour eux en leur fournissant des armes à feu[143]. Loin des exploits, ces pratiques ont essentiellement un but alimentaire. Plusieurs agents reconnaissent aussi la supériorité des Africains en matière de pistage[144], de connaissance en « histoire naturelle »[145] et même, pour tirer du gibier permettant de nourrir le personnel des stations[146]. D'autres, enfin, tels que Fernand de Meuse, récolteur de l'une des premières collections botanique, minéralogique et ethnographique, étudient les méthodes et instruments de chasse et notent l'habileté des populations du Congo, tout en révélant leur passion pour la viande, le *nyama*[147].

Trophées et photographies

Certains faits de chasse sont ritualisés par des procédés visuels significatifs, dessins et gravures, sculptures, photographies, trophées. Ceux-ci renseignent sur la construction des imaginaires coloniaux à propos

---

[142] Hanolet, L., « La chasse au Congo », *op. cit.*, p. 153 ; *Manuel du Voyageur…*, *op. cit.*, p. 244.

[143] Hanolet, L., « Notes. », *op. cit.*, p. 731-732; Dryepondt, G., « Causeries du Mercredi », in *Cercle Africain, op. cit.*, p. 25.

[144] Hermann van Wissmann reconnaît cependant dans un article destiné à apporter des conseils sur la chasse en Afrique, la supériorité des pisteurs africains et conseille que l'Européen ne parte pas sans guide local : « *L'indigène est naturellement supérieur à l'Européen dans l'étude d'une piste ; mais on ne peut pas dire qu'il voit mieux, qu'il a un sens plus subtil que nous. Si nous ne distinguons pas aussi vite que le nègre, le gibier, cela tient à un éclairage auquel nous ne sommes pas accoutumés, à l'aspect étranger du terrain* » (Copie manuscrite d'un article de von Wissmann, H., « La chasse en Afrique », in *Militar Wochenblatt*, n° 99, 1894 (MRAC/Hist : Fonds A. Daenen (HA.01.0042), farde V).

[145] Foà, E., *After Big Game in Central Africa. Records of a sportsman from August 1894 to November 1897, when crossing the dark continent from the mouth of the Zambesi to the French Congo*, Londres, Adam & Charles Black, 1899.

[146] Lemarinel, P., *op. cit.*, p. 29.

[147] « La Chasse », in *Le Congo Illustré*, 1893, p. 194-195.

de la nature africaine et de sa faune[148]. La photographie et le trophée, en particulier, stimulent et soutiennent la destruction de la faune sauvage, tout en fournissant aux observateurs extérieurs un témoignage censé être authentique des expériences des chasseurs sur le terrain qui fixent pour la postérité le résultat de leurs « exploits ». Ces artifices se réapproprient ainsi un sujet animal disparu et lui redonnent, en quelque sorte, une seconde existence ; ils idéalisent aussi la chasse en transformant un acte strictement alimentaire ou économique en geste codifié, « sportifié » et « artifié » qui mêle, de manière subtile, l'enregistrement de records de chasse, la collection de trophées et de spécimens d'histoire naturelle ainsi qu'une démonstration de virilité et de modèle moral[149]. À travers ces chasses « ritualisées », la constitution de collections de trophées et de photographies procède de la même idéologie et du même message: le témoignage, par l'acte de chasse, de la prise de possession de l'animal devenant sinon l'adversaire, du moins, la proie. L'acte photographique produit ainsi une double monstration : celle de l'animal doublement tué, une première fois par l'arme à feu, une seconde par l'objectif de la caméra[150], et celle du chasseur, transposition du héros victorieux présenté

---

[148] Voir à ce sujet Edward, E., « La photographie ou la construction de l'image de l'Autre », in Bancel, N. et Blanchard, P. et alii, *Zoos humains. De la vénus hottentote aux reality shows*, Paris, La Découverte, 2002, p. 327.

[149] Voir à ce sujet l'article de MacKenzie, J., « Chivalry, social Darwinism and ritualised killing: the hunting ethos in Central Africa up to 1914 », in *Conservation in Africa…, op. cit.*, p. 42.

[150] Cette analogie correspond aussi à la corrélation lexicale entre la terminologie du tir de chasse et du tir photographique et en utilise, dans un cas comme dans l'autre, les mêmes vocables (le chargement, la traque) et les mêmes verbes (viser, armer, tirer) (Sontag, S., *On Photography*, New York, Dell, 1973). Cette concordance provient probablement de l'évolution simultanée des techniques des armes à feu et de la photographie ainsi que de l'apparition, dans la décennie 1880, de la caméra Kodak, de la pellicule plastique au nitrate et d'un procédé d'utilisation mécanique et non plus chimique comme pour les plaques de verre. Le maniement et le transport de l'appareil photographique deviennent plus aisés, tout comme les armes de plus petits calibres (Martini-Henry, Winchester) qui sont aussi plus légères. Le célèbre slogan Kodak *You pull the trigger, and we do the rest* établit explicitement l'instantanéité du procédé mécanique : une image se réalise par simple pression de l'obturateur de la caméra ; un trophée de chasse l'est de la même manière par la gâchette de l'arme à feu (Laudau, P., « Hunting with gun and camera: a commentary », in Hartmann, W., Silvester, J. et Hayes, P. (éd.), *The colonising camera. Photographs in the making of Namibian History*, Cape Town, University of Cape Town Press Ltd, 1998, p. 152; Landau, P., « The Visual Image in Africa: an Introduction… », in Landau, P. et Kaspin, D. (éd.), *Images and Empires. Visuality in Colonial and Postcolonial Africa*, University of California Press, 2002).

à proximité de son trophée. En outre, les conventions photographiques adoptées pour les clichés de chasse sont identiques : le chasseur se présente généralement à côté de son trophée, témoignant à la fois de sa paternité sur l'acte accompli et de la masse corporelle ou des attributs les plus impressionnants (défenses, cornes) de sa dépouille. Sur la carcasse ou à proximité de celle-ci, l'arme à feu se dresse, tel l'attribut identitaire du chasseur, symbole de sa domination technologique et exemple du type d'arme ou de calibre à utiliser.

Les photographies de chasse prises durant la période de l'EIC ont pour sujet des trophées de chasse mais répondent aussi à des objectifs divers. Elles servent d'abord d'indicateurs alimentaires, comme en témoignent les emblématiques photographies d'hippopotames prises par le botaniste Fernand de Meuse durant l'expédition d'Alexandre Delcommune dans le Haut-Congo pour le compte de la CCCI. Objets d'une exposition de photographies[151] agrandies par le photographe Alexandre pour être présentées au Cercle Artistique et Littéraire de Bruxelles en 1890 puis à l'Exposition Internationale et Coloniale de Bruxelles-Tervuren en 1897, celles-ci informent le public sur la masse carnée disponible, source de ravitaillement gratuit pour le personnel des stations et des expéditions. Ce type de photographie envahit les revues coloniales pour illustrer « la nourriture du blanc au Congo »[152] ou l'exploit d'une capture, comme le montre une espèce de « requin » pêché à l'embouchure du fleuve[153]. Certains trophées présentent aussi des tentatives douteuses de rapprocher des espèces, des races et des genres (hommes sauvages, singes, êtres hybrides) dans le but de les comparer et d'en établir une hiérarchie[154]. Tel est le cas de divers clichés illustrant des articles consacrés aux primates présentés debout, dans une posture humaine et le plus souvent accompagnés d'hommes ou de garçonnets de même taille. Ceux-ci confortent l'idée de similitudes physiques et comportementales avec les

---

[151] CCCI, *Exposition de photographies représentant des Vues et Types du Congo, Catalogue*, Bruxelles, Impr. L. Bourlard, 1890.
[152] *La Belgique Coloniale*, 23/02/1896, p. 85 et 89.
[153] *Ibid.*, 15/03/1896, p. 121.
[154] Voir à ce sujet Herzfeld, C. et Van Schuylenbergh, P., « Singes humanisés, humains singés : dérive des identités à la lumière des représentations occidentales », in *Social Science Information*, June 2011, n° 50/2, Londres – Thousand Oaks – New Delhi, Sage Publications, p. 251-274.

populations locales « sauvages »[155], prouvant ainsi toute l'ambiguïté du regard photographique sur des animaux que les conceptions scientifiques contemporaines présentent comme des êtres doués d'intelligence et de faculté d'apprivoisement, les dressant de la sorte au sommet de l'échelle évolutionniste.

Certains trophées sont aussi photographiés dans des mises en scène savantes, voire, extravagantes. La mode et l'esprit victoriens de couvrir les murs des demeures nobiliaires et hôtels de maître de la haute bourgeoisie européenne de matières premières animales (peaux, cornes, défenses d'ivoire) illustrent en partie la tendance au catalogage visuel des savoirs encyclopédiques de l'Europe en cette fin du 19e siècle. La nature « sauvage » des empires coloniaux à travers le monde répond clairement à cet engouement. Le goût pour les combinaisons « ethnique-histoire naturelle » se manifeste dans les expositions internationales et chez les abonnés aux carrières et aventures dans l'outre-mer. Un cas exemplaire est celui du major P.H.G. Powell-Cotton, dont la demeure britannique, qui deviendra un musée, rassemble le fruit de ses chasses africaines et asiatiques, des collections d'armes et d'artisanat ramenés de ses nombreux voyages et des dioramas qui illustrent des types d'habitations africaines et indiennes. En Belgique, certains coloniaux suivent le mouvement. Alexandre Delcommune, par exemple, décore la salle de billard de sa villa spadoise, *Mongoganita*, de nombreux souvenirs au service du commerce dans l'EIC : s'y déploient parures, armes traditionnelles, velours du Kasaï, photographies, de même qu'un ensemble faunique composé de défenses d'ivoire, de léopards empaillés, de trophées d'antilopes et de ses fameuses photographies de chasse à l'hippopotame. Ces exhibitions d'animaux sauvages abattus, domptés, et reconstitués

---

[155] Cette interprétation a surtout été analysée dans le cadre des expositions coloniales à caractère ethnographique dans plusieurs villes européennes entre 1875 et 1930, comme elle est mentionnée par exemple dans la mise en décor de populations africaines comme les Bushmen dont les allures les faisaient ressembler « à des singes plutôt qu'à des hommes ». Nous renvoyons, pour la problématique générale sur l'image véhiculée sur l'Autre dans ce qu'on nommera les zoos humains, où étaient transposés des groupes représentant des populations originaires des divers empires coloniaux, ainsi que des exemplaires de leurs faunes dans des décors artificiels recomposés, à l'ouvrage de Bancel et Blanchard, déjà cité et, en particulier, l'article de Corbey, R., « Vitrines ethnographiques : le récit et le regard », *op. cit.*, p. 92-93 ainsi que ««Inventaire et surveillance : l'appropriation de la nature à travers l'histoire naturelle », in Blanckaert, C. et alii (coord.), *Le Muséum au premier siècle de son histoire*, Paris, Éd. Muséum national d'Histoire naturelle, 1997, p. 541-557.

selon un agencement spectaculaire constituent un ordonnancement volontariste des formes les plus « sauvages » de la nature africaine. Sur le terrain, Georges Gilson en offre une autre illustration convaincante. Commandant de la zone de la Meridi (Bahr-el-Ghazal) entre 1905 et 1908, il y réalise de nombreuses photographies et s'adonne aussi au dessin et à l'aquarelle. Ses clichés représentent la vie du camp et les activités des populations locales, mais montrent aussi, par ses nombreux trophées d'antilopes kob, d'hippopotames, d'éléphants, de buffles et de girafes, qu'il était un chasseur aguerri. Si la plupart d'entre eux sont présentés selon les conventions de l'époque, ils forment aussi les éléments d'une nature morte théâtralisée dans laquelle l'auteur crée un animal imaginaire dont les parties de corps sont reconstituées par les trophées de plusieurs espèces abattues.

La photographie n'est pas le seul procédé servant à magnifier visuellement les exploits des chasseurs européens. Les ouvrages de l'époque insèrent des gravures qui illustrent leurs aventures cynégétiques et renforcent les épisodes particulièrement épiques de leur vie sur le terrain. L'illustration graphique tourne, en effet, à son avantage ce que la technique photographique ne peut alors pas encore matériellement prouver : l'action de la chasse, l'instant fatal de la rencontre entre le chasseur et sa cible, l'animal encore en vie, dans son environnement propre et représenté dans des attitudes physiques dévoilant son tempérament, sa fureur, sa peur ou son étonnement. L'ouvrage *Les Belges dans l'Afrique centrale*, compilé par Charles de Martrin-Donos et Alphonse Burdo[156], fournit un condensé exemplaire de la manière dont les principaux graveurs contemporains (A. Ronner, Leemans, Charles Hens, etc.) traitent le sujet. Non seulement s'y trouvent illustrées les espèces africaines préférées des chasseurs (buffle, rhinocéros, hippopotame, lion, léopard, crocodile, zèbre et girafe), mais s'y constate aussi une grande similitude dans le traitement de ce genre, supposant l'existence de caractéristiques illustratives communes où se mêlent fougue romantique, souci du détail animalier à l'avant-plan, décor forestier ouvert ou découvert, et chasseur(s) à l'arrière-plan, épiant ou tirant sa/leur proie. Contrairement à la photographie, l'illustration permet de montrer l'instantanéité de l'acte de chasse, tout comme la puissance dégagée par les animaux, ce qui rend la situation plus impressionnante et

---

[156] De Martrin-Donos, Ch., *Les Belges dans l'Afrique centrale. Le Congo et ses affluents*, t. 1 et 2 et Burdo, A., *Les Belges dans l'Afrique centrale. Du Zanzibar au lac Tanganyika*, t. 3, Bruxelles, P. Maes, 1886.

permet une héroïcisation du chasseur, encore renforcée par les légendes qui accompagnent les dessins. Ainsi le capitaine Roger est davantage représenté pour ses exploits de chasse[157] que comme membre de la 3ᵉ expédition belge de l'AIA. Personnage indispensable à la bonne marche et à la survie de la colonne durant les épisodes de disette et de famine, il personnifie l'archétype du héros populaire, grâce à sa personnalité, à son expérience de l'étranger, à sa connaissance des langues, mais aussi et surtout, à sa passion pour la chasse.

Tout comme l'illustration, le trophée monté pallie la morbidité photographique par le geste artistique du taxidermiste qui immortalise l'animal tiré en le reconstituant à l'identique de manière intacte, sans blessures apparentes et les yeux ouverts où transparaît son souffle de vie. Par ailleurs, les clichés photographiques d'animaux vivants qui se développent progressivement dès le début du 20ᵉ siècle vont inaugurer une ère nouvelle où la caméra n'est plus subordonnée à l'arme à feu, mais s'y superpose ou s'y substitue. Le développement de substantiels moyens techniques et plus perfectionnés permettra alors d'envisager d'autres prises de vue où la mise à mort de l'animal n'est plus la condition *sine qua non* de sa capture par l'image. Ces dimensions inédites seront abordées de manière plus précise dans le chapitre relatif aux différentes manières d'exposer et de présenter une faune sauvage préservée.

---

[157] Citons l' « Exploit de Roger », dans Burdo, A., *ibid.*, p. 189 et « Les grandes chasses de Roger », gravure réalisée par F. Heins dans Becker, J., *op. cit.*, p. 281.

3. Sauver les éléphants

La diminution, voire, la disparition partielle ou totale de plusieurs espèces fauniques constituent la conséquence la plus directe des pratiques de chasse dans l'EIC comme dans l'ensemble du continent colonisé. Phénomène global, cette diminution est en effet étroitement liée à la pénétration de plusieurs vagues de colonisations africaines et européennes exerçant leurs ravages au moyen d'armes à feu de plus en plus sophistiquées. Entre le milieu du 17e et la fin du 19e siècle, l'ampleur et les conséquences des sagas destructrices sont bien documentées et étudiées pour les colonies britanniques, l'Afrique du Sud en particulier, mais aussi en Afrique centrale orientale[158], et mettent en évidence une combinaison de facteurs et de situations endogènes ou exogènes pour expliquer la raréfaction du gibier. Si la recherche de gibier pour les besoins de subsistance, surtout en période de sécheresse, pour alimenter le commerce de viande de chasse, de peaux ou d'ivoire, pour constituer des collections et pour l'exploit sportif explique en partie ce phénomène, l'extension des terres agricoles et d'élevage, le développement de zones de peuplement et des dégradations écologiques conséquentes font reculer celui-ci vers des contrées toujours plus éloignées qui font, à leur tour, reculer les frontières de peuplements humains.

---

[158] À ce sujet, voir notamment MacKenzie, J., *The Empire of Nature. Hunting, conservation and British Imperialism*, Manchester – New York, Manchester Univ. Press, 1997 et plus particulièrement le chapitre consacré à « Hunting and settlement in South Africa » (p. 85-119); Beinart, W., « Empire, Hunting and Ecological Change in Southern and Central Africa », in *Past and Present*, n° 128, 1990, p. 162-186, ainsi que « Soil erosion, Conservationism and Ideas about development », in *Journal of Southern African Studies*, n°11/1, 1984, p. 105-129 ; à propos des phénomènes de la sécheresse dans la colonie du Cap au 19e siècle, voir Grove, R., « Early themes in Africa conservation : the Cape in the nineteenth century », in Anderson, D. et Grove, R. (éd.), *Conservation in Africa. People, policies and practice*, Cambridge, Cambridge Univ. Press, 1987, p. 28-31 ; pour le contexte plus large des effets des sécheresses durant la décennie 1870 en Afrique du Sud, voir Davis, M., *Génocides tropicaux. Catastrophes naturelles et famines coloniales. Aux origines du sous-développement*, Paris, La Découverte, 2003, p. 115-118 ; Beinart, W. et Hughes, L., *Environment and Empire*, Oxford, Oxford Univ. Press, 2007.

Plusieurs chasseurs britanniques réputés comme William Ch. Baldwin, William Cornwallis Harris ou Roualeyn George Gordon-Cumming sont à la fois acteurs et témoins des modifications, parfois radicales, causées par le phénomène en Afrique australe. Les exploits cynégétiques décrits dans leurs récits de voyage[159] tiennent, en effet, autant de la nécessité alimentaire que du goût du sport et, parallèlement, alertent l'opinion publique de la disparition du gibier tout en stimulant les spéculations sur les espèces qui subsistent. Par ce biais, ils contribuent à la persistance du culte cynégétique tel qu'il se vit et s'exprime, tout en étant dénoncé dans cette 2e moitié du 19e siècle auprès d'une société victorienne qui voit se renforcer une sensibilité face à la cruauté et aux mauvais traitements envers les animaux, notamment par le biais de la Society for the Prevention of Cruelty to Animals (1824). Le missionnaire et explorateur David Livingstone, observateur privilégié de la disparition de la faune durant ses explorations entre 1840 et 1873, manifeste clairement de cette ambiguïté entre les actions de chasse sur le terrain et un respect profond pour le monde animal et ses souffrances[160]. Chassant lui-même par nécessité pour nourrir sa famille et son escorte ou laissant faire ses accompagnateurs et amis, William Cotton Oswell et Gordon-Cumming, dont il admire les qualités mais qui opèrent parfois de véritables massacres, il avoue ses scrupules à abattre les animaux, car « amant chaleureux de l'histoire naturelle, je n'ai pas une seule bienveillance pour la tribu entière

---

[159] Baldwin, W. Ch., *African Hunting and Adventure from Natal to the Zambezi 1852-1860*, Londres, Richard Bentley, 1863; Harris, W. C. Harris, *Narrative/Wild Sport* (1838); Gordon-Cumming, R. G., *Five Years of a Hunter : Life in the Far Interior of South Africa*, Londres, John Murray, 1851.

[160] Pour Livingstone qui a évolué dans une culture où la connaissance scientifique, la vérité religieuse et l'appréciation esthétique de la nature sont en symbiose, les rapports qu'entretient l'homme avec les animaux doivent être soumis à des considérations éthiques qui s'inscrivent dans un modèle de pensée selon lequel le monde naturel et, par extension, les animaux sont indissociables de l'œuvre divine. La compassion envers ces créatures divines, dotées de véritables capacités intellectuelles, fait partie des qualités morales les plus tangibles qui définissent la capacité d'humanité de l'être humain (voir à ce sujet Thomas, K., *Man and the Natural World : Changing Attitudes in England, 1500-1800*, Londres, Allen Lane, 1983 et Calder, A., « Livingstone, Self-Help and Scotland », in *David Livingstone and the Victorian Encounter with Africa*, National Portrait Gallery, Londres, 1996, p. 93. Pour les débats philosophiques et juridiques sur les concepts de respect, de droit et de protection des animaux, mais dans une vision globalisante, voir Ferry, L., *Le nouvel ordre écologique. L'arbre, l'animal et l'homme*, Paris, Grasset, 1992, p. 57-86 et Larrère, C., *Les philosophes de l'environnement*, Paris, PUF, 1997, p. 39-59.

des bouchers dont le seul but est d'emplir leur gibecière, sans égard pour la souffrance animale »[161].

En voyage dans la colonie dans la décennie 1890, le chasseur Henry Anderson Bryden témoigne d'une réalité qu'aucun observateur ne peut plus nier : une faune considérablement réduite et certaines espèces définitivement éliminées dans les Provinces du Cap, du Natal, la Province Libre d'Orange et dans la République Sud-Africaine[162]. Dans son article « *The extermination of game in South Africa* »[163], Bryden offre une image apocalyptique de la situation et, avec le support du lobby préservationniste métropolitain dont Bryden est membre, encourage l'introduction et la mise en place de mesures légales plus strictes en matière de chasse et de protection de certaines espèces. Ces critiques annoncent une conscientisation accrue des métropoles à la problématique de la protection de l'environnement dans leurs possessions d'outre-mer. La menace que constitue l'épuisement de la faune sauvage, pour l'exploration, le peuplement et la mise en valeur du continent par les Européens, entraîne, en effet, de grandes craintes quant à la capacité à fournir sur place des ressources naturelles en suffisance, une menace mettant à mal, du moins dans un premier temps, la survie même des colonies. L'État indépendant du Congo manifeste, à cet égard, un exemple significatif de ce paradoxe.

3.1. Déclin de la faune

L'attrait pour la viande prend d'assaut l'ensemble de la faune sauvage. La diffusion plus large d'armes à feu sophistiquées y contribue grandement. De même, la demande internationale accrue pour les matières premières animales renforce surtout la recherche exacerbée de l'ivoire, motif essentiel de pénétration de groupes africains et européens, lourdement armés, toujours plus à l'intérieur du continent, vers les zones où les éléphants abondent encore. Parallèlement, les trophées et autres spécimens zoologiques sont prélevés par goût de l'exploit sportif ou de la collection scientifique. Similairement à l'Afrique du Sud et aux

---

[161] Waller, H., *Dernier journal du docteur David Livingstone relatant ses explorations et découvertes de 1866 à 1873*, Paris, Librairie Hachette et Cie, 1876, p. 75.

[162] Cette désertion est décrite pour la période 1860-1885 par Anderson, A. *Twenty-Five Years in a Wagon : Sport and Travel in South Africa*, Le Cap, 1974 (1ᵉ éd. 1887), p. 1-87.

[163] In *Fortnightly Review*, n° 62, 1894, p. 538-551.

colonies britanniques d'Afrique orientale, la prédation de l'EIC pour l'ivoire suscite en Europe, et en Belgique en particulier, de nombreux débats contradictoires. Les uns valident l'idée d'une ressource inépuisable qui renforce les ambitions politiques et économiques de la gouvernance léopoldienne ; les autres dénoncent le pillage étatique de l'ivoire et le phénomène global du déclin et de la disparition des éléphants sur le territoire congolais.

Interprétations contemporaines

Les sources permettant d'apprécier avec justesse le mouvement général de régression de l'espèce sont diverses. Les statistiques du commerce officiel de l'ivoire du Congo sur le marché international donnent une vision d'ensemble. Par ailleurs, plusieurs sources littéraires offrent souvent des informations plus précises sur les réalités de terrain, et notamment sur les modalités des transactions et le nombre de défenses qui passent de main en main entre les intermédiaires africains et les agents de l'EIC ou des sociétés concessionnaires[164]. Les unes et les autres doivent être cependant utilisées avec précaution. Les premières ne renseignent pas le nombre de défenses passées en fraude, ne distinguent pas l'ivoire ancien et les dents plus récentes, prélevées sur des éléphants fraîchement abattus. Les secondes offrent un ensemble d'informations éparses, peu aisées à comparer, à vérifier, et à quantifier ; certaines d'entre-elles véhiculent une part de mythes et de légendes présentées comme des données fiables.

Les agents attachés aux maisons commerciales atlantiques fournissent les premières informations chiffrées sur le nombre de défenses échangées

---

[164] Nous trouvons d'autres détails sur les procédés commerciaux de l'ivoire dans Burton, R. F., *The Lake regions of Central Africa. A picture of exploration*, t. 2, Londres, Longman, Green and Roberts, 1860, p. 346-379, concernant entre autres le commerce de l'ivoire dans l'Est africain, surtout à Zanzibar), Cameron, V. L., « Le commerce de l'Afrique », in *Bulletin de la Société royale de géographie d'Anvers*, 1891, p. 261-280), Lemaire, Ch., (*Bruxelles et Congo*), Merlon, A., (*Le Congo producteur*), ainsi que dans un certain nombre de brochures ou d'articles de Dybowski (« Exploitation des produits du Congo », in *Revue Nouvelle*, 1893, p. 663), Donckier du Donceel (« Les Productions végétales et animales de consommation et d'exportation dans le bassin du Congo », in *Journal de l'Association des anciens élèves de l'Institut agricole de Gembloux*, 1895, p. 391), etc. D'autres types de renseignements sur le commerce de l'ivoire firent l'objet de notices insérées dans le *Mouvement Géographique* ou publiés par Reichard, P. (« Das Afrikanische Elfenbein und sein Handel », in *Deutsche Geographische Blätter*, n° 12, 132-168) et par W. Westendarp.

à la côte contre des produits de troc[165]. Souvent extrapolées pour diverses raisons, celles-ci prouvent néanmoins le dynamisme de ce commerce. Au début des années 1870, le Français Charles Jeannest, commerçant à la factorerie de Banane, estime à cinq ou six mille les défenses de tailles diverses exportées depuis le Congo jusqu'à Ambriz, en Angola[166]. En 1881, le père Augouard témoigne de villages où « chaque case a trente, quarante et jusqu'à quatre-vingts dents d'ivoire qui sont achetées par les courtiers Bakongos qui les dirigent dans le Sud sur Kissembo et Ambriz »[167]. Quelques années plus tard, grâce à l'intervention d'Alexandre Delcommune qui a noué des relations commerciales avec Don Pedro, roi du Kongo, les factoreries de Boma et de Noki auront détourné le commerce de l'ivoire portugais à leur profit. Dans son ouvrage « *Le Congo producteur* », A. Merlon, membre de la Société belge de Géographie, se base sur son expérience missionnaire dans le Haut-Congo pour estimer que 300 tonnes annuelles d'ivoire proviennent du haut-fleuve et sont destinées à l'exportation[168].

En métropole, dès sa parution en 1884, la revue *Le Mouvement Géographique* évoque l'importance commerciale de l'ivoire sur les marchés Londresiens[169]. Les arguments de H. M. Stanley ne font que renforcer l'idée d'abondance. Dans son chapitre « *Kernel of Argument* », ce dernier donne une estimation du nombre de défenses d'ivoire que l'État pourrait obtenir en se basant sur le nombre d'éléphants (200 000) et de troupeaux (15 000) qu'il dit peupler le bassin du Congo. En multipliant ce nombre, tout à fait fantaisiste, par le poids moyen d'une défense (50 livres, soit +/- 25 kg), il calcule une valeur de cinq millions de livres sterling (125 millions

---

[165] F. Bontinck, qui a étudié les premiers établissements commerciaux établis sur la côte atlantique, en dénombrait 32 entre Sette et Ambriz et, en 1877, à l'embouchure du fleuve Congo, Stanley trouva 3 firmes commerciales (AHV de Greshoff devenant plus tard la Nieuwe Afrikaansch Handels Vennootschap, la maison française J. Lasnier Daumas Latrigue, devenant ensuite la maison Daumas-Bréraud et Cie, la maison anglaise Hatton et Cookson) qui possédaient elles-mêmes d'autres succursales échelonnées entre Banana et Noki (Bontinck, F., « Makitu, commerçant et chef des Besi Ngombe (vers 1857-1899) », in *Le centenaire de l'État Indépendant du Congo. Recueil d'études*, Bruxelles, ARSOM, 1988, p. 354).
[166] Jeannest, Ch., *Quatre années au Congo*, Paris, 1883, p. 117-119.
[167] De Witte, J., *Monseigneur Augouard. Sa Vie, Ses notes de voyage et sa correspondance*, Paris, Émile-Paul Frère, 1924, p. 151.
[168] Merlon, A., *Le Congo producteur*, Bruxelles, 1888, p. 36.
[169] « *L'ivoire. Sa récolte et ses principaux marchés* », in *MG*, 21/09/1884, p. 56.

de francs belges de l'époque). Néanmoins, il pense qu'à ce rythme les éléphants ne survivraient pas plus de vingt-cinq ans[170]. Limité dans le temps, leur ivoire est d'autant plus précieux. Cependant, lors du voyage qui le fait descendre le cours du fleuve Congo, il rectifie ses premières observations et donne des chiffres revus à la hausse, se rendant compte que « le bassin du Congo ayant une vaste superficie, et des quantités énormes ayant été recueillies annuellement dans la région orientale de l'Afrique, il se peut que j'aie évalué trop modestement le nombre d'éléphants existant encore dans la partie vierge, inexplorée, du continent »[171]. D'après ses nouvelles informations, le Stanley Pool posséderait un stock de 3000 défenses réunies pour la vente, un chiffre confirmé pour le Haut-Congo par d'autres agents de l'EIC dans le journal Londresien, le *Moniteur des Consulats*: « [...] au rapport de MM. Van Gèle, Coquilhat et Zboïnski, les éléphants sont très nombreux dans le Haut-Congo, on comprendra facilement quelle importance prendra, pour le nouvel État libre, le commerce de l'ivoire, dès la construction du chemin de fer projeté, de Vivi à Isanghila et de Manyanga à Léopoldville »[172].

Ces annonces enthousiastes sont pourtant soumises à caution. Autorité incontestée dans le domaine commercial, l'Allemand W. Westendarp décourage les commerçants européens à entreprendre des expéditions pour l'ivoire à cause des coûts élevés et des difficultés de transport à l'intérieur du territoire[173]. Il estime que, comparativement au marché de Zanzibar[174], dominant mais restant stable (974 tonnes (t) entre 1874 et 1878, 983 t entre 1879 et 1883), le doublement des importations d'ivoire

---

[170] Stanley, H. M., *The Congo and the Founding of its Free State*, n° 2, Londres, Sampson Low – Marston – Searle&Rivington, 1885, p. 355-356 : « Altough ivory is such a precious article, it is by no means inexhaustible, and therefore it cannot be rated very high {...}. At the same time, although limited, it is a valuable product, and as such will be an object to commerce. If 200 tusks arrived per week at Stanley Pool, or say £260.000 per annum, it would still require twenty-five years to destroy the elephant in the Congo bassin.»

[171] « L'ivoire », in *Le Congo Illustré*, 1893, p. 42.

[172] *Le Moniteur des Consulats*, 11/07/1885.

[173] Rapport sur les éléphants et le commerce de l'ivoire présenté au Congrès de Géographie d'Hambourg en avril 1885 (« Der Elfenbeinreichtum Afrikas », in *Ausland*, 1885, n° 5). Son texte fut repris en substance et traduit en français dans « Le commerce de l'ivoire africain », in *L'Afrique explorée et civilisée*, Genève, août 1885, p. 241-248.

[174] Voir à ce propos Sheriff, A., *Slaves, Spices and Ivory in Zanzibar. Integration of an East African Commercial Empire into the World Economy, 1770-1873*, Londres – Nairobi, James Currey – Heinemann, 1987.

sur le marché britannique entre 1840 et 1880 (de 300 à 600 t) a provoqué, durant cette période, une destruction deux fois plus rapide des éléphants qu'avant 1840. Pour l'Afrique orientale britannique, en effet, les chiffres de 40 000 éléphants tués pour l'ivoire à destination de la métropole sont véhiculés depuis une dizaine d'années par Horace Waller sur base des indications de F. D. Blyth. Le massacre est tel qu'en 1876, le poids moyen des dents n'excède plus 14 livres (soit, moins de 6,5 kg), preuve que les chasseurs ont épuisé les plus gros spécimens et s'en prennent alors aux immatures[175]. Au sud du lac Tanganyika, par exemple, alors qu'en 1870, Livingstone y observe de nombreux troupeaux éléphants, à peine dix ans plus tard, l'explorateur Joseph Thomson, durant son expédition pour le compte de la Royal Geographical Society, témoigne de leur absence totale[176]. Selon Westendrap, l'importante production d'ivoire du bassin du Congo (862 t entre 1875 et 1884) va indubitablement fléchir dans le futur, car elle dépasse les exportations annuelles globales à l'échelle sub-saharienne (840 t en moyenne) et engendrerait le massacre annuel de 65 000 éléphants pour les besoins commerciaux, tout en excluant ceux tués pour les usages locaux. Pour Wauters, au contraire et grâce au développement des voies de communication, le marché léopoldien sera d'abord constitué des stocks d'ivoire « mort », emmagasinés par les populations locales depuis longtemps avant le commerce d'ivoire résultant de chasses récentes. Celui-ci engage donc à considérer l'avenir comme prometteur[177]. Dans les années suivantes cependant, Wauters commencera à publier des articles qui dénoncent le massacre des éléphants et relayera la cause des « amis des éléphants » qui, comme le journaliste français Paul Bourdarie et le chasseur Édouard Foà, indiqueront bientôt la destruction annuelle d'environ 40 000 éléphants africains[178].

---

[175] Waller, H., *The Last Journals of David Livingstone in Central Africa from 1865 to his death*, Londres, John Murray, t. 2, 1874, p. 89-92.
[176] Thomson, J., *To the Central African Lakes and back. The narrative of the Royal Geographical Society's East Central African Expedition 1878-1880*, t. 2, Londres, Frank Cass & Co. Ltd., 1968, p. 285.
[177] « L'ivoire », in *MG*, 17/10/1886, col. 88a.
[178] Bourdarie, P., « L'éléphant d'Afrique. Mesures internationales de protection », extrait du *Compte-rendu du Congrès International Colonial de Bruxelles* 1897, Bruxelles, Impr. Travaux Publics, 1898, p. 11-12 ; « Les amis des éléphants », in *MG*, 27/08/1899, col. 425-426.

Exportations d'ivoire

D'après les estimations[179], ces chiffres alarmistes doivent cependant être revus à la baisse pour aboutir à 12 000 éléphants massacrés annuellement en Afrique orientale britannique entre 1879 et 1883, période au cours de laquelle les exportations d'ivoire atteignent leur paroxysme. Selon MacKenzie, les années 1870 atteignent des records jamais égalés dans les territoires britanniques d'Afrique orientale et australe équivalant notamment à la destruction de deux mille individus entre 1872 et 1874[180].

Dans le cas de l'EIC, les statistiques des exportations d'ivoire sorti officiellement du Congo donnent une idée assez fiable sur les quantités d'ivoire circulant au Congo et, par extension, sur le nombre d'éléphants abattus. Reste un doute important sur l'ivoire sorti de manière illicite ou sous des prétextes divers, notamment scientifiques, de même que sur les éléphants abattus et dont les défenses restent dans le territoire. L'utilisation de ces données doit être, dans une large mesure, soumise à caution. En outre, la plupart des auteurs qui citent ces chiffres ne mentionnent pas leurs sources, à l'exception du *Mouvement Géographique* qui se base sur les statistiques de Willaert et Westendarp pour le marché d'importation de l'ivoire à Anvers. En outre, ces données ne précisent pas si les chiffres s'appliquent au commerce spécial, ne comprenant que les marchandises produites par l'EIC, ou au commerce général, comprenant toutes les marchandises qui entrent dans le territoire ou qui en sortent. Le *Bulletin Officiel de l'État Indépendant du Congo* fournit dès lors les statistiques les plus fiables, qui sont reprises par

H. Waltz, dans son ouvrage *Das Konzessionswesen im Belgischen Kongo*[181] pour la période 1886–1905. L'*Annuaire statistique de la Belgique et du Congo belge*, édité par le ministère de l'Intérieur à Bruxelles, fournit, quant à lui, les données entre 1898–1900 et 1958.

---

[179] Voir à ce sujet Alpers, E. A., *Ivory and Slaves in East Africa*, Londres, 1975 ; Spinage, C. A., « A review of ivory exploitation and elephant trend in Africa », in *East African Wildlife Journal*, Nairobi, n° 11, 1973, p. 281; Forbes Munro, J., *Africa and the International Economy*, Londres, Dent (Everyman's University Library), 1976; Beachey, E.W., « The East African Ivory trade in the nineteenth century », in *Journal of African History*, n° 8, 1967, p. 269-290 ; Moore, E. D., *Scourge of Africa*, Londres, 1931.

[180] MacKenzie, J., *op. cit.*, p. 124-125.

[181] Waltz, H., *Das Konzessionswesen im Belgischen Kongo*, t. 1, Iéna, Gustav Fischer, 1917, tableau 3.

Une progression continue et globalement constante du commerce spécial d'exportation de l'ivoire vers l'étranger s'observe entre 1886 et 1908, correspondant à 4294 tonnes d'ivoire d'une valeur de 92 800 000 fr de l'époque. Dans ce mouvement général de hausse, de brusques accentuations se manifestent en 1889–1893 et surtout en 1894–1899 qui atteint des records, mais avec des fluctuations à la baisse et à court terme. La politique structurelle de l'EIC informe de ces variations.

Années	Ivoire (kg)	Ivoire (Fr)
1886	18 666	373 320
1887	39 786	795 700
1888	54 812	1 096 240
1889	113 532	2 270 640
1890	180 605	4 668 887
1891	141 775	2 835 500
1892	186 521	3 730 420
1893	185 933	3 718 660
1894	252 083	5 041 660
1895	292 232	5 844 640
1896	191 316	3 826 320
1897	245 824	4 916 480
1898	215 963	4 319 260
1899	291 731	5 834 620
1900	262 665	5 253 300
1901	198 230	3 964 600
1902	249 307	4 986 140
1903	184 954	3 791 557
1904	166 948	3 839 804
1905	210 338	4 837 774
1906	178 207	4 455 175
1907	203 583	6 414 900
1908	228 757	5 936 244
Total	4 293 768	92 751 841

Fig. 1 *Exportations d'ivoire en quantité (kg) et en valeur absolue (francs belges) renseignées pour le commerce spécial (c-à-d., premant en compte les produits congolais exportés).* Source : H. WALTZ, *Das Konzessionswesen im Belgischen Kongo*, t. 1, Iéna, Gustav Fischer, 1917, tableau 3.

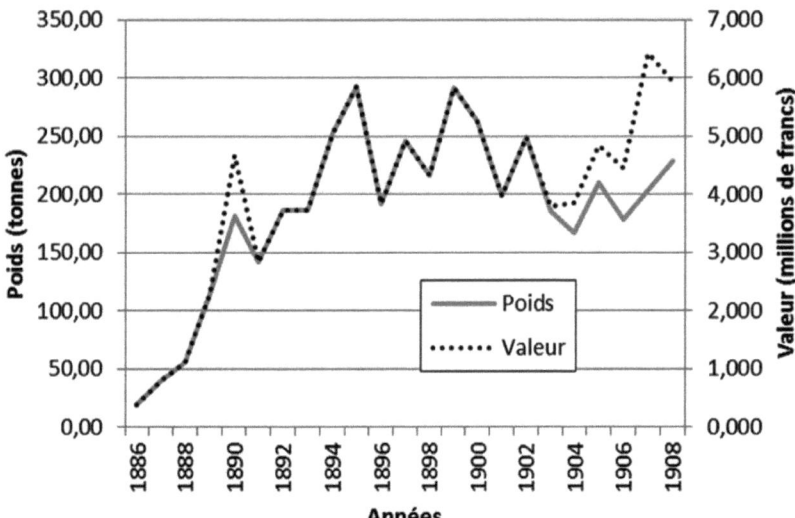

Fig. 2 *Exportations d'ivoire traduites en quantité (tonnes) et francs (belges), se rapportant aux statistiques fournies par Waltz pour la période 1886–1908.*
Source : *ibidem.*

L'année 1886 voit les premiers recensements d'ivoire grâce à la création de la Sanford Exploring Expedition (SEE), entreprise privée qui donne le signal de l'importation à Anvers des produits du Congo, notamment de l'ivoire. Jusqu'en 1889, l'importation d'ivoire se limite à 7 t, malgré les approvisionnements plus importants de nouvelles firmes qui élargissent le terrain commercial. Pressé de fournir d'indispensables fonds à l'organisation et à la poursuite de ses expéditions, le roi fait procéder, en 1889, à d'importants achats d'ivoire qu'il compte revendre avec de gros bénéfices, notamment par l'intermédiaire de la SEE qui devient la Société anonyme belge pour le commerce du Haut-Congo (SAB). À l'époque, Léopold II a assumé d'importantes dépenses (+/- 11,5 millions de francs belges) pour subvenir aux besoins de l'État, sommes empruntées à la Liste civile et à des prêts des Rothschild à Paris et de la banque Lambert à Bruxelles. Le commerce de l'ivoire, tout comme celui du caoutchouc, est l'un des instruments, mais pas l'unique, pour rembourser ses lourds investissements, pour lesquels le roi s'est endetté, et de faire des bénéfices. Le baron Louis Weber de Treuenefels, vice-président de la

SAB, et le général C. Willaert prennent l'initiative de faire d'Anvers un marché permanent en y établissant des ventes régulières à l'instar des ventes trimestrielles de Londres et Liverpool. Les quantités importées d'ivoire croissent rapidement ; elles passent de 2 t en 1887 à 360 t en 1895[182]. La nouvelle politique économique de l'État et la mise en application des décrets de 1889, déterminant les conditions de récolte des produits végétaux et de l'ivoire et attribuant à l'État les défenses de tous les éléphants tués, produisent les effets escomptés : la période 1891-1895 se marque par un doublement des exportations d'ivoire[183] qui passent de 141 à 292 t dans les statistiques du commerce spécial, tandis que les importations d'ivoire sur le marché d'Anvers quadruplent en moyenne, passant de 83 à 360 t entre 1890 et 1895. Cependant l'application des mesures fiscales imposées par l'État au commerce privé se manifeste par une forte imposition de l'ivoire, notamment un droit de patente variant de 2 à 4 francs le kilo selon la région, ainsi qu'un droit de sortie de 2 fr sur chaque kilo quittant le territoire et ses conséquences sur le terrain. Celles-ci produisent une protestation et l'exode de la Nieuwe Afrikaansche Handels Vennootschap d'Amsterdam (NAHV) vers les rives portugaises et Brazzaville, et expliquent alors une stagnation momentanée des exportations entre 1891 et 1893. La forte distorsion entre les chiffres de l'ivoire à l'exportation et à l'importation sur le marché d'Anvers tient compte du fait d'importants arrivages à Anvers qui atteint bientôt les chiffres des marchés de Londres et Liverpool. Alors qu'en 1888, Londres vend 373 t d'ivoire contre 6 t pour Anvers, celui-ci atteindra 227 t en 1908 pour 214 t pour la capitale britannique[184]. Ces nouveaux arrivages en Belgique s'expliquent par l'existence de plusieurs facteurs plus ou moins concomitants. D'abord, le drainage par le Congo de l'ivoire des provinces équatoriales soudanaises, collecté par les gouverneurs Lupton Bey et Emin Pasha et qui a été éparpillé lors de la révolte des

---

[182] Les chiffres plus précis sont de 8 tonnes en 1888, 60 tonnes en 1889, 130 tonnes en 1892, 228 tonnes en 1894, 360 tonnes en 1895 et 200 tonnes en 1896 (*MG*, 20/02/1898, col. 109).

[183] *Statistiques de la Belgique. Tableau général du commerce avec les pays étrangers, 1889-1921.*

[184] Kunz, G. F., *Ivory and the elephant in art, in archaeology, and in science*, New York, Doubleday – Page&Co, 1916, p. 439.

Mahdistes[185]. La prise de possession par les agents de l'EIC de stocks considérables rassemblés par certains chefs de l'Ubangi, dont Semio, Bangasso et Rafaï, constitue un deuxième fait non négligeable. Enfin, troisième élément, la confiscation, au nom de l'État, de 10 t d'ivoire de l'Irlandais Charles Stokes, le plus important marchand d'ivoire d'Afrique orientale allemande, arrêté et pendu par le commandant belge de la Force publique Hubert Lothaire[186].

Les exportations d'ivoire croissent à nouveau en 1894-1895, résultat du monopole d'État sur la majorité des ressources naturelles du Congo suite à la prise de possession des « terres vacantes » constituées par toutes les terres libres, les terres de cultures, le bois à exploiter, etc., dans le domaine privé de l'État à partir de 1891-1892 et à l'interdiction aux particuliers de faire le commerce des produits naturels dans ces régions. À partir de ce moment, la récolte des ressources naturelles du domaine privé prend un grand essor, l'EIC devenant en quelques années le plus important exportateur de caoutchouc et le plus grand trafiquant d'ivoire mondial. La notable progression des évaluations budgétaires de l'État le prouve : 300 000 fr en 1894 (produit brut), 1 250 000 fr en 1895 (produit brut), 3 500 000 fr en 1897 (produit net) et 6 700 000 fr en 1898 (« produit du domaine, des tributs et impôts payés en nature par les indigènes »)[187]. La création officieuse du Domaine de la Couronne en 1896, légalisé en 1901, renforce encore les bénéfices royaux, notamment

---

[185] La capitale d'Equatoria, Ismaïlia, résidence de Samuel Baker, alors Pasha du gouvernement du Bahr-el-Djebel, centralisait de l'ivoire perçu en impôt et également acheté avant de transiter par le Nil jusqu'à Karthoum. Au moment de la révolte mahdiste, l'ivoire amassé dans la Province d'Équatoria par Lupton-Bey et surtout Emin Pasha, passa entre les mains des Mahdistes, pour être éparpillé ensuite. Jusqu'en 1883, l'Égypte avait le monopole de la chasse de l'ivoire du Soudan, mais à partir de 1884, ses voies d'exportation furent coupées (« L'ivoire. État actuel de son trafic et de son industrie », in *MG*, 14/11/1897, n°46, col. 547) ; Le commerce de l'ivoire périclita depuis le décret du 18 mars 1874 de Gordon-Pasha, affirmant le monopole gouvernemental sur le commerce de l'ivoire et la defense d'entrée dans les Provinces équatoriales et de navigation sur le Nil Blanc : avant le décret, les quantités d'ivoire provenant chaque année des divers négociants établis sur le Nil Blanc et le Bahr-el-Ghazal s'élevaient à environ 207 t. alors qu'après, la quantité d'ivoire exportée était à peine de 50 t.) (Coosemans, M., « Notice biographique S.-W. Baker », in *Biographie coloniale belge*, t. 1, Bruxelles, IRCB, 1948, col. 59-65).

[186] Voir à ce sujet, Vangroenweghe, D., *Voor Rubber en Ivoor en de ophanging van Stokes*, Leuven, Van Halewyck, 2005, p. 127-148.

[187] Wauters, A.-J., *L'État Indépendant du Congo, op. cit.*, p. 406.

grâce au caoutchouc sauvage récolté par les populations du lac Léopold II et de l'Équateur. Il en est de même pour les dividendes que l'EIC reçoit de sociétés concessionnaires, l'ABIR et l'Anversoise, installées dans ces régions.

La période 1895–1900 se caractérise principalement par un haut niveau des exportations d'ivoire, niveau qui ne sera plus jamais dépassé et qui est la conséquence cumulée d'un durcissement du régime des récoltes, obligeant la population à fournir de l'ivoire, et de l'aboutissement des guerres contre les Arabo-Swahili au profit de l'État qui draîne l'ivoire oriental vers l'Atlantique[188]. En 1897, cette diminution notable du trafic oriental provoque des appréhensions dans les cercles britanniques et allemands, déjà échaudés par la pendaison de Stokes par un officier belge. Par souci d'apaisement, le consul général de l'Empire allemand à Zanzibar répond que ces craintes ne se justifient pas, le Congo ne produisant surtout que de l'ivoire « dur », de moindres qualité et valeur que l'ivoire « doux » prélevé pour approvisionner le marché zanzibarite[189]. Il n'empêche, en 1899, les exportations congolaises d'ivoire atteignent de nouveaux records, après un premier pic en 1895. Jusqu'à la reprise de l'EIC par la Belgique, où les exportations équivalent à près de 229 t, des fluctuations annuelles se marquent encore, bien qu'inscrites dans un mouvement général de hausse constante, malgré la chute due à la Première Guerre mondiale. En 1919, le chiffre exceptionnel et jamais égalé de 424 t correspond à la mise sur le marché des stocks d'ivoire accumulés au Congo durant le conflit, marché encouragé par la reprise des industries de luxe, l'arrivée d'acheteurs anglais et américains, et la hausse de leurs devises.

En comparaison avec les 6125 t du commerce spécial de l'EIC, qui implique l'ensemble des produits sortis de son territoire, la part des exportations d'ivoire arrive largement en tête pour atteindre 4300 t pour les années 1886–1908. Ces chiffres élevés indiquent bien un nombre important d'éléphants abattus durant cette période. Globalement, sur base d'une moyenne pondérée correspondant au poids moyen d'une défense (10 kg), les statistiques du commerce

---

[188] Van den Kerckhoven, G., « Historique du marché d'ivoire d'Anvers », in *MG*, 20/02/1898, col. 108-109.

[189] Avis du rapport du consul général de l'Empire à Zanzibar, in *Deutsches Kolonialblatt* du 26/10/1897 et *La Belgique Coloniale*, 26/12/1897, p. 617-618.

général d'exportation indiqueraient le prélèvement d'ivoire sur quelque 306 250 éléphants, dont 215 000 pour le commerce spécial d'exportation. Qu'il soit donc prélevé dans l'EIC ou en dehors de ses frontières, ces chiffres conduisent à envisager l'abattage annuel de 10 000 à 14 000 éléphants dans le bassin du Congo. Ces chiffres, une fois encore, ne tiennent pas compte de la contrebande. En 1912, l'Institut commercial d'Anvers aboutit à ces mêmes estimations en calculant, sur la base du nombre de tonnes d'ivoire congolais vendu à Anvers, l'abattage annuel de 13 255 éléphants au Congo, tout en soulignant la présence d'une énorme proportion de pointes de 1 à 5 kg, provenant de femelles et d'éléphanteaux et qui ne sont pas comptabilisées[190]. En comparaison de la situation en Afrique orientale britannique, où les estimations indiquent environ 12 000 têtes annuellement abattues entre 1879 et 1883[191], l'évaluation pour le cas congolais semble globalement réaliste. Une marge d'erreur doit prendre toutefois en compte les éléphants chassés par les Africains et les Européens de manière illégale, demeurant sur le territoire ou transitant en fraude par d'autres circuits. De même, ces chiffres ne font pas la distinction entre les éléphants abattus récemment (l'ivoire vivant) et ceux tués depuis de nombreuses années, voire des décennies, et accumulés par les populations locales et qui tronquent, malgré tout, les évaluations.

3.2. Controverses sur la disparition des éléphants

Malgré les indices probants de la chasse à grande échelle des éléphants, les discussions sur l'extermination probable ou, au contraire, invraisemblable de l'espèce se multiplient. En Belgique, la presse coloniale véhicule largement les opinions, les préoccupations, mais aussi les imaginaires relayés par ses voisins, Grande-Bretagne et France en tête.

Alors que Wauters, le premier, relaie le discours alarmiste de Blyth à Waller[192] pour manifester ses craintes sur les conséquences de cette « chasse au trésor »

---

[190] MRAC/Hist : Fonds F. Fuchs (HA.01.0038) : Règlement de chasse au Congo.
[191] MacKenzie, J., *op. cit.*, p.148.
[192] Waller, H., *op. cit.*, p. 90, dont Wauters s'inspira du passage suivant : « *[...] the average of a pair of tusks may be put at 28 lbs., and therefore 44.000 elephants, large and small, must be killed yearly to supply the ivory which comes to England alone, and*

« [qui] fatalement devrait amener un jour l'extermination de l'espèce »[193], l'officialisation du commerce de l'ivoire par l'EIC dès la création de la SEE en 1886 visait à faire taire les critiques à l'avantage d'une littérature apologétique qui développe une vision optimiste sur le potentiel de ce produit lucratif. Le *Mouvement Géographique* dénonce dès lors le « mythe » de l'extermination en présentant les chiffres officiels prouvant une hausse des exportations depuis la côte occidentale, preuve que les éléphants demeurent en grand nombre, malgré le déclin commercial de l'Afrique orientale[194]. Dès les années 1896–1897 cependant, l'optimisme du départ se ternit par des annonces plus généralisées d'une réduction des éléphants dans les territoires britanniques et français. Cela s'explique aussi par le changement d'opinion de Wauters, jusqu'ici ardent défenseur de la gouvernance léopoldienne, qui considère dorénavant que le régime sur les terres vacantes et l'obligation de travail forcé des populations africaines pour l'État ou ses compagnies concessionnaires entrent en contradiction avec les traités de fondation de l'État[195].

Conjointement aux manifestations de l'Exposition internationale de Bruxelles-Tervuren en 1897 où, à l'initiative d'Edmond van Eetvelde, secrétaire d'État de l'EIC et promoteur de l'Art nouveau en Belgique[196], des pointes d'ivoire appartenant au gouvernement sont fournies par la maison Bunge d'Anvers[197] pour « faire revivre la sculpture chryséléphantine, qui était jadis si largement pratiquée partout, et

---

when we remember that an enormous quantity goes to America, to India and China, for consumption there, and of which we have no account, some faint notion may be formed of the destruction that goes on amongst the herds of elephants ».

[193] « L'ivoire, sa récolte et ses principaux marchés », in *MG*, 21/09/1884, p. 56.

[194] « Le commerce de l'ivoire d'après les dernières statistiques », in *MG*, 27/01/1889, p. 7-8 ; 10/02/1889, p. 10-11, et « Le commerce de l'ivoire », in *MG*, 06/01/1895, col. 7-8 ; 12/01/1896, col. 16-18.

[195] Touchard, G., « A.-J. Wauters », in *MG*, 05/10/1919, col. 1-6.

[196] Wynants, M., « Les statues chryséléphantines au Musée de Tervuren », in Guisset, J. (dir.), *Le Congo et l'Art Belge 1880-1960*, Tournai, La Renaissance du Livre, 2003, p.140-155 ; Adriaenssens, W., « Philippe Wolfers en de renaissance van de ivoorsnijkunst in België », in *Bulletin des Musées Royaux d'Art et d'Histoire*, n° 71, 2000, p. 89-186 ; Silverman, D., « Art Nouveau, Art of Darkness : African Lineages of Belgian Modernism, Part III », in *West 86th. A Journal of Decorative Arts, Design History, and Material Culture*, n° 20/1, 2013, p. 3-61.

[197] Bruneel-Hye de Crom, M., « L'exposition de Tervuren et l'Art nouveau », in Luwel M. et Bruneel-Hye de Crom, M., *Tervuren 1897*, Tervuren, Musée royal de l'Afrique centrale, 1967, p. 70.

surtout dans notre pays »[198] et permettre d'attirer l'attention du public sur les débouchés inattendus de l'ivoire dans les pratiques artistiques, techniques et industrielles, le Congrès International Colonial[199] met, quant à lui, la problématique du commerce de l'ivoire et la disparition des éléphants à l'agenda. Celle-ci est présentée par le journaliste français Paul Bourdarie, délégué de la Société nationale d'acclimatation de France[200] qui soutiendra la création de plusieurs groupements de protection tels que la Société des amis de l'éléphant (1906) et la Ligue française pour la protection des oiseaux (1912). Dans sa conférence sur *L'éléphant d'Afrique. Mesures internationales de Protection*[201], Bourdarie dresse le tableau précis de l'ampleur des destructions et lance un cri d'alarme sur la situation critique de l'espèce dont l'Afrique centrale est actuellement l'un des principaux « fossoyeurs »[202]. Prédisant sa disparition totale dans les trente années à venir, il accuse les colonisateurs européens d'imprévoyance et de gaspillage, et engage les autorités métropolitaines, le roi en tête, à prendre leurs responsabilités dans ce domaine : « {…} je ne saurais taire que la responsabilité scientifique, économique et humanitaire du chef de l'État Indépendant est indéniable et que, si des voies contraires n'étaient pas adoptées, cette responsabilité pèserait un

---

[198] Van Wincxtenhoven, M., *Exposition universelle d'Anvers de 1894. Les colonies et l'État Indépendant du Congo. Rapport*, publié par le Commissariat Général du Gouvernement, Bruxelles, F. Hayez, 1895, p. 24.

[199] *Congrès International Colonial, Comptes-rendus. Exposition Internationale de Bruxelles 1897*, Bruxelles, Impr. des Travaux Publics, 1897.

[200] Sous la présidence d'Edmond Perrier, le directeur du Muséum d'Histoire naturelle, cette société vise à mener une politique de conservation rationnelle de la faune et de la flore par l'acclimatation des espèces exotiques et tente de conscientiser le gouvernement sur les dégradations environnementales générées par la colonisation et de développer, dans les territoires français d'outre-mer mais aussi à l'échelle internationale, une éthique de la protection des espèces naturelles. Voir à ce propos Osborne, M. A., « La Brebis égarée du Muséum : la Société zoologique d'acclimatation entre la guerre franco-prussienne et la Grande Guerre », in Blanckaert, C. et alii (éd.), *Le Muséum au premier siècle de son histoire*, Paris, Édit. Muséum national d'Histoire naturelle, 1997, p. 141 et « Acclimatizing the World : A History of the Paradigmatic Colonial Science », in MacLoed, R. (éd.), *Nature and Empire. Science and the Colonial Entreprise, Osiris*, Univ. of Chicago Press, n° 15, 2000, p. 135-140 et 143-145; Daugeron, B., *Collections naturalistes entre science et empires (1763-1804)*, Paris, Publications Scientifiques du Muséum d'Histoire naturelle, 2009.

[201] Extrait du compte rendu du Congrès International Colonial de Bruxelles 1897, Bruxelles, Imprimerie des Travaux Publics, 1898.

[202] *La Belgique coloniale*, 06/06/1897, p. 267-268.

jour lourdement sur sa mémoire »[203]. Il démontre également l'existence d'un marché illicite d'ivoire en Europe sur base d'une enquête menée chez les artistes ivoiriers[204]. Parmi diverses mesures pour éviter l'extermination des éléphants, Bourdarie préconise l'établissement dans les colonies de compagnies de capture et de dressage calquées sur le modèle indien[205], ainsi qu'un projet de réglementation internationale concernant la chasse à l'éléphant en Afrique, sa domestication et le commerce de l'ivoire[206], projet défendu par la Société d'acclimatation de France[207].

Bourdarie se fait ainsi l'écho de la préoccupation naissante dans certains milieux intellectuels parisiens à défendre la cause des éléphants. Des « âmes sensibles », soutenues par la Société nationale d'Acclimatation, se font entendre. Parmi elles, plusieurs personnalités de renom comme le musicien et compositeur Camille Saint-Saëns et l'explorateur Édouard Foà. En 1898, le journal *Le Temps* ouvre ses pages aux cris indignés de quelques éminents publicistes, amis des éléphants. Dans le *Guide musical*, Saint-Saëns (1835-1921) qualifie de criminelle cette vision utilitariste à court terme :

> Gaspiller les ressources qu'on a dans les mains sans souci de ce qui restera pour les générations futures est à mes yeux une action criminelle. Or, c'est justement ce qu'on fait en Afrique. Depuis que les Européens ont eu l'idée d'y promener ce qu'ils appellent le flambeau de la civilisation, le nombre des éléphants y a diminué d'une manière effrayante, et ces animaux, indispensables à une sérieuse civilisation africaine, vont rapidement à une extinction totale, à seule fin d'enrichir quelques individus qui se moquent de tout, sauf de l'argent qu'ils mettent dans leur poche. Tout ce massacre, tout l'avoir compromis à faire des billes de billard et des couteaux à papier[208] !

---

[203] Bourdarie, P., *op. cit.*, p. 12-13.

[204] Article signé par P. Bourdarie sur base d'une enquête réalisée conjointement avec E. Caustier, paru dans la *Revue générale des sciences pures et appliquées* (30/10/1897), repris dans le *MG*, 07/11/1897, col. 533-535. D'après cette enquête, entre 25 et 33% de l'ivoire travaillé par ces ivoiriers n'était pas passé par les marchés officiels de Londres, Liverpool ou Anvers, soit 800 tonnes annuelles contre 650 déclarées (Bourdarie, P., *op. cit.*, p. 8-9).

[205] Foà, E., *op. cit.*, p. 311.

[206] « Les amis des éléphants », in *MG*, 27/08/1899, col. 425-426.

[207] *Ibid.*

[208] *Bulletin Soc. Royale Belge de Géographie*, 1899, p. 286 ; « Pro Elephantibus », in *MG*, 18/12/1898, col. 620-621.

Plus ambiguë est la protestation de Foà, défenseur des animaux et adepte de la chasse sportive. Après avoir vanté ses exploits cynégétiques en Afrique centrale[209] où, en mission de récoltes scientifiques pour le compte du Muséum d'Histoire naturelle de Paris, il abat quelque 500 têtes de gibier, il dénonce les hécatombes d'éléphants abattus et propose des mesures radicales pour freiner le phénomène, dont l'interdiction absolue de chasser l'éléphant et d'exporter son ivoire. Comme Bourdarie, il préconise l'établissement de compagnies de capture et de dressage et l'organisation d'un congrès à Paris en 1900 pour appuyer la campagne entreprise par la Société d'acclimatation de France pour protéger les éléphants[210]. Foà, à la manière des chasseurs britanniques, prédit le destin funeste commun et à court terme des grands mammifères, éléphants et rhinocéros, si rien ne change. Pour Bourdarie comme pour Foà, l'une des propositions consiste en la réglementation de la chasse, du commerce et de la domestication de l'éléphant de manière internationale[211].

Devant cette fronde, le *Mouvement Géographique* ouvre pourtant ses pages à Gustave Van Kerckhoven, du Club Africain d'Anvers, qui réagit avec véhémence aux affirmations provenant d'outre-Manche et de France[212]. Chiffres du marché de l'ivoire à Anvers à l'appui, il tente de prouver que l'ivoire exporté provient principalement d'anciennes dents stockées par les populations locales qui ont abattu des éléphants pour leur viande, alors que les dents fraîches restent plus rares, signe que le commerce officiel n'est pas la cause directe de la situation[213]. Plusieurs autres observateurs vont appuyer cette thèse de la provenance ancienne de l'ivoire pour minimiser les chasses européennes sur le continent ; telle est notamment la réponse du *Bulletin of the American Geographical Society* aux critiques de Saint-Saëns en affirmant que les trois quarts de l'ivoire arrivant en Europe sont constitués d'ivoire mort[214].

La confrontation de ces quelques points de vue permet de dégager une mobilisation accrue de la part d'une opinion publique sensibilisée aux

---

[209] *Chasses aux grands fauves pendant la traversée du continent noir du Zambèze au Congo Français*, Paris, Plon – Nourrit, 1899.
[210] « Les amis de l'éléphant », *ibid.*
[211] *Ibid.*
[212] Van den Kerckhoven, G., « Le vieil ivoire et la chasse à l'éléphant au Congo », in *MG*, 10/07/1898, col. 343-345.
[213] *Ibid.*
[214] « Pro Elephantibus », in *MG, op. cit.*, col. 621.

conditions d'existence de la faune sauvage. Bien que les chiffres avancés par les défenseurs de la cause des éléphants soient exagérés, le message indique une tendance à dénoncer plus ouvertement des projets coloniaux basés sur un prélèvement agressif des ressources naturelles dans une vision à court terme et sans souci de pérennisation. Ces débats prouvent également le malaise entretenu dans les métropoles européennes face à une problématique qui se révèle cruciale pour leur avenir en Afrique. Comment, en effet, s'assurer des ressources suffisantes, même si elles semblent inépuisables, pour stimuler la réalisation des projets sur le terrain et générer des bénéfices ?

3.3. Les réponses de l'État indépendant du Congo à la destruction de la faune

Face à ces questionnements, les autorités de l'EIC réfléchissent à la manière la plus adéquate de lier protection et mise en valeur des ressources procurées par la faune sauvage du Congo. Des expériences d'utilisation et de gestion de certaines espèces vont dès lors répondre à la volonté d'accroître la rentabilité économique du territoire, tout en vainquant les obstacles qui se dressent sur la route. Deux axes se dégagent : l'un propose de domestiquer l'éléphant et d'autres animaux de bât, afin de prévenir les menaces de disparition, comme le préconise notamment la Société nationale d'Acclimatation française ; l'autre, d'inspiration anglo-allemande, crée un appareil législatif permettant de protéger la faune sauvage et le commerce de l'ivoire de manière plus adéquate et en conformité avec les territoires voisins. Cette volonté se manifeste lors de la première Conférence internationale pour la Protection des Animaux en Afrique de Londres en 1900, où son président, Sir John Adrian Louis Hope, met en relation étroite les deux problématiques, le cadre juridique international de la protection de la nature et l'utilisation des animaux vivants dans le cadre de la domestication[215].

---

[215] AA/AE 322 : 68/3 – dossier 4-I : Confér. Londres, Protocole n°1, séance du 24/04/1900.

Essais de domestication

À l'extrême fin du 19ᵉ siècle, deux mots d'ordre, protection et multiplication, sont énoncés au sujet de la domestication des espèces. Ils doivent avant tout être compris comme une volonté de mener à son terme une entreprise conjointement utile à la science et à la colonisation. Il faut cependant préciser que ces actions ne recouvrent pas l'acception classique de la domestication[216], mais concernent avant tout des animaux capturés et élevés en captivité dans un but de dressage pour le travail ou d'exportation, mais sans volonté ou tentative de reproduction. Cette domestication s'inspire des méthodes pratiquées couramment aux Indes britanniques. Dans le cas de l'éléphant, il s'agit d'assurer à la fois la protection d'un animal considéré comme « un merveilleux instrument de la colonisation »[217] alors même qu'il se trouve menacé de disparition, et de l'utiliser comme force motrice. Cet objectif se manifeste dès 1879, où des essais de domestication des éléphants, mais aussi des zèbres et des autruches, sont entrepris pour résoudre la question cruciale des transports en Afrique centrale depuis la côte orientale. L'éléphant a alors déjà prouvé dans l'histoire cette aptitude. À partir du 2ᵉ tiers du 19ᵉ siècle, l'armée coloniale britannique utilise l'éléphant indien, principalement lors de la campagne d'Abyssinie et dans la colonne expéditionnaire du général

---

[216] Ce terme ne doit être pas compris dans son acception contemporaine qui fait surtout référence à une « soumission servile » qui englobe des notions de reproduction en captivité, de dressage et de parcage. Cette définition comporte l'idée d'isolement par l'homme d'un groupe animal de sa communauté, ne se reproduisant plus qu'entre lui et se trouvant exclu du pool reproductif de sa population d'origine ; *a posteriori*, elle favorise l'apparition de nouveaux types pouvant être sélectionnés par l'homme, selon des caractéristiques précises, structurelles, comportementales ou physiologiques (Helmer, D., *La domestication des animaux par les hommes préhistoriques*, Paris – Milan – Barcelone – Bonn, Masson, 1992, p. 21 ; Gautier, A., « La domestication », in Muzzolini, A. (dir.), *Et l'homme créa les animaux*, Paris, Édit. Errance, 1990, p. 23-34). Elle ne correspond pas non plus aux définitions de l'époque où, selon le naturaliste français E. Geoffroy Saint-Hilaire, domestiquer un animal, « c'est l'habituer à vivre et à se reproduire dans les demeures de l'homme, ou auprès d'elles ». Cette notion se rapproche davantage de celle de l' « acclimatation », dont il est le défenseur et qui est liée à une adaptation rationnelle forcée à des environnements nouveaux, impliquant des changements biologiques à des niveaux physiologiques et parfois structurels. En Grande-Bretagne, par contre, le terme signifie plutôt le transfert d'organismes « exotiques » d'un lieu vers un autre mais dans un climat similaire (Osborne, M. O., *Acclimatizing the world...*, *op. cit.*, p. 137).

[217] *La Belgique Coloniale*, 06/06/1897, p. 208.

Gordon Pasha, commandant des forces khédivales au Soudan égyptien[218]. Cette dernière expérience confirme l'adaptation de cette sous-espèce asiatique au climat africain et à la nourriture locale. Reste à tenter l'usage d'éléphants domestiqués dans les districts infestés par la mouche tsé-tsé de la zone équatoriale, une expérience réservée à la deuxième expédition belge de l'Association africaine internationale (AIA) dirigée par le capitaine Popelin. Sur financement royal, celle-ci succède à la première expédition dirigée en 1877 par Crespel et Ernest Cambier pour répondre aux vœux de la Conférence géographique de Bruxelles (1876). Frederick Carter, commandant de la Marine britannique et ancien consul à Bagdad, se voit attribuer le projet de créer une école de dressage et de remonte afin d'assurer les transports entre les futures stations à établir entre l'océan Indien et le Lualaba. Si cette tentative se solde par un échec[219], les éléphants indiens succombant entre Dar-es-Salaam et Karema tandis que les Britanniques et leurs mahouts sont massacrés par les hommes de Simba, vassal de Mirambo, celle-ci suscite des débats passionnés sur les potentialités de domestication des éléphants d'Afrique qui font écho à une conception utilitaire mais aussi idéologique de l'éléphant, à la fois animal-machine et agent du progrès. Cette vision s'appuie sur les actions et la propagande de la Société nationale d'Acclimatation de Paris, sur les résultats de la Mission de domestication menée par Bourdarie en Afrique équatoriale française en 1896 pour le compte du ministère des Colonies et sur les ambitions de la Société pour la domestication et l'élevage d'animaux utiles dans les colonies allemandes, créée en décembre 1895. Sur le terrain africain, les Britanniques et les Allemands confirment des

---

[218] Lederer, A., « L'impact de l'arrivée des européens sur les transports en Afrique centrale », in *Le centenaire de l'État Indépendant du Congo. Recueil d'études*, Bruxelles, ARSOM, 1988, p. 183-216.

[219] À la pénibilité de la route entre Zanzibar et Mpwapwa et à la désertion des porteurs s'ajoutent les ravages de la mouche tsé-tsé parmi les bœufs utilisés pour le transport de la caravane (Cambier, E., *Rapport de l'excursion sur la route de Mpwapwa [Zanzibar, 30 mars 1878]*, Bruxelles, AIA, p. 18. La mort de ces animaux a surtout été provoquée par l'inexistence ou le mauvais état des pistes empruntées plutôt qu'à la trypanosomiase. Cambier cite pour preuve des témoignages allemands qui font état du passage de caravanes commerciales arabo-swahili entre l'intérieur des terres et l'océan accompagnées de plusieurs milliers de têtes de bétail. En outre, Bagamoyo et Mpwapwa sont considérés à l'époque comme des marchés à bestiaux importants, ce qui laisse supposer l'inefficience de la mouche dans la région ou la résistance du bétail à celle-ci (Kjekshus, H., *Ecology control and Economic development in East African History. The case of Tanganyika 1850-1950*, Londres, James Currey, 1996, p. 55-57).

projets réussis d'élevage d'espèces sauvages comme le zèbre, l'autruche et le buffle.

Chargé par André Lebon, ministre français des Colonies, d'une mission économique qui doit examiner les modalités pratiques d'un projet gouvernemental d'acclimatation et de dressage des éléphants en Afrique équatoriale, éventuellement soutenu par l'initiative privée, Bourdarie envoie en novembre 1897 à Albert Lebrun, directeur du département de l'Intérieur de l'EIC, un memorandum sur la domestication de l'éléphant d'Afrique[220]. Il s'agit de sensibiliser le roi des Belges à l'établissement d'un accord international sur la protection de l'espèce et de l'encourager à prendre l'initiative de mesures destinées à freiner sa disparition à court terme en réglementant le marché de l'ivoire et les conditions de ses capture, dressage et emploi. Soutenu par Lebrun, ce projet vise à répondre aux ambitions du programme colonial européen en Afrique : symbole de l'entrée dans une ère nouvelle, de la pénétration de l'Afrique équatoriale et de son développement économique, l'éléphant est ainsi appelé à jouer le rôle d'auxiliaire dans le commerce et l'industrie, en réduisant la main-d'œuvre requise pour les chantiers de construction, les travaux agricoles et l'emploi d'engins mécaniques. En outre, son insensibilité aux maladies du bétail prône en sa faveur. Jules Carton, commissaire de district du Stanley Pool, est un autre partisan enthousiaste de l'idée. Dans une *Note sur l'utilisation rationnelle de l'éléphant* où il déplore la situation des éléphants d'Afrique dont rien ne justifie leur destruction qu'il qualifie de « criminel(le), inhumain(e), anti-économique », il propose notamment des applications techniques aux éléphants dont les moignons de dents pourraient être munis d'une armature métallique ou d'un outil mobile interchangeable en fonction du type de travail à fournir, « absolument comme on munit l'ouvrier de l'outil convenant au travail qu'il a à effectuer »[221]. La revue *La Belgique coloniale*[222] relaie également le projet en devenant un organe officiel de défense de la domestication et publie régulièrement des articles consacrés à l'utilité économique de l'éléphant africain et aux essais d'élevage de l'éléphant, du zèbre et de l'autruche. Une attention particulière est tournée vers les applications en Afrique orientale

---

[220] AA/Agri 412 : D/dossier V – domestication des éléphants – mission Laplume : memorandum, 25/11/1897.
[221] *Bulletin de la Société d'Étude Coloniales*, op. cit., p. 838.
[222] « La domestication de l'éléphant d'Afrique », in *La Belgique coloniale*, 21/11/1897, p. 558-559.

allemande de Fritz Bronsart von Schellendorff en réponse à la législation von Wissmann sur l'interdiction de la chasse de certaines espèces[223] et de Carl Hagenbeck[224] qui fait fortune en devenant le leader mondial spécialisé dans la livraison d'animaux sauvages aux musées, ménageries et jardins zoologiques d'Europe. L'ampleur de ce commerce révèle en parallèle une demande internationale pour les matières premières animales, surtout peaux et plumes, utilisées dans la confection de produits de luxe. Dans les décennies 1860-1899, la domestication industrielle de l'autruche par les Britanniques en Afrique du Sud pour pallier la raréfaction de l'espèce est un exemple évident de cet engouement.

Malgré l'expérience avortée du transport des éléphants indiens vers le Tanganyika, Léopold II réagit en 1898 à la proposition de Paul Bourdarie et fait appel aux agents de l'EIC pour organiser la capture d'éléphanteaux. À l'époque, les journaux français commentent la capture et le dressage d'un jeune éléphant africain à la mission catholique de Ste Anne de Fernan-Vaz, située dans le vicariat apostolique du Gabon[225]. Le commandant Jules Laplume est chargé d'aller reconnaître les procédés efficaces mis en place par les pères de la mission[226], avant de se rendre en 1900 à Kiravongu, au confluent de l'Uele et du Bomokandi, une région boisée, aquifère et riche en populations éléphantines , où l'officier a été précédemment chef des postes de Niangara et de Dungu où il s'est initié aux méthodes de chasse des populations zande[227]. Les premières captures d'adultes par les méthodes traditionnelles des fosses et par les *keddah*, système d'enclos d'origine indienne, laissent cependant à désirer sans une connaissance approfondie des comportements des animaux et de leurs migrations et,

---

[223] Voir à ce sujet, Gissibl, B., *The Nature of German Imperialism. Conservation and the Politics of Wildlife in Colonial East Africa*, New York – Oxford, Berghahn, 2016, p. 85-90 et 112-119.

[224] Hagenbeck, C., *Von Tieren und Menschen – eine Autobiographie*, Berlin, 1909 ; Thode-Arora, H., « Hagenbeck et les tournées européennes : l'élaboration du zoo humain », in Bancel, N., Blanchard, P. et alii, *op. cit.*, p. 81-89).

[225] En 1870, le voyageur anglais Winwood Reade mentionnait que les Fan emprisonnaient des éléphants dans un vaste enclos, le *nghâl*, selon une procédure reconnue, afin de pouvoir les tuer plus facilement. Reade en fut le témoin oculaire surpris de la scène qu'il rapporta dans son ouvrage *The African Sketch-Book* (2 n°, Londres, Smith, Elder & C°, 1873, p. 120-130) et dont une gravure orne le frontispice.

[226] AA/Agri 412 : D/dossier V – domestication des éléphants – mission Laplume : rapport du RP G. Brichet à Léopold II, mission Ste Anne, Fernan-Vaz, 28/10/1898.

[227] AA/Agri 421 : D/dossier IV – domestication de l'éléphant de l'Uele : texte dactylographié titré *L'éléphant africain*, s.l.n.d., 31 pages.

par conséquent, des saisons et des zones les plus propices aux captures. Les essais portent ensuite sur des éléphanteaux dont les mères ont été abattues. Ceux-ci qui meurent également rapidement[228]. Ce procédé essuie d'ailleurs la réprobation officielle du gouvernement britannique qui le juge incompatible avec la Convention pour la protection de la faune sauvage de Londres signée en 1900 par l'EIC selon laquelle une clause interdit de tuer des femelles accompagnées de leurs petits[229]. La quantité d'ivoire (4,1 t) remis entre 1900 et 1902 dans plusieurs postes de l'État après l'abattage des animaux, essentiellement des femelles et des juvéniles, indique le massacre de 140 à 200 éléphants[230] pour un taux variant de 4,5 à 12,8% d'éléphants survivants. Dès 1903, une vingtaine de chasseurs et de chefs autochtones sont initiés aux chasses et aux captures, tandis que des observations plus attentives permettent l'organisation de captures plus ciblées qui fournissent de meilleurs résultats tout en réduisant les abattages inutiles[231]. Transférée en août 1904 à Api, un ancien poste militaire à l'abandon, la station connaît de nombreuses vicissitudes mais continue à se développer grâce à l'énergie et à la faculté d'adaptation de ses dirigeants, tandis que le succès de l'entreprise est mis en doute en Belgique et surtout au Congo où elle est considérée comme une œuvre de peu d'avenir, coûteuse et aléatoire. Les frais entraînés par la capture et la domestication des éléphants constituent l'objection principale à toute poursuite des opérations, malgré les économies demandées par Liebrechts et qui réduisent notamment les primes aux chasseurs autochtones, sans possibilité d'autres engagements. Jusqu'en 1913, l'ivoire recueilli permet pourtant d'amortir les frais engendrés. Avec des chasses suspendues à partir de la guerre, la domestication grève le budget colonial[232] mais continue à recevoir l'appui d'Edmond Leplae, directeur de l'Agriculture au ministère des Colonies. L'administration coloniale métropolitaine est en effet convaincue de ses services en matière de transport[233], étendus corollairement au développement de la domestication d'autres races

---

[228] MRAC/Hist : Fonds J. Laplume (HA.01.0016) : *Résumés des raports sur capture et dressage des éléphants* (02/04/1900-31/12/1919).

[229] AA/AE 322 : dossier 435 : C. Phipps à de Cuvelier, British Legation, Brussels, 28/05/1903.

[230] MRAC/Hist : Fonds J. Laplume (HA.01.0016) : *op. cit.*, Bomokandi, 31/12/1902.

[231] MRAC/Hist : *ibid.*, rapport Laplume, 31/03/1909.

[232] Leplae, E., « La domestication de l'éléphant d'Afrique au Congo belge », in *Bulletin agricole du Congo belge*, mars-décembre 1918, p.37-38.

[233] *Bulletin agricole du Congo belge*, décembre 1910, p. 152.

d'animaux. Leplae pense ainsi à introduire le chameau au Bas-Congo et au Haut-Uele, à dresser le zèbre et le buffle au Katanga et dans l'Uele, et à entreprendre l'élevage de l'autruche. La réussite du projet de domestication des missionnaires de Buta pour le transport agricole, de même que les essais prometteurs de domestication du buffle rouge en vue de la production de viande de boucherie appuient cet argument. La station de domestication des éléphants, finalement sauvée en 1919 par l'intervention du roi Albert Ier, entre alors dans la période d'utilisation des éléphants pour le transport de machines et de coton entre Buta et Bambili. La Station de Domestication connaîtra dès lors un lent mais réel développement. Son évolution sera traitée dans le chapitre consacré au Parc national de la Garamba.

Au Katanga, des essais sont menés sur le zèbre, inspirés de l'expérience au Kilimandjaro de Bronsart von Schellendorff[234] qui avait démontré son aptitude au dressage comme animal d'attelage, mais aussi sa résistance aux maladies provoquées par la tsé-tsé et qui décimait les bêtes de trait[235]. L'émergence de la peste bovine constitue alors un véritable fléau car, après s'être déclarée en Érythrée, elle s'étend dès 1889 à de nombreuses régions du continent où elle décime, selon les estimations de l'époque[236], plus de 95% de l'ensemble du bétail africain[237]. À l'époque, les discussions sur la connexion entre la mouche et certaines espèces sont prégnantes et portent surtout sur la question des réservoirs possibles de la maladie (faune sauvage ou faune domestique)[238]. En 1894, les recherches au Natal

---

[234] Extrait du *Deutsche Kolonialzeitung*, in *La Belgique Coloniale*, 28/11/1897, p. 572-573.

[235] Leplae, E., « La question agricole », in *La Politique économique au Congo belge. Rapport au Comité permanent du Congrès colonial*, Bruxelles, 1924, p. 177.

[236] Pour l'Afrique orientale : Sharpe, A., « A Journey from the Shire River to Lake Mweru and the Upper Luapula », *Geographical Journal*, Londres, 1893, 1, p. 524-533; Stuhlmann, F., *Deutsch-Ostafrika ; mit Emin Pasha ins Herz von Afrika*, Berlin, D. Reimer, 1894.

[237] Davis, M., *Génocides tropicaux…, op. cit.*, p. 221

[238] Nous n'entrons pas dans les détails de ce foyer non humain dont les animaux sauvages et domestiques sont les réservoirs des trypanosomes et la cause de survie des glossines. Nous renvoyons à la lecture du monumental et indispensable ouvrage de Ford, J., *The role of the Trypanosomiases in African Ecology : A Study of the Tsetse Fly Problems* (Oxford, 1971) basé surtout sur les colonies britanniques, mais qui mentionne toutefois les situations des colonies belge et française. Sur ce thème, Helge Kjekshus, a également analysé les relations entre la tsé-tsé et le bétail au 19e siècle par ce qu'il nomme le *Cattle Complex* et plus spécifiquement la réponse apportée,

du pathologiste et microbiologiste David Bruce tendent à valider celles d'explorateurs comme Livingstone, Oswell, Stanley, Baines et Selous sur la connexion directe entre la mouche et le gibier, prouvant ainsi que les trypanosomes de la *Glossina morsitans* naissaient dans le sang du gros gibier, en particulier, dans le sang des ongulés. De retour de sa mission scientifique au Katanga en 1900, Charles Lemaire présente à la Société royale de Géographie d'Anvers[239] ses observations personnelles qui appuient, par contre, la thèse de l'immunité du gibier sauvage (buffle, antilope, zèbre)[240]. Des chasseurs comme Foà indiquent aussi les liens directs entre la mouche et le grand gibier (buffle, grandes antilopes)[241]. Dans un cas, l'extermination de la faune sauvage offrira ainsi un argument de poids à l'élimination de l'insecte et, par conséquent, à l'installation sans crainte des colons dans des zones jadis infestées[242] ; de l'autre, la recolonisation de ces zones par certaines espèces « immunisées » sera encouragée.

L'élevage du zèbre, espèce abondante au Katanga, participe donc à la recolonisation des territoires infestés par la mouche. Le Comité spécial du Katanga (CSK), gestionnaire du territoire, tente sa domestication[243] pour répondre à l'urgente nécessité de faire expédier de lourdes machines après la découverte de nouveaux gisements miniers, tout en participant activement à la lutte contre la trypanosomiase animale[244]. Après avoir pris des renseignements auprès de Carl Hagenbeck, Bronsart von Schellendorff

---

    avant la colonisation britannique, par plusieurs populations pastorales est-africaines à la présence de la mouche, leurs connaissances sur le sujet, ainsi que le contrôle écologique induit lors de la colonisation britannique et ses conséquences. De même, le rôle des animaux domestiques et des animaux sauvages en tant que réservoir des trypanosomes pathogènes pour l'homme est mis en évidence dans l'ouvrage de référence dirigé par P.-J. Janssens, M. Kivits *et alii*, consacré à l'histoire de la médecine et de l'hygiène en Afrique centrale entre 1885 et 1990 (Janssens, P.-J., Kivits, M. et Vuylsteke, J. (dir.), « Les Trypanosomiases », in *Médecine et hygiène en Afrique centrale de 1885 à nos jours*, t. 2, Bruxelles, Fondation Roi Baudouin, 1992, p. 1465-1482).

[239] Compte rendu, in *La Belgique coloniale*, 24/03, 31/03, 07/04/1901.

[240] Lemaire, Ch., « La mouche tsé-tsé », in *La Belgique coloniale*, 07/04/1900, p. 61.

[241] Foà, E., *Du Cap au lac Nyassa*, in *MG*, 25/09/1898, col. 482.

[242] « La mouche tsé-tsé », in *L'Afrique explorée et civilisée. Journal mensuel*, Genève, 05/12/1881, p. 120.

[243] MRAC/Hist : Fonds CSK, dossier XXII-I, n° 133 : lettre de Droogmans à Weyns et Tonneau, Bruxelles, 10/05/1901.

[244] MRAC/Hist : Fonds CSK, dossier XXVIII, n° 346 : lettre de Droogmans à Tonneau, Bruxelles, 09/06/1903.

et Laplume, le Comité charge, en 1902, le lieutenant Ferdinand Nys et l'éleveur de bétail Hubert Putz de trouver l'endroit le mieux adapté pour des essais sur le zèbre et l'éléphant, avec l'aide des agents du Comité[245]. Des primes sont offertes aux chasseurs d'éléphants et aux autochtones pour leur en procurer. Installé à Lufwa, dans la région de Sampwe, Nys subit un échec cuisant pour capturer des éléphants à cause de l'insuffisance de la main-d'œuvre disponible et de ressources alimentaires pour les nourrir, et aussi du refus du CSK d'enrôler des soldats ou des étrangers dans ses rangs et d'équiper les chasseurs autochtones de fusils albini[246]. Quant aux zèbres, la mortalité élevée et la difficulté du dressage mettent un terme à un projet global de courte durée. Mis à disposition du Comité pour étudier les ravages de la mouche sur les animaux domestiques, le médecin français Alphonse Laveran infirme, en 1906, la thèse de la résistance du zèbre à ses piqûres ; il semble, bien au contraire, qu'il représente, tout comme le bœuf, l'une de ses premières victimes.

Lois et règlements

Ancrage international : la Conférence pour la Protection des Animaux d'Afrique (Londres, 1900)

Dès la fin du 19ᵉ siècle s'engage donc un combat de longue haleine entre les intérêts purement économiques d'une exploitation empirique et aléatoire des ressources naturelles et une conscientisation de plus en plus aiguë à propos du phénomène global de la diminution, voire de la disparition de certaines espèces fauniques sur l'ensemble du continent africain colonisé. La sonnette d'alarme est tirée et les pressions politiques émergent, surtout à partir de la décennie 1890. De nouveaux principes de régulation de la chasse et de la conservation de la faune sauvage sont adoptés par la Colonie du Cap et le Transvaal et étendus à d'autres colonies sud-africaines[247]. En Afrique de l'Est, des échanges et

---

[245] MRAC/Hist : Fonds CSK, dossier XXII-I, n° 133 : lettre de Droogmans à Weyns, Bruxelles, 14/11/1902.

[246] MRAC/Hist : Fonds CSK, *ibid.* : lettre de Tonneau à Droogmans, Lukonzolwa, 13/08/1903.

[247] Voir à ce sujet MacKenzie, J., *op. cit.*, p. 201-206 ; Carruthers, J., « Game protectionism in the Transvaal, 1900-1910 », in *South African Historical Journal*, n° 20, 1988, p. 33-56; Steinhart, E. I., *Black Poachers, White Hunters. A social history of hunting in Colonial Kenya*, Oxford – Nairobi – Athens, James Currey – EAEP – Ohio Univ.

connections entre les territoires britanniques et allemands marquent des volontés d'internationalisme environnemental.

Dans les territoires britanniques, une législation relative à la protection faunique est déjà bien ancrée. Ainsi, l'*Act for Better Preservation of Game* de 1886 protège plusieurs espèces, dont l'éléphant et de nombreux ongulés, et interdisent, dès 1891, l'utilisation des techniques traditionnelles locales tout en établissant des saisons de fermeture de la chasse, de même que la délivrance d'autorisations spéciales pour chasser contre les déprédations de la faune sur les cultures. En Afrique orientale allemande, le concept de « réserves de gibier » est soutenu par le gouverneur Hermann von Wissmann qui défend énergiquement ces lieux de reproduction[248] où la chasse est rigoureusement interdite à certaines périodes et sur les femelles et leurs jeunes[249]. Personnage emblématique, aussi célèbre par son administration territoriale efficace que par ses explorations et ses exploits cynégétiques, ce dernier fait aussi promulguer, le 17 janvier 1896, une première ordonnance générale qui vise à empêcher la disparition de la faune, en étendant à l'ensemble de la colonie allemande orientale des régulations de chasse au gibier introduites en 1891 dans les districts de Moshi et du Kilimandjaro. Ces principes concourent à faire accélérer chez ses voisins britanniques l'adoption de mesures de conservation à la fin des années 1890. Dans le Protectorat d'Afrique orientale, les dispositions législatives de 1896 relatives à la protection du gibier dans certaines parties du territoire sont réunies en 1899 dans *The East Africa Game Regulations*[250], qui ajoutent aux mesures antérieures la création de réserves de chasse sur le territoire du district du Kenio et de l'Ukamba et instaurent dans les autres territoires des permis de chasse, déterminés sur base de critères sociaux et raciaux distinguant le sportif, l'agent public, le colon, le commerçant et l'autochtone. Ces dispositions interdisent également l'abattage et la capture des femelles et des mâles immatures et donnent pouvoir aux commissaires de district de déclarer certaines espèces protégées et de retirer des licences d'importation d'armes et de

---

Press, 2006, p. 70; Gissibl, B., *The Nature of German Imperialism. Conservation and the Politics of Wildlife in Colonial East Africa*, New York – Oxford, Berghahn, 2016.

[248] Baldus, D., « Wildlife Conservation between 1885 and 1914 », in *Kakakuona Tanzania Wildlife Magazine*, avril-juin 2000, p. 8.

[249] « La protection de la faune africaine », in *La Belgique Coloniale*, 03/06/1900, p. 257

[250] MRAC/Hist : Fonds H. von Wissmann (HA.01.0166) : dossier Wildschutz Londres : *The Gazette for Zanzibar and Eastafrica*, 20/09/1899.

munitions. Un an plus tard, le Protectorat de l'Uganda applique les mêmes règles dans *The Uganda Game Regulations*.

En dépit des mesures législatives prises sur le terrain, les premières tentatives de réglementations de chasse du gouvernorat von Wissmann en Afrique orientale allemande se soldent par un échec. Les rapports des chefs de station prouvent la difficulté de les faire appliquer, tout en démontrant l'inutilité de protéger un gibier en nombre encore important[251]. Sous son impulsion, des contacts se nouent entre les gouvernements britannique et allemand afin d'établir, sur une échelle internationale, des méthodes plus fiables à adopter pour protéger les animaux sauvages d'Afrique. Plusieurs personnalités sont consultées à ce sujet, dont Fritz Bronsart von Schellendorff, Alfred Sharpe, commissaire royal du British Central Africa Protectorate, Harry Johnston, commissaire royal spécial en Uganda, et le chasseur réputé Frederick Selous[252]. Les deux camps sont relativement peu d'accord sur les mesures à adopter. Contrairement aux Allemands, les experts britanniques ne remettent pas en question les mesures législatives prises dans leurs colonies ; au contraire, la régulation cynégétique par permis et la création de réserves à gibier dans l'Uganda Protectorate ont stabilisé, voire augmenté, le gibier dans certaines régions[253]. Bronsart von Schellendorff et von Wissmann proposent plutôt des mesures visant à développer une chasse « éthique », applicable par tous, Africains comme Européens, l'utilisation de certaines espèces dans un but commercial ou comme main-d'œuvre d'exploitations agricoles et des transports et une gestion transnationale des populations fauniques[254]. La question des armes divise également. Si les Britanniques penchent en faveur du désarmement des populations africaines pour réduire efficacement les abattages inconsidérés de certaines espèces dont

---

[251] *Ibid.* : Bronsart von Schellendorff, F., *Wildschutz in Deutsch-Ostafrika*, Berlin, Julius Gittenfeld, s.d., p. 1.

[252] Selous, F. C., *Travel and Adventure in South-East Africa*, Londres, Rowland Ward and Co, Ldt, 1893.

[253] AA/AE 322: dossier 434 : Conf. Londres : Protocole Convention, Alfred Sharpe à Lord Salisbury, The Residency, Zomba, 12/02/1900.

[254] MRAC/Hist : Fonds H. von Wissmann (HA.01.0166) : dossier Widlschutz Londres : Bronsard von Schellendorff, F., *Internationaler Wildschutz in Afrika. Vortrag für die projectierte internationale Wildschutz-Conferenz*, Munich, U. Frölich, janvier 1900, 12 pages.

l'éléphant[255], les Allemands en attribuent les principales causes aux Arabo-Swahili équipés d'armes à feu et chassant à l'intérieur des terres. À l'issue des discussions, la tendance allemande qui établit une connexion entre protection, utilisation rationnelle de la faune sauvage et chasse éthique, s'efface au profit des propositions britanniques portant, d'une part, sur le contrôle plus strict de la chasse et du port d'arme dans des régions choisies et, d'autre part, sur le désarmement global des populations autochtones en leur interdisant le port d'armes et de munitions.

Ces points constituent l'ancrage de la Conférence Internationale pour la Protection des Animaux d'Afrique qui se tient à Londres le 19 mai 1900 à l'initiative du gouvernement britannique. Première convention internationale en la matière, elle vise à établir un accord international entre les puissances d'Afrique continentale en matière de chasse, de détention d'armes à feu et de commerce de l'ivoire. Cette volonté de coopération commune qui pourrait s'opérer sur les zones transfrontalières entre les territoires colonisés, notamment en matière de régulation du commerce des animaux, aboutit finalement à un ensemble de projets réalisés plutôt en parallèle. Parmi les onze représentants des États coloniaux européens, Félix Fuchs, président du tribunal d'appel de Boma, représente les intérêts de l'EIC et participe à la conférence par nécessité diplomatique et économique à l'égard d'une Grande-Bretagne soucieuse de disposer d'une reconnaissance et d'une uniformisation des pratiques de protection de la faune sauvage dans les régions transfrontalières où le contrôle et la coercition des fraudes s'avèrent impossibles. L'adhésion à la convention pose cependant problème pour Fuchs, car elle remet en cause le régime de liberté commerciale stipulé pour le bassin conventionnel du Congo par l'Acte général de Berlin pour l'EIC, la France et le Portugal[256]. Fuchs émet donc certaines réserves, en raison de ces obligations internationales, à propos de l'applicabilité dans ce territoire de prohibitions proposées sur le commerce des peaux, des cuirs, des plumes, sur l'exportation de défenses d'éléphants d'un poids inférieur à 5 kg et sur l'établissement d'un droit de sortie plus élevé sur les défenses d'ivoire supérieures à ce poids. Toutes ces dispositions nécessitent, en effet, une modification de l'accord du 8 avril 1892 qui règle, entre ces trois

---

[255] AA/AE 322: dossier 434 : Memorandum Selous, Windsor Hotel, Montreal, 15/08/1897.
[256] MRAC/Hist : Fonds Fuchs (HA.01.0038) : Conf. Londres, Commission, PV 6ᵉ séance, 14/05/1900.

pays[257], le tarif des droits d'entrée et de sortie dans la zone occidentale du bassin conventionnel[258]. Ces préoccupations rejoignent aussi celles de la France qui verrait restreindre sa liberté commerciale en matière de cornes et de plumes, notamment à Madagascar où la métropole entend garder son « entière liberté d'action »[259]. Peu enclins à ratifier la convention, les trois États s'alignent pourtant sur les autres signataires, Lord Salisbury veillant scrupuleusement au respect des termes de la convention dont l'application est prévue pour une durée de quinze ans.

Bien que le document fondateur de cette première convention internationale établisse une première catégorisation de la faune à protéger et encourage les États signataires à s'engager sur cette voie par la mise en place de réserves et d'une législation cynégétique renforcée, sa portée est principalement utilitaire[260]. En effet, les espèces destinées à être protégées sont privilégiées en fonction de leur utilité et de leur caractère inoffensif. Il ne s'agit donc pas, comme le souligne à l'époque le juriste français en droit international Paul Fauchille, de protéger l'animal pour lui-même, mais plutôt de sauvegarder les « intérêts commerciaux et moraux » des colonisateurs[261]. Le classement des espèces selon certains critères valide cette critique : celles dont la valeur est commerciale et utilitaire peuvent être abattues en nombre réduit (éléphants, rhinocéros, hippopotames, zèbres, buffles, diverses espèces d'antilopes et de gazelles, etc.), à l'exception des jeunes et des femelles accompagnées de leurs petits qu'il est défendu de tuer ; celles menaçant l'utilité publique et l'hygiène peuvent être abattues sans restriction (oiseaux rapaces, vautours, secrétaires, hiboux et pique-bœufs) ; par contre, les espèces rares et dont la disparition est imminente sont protégées (girafes, gorilles, chimpanzés,

---

[257] Selon le décret qui suivait cet accord, paru le 10 avril 1892, les armes, munitions, poudre importés dans l'État furent taxés à 10% de leur valeur, tandis que l'ivoire exporté de l'État acquittait un droit de sortie de 10% de sa valeur, perçu sur base de la nature et du poids des défenses. Le taux d'imposition se composait comme suit : morceaux d'ivoire, pilons, etc. : 10 fr/kg ; dent d'un poids inférieur à 6 kg : 16 fr/kg ; dent d'un poids supérieur à 6 kg : 21 fr/kg (*BO*, avril 1892, p. 111-141).

[258] AA/AE 322 : dossier 68/3 : dossier 4-I : X au ministre de la Légation britannique, Bruxelles, 09/12/1899.

[259] MRAC/Hist : Fonds von Wissmann (HA.01.0166) : Wildschutz Londres : Geoffray à de Salisbury, Londres, 29/12/1899.

[260] MRAC/Hist : Fonds Fuchs (HA.01.0038) : Conférence de Londres : annexe du protocole n° 4.

[261] « La protection des animaux en Afrique », in *MG*, 14/10/1900, col. 498.

zèbres des montagnes, ânes sauvages, gnous à queue blanche, élans, petits hippopotames du Liberia) ; enfin les espèces nuisibles pour l'homme, les animaux domestiques et le bétail doivent être détruites (carnassiers, loutres, certains singes, oiseaux de proie, crocodiles, serpents venimeux et pythons). Une invitation concerne aussi l'établissement de mesures destinées à poursuivre la domestication du zèbre, de l'éléphant et de l'autruche. La convention encourage également la création de réserves sur des territoires suffisamment vastes et pourvus en nourriture, eau et sel, pour permettre la reproduction des espèces, et dans lesquelles la chasse et la capture seraient interdites à l'exception d'espèces déterminées par les autorités locales[262]. Enfin, les autres mesures de protection mettent surtout en évidence les propositions britanniques en faveur d'une chasse pratiquée à l'arme à feu, et de l'exportation de matières premières animales plus réglementées et dont les contournements sont sévèrement punis. Par contre, certaines méthodes de chasse utilisées par les populations africaines (filets, trappes, poison) mais aussi les explosifs sont réduits ou prohibés.

Alors que les États contractants s'engagent à édicter les dispositions dans l'année à partir de l'entrée en vigueur de la convention, la majorité d'entre eux demande des dérogations par rapport à l'interdiction de chasse et d'abattage d'espèces à protéger dans les réserves et sur le terroir colonial, ce qui prouve une réticence encore générale par rapport à ces dispositions. De nombreux contournements à la convention se feront donc sous couvert de motifs d'ordre scientifique (collectes de spécimens pour les musées et jardins zoologiques), de ce que l'on appelle les « intérêts supérieurs d'administration », ou en cas de difficultés administratives temporaires.

Applications dans l'EIC

La mise en application de la convention internationale sur le territoire congolais se concrétise par un décret général sur la Protection des animaux vivant à l'état sauvage du 29 avril 1901, entré en vigueur le 1er janvier 1902. Celui-ci constitue le premier acte du gouvernement de l'État dans ce domaine, contrairement à l'idée déjà émise que le décret du 25 juillet 1889 portant sur la création de « réserves à éléphants », et qui n'entrera en

---

[262] MRAC/Hist : Fonds Fuchs (HA.01.0038) : Conférence de Londres : Convention, art. II, § 5.

application qu'en 1896, inaugurait la politique en faveur de la protection de la nature[263]. Au contraire, ce décret visait à déterminer les conditions de chasse des particuliers afin de « conserver » la race et de maintenir les droits de l'État sur les éléphants capturés ou tués sur ses domaines[264]. En interdisant leur chasse sur tout le territoire de l'État, à moins de permission spéciale, il s'agissait donc d'assurer la stabilité de populations porteuses d'ivoire, alors principale source de revenus du Trésor, et de drainer à son profit toutes les défenses confisquées aux contrevenants. En réglant ainsi les questions de la possession de l'ivoire dans les terres vacantes et de sa destination, l'EIC organise une politique générale de gestion du foncier et de ses ressources naturelles. Si les dispositions de 1889 ne sont par ailleurs appliquées qu'en 1896 tout en modifiant le décret par une possibilité de chasser en forêt et à des époques déterminées[265], celles-ci sont remplacées par celles de 1901[266] qui s'alignent en grande partie sur les clauses de la convention internationale. Avec une exception cependant : l'interdiction de faire commerce de défenses inférieures à 5 kg, l'État l'abaisse à 2 kg, estimant que cette mesure constitue une protection suffisante pour les jeunes éléphants[267]. En réalité, elle permet l'abattage licite d'un plus grand nombre d'éléphants, jeunes et femelles compris.

Le décret stipule aussi la constitution de réserves de chasse, idée suggérée au roi par Charles Liebrechts, secrétaire général de l'Intérieur de l'État indépendant, en août 1900, après la clôture de la conférence internationale. Outre l'instauration d'une période de clôture de la chasse et l'augmentation du coût des permis de port d'armes[268] sur tout le territoire, celui-ci préconise la constitution « jusqu'à nouvel ordre »[269] de trois réserves où la chasse de toutes espèces animales est interdite, sous

---

[263] Ainsi Gasthuys, P., « Les Parcs nationaux du Congo belge », in *Bulletin Agricole du Congo belge*, 1937, p. 1 et « L'Institut des Parcs nationaux du Congo belge », in 8ᵉ *Congrès International d'Agriculture tropicale et subtropicale*, Paris, 16-21 sept. 1937, p. 71 ; Verschuren, J., « La conservation de la nature », in Drachoussoff, V. (coord.), *Le développement rural en Afrique centrale, 1908/1960-62*, n° 2, Bruxelles, Fondation Roi Baudouin, 1992, p. 1055.

[264] *BO*, 1889, p. 169-171.

[265] *BO*, 1896, p. 272.

[266] Avis du GG du 14 octobre 1903, in *Recueil mensuel des circulaires*, 1903, p. 166.

[267] AA/AE. 322 : dossier 437 : Conférence de Londres : correspondances diverses.

[268] AA/AE 322 : dossier 435 : Conf. Londres : Liebrechts au secret. gén. Départ. AE, Bruxelles, 21/08/1900.

[269] *BO*, 29/14/1901, art. 5, p. 84.

peine de poursuite pénale, mais dans lesquelles le gouverneur général peut appliquer des tolérances pour des nécessités alimentaires ou de destruction de nuisibles. Si les critères de sélection de ces régions restent flous, il semble que la sécurisation de zones où abondent les ressources naturelles, ivoire en tête, et plaques tournantes d'un commerce transfrontalier illicite, explique en grande partie ce choix stratégique. Davantage que des réserves de protection faunique, ces espaces sont appelés à devenir de véritables zones tampons.

Partie du domaine privé de l'État, la première région comprend le bassin de l'Aruwimi et la forêt de l'Ituri. Celle-ci est soumise à un régime économique particulier[270] par lequel l'État s'est arrogé le droit d'y récolter l'ivoire et le caoutchouc et où il contrôle le mouvement de ses ressources naturelles, notamment en freinant les commerçants d'ivoire venant de l'Ituri, de l'Uganda[271] et du Soudan, par l'intermédiaire de l'enclave de Lado. Devenue « Fondation de la Couronne » vers 1896 et officiellement en 1901, cette vaste zone est incluse en 1906 au « Domaine de la Couronne »[272], ensemble de possessions privées de Léopold II sur les anciennes terres vacantes[273] qu'il gère personnellement ou qui sont régies par des compagnies concessionnaires dans lesquelles le roi a de puissants

---

[270] Le Congo était soumis à une exploitation personnelle de Léopold II sous des formes variées. Entre 1901 et 1906, la répartition économique de l'espace congolais était la suivante : le domaine privé de l'État, exploité par le roi mais par l'entremise des agents de l'EIC (bassins de l'Uele, de l'Ubangi, de l'Itimbiri, de l'Aruwimi, du Lualaba en amont des Falls, du Lomami et une partie de celui du Kwango) ; le domaine de la Couronne, domaine privé du roi qui était une manière institutionnelle de transférer ses revenus à la Belgique (bassins du lac Maindombe, de la Lukenye, de la Busira-Tshuapa et de la Momboyo) ; des compagnies concessionnaires privées, telles que l'ABIR (bassins de la Lopori et de la Maringa), l'Anversoise (bassin de la Mongala), la Compagnie du Lomami (vallée du Lomami en aval de Bena-Kambu), le Comptoir commercial congolais (vallée de la Wamba et l'entre-Wamba-Inzia), le Comité Spécial du Katanga (terres au sud de 5° latitude sud et à l'est de la Lubilash) et la Compagnie du Kasaï (bassin du Kasaï, au sud de la Lukenie et à l'ouest de la Lubilash) (Ndaywel è Nziem, I., *Histoire générale du Congo. De l'héritage ancien à la République Démocratique*, Paris – Bruxelles, De Boeck – Larcier, Afrique Éditions, 1998, p. 333).

[271] AA/AE 322 : dossier 439 : Conf. Londres : correspondances diverses : vice-GG Lantonnois au Secrétaire d'État, Boma, 21/11/1907.

[272] Vangroenweghe, D., *Rood Rubber...*, *op. cit.*, p. 226.

[273] Terres proclamées comme appartenant à l'État par le décret du 1er juillet 1885, mais avec liberté commerciale affirmée et réaffirmée par le décret du 9 juillet 1890 qui y laissait la récolte de l'ivoire au commerce privé, puis dont le statut fut modifié par le

intérêts[274]. L'ivoire confisqué tombe par conséquent dans l'escarcelle royale. Les objectifs sont similaires pour la réserve constituée au sud-est du Katanga, le lac Moero en particulier[275], et qui est destinée à réfréner les mouvements commerciaux d'ivoire entre les populations locales et les Arabo-swahili de la côte orientale. Des chefs locaux, comme Kafindo, y ont établi des relations avec les traitants de Dar-es-Salaam et supportent mal le contrôle et les contraintes étatiques dans ce territoire[276]. De même, la deuxième zone katangaise mise en réserve[277], englobant plus de la moitié du territoire du CSK, attire des commerçants et des prospecteurs étrangers tels que l'ingénieur écossais Robert Williams. Ayant obtenu des concessions minières en Rhodésie du Nord pour le compte de la Tanganyika Concessions Ltd, en bordure du Katanga, celui-ci franchit, en 1899, la ligne de faîte du Congo-Zambèze pour découvrir de l'or dans les affluents du cours supérieur de la Lufira. En 1901, les révoltés tetela parviennent à leur tour dans la vallée de la Lufira et occupent la rive gauche du Lualaba jusqu'aux sources du Lubilash et de la Lulua où ils possèdent des appuis politiques. Ils nouent d'étroites relations commerciales avec la Rhodésie et le Tanganyika et échangent de manière illicite spiritueux, armes et poudre contre caoutchouc, ivoire et esclaves. En vertu de sa convention de création, le CSK s'engage à observer les lois et règlements de l'État concernant la prohibition des spiritueux, des armes et des munitions[278]. La mise en réserve de cette zone et l'interdiction d'y abattre des animaux constituent donc une base juridique qui lui permet d'exercer un contrôle plus étroit dans ces domaines.

Si, dans le texte, les clauses du décret représentent une avancée majeure pour la protection de la faune, son application envisage en réalité la possibilité de déroger à la quasi-totalité de celles-ci « dans un intérêt supérieur d'administration » ou en raison de « difficultés temporaires

---

décret du 21 septembre 1891 qui ordonnait au commissaire de district de l'Aruwimi-Uele de récolter l'ivoire et le caoutchouc au nom de l'État.

[274] Waltz, H., « Das Konzessionswesen im Belgischen Kongo », in *Veröffentlichungen des Reichs-Kolonialamts*, n° 9/1, Iéna, Verlag Gustav Fischer, 1917, p. 32-35.

[275] Elle correspond aux territoires compris entre le 8ᵉ degré de latitude sud, le 28ᵉ degré de longitude est et la frontière orientale de l'État (*BO, ibid.*, p. 83-84)

[276] Janssens, E., *Histoire de la Force Publique*, Bruxelles, Ghesquière et Partners, 1979, p. 134-135.

[277] Les territoires situés au sud de 10°30' de latitude sud (*BO, ibid.*, p. 83-84)

[278] *Comité Spécial du Katanga 1900-1950*, Bruxelles, édit. L. Cuypers, p. 35.

dans l'organisation administrative de certains territoires »[279]. En outre, les multiples imprécisions et possibles différentes interprétations de la loi poussent alors le gouvernement de l'État à rédiger, entre 1902 et 1905, une panoplie de décrets et d'arrêtés qui complètent et précisent les dispositions précédentes. Certains assurent une protection à des espèces nouvellement découvertes ou rares, comme l'okapi[280] ou le rhinocéros blanc[281], mais ils constituent encore des exceptions. La plupart des arrêtés du gouverneur général répondent surtout aux besoins d'alimenter en gibier les postes de l'État et les populations locales. En 1903, le gouverneur Félix Fuchs tolère ainsi la chasse aux hippopotames, aux buffles et aux antilopes dans la réserve de chasse de l'Uele[282].

Sur le terrain, ces mesures ne permettent donc pas de freiner les nombreuses infractions. À Boma, le vice-gouverneur Albert Lantonnois van Rode dénonce, sans pouvoir prendre de sanctions, le commerce de viande d'antilopes, d'hippopotames et de lamantins qui auraient été abattus en territoire portugais[283]. Le décret du 27 juillet 1905 renforce alors l'arrêté de 1903 par l'interdiction de faire commerce des espèces désignées par le décret de 1901, mais aussi des espèces communes dans les réserves de chasse et sur l'ensemble du territoire durant la fermeture de la chasse. Les espèces considérées comme nuisibles constituent une exception, de même que toutes celles pour lesquelles « il sera dûment prouvé par le vendeur, cédant, acheteur, cessionnaire ou transporteur qu'ils ont été chassés, capturés ou tués en temps et lieu non prohibés ou dans d'autres conditions licites »[284]. Cette formulation prouve l'importance du commerce de viande de chasse à l'époque. Tout en freinant assez radicalement l'action des particuliers par un élargissement des interdictions sur les espèces protégées, la législation est néanmoins source de plusieurs interprétations possibles

---

[279] *BO*, 1901, p. 82-90.

[280] Le décret du 17 septembre 1902 assure à l'okapi, récemment découvert par Harry Johnston dans l'entre-Ituri-Semliki, une protection à cause de sa rareté et du risque de sa disparition. (*B.O*, 1902, p. 214-215).

[281] Le rhinocéros blanc sera, quant à lui, protégé par l'arrêté royal du 10 juin 1909 (*BO*, 1909, p. 128).

[282] Arrêté du 31 mai 1903 (AA/AE 322 : dossier 435 : Conf. Londres – correspondances).

[283] AA/AE 322 : dossier 435 : Conf. Londres : vice-GG au secrétaire d'État, Boma, 11/12/1903.

[284] *BO*, 1905, p. 111.

du caractère licite ou illicite des faits de chasse, ce qui offre des marges de manœuvre pour ceux qui souhaitent la contourner. De même, le décret de 1901 et la législation ultérieure précisent les objectifs des chasses licites (but alimentaire, destruction des nuisibles, capture d'animaux utiles destinés à la domestication, collecte de spécimens pour les musées et jardins zoologiques, ou tout autre but scientifique), mais ne définissent pas précisément la teneur des autorisations pour « intérêt supérieur d'administration » et pour « cas de difficultés temporaires dans l'organisation administrative de certains territoires ». Les éventuels contrevenants disposent en effet de la faculté de s'adresser de plein gré aux autorités administratives pour constater le caractère licite de l'acte, même si les faits sont effectués durant la fermeture de la chasse ou dans les réserves. Pour parer à cette imprécision, les deux arrêtés du 30 septembre 1905 du gouverneur général Wahis instaurent l'obligation de posséder une attestation administrative prouvant les conditions licites de chasse[285] et précisent les règles de chasse dans les territoires non constitués en réserves et durant les saisons ouvertes (15 mai–15 octobre). Le port de permis de chasse à l'éléphant au moyen d'armes à feu (à l'exception du fusil à silex) est désormais exigé pour les Européens, tandis qu'une autorisation du commissaire de district est requise pour les autochtones chassant avec des fusils à silex ou des armes traditionnelles. En outre, une taxe en nature sur la moitié de l'ivoire obtenu par des chasseurs autorisés doit être remise à l'État[286], tandis que l'autre moitié doit néanmoins être poinçonnée par l'État et est exempte de toute autre imposition sauf d'un droit de sortie en cas d'exportation hors du territoire de l'EIC. Enfin, ces arrêtés règlent la possession sans exception en faveur de l'État de l'ivoire obtenu dans les cas de légitime défense ainsi que les pénalités pour contraventions à la loi, allant d'une amende à la servitude pénale avec confiscation des dépouilles[287].

---

[285] *BO*, 1905, p. 70-73.
[286] MRAC/Hist : Fonds F. Fuchs (HA.01.0038) : Législation sur la chasse à l'éléphant et la récolte de l'ivoire, Min. Col. , 3ᵉ DG, 1ᵉ div., 23/12/1908.
[287] *Législation générale de l'État Indépendant du Congo*, Bruxelles, Hayez, 1907, p. 251-253.

Cette rigidification législative du gouvernement Wahis entraîne des difficultés d'application sur le terrain. L'une d'entre elles concerne le poinçonnage de l'ivoire par l'État, mesure qui vise à contrôler la masse d'ivoire circulant dans les territoires, mais aussi à faciliter sa perception et éviter les fraudes qui se pratiquent sur une très grande échelle, surtout dans la Province-Orientale. S'appuyant sur cette disposition, les agents de l'État exigent la remise de la moitié de l'ivoire non poinçonné car en cours de transport ou déclaré à l'exportation. La persistance du décret du 9 septembre 1890 par lequel l'État abandonnait exclusivement aux particuliers les récoltes de l'ivoire dans les domaines situés au-delà du Stanley-Pool avait, jusqu'ici, avantagé les commerçants qui disposaient légalement d'ivoire sans devoir être munis de permis de chasse. Les arrêtés de 1905 soulèvent de vives protestations de leur part et augmente les fraudes de manière significative. De grandes quantités d'ivoire passent ainsi de manière illégale vers d'autres colonies, comme c'est le cas entre le district de l'Ubangui et l'Afrique équatoriale française toute proche[288]. Plusieurs plaintes de commerçants aboutissent auprès du Tribunal d'appel qui leur donne raison contre l'administration, aucune preuve d'illégalité ne pouvant être apportée. La taxe en nature sur l'ivoire constitue une autre difficulté. Du fait que l'Administration ne possédait aucune certitude absolue sur le fait que les défenses aient été obtenues dans la légalité, l'État devient complice malgré lui d'actes répréhensibles. De surcroît, il ne dispose d'aucun moyen de pression pour réellement contrôler et obtenir l'ivoire récolté de manière illicite. En outre, l'application du poinçonnage n'a pas cours dans les régions concédées et les terres appartenant aux particuliers, à savoir, le domaine de la Couronne, le Katanga, le Lomami, le Bus-Bloc – région dévolue au Comptoir commercial congolais– et la région de la Mongala gérée par la Société Anversoise de Commerce (ABIR) en vertu de ses récents engagements avec l'État de lui livrer, en principe, l'ivoire récolté[289].

L'État est aux prises avec une autre importante problématique, celle des armes à feu, surtout perfectionnées, qui envahissent tous les territoires colonisés sans un contrôle effectif de leurs mouvements. Tout comme le commerce de l'ivoire, celui des armes dépasse le cadre

---

[288] AA/AE 322 : dossier 435 : Conf. Londres : GG Wahis au secrétaire d'État, Léopoldville, 30/05/1905.

[289] AA/AE 322 : Dossier 435 : Conf. Londres, *op. cit.*

national et les actions entreprises par les colonisateurs pour réduire la proportion d'armes à feu sur le continent africain ont pour corollaire celles menées pour protéger la faune sauvage. La Conférence de Bruxelles de 1890 relative au commerce des esclaves en Afrique et qui encourage les États signataires à prendre les mesures nécessaires pour réglementer et contrôler l'importation, la vente et les mouvements internes des armes à feu et des munitions[290] et la Conférence de Londres de 1900 s'appliquent similairement à la vaste zone d'Afrique subsaharienne située entre le 20ᵉ parallèle nord et le 22ᵉ parallèle sud du continent, à laquelle s'ajoute, pour cette dernière, une nouvelle limite australe tracée de la frontière nord de l'Afrique allemande du sud-ouest au fleuve Zambèze. Malgré les mesures prises, l'importation d'armes perfectionnées et, dans une moindre mesure, de fusils à silex et à piston, en provenance des métropoles européennes augmente considérablement entre 1892 et 1907. Si l'échange des armes à feu[291] contre de l'ivoire est un phénomène de mieux en mieux appréhendé par la recherche historique[292], les mouvements économiques méritent plus d'attention.

---

[290] *General Act of the Brussels Conference relative to the African Slave Trade, signed at Brussels, July 2, 1890*, in *Treaty Series*, n° 7, Londres, Harrison & Sons, 1892.

[291] Deux types d'armement se succèdent, puis cohabitent en Afrique centrale. Le fusil à silex, appelé aussi « arme de traite », est utilisé entre 1830 et 1940 et provient des rebuts des stocks obsolètes des armées européennes mais aussi de l'industrie armurière de Manchester et Birmingham, puis de Liège. Les fabriques d'armes de Liège remplaceront, à partir de 1850, celles de la ville de Birmingham qui était jusqu'alors le principal centre de transformation et de fabrication d'armes de traite. À Liège, plusieurs firmes, comme la maison Renkin & Fils, fabriquaient des fusils à silex destinées à être exportés vers côtes africaines (in *Revue de l'Armée belge*, n° 6, janvier-février 1898, p. 97). Tel était aussi le cas de la Fabrique d'Armes Lambert Sevart, en activité de 1875 à 1920 ou encore, de la Fabrique Dumoulin Frères qui présentait des armes de luxe, de guerre et d'exportation. Le fusil à silex servait à la fois à la chasse et à la guerre et permettait l'usage par les autochtones de la poudre de traite ou de projectiles hétéroclites souvent fabriqués par des forgerons locaux. Le fusil à percussion, quant à lui, détrôné en Europe par l'essor d'armes plus perfectionnées et de plus petits calibres, va atteindre les côtes d'Afrique entre 1885 et 1900, approvisionner les marchés arabo-swahili et être distribué aux troupes auxiliaires des armées coloniales. Des forgerons locaux tranformeront souvent les systèmes à silex ou à piston vers le système à percussion, et inversément.

[292] Birmingham, D., « The forest and the savanna of Central Africa », in Flint, J. E. (éd.), *Cambridge History of Africa*, t. 5, Cambridge, Cambridge Univ. Press, 1977, p. 264. Dans le bassin du Congo, l'ivoire était le seul produit à être exporté, tandis qu'en échange, les importations européennes (principalement les fusils à silex et la poudre de chasse et aussi les tissus, perles, cauris, quincaillerie, bouteilles vides, sel marin, fils de laiton) vont remonter le fleuve (Mumbanza mwa Bawele, J., *op. cit.*, p. 447).

L'*Annuaire statistique de la Belgique et du Congo* publie, à partir de 1892, les statistiques des armes entrant officiellement sur le territoire congolais à partir de l'Angleterre, de l'Allemagne et de la Belgique. Entre 1896 et 1900, la Belgique importe au Congo une moyenne annuelle de fusils à silex, fusils à piston et fusils perfectionnés pour une valeur de 230 000 fr et de poudre de traite pour approximativement la même valeur[293]. À titre comparatif, le consul général de Grande-Bretagne à Zanzibar, Sir Charles Bean Euan-Smith (1842–1910), estime que 80 000 à 100 000 armes à feu aboutissent annuellement sur la côte orientale de l'Afrique[294] et sont vendues aux Arabo-swahili. Pour l'Afrique centrale, la Belgique constitue de loin le principal producteur d'armes de tous genres, à l'exception des Pays-Bas qui la concurrencent en 1897 et en 1904 sur le marché des fusils à silex, de l'Allemagne en 1899 pour les fusils à piston, et de la France qui commence à gagner des parts du marché des armes perfectionnées et à silex.

Voir aussi White, G., « Firearms in Africa : an Introduction », in *Journal of African History*, n° 12/2, 1971, p. 179 et Dubrunfaut, P., *Armes à feu de traite en Afrique noire. Aspects technique, artistique et ethnologique. Proposition d'une typologie*, mémoire de licence en Histoire de l'Art, ULB, Bruxelles, 1984 et *Introduction à l'étude des armes à feu de traite en Afrique à la veille de la colonisation européenne*, Exposition du Crédit Communal (Galerie du Crédit Communal, Bruxelles, 18/12/1992-28/02/1993), Bruxelles, 1992, p. 134-135) ; Macola, G., *The Gun in Central Africa : A History of Technology and Politics, op. cit.*

[293] Commerce spécial : importations vers le Congo : *Annuaire statistique de la Belgique et du Congo belge*, Bruxelles, Ministère de l'Intérieur, 1900.

[294] Euan-Smith à Rosebery, 28/06/1888, cite par Beachey, R. W., « The arms trade in East Africa in the late nineteenth century », in *Journal of African History*, n° 3/3, 1962, p. 453.

Années	Fusils à silex		Fusils à piston		Armes perfectionnées	
	Belgique	Total	Belgique	Total	Belgique	Total
1892*	5 154	11 719	24 301	24 301	22 708	23 408
1893	23 555	42 620	45 892	45 892	55 199	56 541
1894	60 058	82 057	39 776	39 776	94 761	101 942
1895	40 007	64 108	13 377	13 377	45 569	48 312
1896	51 745	71 658	39 075	50 380	70 999	78 056
1897	32 604	67 982	217 281	245 762	77 903	84 366
1898	53 144	111 444	114 592	192 120	85 612	123 191
1899	50 824	101 830	52 111	109 463	84 243	153 517
1900	73 289	131 690	36 764	61 233	79 066	149 599
1901	47 703	73 842	42 489	52 409	65 420	93 955
1902	46 837	64 391	9 870	13 817	77 412	114 982
1903	20 221	74 585	35 638	48 541	52 284	90 044
1904	83 381	131 958	12 188	28 719	57 456	90 174
1905	12 646	178 308	27 822	30 190	46 273	82 820
1906	154 621	200 978	26 532	29 756	40 682	76 147
1907	74 309	100 432	16 737	20 450	77 212	132 365

Fig. 3 *Importations d'armes à feu vers l'EIC, commerce général, valeur en francs belges. La Belgique est le principal fournisseur d'armes au Congo.* Source : *Bulletin officiel de l'État indépendant du Congo*, 1892–1908. xxxx* : chiffres donnés pour le 2ᵉ semestre uniquement.

Devant ces afflux, le département de l'Intérieur craint dès lors la menace que représente ce phénomène pour ses tentatives d'établissements politique, économique et militaire. Des réponses législatives sont alors mises en place ; celles-ci sont invoquées comme motifs de sécurité publique à l'égard des Européens face aux populations locales armées et comme motifs de pacification entre les groupements africains ; elles visent également à contrer la concurrence arabe venant de l'Est. Dans les territoires soumis à l'autorité de l'État, y compris dans les territoires concédés à des sociétés commerciales, les réglementations en la matière sont élaborées dans le sens d'une interdiction générale du permis de port d'armes perfectionnées aux populations locales à l'exception du port du fusil à silex. Celles-ci ne suffisent cependant pas à réduire le commerce licite des armes à feu et, *a fortiori*, à contrôler et à enrayer la contrebande et la demande croissante en armes perfectionnées. Tout comme pour l'ivoire, les dispositifs sont contournés par de nombreux acteurs de terrain, y compris des administrateurs de territoires qui y trouvent une fructueuse source de profit[295]. Dans une lettre adressée au délégué de l'administrateur à Brazzaville après un voyage dans le Haut-Ubangui, le témoignage du commerçant hollandais Greshoff démontre autant son amertume sur une concurrence étatique jugée déloyale qu'une réalité de la politique monopolistique de l'EIC sur les armes et l'ivoire :

> Arrivé à Yakoma, je me suis rendu compte que l'EIC, malgré toutes les conférences, continue à fournir aux indigènes des armes perfectionnées. Bangassou venait de recevoir un canon et un superbe martini avec des cartouches. Il a plusieurs armes perfectionnées [...]. Le pays est donc fermé au commerce régulier et l'État qui fait pour des particuliers des lois contre l'importation des armes et des munitions [...] prouve n'avoir fait ces lois que dans le seul but de constituer le monopole de la vente des articles prohibés [...]. Le but de l'État est de s'approprier autant et aussitôt que possible de l'ivoire[296].

État des lieux à la fin du régime léopoldien

L'ensemble des mesures législatives prises entre 1889 et 1905 qui concernent la gestion des chasses, du commerce de l'ivoire et la protection de plusieurs espèces fauniques se révèle complexe et d'applications malaisées. Cibles principales de l'Administration, les fraudes demeurent incontrôlables et les mesures adoptées, inefficaces. À la veille de la reprise de l'EIC par la Belgique, plusieurs témoins de passage indiquent bien la difficulté de l'État à suivre les règlements sur l'ensemble du territoire et en particulier, dans ceux mis en réserve. Constatant l'abondance d'éléphants dans la vallée de la Semliki, en bordure de la réserve de chasse du bassin de l'Aruwimi, le duc Adolf Friedrich zu Mecklenburg indique que, malgré les sévères dispositions mises en place en cas de violation par les autochtones, toutes les prohibitions sont réduites à néant par l'absence de contrôle[297]. La contrebande frontalière d'ivoire

---

[295] Beachey, R. W., *op. cit.*, p. 457; voir, par exemple, à ce sujet, l'étude réalisée pour la region de Bomu (De Roo, B., « The Blurred Lines of Legality : Customs and Contraband in the Congolese M'Bomu Region, 1889-1908 », in *Journal of Belgian History*, n° 44/4, 2014, p. 112-141).

[296] d'Uzès, duchesse, *Le voyage de mon fils, op. cit.*, p. 243-247.

[297] zu Mecklenburg, A. F., *Ins innerste Afrika. Bericht über den Verlauf der deutschen wissenschaftlichen Zentral-Afrika-Expedition 1907-1908*, Leipzig, Klinkhardt&Biermann, 1909, p. 329.

est également un phénomène important. Durant son voyage au Congo entre juillet et octobre 1908 pour constater la situation de vie et de travail des populations congolaises, le député socialiste Émile Vandervelde précise que les nombreuses défenses d'ivoire qui s'entassent dans les magasins de la Compagnie du Mayumbe proviennent en réalité d'éléphants abattus sur le territoire de l'État qui sont passés en contrebande pour être étiquetés en territoire français où les lois ne requièrent pas l'imposition étatique de la moitié de l'ivoire récolté[298]. En chasseur expérimenté, Maurice Calmeyn est un dernier observateur privilégié de la situation, durant ses deux voyages touristiques dans la colonie. Dans le compte rendu de ses chasses, il passe au crible les « déplorables procédés » de l'État dont il est le témoin direct, la chasse pratiquée durant la saison close, l'abattage de jeunes et de femelles, ou encore l'entreposage de défenses d'un poids inférieur aux deux kilos prescrits par une législation conçue en métropole et trop éloignée des réalités de terrain[299]. Selon lui, les autochtones armés, principaux acteurs de ces faits, sont poussés directement ou indirectement par les Européens qui leur autorisent le port de fusils à piston pour la chasse à l'éléphant. Les soldats de la Force publique, en principe interdits de circuler armés s'ils ne sont pas accompagnés par un Européen[300], abattent un important nombre d'antilopes et d'autre gibier, car, en fin de compte,

> pour les indigènes qui de 1897 à 1907 avaient massacré 145.805 éléphants des deux sexes et de tout âge, la fermeture [de la chasse] était décrétée aussi pendant six mois de l'année... mais seulement sur le papier. Eux-mêmes n'en avaient pas connaissance. Il ne faut pas croire les yeux fermés à l'exécution de bien des décrets si jolis que l'on forge aujourd'hui par fournées[301].

---

[298] Vandervelde, É., *Les derniers jours de l'État du Congo. Journal de voyage, juillet-octobre 1908*, Paris-Mons, Société Nouvelle, 1909, p. 79-80.

[299] Calmeyn, M., *Au Congo belge. Chasses à l'Éléphant ; les Indigènes ; l'Administration*, Paris, Flammarion, 1912, Avant-propos, p. V et 199-200.

[300] Il est nécessaire ici de nuancer quelque peu l'affirmation de Calmeyn. Dans les territoires soumis à l'autorité de l'EIC, les réglementations en la matière furent élaborées dans le sens d'une interdiction générale du permis de port d'armes aux Africains, à l'exception d'autorisations à des tiers et des zones limitées et au contrôle du mouvement des armes par le gouvernement local. (MRAC/Hist : Fonds F. Fuchs (HA.01.0038) : Circulaire du GG Wahis, Boma, 23/02/1906).

[301] Calmeyn, M., *op. cit.*, p. 541.

Cependant, Calmeyn est un exemple révélateur des nombreux paradoxes de la chasse coloniale. Bien qu'il offre des conseils pour appliquer une chasse plus éthique qui, loin d'être destructive, protège la faune en ne sacrifiant ni les animaux reproducteurs, ni les jeunes[302], il contourne lui-même les règlements et reste perplexe quant à l'introduction de mesures de protection des okapis dont il capture de jeunes individus vivants et ne prend aucune disposition pour assurer la survie. D'autres ambiguïtés se manifestent dans ses rapports avec certains autochtones à qui il offre un fusil à piston pour obtenir des spécimens destinés à des zoos européens, alors qu'il dénonce la pratique courante de rémunérer un travail ou de payer une marchandise de grande valeur avec un fusil ou de la poudre. Dans ses propositions de mesures cynégétiques à adopter par la colonie, il valorise enfin l'expertise du chasseur qui peut jouer un important rôle technique dans l'identification et la mise en place de la protection de la faune, contrairement aux agents de l'État qui ne sont pas sensibilisés à cette problématique.

---

[302] Calmeyn, M., « La réglementation de la chasse au Congo », in *La Belgique maritime et coloniale*, 01/08/1909, p. 156-162.

Partie II
Sciences et Préservation (1880–1930)

1. Laboratoires naturalistes

Le grand élan scientifique occidental pour la systématique et la taxonomie fournit un alibi prépondérant aux chasses de spécimens afin de constituer des collections naturalistes extensives. Les espaces colonisés constituent, en effet, des laboratoires idéaux où sont découvertes de nouvelles espèces qui sont envoyées dans les métropoles européennes et américaines où elles sont décrites, classées, étudiées, mises sous vitrines et exhibées. Une mondialisation de savoirs complexifiés, notamment en botanique et en anthropologie, s'opère et s'enrichit des mouvements de va-et-vient entre les métropoles et leurs périphéries en outre-mer. De nombreux travaux se sont penchés sur la portée et les modalités de prélèvement de ce phénomène international, de même que sur la manière dont celui-ci a précédé, accompagné ou suivi l'expansion impérialiste et le développement des empires coloniaux[303].

---

[303] Pour une vision générale, voir notamment MacLoed, R. (éd.), *Nature and Empire : Science and the Colonial Entreprise*, in *Osiris*, n° 15, 2000. Pour le cas de l'impérialisme britannique, voir notamment Drayton, R., *Nature's Government. Science, Imperial Britain, and the 'Improvement' of the World*, New Haven – Londres, Yale Univ. Press, 1999 et « A l'école des Français : les sciences et le deuxième empire britannique (1780-1830) », in *Revue française d'Histoire d'Outre-Mer*, n° 382-383, 1999, p. 91-118 et MacKenzie, J., *Museum and empire. Natural history, human cultures and colonial identities*, Manchester – New-York, Manchester Univ. Press – Palgrave, 2009. Pour le cas français, voir Bourguet, M.-N. et Bonneuil, Ch. (dir.), n° 322-323 spécial de la *Revue française d'Histoire d'Outre-Mer*, 1999 et en particulier, l'article de Bonneuil, Ch., *Le Muséum national d'histoire naturelle et l'expansion coloniale de la Troisième République (1870-1914)*, *ibid.*, p. 143-169, ainsi que Daugeron, G., *Collections naturalistes…*, *op. cit.*, Blanckaert, C. et alii, *Le Muséum au premier siècle de son histoire*, *op. cit.* et Leblan, V. et Juhé-Beaulaton, D. (dir.), *Le spécimen et le collecteur. Savoirs naturalistes, pouvoirs et altérités en Afrique (XVIIe-XXe siècles)*, Coll. Archives du Muséum national d'histoire naturelle de Paris, Paris, 2018 et Sibeud, E., *Une sience impériale pour l'Afrique ? La construction des savoirs africanistes en France, 1878-1930*, Paris, Éd. EHESS, 2002. Pour le cas allemand, voir notamment Essner, C., « Some aspects of German Travellers' accounts from the second half of the 19th century », in *Païdeuma. Mitteilungen zue Kulturkunde*, n° 33, 1987, p. 197-205 et Köstering, S., *Natur zum Anschauen. Das Naturkundemuseum des deutschen Kaiserreichs, 1884-1914*, Cologne – Weimar, Böhlau Verlag, 2003. Pour une vision critique des savoirs impérialistes, voir notamment Appadurai, A., *The Social Life of Things. Commodities in Cultural Perspective*, New York, New School University,

Ainsi, les expansions coloniales visent non seulement à dresser la liste des produits susceptibles d'échanges commerciaux, mais traduisent aussi une politique volontariste de transferts de certains produits d'une région vers une autre, d'acclimatation de plantes ou d'animaux « exotiques », ou de substitution, dans les colonies, de leurs équivalents domestiqués. En parallèle, des théories scientifiques guident l'exploitation des environnements exotiques et la justifient en la rendant nécessaire, légitime et bénéfique. Le développement de ces « savoirs-monde » nécessite à son tour des conditions matérielles et institutionnelles d'accueil des résultats botaniques, zoologiques, géographiques, anthropologiques issus de la recherche sur le terrain. L'accumulation de ceux-ci s'opère dans les jardins botaniques, les jardins zoologiques et les musées qui deviennent des instruments gouvernementaux au service des colonies et des empires. De même, ils s'accompagnent d'une professionnalisation de l'essor scientifique. Le rôle joué par les scientifiques dans l'élaboration des politiques coloniales n'est plus à démontrer ; loin d'être de simples relais techniques, grâce à leur expertise, ceux-ci exercent une influence directe sur les orientations coloniales, l'organisation de voyages et de missions, les transferts et l'introduction de cultures nouvelles. Étroitement liés aux institutions scientifiques métropolitaines, ces experts y organisent des réseaux de collecteurs et d'observateurs dans le sillage des explorations et des conquêtes et imposent les modalités d'acquisition des collections et de circulation des savoirs. Dons, échanges entre scientifiques, échanges marchands, réseaux de correspondants et de chercheurs créent des émulations sans cesse renouvelées.

À n'en pas douter, l'histoire naturelle fait donc partie intégrante de la culture du colonisateur, stimulée au 19e siècle par la multiplication de nouveaux musées consacrés à l'histoire naturelle dans plusieurs capitales européennes et américaines, et par l'ouverture de nouvelles chaires universitaires dans les disciplines attenantes. Impulsion impériale et impérialiste, la pratique de l'histoire naturelle et du naturalisme devient aussi l'un des loisirs privilégiés de la bourgeoisie et de l'aristocratie. Sillonnant le monde, bon nombre de voyageurs porteurs, pour la plupart, d'un diplôme en sciences naturelles (botanique, zoologie) ou en médecine personnifient cet engouement en récoltant des matériaux sur le terrain et en diffusant les descriptions de leurs découvertes par le biais de

---

1988 et Fabian, J., *Time and the Others. How anthropology make his object*, New York, Columbia Univ. Press, 2002.

publications et d'illustrations qui alimentent les savoirs scientifiques. De même, les chasseurs occidentaux établissent la connexion la plus explicite entre l'impérialisme et l'histoire naturelle en récoltant des spécimens zoologiques et en offrant leurs trophées aux musées d'histoire naturelle. Par leurs exploits cynégétiques, les chasseurs et récolteurs font leur entrée dans les cénacles scientifiques.

La diffusion de ces connaissances par le monde scientifique ne contribue pas seulement à élaborer et à soutenir l'idéologie impériale. Plutôt que de souligner systématiquement les pouvoirs transformateurs bénéfiques de l'homme « civilisateur » sur la nature, les naturalistes contribuent aussi à faire émerger une conscientisation accrue et bientôt globale sur l'impact que produit la mobilisation des espaces tropicaux par des sociétés industrielles en quête de produits exotiques et sur sa responsabilité directe sur les environnements et sociétés d'outre-mer[304]. La faune sauvage représente, dans ce cadre, un exemple symptomatique de cette nouvelle approche.

1.1. Explorations, collectes et nationalisme

Constituée progressivement en Europe dès le 18e siècle, une communauté de naturalistes se développe au 19e siècle dans le cadre des politiques expansionnistes des États-nations et se structure en réseaux internationaux qui possèdent des objectifs communs, des normes d'échange et des collaborations propres. Plusieurs nations vivent en conséquence des expériences similaires et des situations parallèles, notamment dans le domaine de la recherche et de la diffusion des plantes tropicales et de la foresterie[305].

---

[304] Comme par exemple, l'instrumentalisation de l'île Maurice par les Français, des Caraïbes et les îles du Pacifiques par les Britanniques : ces territoires offrirent aux métropoles des terrains de démonstration tout trouvés pour étudier les phénomènes climatiques et développer des théories des climats et des courants dessicationnistes en vogue durant la période des Lumières (Grove, R., *Green Imperialism, Colonial Expansion, Tropical Island Edens and the Origins of Environmentalism, 1600-1860*, Cambridge, Cambridge Univ. Press, 1995).

[305] Voir notamment à ce sujet : Osborne, M., « The system of colonial gardens and the exploitation of French Algeria », in Fitzgerald, E. P. (éd.), *Proceedings of the eighth Annual meeting of the French colonial historical society*, Lanham, Univ. Press of America, 1985, p. 160-168; Bonneuil, Ch., « Le Muséum national d'histoire naturelle… », *op. cit.*, p. 143-169 ; pour le cas allemand, voir Cittadino, E., *Nature*

En 1830, la Belgique indépendante, héritière des occupations successives des Autrichiens, des Français et des Hollandais, dispose d'une solide tradition d'études et d'expérimentations scientifiques dans les domaines des sciences naturelles (botanique et zoologie confondues) et d'une institutionnalisation des savoirs dans des académies et des chaires universitaires[306]. La botanique surtout occupe le devant de la scène scientifique nationale, avec la fondation de la Société royale de Botanique en 1862 et du Jardin botanique national en 1870, deux institutions qui stimulent la recherche fondamentale et les récoltes de plantes et de fleurs sur le sol national autant que dans des territoires d'outre-mer. La faune exotique, par contre, suscite moins l'intérêt des naturalistes, si ce n'est par la tradition plus ancienne des cabinets de curiosités qui mêlent des objets de collections hétéroclites et inédites d'animaux empaillés, d'insectes séchés, de squelettes, de carapaces ou de fossiles. Le gouvernement national, l'Académie royale de Belgique et l'Établissement géographique de Bruxelles du cartographe Philippe Vander Maelen stimulent la recherche. Les premières missions botaniques[307] subventionnées par le gouvernement belge sont envoyées en Amérique centrale et du Sud dès 1835. Elles sont destinées à compléter les collections des institutions scientifiques belges tout en fournissant des renseignements commerciaux sur les régions explorées[308]. À partir de 1840, des entreprises commerciales privées,

---

as the laboratory : Darwinian plant ecology in the German empire, 1880-1900, Cambridge, Cambridge Univ. Press, 1990; pour le cas britannique, Drayton, R., *Nature's Government : Science, Imperial Britain, and the « Improvement » of the World*, New Haven, Yale Univ. Press, 2000.

[306] Sur l'histoire de la botanique avant l'indépendance belge de 1830, voir Lebrun, J., « Esquisse d'une histoire de la botanique et des botanistes belges pendant le 19ᵉ siècle et le début du 20ᵉ », in *Florilège des Sciences en Belgique pendant le 19ᵉ siècle et le début du 20ᵉ*, t. 1, Bruxelles, Académie royale de Belgique, 1968, p. 595-634 et Crepin, F., *Aperçu de l'histoire de la Botanique en Belgique*, in *Guide du Botaniste*, Bruxelles, 1878. Sur l'histoire de la zoologie, Brien, P., « Esquisse d'une Histoire de la Zoologie et de la Biologie animale en Belgique pendant le 19ᵉ siècle et le début du 20ᵉ », in *Ibid.*, p. 751-797.

[307] Il s'agit de celles menées par Henri Galeotti au Mexique (1835-1840), par le trio Jean Linden, A. Ghiesbreght, N. Funck en Amérique centrale et du Sud (1835-1841), par Jules Libon (1841-1859) et Lambert Picard au Brésil.

[308] Possemiers, J., « Belgische natuuronderzoek in Mexico (1830-1840). De jacht op planten, bloemen, vlinders en insekten », in Stols, E. (dir.), *De Belgen en Mexico. Negen bijdragen over de Geschiedenis van de betrekkingen tussen België en Mexico*, Leuven, Universitaire Pers, 1993, p. 39-44.

principalement les associations d'horticulteurs gantois[309], engagent, à leur tour, leurs propres « chasseurs de plantes » en Amérique latine où certains d'entre eux s'installent définitivement. À l'amateurisme succède une nouvelle époque où émergent les fondateurs de la science zoologique, Michel Edmond de Selys Longchamp et Pierre-Joseph Van Beneden. Le fils de ce dernier, l'embryologiste de réputation internationale Édouard Van Beneden inaugure en 1872–1873, pour le compte du gouvernement belge, le mouvement d'explorations scientifiques à l'étranger, en réalisant des études comparatives sur les faunes brésilienne et argentine à une époque où la distribution des espèces et les questions relatives à la fixité et à la variabilité des espèces par comparaisons régionales tentent de répondre aux théories évolutionnistes de Charles Darwin[310]. Le continent Centre et Sud-américain devient alors le point de mire des voyageurs, naturalistes, autodidactes et scientifiques belges qui s'aventurent, dans le sillage des « merchant adventurers », dans les régions inconnues du Brésil, du Venezuela, de la Colombie et du Mexique, à la recherche de plantes, semences, orchidées, coquillages, fossiles, papillons et oiseaux naturalisés, massivement expédiés en Europe[311]. L'entomologiste français Théodore Lacordaire parcourt à son tour l'Amérique du Sud avant de devenir le premier titulaire de la chaire de zoologie et d'anatomie comparée à l'Université de Liège. Quant à Édouard Van Beneden, il formera à l'Université libre de Bruxelles une nouvelle génération de brillants chercheurs, tels qu'Auguste Lameere, Georges Boulenger et Paul Pelseneer, qui reprendront le flambeau. La botanique exotique est aussi stimulée par le Jardin Botanique de l'État où son directeur, François Crépin, recueille d'importantes collections issues de ses nombreux voyages et qui font l'objet de plusieurs monographies[312]. Son successeur, Théophile Durand, poursuivra le mouvement en se concentrant plutôt sur les flores congolaises. Ces voyages dans l'outre-mer offrent donc aux chercheurs la possibilité d'étendre leurs champs d'études, tout comme ils fournissent un cadre d'enseignement et de formation à d'autres

---

[309] Voir De Herdt, R., *Gentse Floraliën. Sierteelt in Vlaanderen*, Gand, 1990.
[310] Darwin, Ch., *On the Origin of Species by Means of Natural Selection, or The Preservation of Favored Races in the Struggle of Life*, Oxford, Milford, 1914 (reedit. 1859).
[311] Vandersmissen, J., *Histoire des Sciences en Belgique…, op. cit.*, t. 1, p. 225-228.
[312] Voir Lawalrée, A., *ibid.*, t. 1, p. 247-249 ; Lebrun, J., in *Florilège des Sciences en Belgique…, op. cit.*, t. 1, p. 635-658 et Diagre-Vanderpelen, D., *Le Jardin botanique de Bruxelles (1826-1912)- Reflet de la Belgique, enfant de l'Afrique*, Bruxelles, Académie royale de Belgique, 2012.

pratiques et expériences coloniales européennes et nord-américaines. Les expérimentations botaniques et forestières coloniales hollandaises stimuleront, grâce à un subside gouvernemental régulier, l'envoi de jeunes botanistes comme Jean Massart au Jardin Botanique de Buitenzorg en 1894-1895, dans le cadre de son assistanat à l'Institut Botanique de l'Université libre de Bruxelles, nous y reviendrons.

1.2. Premières collections de faune congolaise

Les mouvements européens d'expansion vers l'Afrique centrale offrent donc de nouvelles perspectives. Soustraites à toute investigation scientifique par des barrières naturelles qui les isolent, faune et flore sont restées quasi inconnues, constituant une réserve de nouveautés scientifiques et suscitant, par conséquent, un intérêt primordial. Depuis le bassin du Congo jusqu'aux nouvelles limites de l'EIC, les richesses naturelles du sol et du sous-sol, vivantes ou inertes, vont être exploitées dans des objectifs économiques mais aussi scientifiques. De nouvelles pratiques de collecte et d'inventaire vont progressivement contribuer à « connaître » l'environnement naturel de la région pour « mieux l'exploiter » au profit de la nation belge, mettant ainsi un terme à l'exclusivité des récoltes botaniques et zoologiques réalisées par plusieurs expéditions étrangères depuis le début du 19e siècle pour le compte d'autres États européens concurrents.

Peu après la Conférence de Géographie de Bruxelles (1876) qui réunit, autour de Léopold II, géographes et explorateurs étrangers, la construction d'un savoir se met en place dans le cadre de l'Association internationale africaine (AIA) qui allie des objectifs scientifiques, de lutte antiesclavagiste et de « croisade » humanitaire. Derrière ce paravent qui permet à ses instigateurs de se positionner avantageusement en matière de commerce et d'exploitation des ressources, les divers Comités nationaux qui la composent envoient leurs ressortissants vers des régions à découvrir. Le Comité belge engage des militaires frais émoulus des Ecoles militaire, de guerre et du Dépôt de la guerre. Munis d'un solide bagage scientifique et technique, notamment en matière cartographique et géodésique, ces derniers partent à la tête des cinq missions organisées depuis la Belgique et deviennent rapidement les nouveaux « héros » de cette « croisade pour le progrès »[313]. Une participation plus active aux échanges internationaux

---

[313] Van Schuylenbergh, P., « Arpenter le territoire congolais. Savoirs géographiques, ressources militaires et expansion coloniale (1870-1900) », in Blais, H., Deprest, V. et

des savants et géographes où les Belges sont jusqu'alors exclus constitue un enjeu de poids dans cette décision. Conseillé par Édouard Dupont, directeur du Musée d'Histoire naturelle de Bruxelles[314], Maximilien-Charles Strauch, le secrétaire général de l'AIA, encourage la formation de premières récoltes zoologiques, botaniques et ethnographiques lors des 3ᵉ et 4ᵉ expéditions belges de l'Association. Si Jérôme Becker, membre de la 3ᵉ expédition, rassemble une petite collection ethnographique et ornithologique[315], Émile Storms, chef de la quatrième expédition (1882–1885), s'inspire des pratiques des Allemands Böhm et Reichard qu'il rencontre à Mpala, au bord du lac Tanganyika, pour réunir durant ses loisirs à la station une collection ethnographique ainsi que deux cents oiseaux[316], reptiles, petits mammifères, mollusques et plantes, munis de leurs dimensions, des dates de capture et de plusieurs croquis. Certains spécimens sont destinés à l'Exposition internationale d'Anvers en 1885[317] ; ils sont ensuite décrits par Louis Dollo, Paul Pelseneer et Gustav Hartlaub pour le Musée d'Histoire naturelle de Belgique[318]. Les informations anthropologiques et physiques réunies par Storms souffrent du manque de formation de l'auteur et seront révisées par le médecin et anthropologue Victor Jacques avant leur publication dans un ouvrage de synthèse dont le plan est inspiré d'un questionnaire élaboré par la Société d'Anthropologie de Paris[319]. Si Storms se réserve ses collections « ethnographiques » des trophées de guerre pris aux Tabwa et une centaine de « curiosités » et d'objets-souvenirs, dont une panoplie

---

Singaravelou, P. (dir.), *Territoires impériaux. Une histoire spatiale du fait colonial*, Paris, Publications de la Sorbonne, 2011, p. 83-107.

[314] IRSNB/Direction : E. Dupont, correspondance 1879-1885, farde n° 2 : lettre de Strauch à Dupont, Bruxelles, 19/04/1880.

[315] Becker, J., *La troisième expédition belge au pays noir*, Bruxelles, J. Lebègue et Cie, {1884}, p. 176 et 196.

[316] MRAC/Hist : Fonds E. Storms (HA.01.0017) : carnet de note intitulé « *Oiseaux* ».

[317] Couttenier, M., *op. cit.*, p. 195.

[318] Dollo, L., « Notes sur les Reptiles et Batraciens recueillis par M. le capitaine Em. Storms dans la région du Tanganika » et Pelseneer, P., « Notice sur les mollusques recueillis par M. le capitaine Storms dans la région du Tanganika », in *Bulletin du Musée royal d'Histoire naturelle de Belgique*, n° 4, 1886.

[319] Jacques, V. et Storms, E., *L'ethnographie de la partie orientale de l'Afrique équatoriale*, Bruxelles, 1886 (cité in Van Schuylenberg, P. et Morimont, F., *Rencontres artistiques Belgique-Congo 1920-1950*, Enquêtes et Documents d'Histoire africaine, t. 12, Louvain-la-Neuve, 1995, p. 4).

d'armes[320], les bureaux du Comité belge de l'AIA, situés à Bruxelles, place du Trône, accueillent d'autres « curiosités scientifiques » africaines dans leur petit musée créé en 1884. Y transitent, avant dispersion vers les institutions officielles, les collections zoologiques de Storms, mais aussi les objets ethnographiques rapportés par Stanley, Delcommune et des agents de la SAB, tout comme les collectes des agents du nouvel EIC et des échantillons de produits d'exportation. À la fin du siècle, il n'y subsiste que quelques dépouilles et squelettes d'hippopotames, de gorilles (*Gorilla gorilla gorilla*) et de chimpanzés (*Pan satyrus satyrus*), une série de rongeurs provenant de la mission Cabra[321], ainsi que des échantillons dépareillés de produits. Ces quelques pièces aboutissent en décembre 1896 dans l'ancien Pavillon du prince d'Orange à Tervuren, propriété de Léopold II[322], qui abritera bientôt la Section coloniale de l'Exposition internationale de Bruxelles-Tervuren de 1897[323].

Dès 1885, le nouvel État indépendant, fixé avant tout sur la reconnaissance géographique et l'occupation effective des territoires, cherche simultanément les moyens de développer les ressources naturelles du pays à des fins économiques, mais sans vision ni projet cohérent en matière d'exploration scientifique nationale. Des scientifiques, tels que le botaniste Alfred Dewèvre, dénoncent la situation et la piètre place de la Belgique dans les politiques impérialistes européennes des collectes : quelle absurdité de devoir étudier, dans le Musée de Berlin

---

[320] Wastiau, B., *Un essai sur la 'vie sociale' des chefs-d'œuvre du Musée de Tervuren*, Exposition ExitCongoMuseum, Tervuren, MRAC, 2000, p. 19.

[321] MRAC/Zool/Vertébr. : Répertoire Général, Mammifères, n° 1.

[322] En vertu de la loi du 22 mars 1853, le futur roi Léopold II disposait, en qualité de successeur au trône et duc de Brabant, du domaine de Tervuren, englobant le parc et ses alentours. Il y hébergea sa sœur, la princesse Charlotte, malade à son retour du Mexique, où l'assassinat en 1867 de son époux, Maximilien d'Autriche, empereur du Mexique mit fin au bref règne de ce dernier. Voir à ce sujet, Wynants, M., *Des ducs de Brabant aux villages congolais. Tervuren et l'Exposition Coloniale 1897*, Tervuren, MRAC, 1997.

[323] L'inventaire informatisé des mammifères du Département de Zoologie, Section Vertébrés, du MRAC confirme effectivement ces apports : il s'agit d'un *Hippopotamus amphibius* (60-M), d'un *Gorilla gorilla gorilla* (63-M) et *Pan satyrus satyrus* (64-M), ainsi que d'autres espèces, lemings, galagos, singes, chien, hippopotame, etc. (n° 74-M – 85-M et 164-M).

ou les jardins botaniques de Kew ou de Paris, les plantes recueillies au Congo[324]!

En 1887, le voyage privé[325] d'Édouard Dupont au Congo constitue un jalon important dans une politique plus volontariste de récoltes scientifiques au bénéfice de la nation. Dès sa nomination en 1868 à la tête du Musée d'Histoire naturelle[326] et conformément à la décision de son ministre de tutelle, ce docteur en sciences naturelles (géologie) de l'Université libre de Bruxelles oriente d'abord le Musée vers l'étude méthodique des collections provenant principalement du territoire national ; les ensembles exotiques n'étant alors exclusivement constitués que pour des nécessités comparatives[327]. Dès la fondation de l'EIC, le Musée reçoit pourtant en dépôt les premières collections ethnographiques congolaises récoltées par ses agents et commence à décrire les spécimens fauniques du Tanganyika rapportés par Émile Storms. D'autre part, Dupont, qui s'intéresse aux « choses d'Afrique » depuis plusieurs années, nourrit le projet de dresser une carte géologique du Congo. Membre de la Société d'Anthropologie de Bruxelles, ce dernier est passionné de préhistoire et fonde en 1887 la Société belge de Géologie, de Paléontologie et d'Hydrologie comme assise aux débats et intérêts d'un plus grand nombre de paléontologues et géologues pour les questions d'évolution suscitées par les théories darwiniennes[328]. Les deux sociétés organisent d'ailleurs des activités communes traitant des interrogations ethnobiologiques et zoologiques. Dupont s'embarque donc pour le Congo avec l'ambition d'ouvrir « un champ de recherches plein d'attrait autant que fécond, et le Congo, plus que tout autre, doit

---

[324] Dewèvre, A., « La récolte des *produits végétaux au Congo. Recommandations aux voyageurs* », in *Bulletin Société royale belge de Géographie*, 1895, p. 36.

[325] Dautzenberg, Ph., « Mollusques recueillis au Congo par M. E. Dupont entre l'embouchure du fleuve et le confluent du Kassai », in *Bulletin Académie royale de Belgique*, 1890, p. 556-579 ; Schouteden, H., « Vue d'ensemble sur la zoologie du Congo belge », in *Troisième rapport annuel de l'IRSAC*, Bruxelles, 1950, p. 90.

[326] Sur l'histoire de ce Musée fondé en 1846, voir *Van Museum tot Instituut, 150 jaar Natuurwetenschappen*, Bruxelles, IRSNB, Erasmus, 1996; Despy-Meyer, A., « Institutions et réseaux », in Halleux, R., Vandersmissen, J. et alii, *op. cit.*, p. 83-84.

[327] Schmitz, H., *La vie d'une institution scientifique. L'Institut royal des Sciences naturelles de Belgique. Sa genèse, son développement, son avenir*, t. 1, 1964, p. 15.

[328] Vanpaemel, G., « La révolution darwinienne », in Halleux, R. et alii (dir.), *op. cit.*, p. 265 ; De Bont, R., *Darwins kleinkinderen. De evolutietheorie in België 1865-1945*, Nijmegen, Vantilt, 2008, p. 165-192.

offrir un ensemble de questions considérables à qui essaye d'en pénétrer les caractères et les origines »[329]. De par son isolement géographique, le Congo représente en effet un terrain privilégié pour expérimenter ces théories. La publication des *Lettres sur le Congo*[330] indique clairement cet état d'esprit. Ses nombreux commentaires sur les pratiques des populations humaines concernent notamment les mésusages environnementaux, dont la dilapidation des ressources naturelles et la déforestation par les feux de brousse et renforcent sa conviction de développer au Congo une science utile au profit d'une colonisation interventionniste, à la fois « régénératrice et civilisatrice ». Celle-ci permettrait de sortir le bassin du Congo de son isolement, de gérer et mettre en œuvre ses ressources naturelles et d'initier au « progrès » les populations locales.

De retour en Belgique, Dupont adopte alors une politique muséale davantage centrée sur les collections congolaises qu'il voudrait voir abritées dans une aile nord à construire. En janvier 1889, le conseil de surveillance du Musée examine un premier projet d'exploration scientifique au Congo qui vise à organiser des collectes botaniques, zoologiques et anthropologiques systématiques[331] en relation étroite avec le gouvernement de l'EIC[332]. Ce projet vise à « assurer, au plus tôt à la Belgique, la priorité, l'honneur et le bénéfice des découvertes à faire dans ces vastes régions à peu près inexplorées »[333], afin de ne pas être devancé, comme auparavant, par d'autres pays concurrents. Le projet de Dupont s'appuie sur une proposition de Guillaume Séverin, son aide-naturaliste, qui le conseille en matière de récoltes entomologiques et suggère la reconnaissance officielle du statut de « collectionneur » dans les

---

[329] *Ibid.*, Avant-propos, p. 2.

[330] Dupont, É., *Lettres sur le Congo. Récit d'un voyage scientifique entre l'embouchure du fleuve et le confluent du Kassaï*, Paris, C. Reinwald, 1889.

[331] Par la suite, le Musée acquis également des collections ethnographiques qui furent transférées au Musée du Congo belge en 1912 (MRHNB, Conseil de Surveillance, séance du 23/03/1912, cité par Vive, A., *Du Musée Royal d'Histoire Naturelle de Belgique à l'Institut Royal des Sciences Naturelles de Belgique. Développement d'un Etablissement scientifique de l'État (1909-1914)*, Mémoire de licence en Histoire, ULB, 1994 p. 61).

[332] Luwel, M., « Rapport sur le dossier : Organisation de l'exploration scientifique du Congo (1889-1894) », in *Bulletin des séances, nouvelle série*, n°1-6, Bruxelles, ARSC, 1955.

[333] MRHNB, *op. cit.*: note du directeur général, administration des Sciences, Lettres et Beaux-Arts au ministre, Bruxelles, 04/01/1889.

carrières de l'État, statut jusqu'ici totalement déconsidéré, voire méprisé, alors qu'il est mis à l'honneur en Allemagne et en Angleterre[334].
Le ministre de l'Intérieur et Instruction publique n'appuie cependant pas le projet. En cause, l'insuffisance de moyens financiers et d'agents de l'EIC sur place pour veiller à la sécurité et au ravitaillement des scientifiques et, surtout, la déclaration de mission du Musée, axée prioritairement sur les collections belges. Avec le soutien de l'Académie royale de Belgique dont il est membre, Dupont obtient finalement des Chambres belges une subvention de 60 000 fr pour organiser une exploration géologique belge au Congo. Celle-ci sera menée par le capitaine Augustin Delporte, docteur en sciences physiques et mathématiques de l'ULB, professeur de géodésie et d'astronomie à l'École de guerre[335] et qui représente le modèle de l'« explorateur-géographe » de cette fin de siècle, inspiré par le paradigme humboldtien dans les recherches sur le magnétisme terrestre introduites en Belgique par Jean-Charles Houzeau de Lehaie[336]. Parallèlement, Dupont cherche à organiser un programme d'exploration méthodique des ressources naturelles du Congo, dans le but d'accroître des collections trop fragmentaires pour permettre les études comparatives de certaines espèces, les mammifères notamment, et qui posent d'importants problèmes d'identification. À l'exception de l'entomologie enseignée à l'Université de Liège et qui réunit ses émules dans la Société entomologique de Belgique, l'absence de spécialisation zoologique ne permet pas, en effet, d'envisager une étude systématique de la faune congolaise et un avenir scientifique dans le domaine. Pour pallier le manque d'expertise belge et l'absence de soutien gouvernemental à ce propos[337], le Musée s'était jusqu'alors tourné vers l'assistance de naturalistes étrangers[338], tandis que de prometteurs scientifiques belges

---

[334] IRSNB/Direction : Note de Séverin à Dupont, s.d. (Section des Articulés I (B) – Voyage au Congo 1887).

[335] MRAC/Hist : Fonds A. Delporte (HA.01.0160) : *Budget des recettes et dépenses extraordinaires pour l'exercice 1890, Chambre des Représentants, n° 164, séance du 29 avril 1890*, p. 4.

[336] Van Schuylenbergh, P., « Arpenter le territoire congolais… », *op. cit.*, p. 83-107.

[337] IRSNB/Direction : correspondance G. Gilson, 1909-1925 : Gilson à destinataire inconnu, ca 1909.

[338] Séverin, G., « A propos d'une note sur les Musées américains », in *Annales de la Société royale Zoologique et Malacologique de Belgique*, n° 42, 1907, p. 256 ; Lebrun, H., « A propos des musées américains d'Histoire naturelle », in *Science et Nature*, n°13, 20/12/1907, p. 208.

faisaient carrière à l'étranger. Le cas de Georges-Albert Boulenger, ichtyologiste et herpétologiste de réputation internationale, illustre bien cette situation. Engagé en 1880 comme aide-naturaliste au Musée où il identifie les iguanodons découverts à Bernissart, il choisit de poursuivre sa carrière au British Museum, malgré les promesses scientifiques que présage cette étude et à cause de l'insuffisance des collections et des ouvrages de référence. Chargé de l'étude des collections portant sur ses spécialisations scientifiques[339], il décrira pour le compte de l'institution Londresienne les premiers poissons, reptiles et batraciens ramenés du Congo en Belgique et deviendra collaborateur scientifique et membre de plusieurs sociétés scientifiques belges et étrangères.

En 1894, un rapport du député montois libéral progressiste Charles Houzeau de Lehaie, frère de Jean-Charles, approuvé par des membres de la classe des Sciences de l'Académie royale de Belgique parmi lesquels Dupont, Folie, Van Beneden et Crépin, préconise la formation par les Européens sur place de collections en sciences naturelles, en objets ethnographiques et en ressources minérales géologiques, de même que leur détermination en Belgique et la constitution d'un musée spécifiquement congolais « dont il est de l'honneur et de l'intérêt du pays de ne pas retarder davantage sa formation »[340].

Entre 1891 et 1910, le Musée d'Histoire naturelle accroît ses collections entomologiques congolaises[341] grâce à l'implication progressive d'agents de l'État ou de sociétés privées (2364 entrées en 1891, 17 609 en 1897, 20 575 en 1906) ainsi qu'à une politique plus volontariste d'achats et d'échanges. Citons, à titre d'exemple, les collectes dans le Bas-Congo du sous-lieutenant de la Force publique Paul-Émile Dupuis qui y applique les connaissances zoologiques transmises durant ses études à l'Université de Gand par le professeur Félix Plateau pour constituer des herbiers et former des collections de mollusques et d'insectes destinées au Musée d'Histoire

---

[339] Misonne, X., « Gaston de Witte (1897-1980). Notice biographique et liste bibliographique », in *Bulletin de l'Institut royal des Sciences naturelles de Belgique*, n° 52/20, 29/11/1980, p. 4.

[340] Note de Houzeau de Lehaie, art. 36 du budget du ministère de l'Intérieur, in *Documents parlementaires, Recueil des pièces imprimées par ordre de la Chambre des Représentants*, Session 1893-1894.

[341] « Les collections d'Arthropodes du Musée Royal d'Histoire Naturelle de Belgique », in *Premier Congrès International d'Entomologie*, Bruxelles, Hayez, 1912, p. 204-205.

naturelle et au Jardin botanique[342]. Dès 1908–1910, les acquisitions se réduisent pourtant considérablement, au profit du nouveau Musée du Congo belge qui sert dorénavant de lieu de conservation et d'études des futures récoltes en sciences naturelles menées sur le sol colonial. Par ailleurs, Auguste Gilson, le successeur de Dupont, réoriente la politique muséale vers l'exploration exclusive du territoire national. Dorénavant, les deux institutions scientifiques se distinguent clairement, le Musée de Tervuren devenant le « Musée de l'Exploration du Congo » tandis que le Musée bruxellois redevient le « Musée de l'Exploration de la Belgique »[343].

Dans la foulée du voyage de Dupont au Congo et hors de ces contextes institutionnels, des agents de l'EIC amassent, à des fins privées surtout, des objets ethnographiques et des spécimens de faune et de flore, le contrat d'engagement de l'État interdisant à ses agents de réunir des collections particulières pour en faire le commerce[344]. Ainsi en est-il de l'acquisition d'objets ethnographiques spectaculaires, détournés de leur destination première par des rafles de guerre et envoyés en Belgique comme curiosités ou comme trophées pour garnir les premières expositions coloniales ou des propriétés privées, comme c'est le cas chez Storms ou Delcommune, par exemple. Les premières collectes zoologiques des agents de l'EIC sont, par contre, de petits formats : coléoptères, lépidoptères, insectes en tous genres, mollusques ou poissons, rassemblés de manière empirique et pour lesquels les informations sur les conditions et modalités des collectes sur le terrain font défaut. Les spécimens, recensés sous le nom de leurs récolteurs, sont pourtant décrits dans les *Comptes rendus de la Société d'Entomologie de Belgique* et le *Bulletin de l'Académie royale de Belgique*[345]. Certains croquis de terrain permettent aussi d'identifier les

---

[342] Van Straelen, V., « Paul Dupuis (1869-1931), Note biographique avec liste bibliographique », in *Bulletin du Musée royal d'Histoire naturelle de Belgique*, t. 8, févr. 1932, p. 1-7.

[343] IRSNB/Direction : Gustave Gilson, correspondance 1909-1925 : lettre de Gilson à destinataire inconnu, ca 1909.

[344] L'arrêté du secrétaire d'État du 15/09/1896 contient le réglement général pour le personnel de l'État en Afrique et stipule aux fonctionnaires et agents de l'État de « ne faire le commerce, ni pour leur compte, ni pour le compte de tiers, et à ne s'intéresser en Afrique, ni directement, ni indirectement, dans aucune entreprise commerciale ou autre, étrangère, au service de l'État » (in *BO*, 1896, p. 275).

[345] Capronnier, J.-B., « Listes des Lépidoptères capturés au Congo… », in *Compte rendu de la Société d'Entomologie de Belgique*, n° 33, 1887, p. 118-126 ; de nombreuses notices émanent de A. Duvivier, dont, pour n'en citer qu'une, « Contributions à la faune entomologique de l'Afrique centrale. Note sur les coléoptères des vallées

animaux laissés sur place ou mangés, comme les poissons dessinés par le lieutenant Charles Liebrechts ou les espèces représentatives du Haut-Uele et du Bahr-el-Ghazal sous la plume du lieutenant Florent Colmant qui rassemble l'une des premières collections entomologiques de ces régions et qui seront d'ailleurs présentées à l'Exposition internationale et coloniale de Tervuren de 1897. Plus rarement, les agents qui possèdent une formation scientifique commencent à décrire les espèces rencontrées. Tel est le cas de Jules Cornet, membre de l'expédition de reconnaissance Bia-Franqui au Katanga de 1891 à 1893 et chargé d'établir l'étendue du bassin cuprifère de la région[346]. Docteur en sciences naturelles de l'Université de Gand et ancien préparateur des cours de zoologie et d'anatomie comparée de Félix Plateau, il étudie la géologie des lieux, tout en décrivant les espèces botaniques, zoologiques et anthropologiques, et il commente la distribution de certaines espèces animales en fonction de l'environnement mais aussi d'actions anthropiques[347]. Tout comme Cornet, des agents de l'État diffusent de nombreuses informations zoologiques dans plusieurs revues coloniales (*Mouvement Géographique, Congo Illustré, Revue des Questions Économiques*), contribuant ainsi à la connaissance de nouvelles espèces et aux conditions et méthodes de chasse et de collecte utilisées sur le terrain.

Grâce à l'appui de la Société d'Études coloniales, les initiatives personnelles sont bientôt stimulées et mieux organisées. Fondée en mars 1894 sous la direction d'Auguste Beernaert et Albert Donny, proches de Léopold II et partisans convaincus de sa politique coloniale, cette société se base sur un réseau dont les membres (755, un an après sa fondation) sont issus de l'élite du pays. Instrument de conquête d'une légitimité coloniale reconnue par la nation[348], celle-ci devient l'un des principaux pôles des intérêts coloniaux qui s'inspirent des études scientifiques

---

de l'Itimbiri-Rubi et de l'Uellé... », in *Compte-Rendu de la Société d'Entomologie de Belgique*, n° 34, 1892, p. 257-383.

[346] *Jules Cornet, 1865-1929*, Ass. Ing. Faculté Polytechn. Mons, 1935 ; Luwel, M., *Inventaire Papiers Jules Cornet, géologue (1865-1929)*, Inventaire des Archives Historiques, n° 1, Tervuren, MRAC, 1961, p. 1-3 ; Van Schuylenbergh, P., « Du Borinage au Katanga. Jules Cornet ou le parcours mémoriel d'un homme tout-terrain », in *Annales du Cercle archéologique de Mons*, 2018, p. 223-249.

[347] « L'expédition Bia-Franqui. Rapport du Dr Cornet, le Katanga », in *MG*, 11/06/1893, p. 55-56.

[348] « Appel au public », in *Bulletin de la Société d'Études Coloniales*, n°1, mars-avril 1894, p. 1.

organisées sous l'égide du Comité de l'Afrique française et de l'Union coloniale française[349]. Des questionnaires sur des thèmes variés sont remis aux voyageurs puis retravaillés par « sections » (sciences, études morales et politiques, économie, droit) qui vulgarisent les résultats et émettent des propositions utiles pour le Congo par le biais du *Bulletin de la Société*, principal organe de diffusion des connaissances auprès d'un large public. La Société organise aussi des conférences dans tout le pays en collaboration avec le Comité d'action pour l'œuvre nationale africaine qu'Alphonse de Haulleville, futur premier directeur du Musée du Congo belge, et Charles Lemaire soutiennent financièrement. Elle planifie aussi la création d'une bibliothèque et d'un musée qui devrait permettre de réunir toutes les données et collections accumulées. Dans ce contexte, la formation des collections et l'organisation d'une exposition coloniale deviennent ses objectifs prioritaires. En 1896, le *Manuel du Voyageur et du Résident au Congo*, publié sous la direction de Donny, comprend un chapitre sur la collecte des spécimens et l'art taxidermique, rédigé par le paléontologiste Louis De Pauw, conservateur général des collections de l'ULB, selon une présentation inspirée par le guide français de Capus et Rochebrune[350] et les conférences du Muséum national d'Histoire naturelle de Paris retranscrites dans la *Revue Scientifique* de 1893–1894. Ces activités sont présentées comme une contribution utile au savoir scientifique, mais également comme une fonction stimulante, sportive et délassante[351].

Ces outils promus par la Société contribuent largement à nourrir l'ambition nationale : hisser la Belgique au rang des autres grandes nations colonisatrices européennes, Grande-Bretagne, Pays-Bas et Portugal en tête, qui disposent des moyens nécessaires pour développer les savoirs scientifiques des territoires occupés et sensibiliser leurs publics métropolitains à l'aventure coloniale. Il en est de même des expositions internationales coloniales organisées en Belgique en 1894 et 1897. Les

---

[349] Couttenier, M., *Congo tentoongesteld. Een geschiedenis van de Belgische antropologie en het museum van Tervuren (1882-1925)*, Leuven, Acco, 2005, p. 121.

[350] Le modèle adopté est le suivant : particularités physiques, mœurs, conditions d'existence, habitat, sexe, âge, lieu de récolte, appellation locale, caractère utile ou nuisible attribué par les autochtones. Voir Capus, G. – de Rochebrune, A. T., *Le guide du naturaliste préparateur et du voyageur scientifique*, Paris, Éd. J.B. Baillère & Fils, 1883.

[351] Donny, A. (dir.), *Manuel du Voyageur et du Résident au Congo*, Société belge d'Études coloniales, Bruxelles, 1900, p. 367.

précédents efforts sont, cette fois, consolidés sous le patronage officiel de l'EIC qui stimule ses agents à rapporter des matériaux divers pour alimenter la mission « civilisatrice » de l'entreprise léopoldienne. Les scientifiques participent également à ces projets qui mettent en scène les ressources naturelles et humaines du Congo, pour la première fois exhibées devant un large public métropolitain. Récolteurs des premières heures et de premier ordre, des hommes de pouvoir et d'influence comme Albert Thys, Edmond Van Eetvelde, Fernand de Meuse, Alexandre Delcommune, Émile Storms et Charles Lemaire se retrouvent dans les Commissions organisatrices des expositions où ils côtoient agents de l'État, éditeurs et autres capitaines du commerce et de l'industrie.

Propagande visant surtout un public d'affaires en faveur du Congo, l'Exposition universelle d'Anvers (1894), organisée par la Société royale de Géographie, présente les signes visibles de la future « colonie d'exploitation »[352] qui à l'époque, a pourtant englouti de considérables prêts de l'État belge. Elle offre à cet effet un large panorama des produits du sol et des industries locales potentiellement exploitables, des travaux d'infrastructures et de civilisation accomplis jusqu'alors, ainsi que des articles d'importation et d'exportation entre la Belgique et le Congo. Faute de mieux, les collections zoologiques[353], botaniques, ethnographiques et minéralogiques sont regroupées dans les *Articles d'exportation et d'importation, ethnographie, minéralogie, etc.* et ne présentent qu'une valeur décorative et exotique, loin de tout intérêt scientifique. À la fermeture de l'exposition, le secrétaire d'État, Edmond Van Eetvelde les réunit dans le petit musée de la place du Trône pour éviter leur dispersion et constituer le noyau scientifique d'un musée que le gouvernement s'efforcerait de compléter par la suite.

L'Exposition internationale de Bruxelles-Tervuren de 1897, installé dans le Palais de l'Orangerie de Tervuren et que l'on nomme, pour l'occasion, Palais des Colonies, constitue une étape fondamentale dans la formation du futur Musée du Congo. Prolongeant l'esprit

---

[352] Lemaire, Ch., *Congo et Belgique. A propos de l'Exposition d'Anvers*, Bruxelles, Ch. Bulens, 1894, p. 193.

[353] Les collections zoologiques, outre de l'ivoire, incluent une tête d'hippopotame, une photographie de chasse à l'hippopotame d'Alexandre Delcommune et une première collection d'histoire naturelle du Kasaï réalisée par E. Martin (*Le Congo à l'Exposition Universelle d'Anvers 1894, Catalogue de la Section de l'EIC*, Bruxelles, O. De Rycker et Cie, 1894, p. 54).

de l'exposition anversoise, elle met à son tour en évidence les liens commerciaux et industriels potentiels entre la Belgique et le Congo[354]. La démarche qui préside à la réunion des collections est cependant inédite. Les organisateurs font paraître un appel dans la revue *La Belgique Coloniale* auprès de toutes personnes, anciens du Congo ou autres, susceptibles d'apporter leur contribution par prêt ou don d'objets et de documents divers : ivoire, bois sculptés, dessins, collections botaniques, ethnographique ou zoologiques, « dépouilles animales, peaux de léopards, de serpents, d'iguanes, etc., des oiseaux, des insectes et qui désireraient s'en défaire »[355]. Des officiers de la Force publique répondent en nombre, ainsi que des médecins qui collectent de leur propre initiative ou à la demande de scientifiques comme De Pauw ou de membres de la Société belge d'Études coloniales comme Donny. Les lieutenants Alphonse Cabra et Auguste Weyns, le capitaine Étienne Wilverth, le médecin Alexandre Bourguignon fournissent les principales collections de l'exposition, aidés sur le terrain par des préparateurs scientifiques ou des assistants congolais formés par eux[356].

Les spécimens zoologiques sont surtout composés de petits mammifères, poissons et insectes, et proviennent principalement du Mayumbe et du Bas-Congo, mais ils sont arrivés à destination dans un piteux état, à cause de leur préparation inadéquate et sans information utile à leur classification. Sur les conseils de De Pauw, le formol, récemment découvert, sert à conserver les poissons qui ont été récoltés sur place sans grand ménagement au moyen de tonite, un puissant explosif et qui permet de pallier les faibles collectes obtenues par achat auprès des populations locales[357]. Comme c'était le cas à Anvers, la présentation des collections fauniques est avant tout destinée à intéresser un public de curieux : elles sont intégrées dans une mise en scène où les spécimens forment surtout les éléments d'un imposant décor destiné à surprendre les visiteurs[358]. Perçue avant tout comme une source de matières premières

---

[354] MRAC/Musée : O/1 Organisation du Musée : Th. Masui, *Rapport sur le Musée du Congo* adressé à E. van Eetvelde, Bruxelles, septembre 1898.

[355] *La Belgique Coloniale*, 03/01/1897, p. 9.

[356] MRAC/Hist : Fonds Alphonse Cabra (HA.01.0115) : *Mission Cabra 1897-1899, Délimitation des frontières. Rapport II*, p. 29.

[357] Wilverth, E., « Les poissons du Congo », in *Bulletin de la Société d'Études coloniales*, 1897, p. 335-370.

[358] « A Tervueren », in *La Belgique Coloniale*, 29/08/1897, p. 410.

(peaux, plumes, dents, cornes et ivoire), la faune est principalement considérée sous son aspect utilitaire. Le catalogue de l'exposition consacre d'ailleurs plusieurs pages aux possibilités de son exploitation, conseille en matière de chasse, de pêche et de mise en œuvre des dépouilles animales et indique également les prix élevés pour l'acquisition de dépouilles de certaines animaux exotiques (éléphants, gorilles), prouvant une forte demande sur le marché international pour ces produits et, par conséquent, l'impossibilité pour certains musées de les acquérir à ces prix[359].

1.3. Spécimens zoologiques et le Musée du Congo

Politiques d'acquisition

Conséquence du succès public et économique de l'Exposition de 1897, le roi décide de la consolider sous la forme d'un musée espéré depuis quelques années. Inauguré le 15 mai 1898 dans un Palais des Colonies réaménagé avec laboratoires, ateliers et magasins[360], il est placé sous la direction d'Émile Coart jusqu'en 1909. Pharmacien de formation, ce dernier a mené des recherches ethnographiques dans la région du Stanley-Pool et y a réuni des collections ethnographiques et entomologiques, avant de devenir le secrétaire du Comité organisateur de l'Exposition de 1897. Sous son directorat, il est épaulé par une Commission technique, chargée de veiller au développement de la future institution et qui se compose de scientifiques éminents, parmi lesquels les zoologistes Boulenger, Dubois et Dautzenberg qui souhaitent former une collection nationale de la faune congolaise[361]. Dès lors, à partir de ce moment, le gouvernement de l'EIC arrête un plan d'exploration et de recherche scientifique sur son territoire, basé sur des récoltes plus systématiques à entreprendre dans diverses régions du Congo et plus particulièrement concernant les espèces vouées à une rapide destruction. Des appels à ses agents se font plus insistants pour récolter, en toutes circonstances et dans tous les districts, des spécimens de la faune et

---

[359] Masui, Th., *Guide de la Section de l'État indépendant du Congo à l'Exposition de Bruxelles-Tervuren en 1897*, Bruxelles, impr. Veuve Monnom, 1897, p. 321-332.

[360] « Le Musée du Congo à Tervuren », in *La Belgique Coloniale*, 1898/4, col. 105 b, 201b-202a.

[361] Schouteden, H., « A propos de la Faune Congolaise », in *Bulletin du Cercle de Zoologie congolaise*, n° 1/2, p. 19.

de la flore. Sur papier, l'on présente le « matériel des collectionneurs » mis à leur disposition dans dix-huit « postes permanents de récoltes scientifiques » : instruments nécessaires à la récolte, la préparation, la conservation et l'expédition des collections, instructions pratiques pour la formation des collections et « questionnaires » destinés à fournir des informations supplémentaires sur les questions géographiques, économiques, biologiques et anthropologiques[362]. *La Belgique Coloniale*, revue destinée aux coloniaux en partance, relaie cette demande en publiant plusieurs notices sur la formation de collections d'histoire naturelle. Ces notices recommandent l'ajout de tout renseignement qui leur conférera une « valeur scientifique » (lieu et époque de récolte, habitat et conditions d'existence, âge du spécimen) ou qui en facilitera la taxidermie (conservation dans l'alcool, photographie ou dessin avant la mise en peau, techniques de mise en peau) et encouragent la participation des autochtones contre légère rétribution pour tout spécimen chassé et rapporté en bon état[363].

Les premières collections du Musée sont ainsi rapidement enrichies par les envois de plusieurs officiers de l'État qui collectent petits et grands mammifères, reptiles et batraciens. Auguste Weyns, en particulier, devient l'un des plus importants fournisseurs du Musée ; avant 1900, plus de la moitié des 500 mammifères qui y sont répertoriés proviennent de ses récoltes[364]. Originaires d'abord et principalement du Bas-Congo, des collections plus diversifiées et issues de biotopes variés suivent ainsi les traces des explorations et des occupations progressives. Le Katanga, région convoitée pour ses richesses géologiques, devient un nouvel eldorado scientifique ; la mission scientifique et cartographique du commandant Charles Lemaire de 1898–1900 y rassemble de très nombreuses observations précises relatives à l'environnement général du territoire, sa flore et ses populations humaines[365]. De nombreux poissons des lacs Moero et Tanganyika, dont la collecte est facilitée par un matériel de taxidermie livré par l'ULB, sont préparés et conservés par François

---

[362] « La Science et le Congo », in *La Belgique Coloniale*, 02/10/1898, p. 471-473.

[363] *La Belgique Coloniale*, 03/07/1898, p. 317-318 ; 17/07/1898, p. 340-341 ; 24/07/1898, p. 351-352.

[364] MRAC/Zool/Vertébr.: inventaire collection mammifères réalisé par W. Wendelen, 03/09/2003.

[365] Lemaire, Ch., *Mission scientifique du Ka-Tanga. Journal de route*, Bruxelles, P. Weissenbruch, 1902.

Michel, le photographe de l'expédition, qui a préalablement été formé par De Pauw, tandis que le peintre Léon Dardenne les reproduit au dessin et à l'aquarelle. Dans la décennie 1910, les dépouilles des premiers gorilles de l'Est, préparées par le commandant Henri Pauwels et les hommes du chef Sibaya, proviennent également de la région de Baraka, au nord du lac Tanganyika, puis, ensuite, de la région du Kivu[366].

Arrivés au Musée, les spécimens collectés par les agents « découvreurs » passent entre les mains d'un personnel technique qui s'occupe activement du classement, de l'installation et de la conservation des collections, tandis que des scientifiques belges mais aussi étrangers prêtent leur assistance pour nommer, déterminer, étudier et dessiner les spécimens rapportés en métropole. Les *Annales* du Musée, série de publications éditées dès novembre 1898 sous l'impulsion de Van Eetvelde et dont les trois séries concernent tour à tour la botanique, la zoologie et l'ethnographie, présentent les résultats de leurs études. Très rapidement, l'exposition permanente et le conservatoire des collections deviennent trop exigus pour contenir les nouvelles collections ethnographiques, économiques, géologiques et zoologiques. La Section des « Sciences naturelles » occupe désormais une aile entière du Palais des Colonies, divisée en cinq salles[367] publiques réparties sur 1000 m^2. En 1910, les collections zoologiques comptent 800 mammifères, 1400 oiseaux, 900 poissons, 1000 reptiles, 200 batraciens et 30 000 insectes[368]. Les collections ethnographiques et économiques suivent la même progression, posant la question de l'extension des locaux, devenus trop étroits. La construction du nouveau Musée va répondre à ce problème.

Au printemps 1910, un nouveau et prestigieux Musée du Congo belge conçu par l'architecte français Charles Girault est inauguré par Albert Ier et devient le symbole par excellence des ambitions de Léopold II qui avait imaginé, à Tervuren, un ensemble de constructions, dont

---

[366] Van Schuylenbergh, P., « Hunting down, war and capture. Some historical thoughts about an album of colonial photographs », in Arndt, L. et Taiaksev, A., *Hunting & Collecting Sammy Baloji*, Paris – Ostende, Galerie Imane Farès – Mu.ZEE, 2016, p. 57-63.

[367] La Section « Sciences naturelles » se compose de la minéralogie et la géologie (Salle I), des arthropodes, mollusques et vertébrés inférieurs (II), des oiseaux (III) et des mammifères (IV et V).

[368] Schouteden, H., « Quelques notes sur la faune congolaise », in *Le Congo belge et les Sciences*, n° spécial de la *Revue des Questions scientifiques*, 1930, p. 302.

une École mondiale, qui abriteraient le savoir colonial global, mais qui ne verrait jamais le jour. Officiellement défini comme un lieu d'accumulation, de « dépôt général et public »[369] des prélèvements tous azimuts opérés au Congo, le Musée, en cette époque charnière où l'EIC devient colonie de la nation belge (1908), devient « outil d'empire »[370], illustrant le postulat que « mieux connaître » sert à « mieux exploiter » et que la maîtrise de l'environnement naturel est indissociable des savoirs scientifiques qui vont se développer au service de la colonisation. La pratique des récoltes scientifiques s'inscrira, par conséquent, dans une gestion environnementale de plus en plus explicite.

En dépit de ses compétences scientifiques, Émile Coart cède la place au catholique Alphonse de Haulleville, membre influent de la Société d'Études coloniales dans laquelle il était très impliqué par rapport à la question de création du musée permanent[371] destiné à illustrer la vocation d'une « grande Belgique » dont l'avenir serait assuré par l'extension nationale dans une Afrique pourvoyeuse de matières premières[372]. Cette ambition économique s'accorde avec celle que de Haulleville envisage pour son institution : l'accueil et le traitement plus important des matériaux coloniaux qui accroissent le savoir pluridisciplinaire de la nation. Le ministère des Colonies appuie ce mouvement en publiant des instructions pour la collecte, la préparation et l'envoi de spécimens à Tervuren, y compris les spécimens vivement souhaités par le Musée[373].

Devenu conservateur des Sciences naturelles, Coart est assisté par Henri Schouteden, son futur successeur et animateur énergique d'un important réseau de collecteurs *in situ*. Formé à l'ULB sous les professorats d'Auguste Lameere, de Léo Errera et Jean Massart, éminents naturalistes,

---

[369] Règlement organique du Musée du Congo belge, AR du 01/01/1910 (*BO*, 1910, p. 68-82).

[370] Selon l'expression devenue commune lancée par Headrick, D., *The Tentacles of Progress : Technology Transfer in the Age of Imperialim, 1850-1940*, Oxford, Univ. Press, 1988.

[371] Wynants, M., *Des Ducs de Brabant...*, op. cit., p. 166.

[372] de Haulleville, A., « De la nécessité d'une plus grande Belgique », in *Bulletin de la Société royale de Géographie d'Anvers*, n° 23, 1899, p. 432.

[373] Ainsi, rats, souris, crânes de singes anthropomorphes, gorilles du Bas-Congo et de l'Uele, chimpanzés de l'Aruwimi, crânes d'antilopes, crânes et peau d'okapis du Haut-Ituri (Arrêté du vice-GG L. Ghislain (Gouvernement Local, DG Industrie et Commerce, n° 211380, Boma, 09/12/1911).

Schouteden bénéficie de l'expérience de Guillaume Séverin avec lequel il collabore au Musée d'Histoire naturelle de Belgique avant de rejoindre le Musée du Congo belge en mars 1910, année durant laquelle il organise avec ce dernier le transfert des collections entomologiques de Bruxelles à Tervuren. Membre et président cette année-là du Comité belge du 1er Congrès entomologique international qui se tient à Bruxelles, il use de ces manifestations pour établir des contacts avec des savants étrangers qui participeront à la vie scientifique de l'institution. Durant son mandat de conservateur (1919-1927) et avant de diriger l'institution jusqu'en 1946, il obtient la division des Sciences naturelles en trois sections autonomes (Vertébrés, Invertébrés, Invertébrés non-insectes) et sa scission d'avec la géologie, la minéralogie et la botanique[374], renforçant ainsi la discipline strictement zoologique. Il valorise les nouveaux résultats des recherches dans deux organes de diffusion qu'il crée respectivement en 1911 et 1924, la *Revue de Zoologie africaine*, qui complète et actualise les travaux parus dans les *Annales* et le *Bulletin du Cercle zoologique congolais*, revue d'échanges et de vulgarisation scientifique qui porte une attention soutenue au développement des collections mais aussi à la protection de la faune sauvage.

Inspiré par le rapport que Séverin avait rédigé vingt-cinq ans plus tôt à l'intention de Dupont sur l'organisation des collections, Schouteden marque une préoccupation constante : la fonction éminemment patriotique de cette pratique qui enrichit la métropole et, inversement, fournit aux connaissances scientifiques nationales les ferments d'une « vocation coloniale stable »[375]. Un réseau de collecteurs nationaux, internationaux et congolais participe ainsi à cet effort collectif où les dons privés sont fortement encouragés par la direction pour des raisons budgétaires et de politique générale de l'État[376]. Pour répondre à cette ambition, le Musée propose des incitants particulièrement alléchants pour de potentiels collecteurs : octroi de titres honorifiques de « correspondant » ou de « chargé de mission », attribution de médailles lors d'expositions, détermination des spécimens récoltés par des scientifiques de renom, dénomination de l'espèce-type au nom du découvreur-récolteur font

---

[374] AR du 18/05/1928, (*BO*, 1928, p. 1255-1261).
[375] Coart, É., « La Section des Sciences Naturelles du Musée du Congo belge », in *Revue zoologique africaine*, n° 1, avril 1911, p. 1-2.
[376] MRAC/Hist : Fonds L. Cahen (HA.01.0341) : Commission de Surveillance 1910-1913 (R2/4) : de Haulleville au min. Col., Tervuren, 26/01/1912.

partie de la panoplie habituelle. Il n'empêche que d'autres acquisitions privées font aussi l'objet de transactions commerciales, notamment grâce à des soutiens externes ou par voie de souscriptions volontaires de la part des amis de la *Revue zoologique africaine*. D'autres, enfin, sont les dépouilles des pensionnaires du Jardin zoologique d'Anvers, morts en captivité, ou résultent d'échanges de doubles avec d'autres institutions. C'est ainsi qu'un contrat avec l'American Museum of Natural History de New York lui garantit les doublons de spécimens récoltés durant l'expédition d'Herbert Lang et James Chapin dans le Nord-Est du Congo entre 1909 et 1915. De même, le Musée encourage le ministère des Colonies, son organe de tutelle, à octroyer gracieusement des permis de chasse, des dons de matériaux et de produits ou des dédommagements financiers aux agents collecteurs. De nombreux exemples indiquent, en effet, que le Musée ne recule pas devant ces procédés, afin de garantir, lorsque l'occasion est donnée, des facilités de ce type pour des espèces dont le Musée ne possède aucun exemplaire ou pour devancer des concurrences étrangères. Ainsi, Adolphe van de Kerckove, magistrat puis colon dans l'Uele, témoin des lourds prélèvements de l'expédition américaine, reçoit dans l'urgence un permis de chasse complet et gratuit afin de l'encourager à verser au Musée des spécimens inédits de cette région, avant, cette fois, le passage de l'expédition de Guillaume de Suède pour le Musée de Stockholm[377].

Des profils variés

Le mouvement de collectes sur le terrain manifeste une augmentation croissante. S'il n'atteint pas les records des années 1940, la période entre 1910 et 1930 est cependant cruciale pour comprendre la portée de ces initiatives, à l'exception de la période de la Première Guerre mondiale qui ralentit les récoltes sur place. Quatre grands profils de collecteurs se dégagent au profit du Musée du Congo belge : les scientifiques de l'institution, les collecteurs de tout bord résidant temporairement ou définitivement dans la colonie, la dynastie royale belge collectant de manière exceptionnelle et, enfin, les collecteurs autochtones et majoritairement anonymes. Une dernière catégorie concerne les étrangers

---

[377] MRAC/Musée : Secrétariat Da Sciences Naturelles, 1920 : de Haulleville au min. Col., Tervuren, 07/06/1920

collectant pour le compte d'institutions étrangères avec l'aval du ministère des Colonies et/ou du Musée du Congo belge.

Quantitativement, les collectes les plus importantes sont réalisées par les scientifiques de l'institution dont l'expérience congolaise constitue une initiation de la vie sur le terrain, avec son lot de difficultés. Avant la Première Guerre, les premières missions de terrain visent à collecter « tout ce qui était susceptible de documenter le Musée »[378]. Les équipes dirigées par le capitaine Armand Hutereau dans l'Ubangi-Uele (1911–1913) et par Joseph Maes, conservateur de la Section ethnographique, dans la région Lukenie-Kasaï-Sankuru (1913–1914) rassemblent essentiellement une moisson d'objets ethnographiques[379], mais préparent aussi, à la demande de Schouteden, des spécimens botaniques et zoologiques et cela avec des bonheurs divers. Des dépouilles et des crânes de chimpanzés forment les premiers envois de Hutereau, ainsi qu'une collection entomologique rassemblée par son épouse et, sans doute, Ceuterickx, un collaborateur scientifique. Les préparations improvisées, le manque de matériel et la mauvaise qualité des produits utilisés constituent un obstacle majeur à la formation des collections par Philippe Tits, le technicien de Maes. L'engagement de trois assistants autochtones ne suffira pas et certains spécimens seront achetés auprès des populations locales pour compenser les pertes subies. Après la guerre, Schouteden organise et dirige à son tour deux importantes missions zoologiques. Financée par un subside gouvernemental, sa première mission dans le Bas-Congo, l'Équateur et le Kasaï (1920–1922) constitue un apport très important de spécimens[380], malgré les difficultés de terrain (« J'en suis loin de travailler ici comme un 'blanc' de l'ancien temps, du lever du soleil à 9-10-11…minuit ! »[381]). L'assistance de deux collaborateurs congolais, Ngwe et Nkele, qui deviendront des collecteurs et préparateurs talentueux, lui permet finalement de rapporter un nombre impressionnant de spécimens : 905 mammifères, plus de 600 oiseaux, 3224 reptiles, batraciens et poissons, et

---

[378] MRAC/Musée : Dossier Hutereau, mission de l'Ituri-Uele : lettre de Hutereau au chef de zone de l'Uere-Biri, Lisala, 26/04/1911.

[379] Couttenier, M., *Congo tentoongesteld, op. cit.*, p. 280.

[380] Le rapport d'activités de Schouteden mentionne 905 mammifères, plus de 600 oiseaux, 3224 reptiles, batraciens et poissons et 17 000 insectes (MRAC/Zool/ Vertébr. : Administration, 1921 : compte rendu de l'activité de la Section des Sciences naturelles du 1er janvier 1919 au 1er juin 1921).

[381] MRAC/Musée : Dossier N12 Mission Schouteden : lettre de Schouteden à de Haulleville, Moanda, 23/08/1920.

17 000 insectes. Une seconde mission (1924–1926) le mène au nord et à l'est de la colonie (Uele, Ituri, Kivu, Ruanda-Urundi). Celle-ci constitue, selon de Haulleville, « un sacrifice pour l'institution mais une nécessité pour l'œuvre scientifique »[382] car ces régions sont encore peu visibles dans les collections de Tervuren, alors qu'elles représentent un intérêt considérable, ce qui est prouvé par plusieurs expéditions étrangères[383] qui y ont alimenté des institutions européennes concurrentes[384]. Cette nouvelle et fructueuse mission bénéficie cette fois de l'aide plus structurée de ses collecteurs congolais et de l'herpétologiste Gaston-François de Witte qui l'accompagne à ses frais et voyage ensuite seul, car les rapports se sont dégradés entre les deux hommes. Empruntant la voie terrestre, avec l'aide de porteurs locaux et sans voir un seul Européen, ce dernier écrit d'Élisabethville à son maître George Boulenger, qui l'a initié au British Museum à la préparation et au maniement des grandes collections zoologiques pendant la guerre, combien il est enchanté du Katanga, dont la faune est encore sous-représentée au Musée[385]. Sa collection hors normes (25 000 pièces), constituée surtout de serpents et de poissons ainsi que d'un ensemble ethnographique et de nombreuses photographies de terrain, est encore considérablement agrandie par son expédition de 1930–1931 dans cette même région. Entre 1933 et 1957, de Witte réalisera encore de nombreuses et importantes missions exploratoires et des récoltes botaniques et zoologiques dans les Parcs nationaux Albert et Upemba pour le compte, cette fois, de l'Institut des Parcs nationaux du Congo belge ; ses collections zoologiques alimenteront également le Musée ainsi que le Jardin botanique de l'État.

---

[382] MRAC/Musée : Dossier N12 Mission Schouteden : lettre de Haulleville au min. Col., Tervuren, 16/04/1924.

[383] Mentionnons l'expédition du duc von Mecklenburg en 1907-1909 pour le compte du Berliner Zoologisches Museum mais qui n'atteint pas le résultat escompté; la mission du capitaine Elias Arrhenius (1913-1914) et l'expédition du prince Guillaume de Suède (1921) pour le compte du Ricksmuseum de Stockholm; l'expédition d'Alexander Barns (1921) pour le British Museum de Londres; l'expédition Akeley-Eastman-Pomeroy (1921) pour le compte de l'American Museum of Natural History de New York; celle de Ben Burbridge (1923) pour le Smithsonian Institute à Washington ou encore, de A. Collins et E. Heller pour le Field Museum de Chicago.

[384] MRAC/Musée : Missions 1910-1930/F-Z, Schouteden : lettre de Schouteden à de Haulleville, Tervuren, 15/03/1924.

[385] À l'exception des spécimens provenant de la mission Lemaire, organisée près de quarante ans plus tôt, et des dons des Britanniques Neave et Sharp.

L'enthousiasme et le dynamisme de Schouteden suscitent une grande émulation en faveur de l'histoire naturelle dans la colonie. Un réseau de collaborateurs dévoués et bénévoles s'organise, notamment par l'intermédiaire du Cercle et du *Bulletin zoologique congolais* qui contribuent à coordonner les efforts pour élaborer le grand inventaire de la faune d'Afrique centrale. Fonctionnaires, missionnaires, ingénieurs, agronomes, colons, touristes, et quelques femmes répondent à l'appel. Parmi les plus assidus, les missionnaires tel que Jozef Hutsebaut, prémontré de Buta (Uele), que Schouteden et de Witte ont rencontré en 1924 et qui alimente aussi en animaux vivants les jardins zoologiques d'Anvers et de Londres depuis sa mission où il élève des okapis et d'autres animaux d'élevage et de trait, bœufs, autruches, et éléphants[386]. Sa réputation dépasse les frontières nationales : il reçoit la médaille de bronze de la Zoological Society de Londres et est nommé « chargé de mission de récolte scientifique pour le Musée de Tervuren », titre lui assurant l'octroi d'un permis complet de chasse qui l'autorise à collecter toutes espèces d'animaux pour l'institution[387] et à pouvoir utiliser les services d'un chasseur autochtone. Entre 1927 et 1954, il rassemble 1165 mammifères, 6153 poissons, dont près de 4000 récoltés pendant la seule année 1939, ainsi que de nombreuses espèces d'oiseaux. On lui doit la découverte d'une espèce rare, un poisson au bec élargi (*Belonosphagos hutsebauti*) décrit en 1929 et la capture de spécimens de la musaraigne cuirassée (*Scutinorex congicus*)[388].

À leur tour, médecins, botanistes, techniciens belges et étrangers envoient au Musée les dépouilles d'animaux ayant servi pour l'expérimentation en parasitologie ou sur lesquels ont été prélevés les mouches tsé-tsé et autres tiques porteurs de filaires, comme c'est le cas pour la maladie du sommeil[389]. Grand amateur de chasse, le médecin anglais Cuthbert Christy, qui a été membre en 1903 de la mission de la Liverpool School of Tropical Medecine dans l'EIC, retourne dans le

---

[386] De Waele, D., *Een missionaris in Kongo. Broeder Jozef Hutsebaut, 1886-1954*, Sinaai, 1996 (non publié)

[387] MRAC/Musée : Récolteurs N11/28 – RF Hutsebaut : lettre de Schouteden à Hutsebaut, Tervuren, 14/03/1929.

[388] MRAC/Zool/Vertébr.: Administration 1954 : note sur la collection Hutsebaut (1954).

[389] C'est le cas de la mission Rodhain-Bequaert au Katanga, Maniema et Uele (1910-1913) ; entre 1909 et 1934, le docteur Schwetz mène plusieurs expériences en parasitologie sur des espèces abattues au Congo.

Nord-Est du Congo, en 1912–1916, afin de poursuivre ses recherches sur la maladie du sommeil et la malaria. Il réunit pour Tervuren des spécimens zoologiques[390], botaniques et ethnographiques en contrepartie de facilités de chasse et de transport, à la demande insistante au ministère des Colonies de de Haulleville qui veut à tout prix éviter la préférence de l'intéressé pour le British Museum[391], institution qui héberge durant la guerre, grâce à l'entremise du ministre des Colonies Jules Renkin, les deux tiers de ses collections qui sont étudiées par Boulenger. Après la guerre, Christy reçoit l'autorisation du ministère d'abattre certaines espèces protégées à condition de les rapatrier à Tervuren[392], mais Edmond Leplae, directeur de la DG Agriculture, nourrit surtout l'espoir qu'il ramène un grand éléphant qui pourrait être exhibé dans une salle spéciale qui lui serait consacrée et qui supporterait la concurrence avec le British Museum qui en possède déjà[393]. Chargé par un buffle, Christy décède dans les environs de Gangala na Bodio (Nord-Uele) sans avoir rempli cette mission.

D'autres chasseurs sportifs offrent leurs trophées à Tervuren. Armand Solvay, fils aîné de l'industriel Ernest Solvay, lui cède la tête et la dépouille complète d'un rhinocéros blanc abattu en 1909–1010 dans l'enclave de Lado ; le don d'André Pilette de plus d'un millier d'oiseaux et de mammifères de la région peu représentée des Grands Lacs et du Haut-Uele permet au Musée de rivaliser avec ceux de Londres, de Berlin et de Vienne qui se sont enrichis grâce aux expéditions d'Alexander F. R. Wollaston, du duc Adolf-Friedrich zu Mecklemburg et de Rudolf Grauer[394] dans cette zone internationalement convoitée[395]. Ces récoltes constituent un accroissement important des collections zoologiques et leur valeur marchande s'accroît par le jeu de la concurrence scientifique

---

[390] Cette collection comprend 1530 mammifères, 839 dépouilles d'oiseaux (197 espèces), 1700 spécimens de poissons (177 espèces), 108 espèces de reptiles et de batraciens ainsi que plusieurs séries de papillons, phalènes et autres insectes.

[391] MRAC/Hist : Fonds C. Christy, n° 93.16 : lettre de de Haulleville au min. Col, Tervuren, 23/11/1911.

[392] MRAC/Musée : Mission 1931, 2ème mission Christy : lettre de Charles à Christy, Bruxelles, 02/09/1931.

[393] MRAC/Musée : *ibid.* : lettre de Gasthuys à Offermann, Bruxelles, 15/10/1931.

[394] La mission Grauer coûta plus de 100 000 fr par an au Musée de Vienne (MRAC/Musée : Missions 1910-1930/F-Z, Pilette : rapport de Schouteden à de Haulleville, E. 115).

[395] MRAC/Musée : *Ibid.* : lettre de Pilette à de Haulleville, Bobandana, 25/04/1913.

que se livrent les institutions, de même que par l'origine géographique des prélèvements. Plusieurs exemples de transactions indiquent que la vente de trophées à Tervuren constitue souvent un alibi permettant aux chasseurs de profiter d'un assouplissement des règles administratives de chasse de la part des autorités belges dans la colonie sous prétexte de collectes scientifiques. Tel est le cas du major P. H. G. Powell-Cotton qui, en contrepartie de facilités de chasse sur le terrain, offre plusieurs beaux trophées, montés à ses frais par la firme Londresienne Rowlands Ward[396], dont la dépouille et le squelette du premier rhinocéros blanc de l'institution et une girafe abattue au Lado (*Giraffa camelopardalis cottoni*) l'un des rares exemplaires existant alors en Europe. Ces spécimens sont déterminés par le professeur Matschie, du Berliner Zoologisches Museum qui lui propose de poursuivre ses chasses dans l'Ituri et l'Uele dans un but comparatif. Les autorisations de chasse dans la colonie sont liées à la condition d'offrir les doublons à Tervuren, à l'exception de ceux qui rejoignent son musée privé[397]. Quant au Katanga, dont les matériaux sont encore extrêmement réduits, alors que la région représente une niche écologique différente, développée sur des paysages végétaux soudano-zambéziens, il est alimenté en 1913 par ce que de Haulleville considère comme la plus belle collection d'histoire naturelle du Musée[398], la collection de grands mammifères du major R. R. Sharp engagé par la Tanganyika Concessions Limited Company puis l'Union minière du Haut-Katanga (UMHK)[399], offertes contre une autorisation de port d'arme et l'octroi d'un permis de chasse illimité.

Des membres de la famille royale alimentent aussi l'institution et stimulent, par conséquent, les dons de tiers. Durant son voyage d'études dans la nouvelle colonie belge en 1909, le prince Albert recueille quelques spécimens entomologiques étiquetés par le docteur Étienne et qui seront décrits par des spécialistes belges et étrangers[400]. Son épouse

---

[396] MRAC/Musée : Missions 1910-1930/F-Z, Powell-Cotton : lettre de Powell-Cotton au secrétaire général de l'EIC, Quex Park, Birchington (Kent), 07/02/1908.

[397] *Ibid.* : DG4 du min. Col. à de Haulleville, Bruxelles, 04/08/1910.

[398] MRAC/Musée : Récolteurs 1910-1930 : Dossier Sharp – mission de chasse : lettre de Haulleville au min. Col., Tervuren, 04/01/1913.

[399] Sharp, R. R., *En prospection au Katanga il y a cinquante ans*, Élisabethville, Imbelco, 1956, p. 114.

[400] Schouteden, H., « Insectes recueillis au Congo au cours du voyage de S.A.R. le prince Albert de Belgique », in *Revue zoologique africaine*, n°3/1, 31/09/1912, p. 63-68.

Élisabeth collecte une centaine de lépidoptères lors du voyage du couple royal en 1929[401]. Quant au prince Léopold, il réunit en 1925 quelque 3300 spécimens entomologiques, au cours d'étapes effectuées à pied, notamment dans les régions du lac Léopold II, du Kivu et surtout dans la forêt de l'Ituri, jusqu'aux sources du Bomokandi, encore très peu visitées ; certains de ces spécimens lui sont offerts par des personnalités rencontrées sur place. Dans la lettre qui accompagne le don d'une partie de sa collection au Musée – une autre aboutissant au Musée des Sciences naturelles, une autre encore rejoignant ses collections privées[402] – le duc de Brabant explique son geste dicté par deux préoccupations majeures, sa contribution à la connaissance de la faune congolaise et sa conviction de l'utilité de la science entomologique dans le développement de l'agriculture. Il encourage ainsi cette activité et « forme des vœux pour que de telles récoltes, si minimes soient-elles, se multiplient sur une grande échelle et collaborent ainsi au progrès d'une science dont l'influence peut être capitale pour le développement économique de notre Colonie »[403]. Il rapporte également un petit nombre de vertébrés, dont un chimpanzé de forme inconnue, provenant de Lukolela, et qui est décrit en 1929 comme *Pan satyrus paniscus* ou bonobo. Son voyage aux Indes néerlandaises (1928–1929), où il est accompagné par Victor Van Straelen, le chef de l'expédition scientifique et directeur du Musée des Sciences naturelles de Belgique, renforcera encore son intérêt de réunir des collections zoologiques, mais aussi botaniques, paléontologiques et géologiques[404].

Si, généralement, les coloniaux récoltent eux-mêmes, surtout lorsqu'il s'agit de gros gibier, l'engagement de collecteurs locaux est nécessairement requis. Les nombreuses activités et les loisirs restreints de certains agents coloniaux ou d'employés de sociétés commerciales ou industrielles en expliquent la raison[405] ; tel est aussi le cas de visiteurs occasionnels qui visent à obtenir le plus grand nombre de spécimens en

---

[401] Schouteden, H., « Lépidoptères récoltés au Congo belge par Sa Majesté la reine Elisabeth de Belgique », in *Revue zoologique africaine*, n° 17/4, 15/02/1930, p. 381-382.
[402] PR/Secrétariat Léopold III : liasse sans cote de classement (25).
[403] « Voyage au Congo de S.AR le prince Léopold de Belgique 1925 », in *Revue zoologique africaine*, n° 17/3, 15 novembre 1929, p. 4.
[404] Van Schuylenbergh, P., « Léopold III et la conservation des espaces naturels « inviolés », in *Museum Dynasticum*, n° 2, 2001, p. 108-109.
[405] MRAC/Musée : D/a Sciences Naturelles : lettre de Thélie au min. Col., Kilo mines, 13/07/1913.

un temps record. Les spécimens sont le plus souvent échangés contre des objets de pacotille, comme le signale C. Christy qui se munit de « boutons, peignes, épingles à cheveux, savon, cuillers, perles, rasoirs, miroirs, bagues, allumettes, etc. En une heure il m'était souvent possible d'acheter une centaine de poissons appartenant parfois à quarante espèces différentes »[406]. Dans ses relations de chasses en forêt équatoriale et en Ituri, celui-ci souligne devoir la réussite de son entreprise à l'assistance des pygmées Mbuti en particulier, constat déjà établi par les scientifiques américains Lang et Chapin qui, lors de leur importante expédition dans l'Uele, utilisaient des traqueurs du cru et adoptaient des méthodes locales de chasse. Outre les chasseurs locaux, certains Européens utilisent également la main-d'œuvre qui leur est destinée dans le cadre de leurs activités professionnelles. Fritz Hautmann, par exemple, médecin allemand engagé pour le compte du Comité national du Kivu (CNKi), fait recueillir des spécimens zoologiques par les auxiliaires infirmiers des mines travaillant à son service[407]. De manière générale, soldats de la Force publique, recrues dans les villages traversés, chasseurs locaux forment une cohorte de collecteurs et de préparateurs potentiels ou d'accompagnants dans les expéditions de chasse. La majorité d'entre eux demeurent cependant largement anonymes, à l'exception de quelques individualités telles que le caporal Ngwe et Bernard Nkele, originaires de la région de Bolobo, que Schouteden a formés durant son premier voyage et qu'il garde ensuite à son service. Assimilés au personnel régulier de la colonie[408], ils sont rémunérés par ce dernier[409], par l'entremise du R. P. R. Tyrell, de la Baptist Missionary Society de Bolobo[410], en guise de reconnaissance de leur travail et surtout pour éviter que ces aides précieux soient directement engagés par les missionnaires anglais pour le compte du British Museum. Avec l'autorisation du gouverneur général, le préparateur Ngwe obtint un permis régulier de port d'arme perfectionnée et un permis de chasse, conformément à la législation qui autorise ce permis à l'usage

---

[406] Christy, C., *La grande chasse aux pays des Pygmées*, Paris, Payot, 1952, p. 223.
[407] MRAC/Musée : D/2, 1936, A-I : Dossiers Hautmann.
[408] MRAC/Musée : Missions 1931 : lettre de J. Jorissen à Schouteden, Coquilhatville, 19/02/1931.
[409] En 1929, le Musée fit l'achat d'une collection de 235 oiseaux et 32 mammifères préparés par leurs soins, en excellent état (MRAC/Zool/Vertébr : Administration 1929).
[410] MRAC/Musée : Dossier D2 Récolteurs, 1934, Tyrell : lettre de Tyrell à Schouteden, Léopoldville, 23/05/1934.

exclusif de la Force publique et du personnel colonial muni d'un permis administratif de chasse[411]. Nkele, qui entretient une relation épistolaire en lingala avec Schouteden, permet à ce dernier de passer commandes pour l'institution sans voyager. Parvenue à Tervuren en 1923, la première collection des Congolais fait la fierté de Schouteden qui indique « qu'elles sont de préparation supérieure de loin à la grande majorité des collections qui nous sont envoyées. Les dépouilles sont magnifiquement préparées, leur étiquetage est parfait (n° d'ordre, localité, sexe) et l'emballage est irréprochable ! Nous ne pouvons que souhaiter voir d'autres envois suivre celui-ci »[412]. Jusqu'en 1960, les collectes de Ngwe et Nkele se poursuivent à cadences variables, mais atteignent des records dans les années 1930 avec plus de 1500 oiseaux et plusieurs variétés de poissons et de petits mammifères en provenance de l'Équateur.

Attrait international

L'internationalisation des explorations scientifiques au Congo suscite la venue de nombreux étrangers qui rassemblent des données et des collections multidisciplinaires pour le compte de musées, de jardins zoologiques et de centres de recherches étrangers, munis le plus souvent d'importants moyens financiers, d'infrastructures et de main-d'œuvre. L'expédition de Herbert Lang et James Chapin pour le compte de l'American Museum of Natural History (AMNH) de New York est l'un des exemples les plus frappants de ce que représente pour les scientifiques d'outre-Atlantique cette moisson de formes de vie inexplorées et non encore cataloguées. Considérée par son président Moris K. Jesup comme une étape déterminante du rôle de l'institution au « *world's progress* », cette exploration biologique au Congo représente un véritable défi qui, dans le contexte des explorations internationales menées sur toute la surface du globe depuis les années 1890[413], permet d'étudier un des derniers biotopes inconnus des Américains. Un Congo Expedition Committee, composé de personnalités scientifiques et des président et directeur de l'institution (Moris K. Jesup et Henry Fairfield

---

[411] Par ordonnance du GG du 31/08/1915, toujours d'application.
[412] MRAC/Musée : Sciences naturelles, 1919-1928 : lettre de Schouteden à de Haulleville, Tervuren, 08/03/1923.
[413] Cushman Murphy, R., « Increasing knowledge through exploration », in *Natural History*, n° 30, sept.-oct. 1930, p. 456-468.

Osborn), ainsi que de riches et influentes personnalités new-yorkaises (W. K. Vanderbild, William Rockefeller, J. P. Morgan, James Gustavus Whiteley, John B. Trevor), finance une longue mission de collecte de spécimens biologiques et d'objets ethnographiques dans le Nord-Uele qui seront ensuite étudiés et montrés dans des dioramas d'exposition qui reconstitueront l'environnement topique des hommes et de la faune de la région. Autorisée par le gouvernement de l'EIC et organisée depuis Bruxelles avec le nouveau directeur de l'AMNH, Hermon Carey Bumpus, l'expédition s'intalle entre 1909 et 1914 à Avakubi, grande station caoutchoutière isolée du Haut-Ituri et à Medje, en territoire mangbetu. L'importante équipe de scientifiques, préparateurs, taxidermistes, ainsi que des artistes et un photographe, est accompagnée de dix-huit assistants locaux formés sur place pour préparer les spécimens et de quarante à cent quatre-vingts porteurs pour les vivres, les équipements et les récoltes alimentent d'impressionnants résultats ; la mission produit des résultats impressionnants et témoigne des prélèvements intensifs opérés dans les régions traversées[414] : 5800 mammifères, 6200 oiseaux, 4800 reptiles et amphibiens, 6000 poissons et plus de 100 000 invertébrés complètent 3800 spécimens anthropologiques surtout mangbetu, 10 000 photographies et 300 aquarelles et dessins à la plume, sans compter les volumes de notes de terrain[415].

Ces collectes systématiques suscitent la convoitise du Musée de Tervuren dont les moyens financiers l'empêchent d'organiser une mission de cette envergure. La Première Guerre mondiale, en particulier, et la crise de l'immédiat après-guerre sont venues tarir la pratique des collectes au Congo, freinant ainsi le développement de l'institution, qui doit aussi tenir compte des coûts élevés des transports, du prix d'achat des munitions

---

[414] Mentionnons aussi 3800 objets ethnographiques, dont la moitié est recueillie chez les Mangbetu. En outre, Lang tire quelques 10 000 photographies tandis que Chapin réalise 300 aquarelles et dessins à la plume, sans compter les volumes de notes de terrain. Voir à ce propos Osborn, H. F., « The Congo Expedition of the American Museum of Natural History », in *Scientific results of the Congo Expedition, Ornithology, volume 1.*, American Museum of Natural History, New York, 1915 et Schildkrout, E. et Keim, C. A., *African reflections : Art from Northeastern Zaire*, Seattle – New York, University of Washington Press – American Museum of Natural History, 1990.

[415] Voir, notamment, Dickerson, M. C., « In the Heart of Africa. The first published account of the Museum's Congo Expedition », in *The American Museum Journal*, n° 10/6, octobre 1910, p. 147-170 ; Lang, H., « Report from the Congo Expedition », in *Annual Report of the Congo Expedition, ibid.*, n° 11/2, février 1911, p. 44-48 et n° 11/6, octobre 1911, p. 191.

et des produits de préparation, coûts parfois compensés par l'octroi de permis gratuits de chasse ou l'octroi de subsides de la part du Musée[416]. Les musées étrangers et les amateurs fortunés privent par conséquent le Musée de spécimens intéressants au profit d'enjeux politiques et diplomatiques prioritaires. L'échange de correspondance entre l'AMNH, le Musée du Congo et le ministère des Colonies le manifeste clairement. D'un point de vue officiel, le champ libre laissé aux Américains vise à préserver leurs intérêts économiques au Congo et à présenter la colonie sous ses meilleurs jours. En outre, le projet avait déjà reçu l'accueil favorable de Léopold II qui entretenait des relations privilégiées avec certaines personnalités telles que son ami John Pierpont Morgan, conseiller financier et administrateur du Museum. C'est, par ailleurs, par son entremise que le gouvernement de l'EIC lui avait offert une collection de 3500 objets ethnographiques qui constitua le futur noyau de l'African Ethnological Hall ouvert en 1910[417]. Certes, ce don royal n'était pas désintéressé, le Museum fournissant ainsi une publicité de choix pour l'EIC présenté comme un supporter fiable de l'entreprise scientifique américaine, alors que sa réputation était fortement ébranlée par les divers témoignages de la violence exercée par l'État et ses sociétés concessionnaires à l'égard des populations locales. À la même époque, l'important consortium du magnat du cuivre Daniel Guggenheim et du richissime financier Thomas F. Ryan investissait des sommes considérables dans la Société internationale forestière et minière du Congo (Forminière)[418] et dans l'American Congo Company qui développait le traitement industriel des lianes à caoutchouc sur base de l'expérience mexicaine. Le ministère des Colonies accorde, par conséquent, à l'expédition un crédit pour les frais de transport sur place et des facilités de chasse, notamment sur des espèces rares telles que le rhinocéros blanc de Lado, l'éléphant de l'Ituri, l'okapi et le gorille du Kivu, mais exige le versement de ses doubles à Tervuren[419].

---

[416] MRAC/Musée : Da – Sciences naturelles, 1920 : Schouteden à de Haulleville, Tervuren, 05/06/1920.

[417] Schildkrout, E. et Keim, C. A., « Objects and agendas: re-collecting the Congo », in Schildkrout E. et Keim C. A. (éd.), *The Scramble for art in Central Africa*, Cambridge, Cambridge Univ. Press, 1998, p. 22.

[418] *Forminière, 1906-1956*, Bruxelles, Éd. L. Cuypers, 1956, p. 57-74.

[419] Dickerson, M. C., « In the Heart of Africa », in *The American Museum Journal*, n° 10/6, octobre 1910, p. 154.

Entre 1900 et 1930, de nombreuses autres expéditions étrangères foulent surtout le Nord et l'Est de la colonie, à destination de zones privilégiées, aux limites avec les empires français, allemand et britannique. Parmi les plus représentatives, citons l'expédition du duc Adolf Friedrich zu Mecklenburg dans la Province-Orientale (Uele, Ituri, Nord-Kivu), accompagné, entre autres, par Herman Schubotz et Jan Czekanowski (1907-1908), la mission J. S. Budgett de la Fondation Balfour de la Cambridge University dans la Semliki (1902), la mission de l'entomologiste français Charles Alluaud sur le versant occidental du massif du Ruwenzori, du lac Édouard et de la rivière Semliki (1908-1909), la mission de Edmund Heller et du couple Delia et Carl Akeley pour le compte du Field Columbian Museum de Chicago (1905), l'expédition du prince Guillaume de Suède pour le Musée d'Histoire naturelle de l'État à Stockholm (1921) ou, encore, la mission J. S. Rockefeller et C. B. G. Murphy pour le compte de l'American Museum de New York (1928)[420]. Ces expéditions, tout comme l'expédition de Lang-Chapin, réquisitionnent sur place main-d'œuvre de portage et vivres, devenant de la sorte le principal employé de la région visitée, entraînant la désorganisation du système de portage pratiqué dans la région et enlevant une main-d'œuvre normalement destinée aux travaux d'infrastructures menés par l'Administration coloniale. Constituée de dix membres, l'expédition allemande de zu Mecklenburg, par exemple, s'accompagne d'une escorte personnelle, de cinq cents porteurs recrutés en Afrique orientale allemande, et elle engage des hommes pour le portage du matériel et des récoltes, la recherche de nourriture, la préparation des spécimens zoologiques. La station de Rutshuru fournit ainsi 1460 porteurs et deux tonnes et demie de vivres, d'autres réquisitions étant aussi organisées à Kasindi et à Beni. À peine sont-elles libérées de ces contraintes que d'autres missions de grande envergure remplacent les précédentes[421].

La plupart des collectes de ces expéditions visent à rassembler des espèces zoologiques dont les Européens s'attribuent la découverte et qui posent un certain nombre d'interrogations scientifiques, tout en restant les sujets privilégiés d'une certaine tradition

---

[420] AA/AE : Dossiers 332-337 : Demandes d'autorisation de missions et voyages au Congo par des étrangers (1900-1930).

[421] AA/AE : Dossier 337, liasse 498-499 : Demandes d'autorisation de missions et voyages: Liebrechts au secrét. génér., Bruxelles, 10/10/1908.

littéraire[422] où la frontière entre science et mythologie est ténue : l'okapi de Harry Johnston en 1901, le gorille de montagne abattu dans les monts Virunga en 1902 et le rhinocéros blanc, dont les Britanniques signalent la présence dans l'enclave de Lado au début du 20ᵉ siècle. Ces découvertes entraînent de véritables ruées vers le Congo avec l'objectif, plus ou moins révélé, d'abattre un ou plusieurs de ces spécimens pour les étudier et les exhiber dans les musées européens et nord-américains. Le ministère des Colonies accorde une suite favorable aux demandes de missions commanditées par des institutions internationales de renom[423].

Sous couvert de science, les exploits de chasse sportive s'avèrent être, dans bien des cas, la principale motivation des chefs d'expéditions, issus souvent de l'aristocratie européenne, qui y voient la manière la plus efficace de compléter leurs tableaux de chasse. D'autres personnalités, américaines notamment, profitent également des paravents scientifiques et muséaux pour pratiquer leur loisir de prédilection, comme c'est le cas de Théodore Roosevelt qui organise en 1909 un voyage de chasse en Afrique orientale britannique[424] où, pour rendre acceptables les nombreux abattages de la faune, il se qualifie de « chasseur naturaliste » et s'entoure d'une équipe de scientifiques réputés – Edgar A. Means,

---

[422] Pour ne citer que l'exemple de l'okapi, Harry Johnston indique que sa découverte fut motivée par la lecture du naturaliste Philip Gosse à propos d'étranges créatures de l'Afrique centrale et qui se base à son tour sur des informations recueillies auprès de travaux hollandais et portugais. De même, la « découverte » du gorille et d'autres espèces de la côte occidentale de l'Afrique par Paul Du Chaillu, l'ont stimulé et conforté dans l'idée que l'Afrique centrale était peuplée d'étranges et merveilleuses créatures comme les licornes, par exemple (Johnston H., *The Uganda Protectorate*, Londres, Hutchinson & Co, 1904, p. 377 et svt.).

[423] Citons, notamment le Zoologisches Museum de Berlin (zu Mecklenburg, 1907-1908), le Musée d'Histoire naturelle de Vienne (R. Grauer, 1909-1910), le Musée d'Histoire naturelle de la Chaux de Fonds en Suisse (Hertig, 1926), le Musée de Gênes (Saverio Patrizi,1926), le Muséum national d'Histoire naturelle de Paris (Guy Babault, 1927), l'American Museum of Natural History de New York (Rockfeller et Murphy, 1928), le Musée zoologique de l'État à Varsovie (Léon Sapieha, 1928) (AA/PPA, liasse 3507, dossier 445-449 : Secrétaire général au min. AE, Bruxelles, 24/03/1927 et AA/AE, liasse 336, dossier 497 : dossiers personnels).

[424] Ricard, S., « Théodore Roosevelt et l'avènement de la présidence médiatique aux États-Unis », in *Vingtième Siècle, Revue d'histoire*, n° 51, juill.-sept. 1996, p. 15-26 ; Roosevelt, Th., *African Game Trails. An account of the African wanderings of an American hunter-naturalist*, New York, Peter Capstick, 1988 (1ère édit. 1910); Roosevelt, Th. et Heller, E., *Life Histories of African Game Animals*, New York, Charles Scibner's Sons, 1914.

J. Alden Loring et Edmund Heller – qui sont chargés par le Smithsonian National Museum de Washington de récolter des spécimens zoologiques et botaniques[425]. À la manière de l'ancien président, Européens et Nord-Américains remplacent le rituel Grand Tour d'Europe par des safaris au Nord-Est du Congo, qu'ils considèrent comme le lieu par excellence de la vie primitive et sauvage. Les expéditions internationales de chasse du prince Guillaume de Suède (1920-1921), des Britanniques Charles Ross (1921) et Alfred Sharpe (1921), du capitaine C. Brocklenhurst (1920), des Américains Putnam (1925), Geroges Eastman (1927), Rockefeller et Murphy (1928), Bernard O'Toole (1928), F. G. Carnochan et Geo Russel (1928) en fournissent des preuves tangibles.

1.4. Chasses scientifiques et réponses gouvernementales

L'héritage de la dernière décennie de l'EIC (1901-1908) pesait lourd dans la balance entre interdiction et autorisation de chasses scientifiques. De manière générale, l'État accordait en effet, quasi systématiquement, des demandes de chasse adressées auprès du département général des Affaires étrangères et le plus souvent appuyées par des personnalités politiques étrangères influentes. Dictées par des raisons diplomatiques et politiques évidentes et n'établissant aucune distinction entre les chasses scientifiques et sportives, les autorisations se basaient sur le décret sur la chasse du 29 avril 1901 qui accordait une dérogation à l'interdiction de chasser certaines espèces pour des besoins scientifiques ou pour des récoltes à destination des musées et jardins zoologiques[426]. Néanmoins, la pression exercée sur les pays colonisateurs par la Conférence sur la Protection des Animaux sauvages de Londres (1900), ainsi que la découverte de certaines espèces, créent une émulation internationale qui engage les institutions scientifiques belges à réclamer avec plus de vigueur une destination nationale pour les principales récoltes zoologiques provenant de l'EIC. Les décrets de 1901 et 1902 sur la chasse et la protection des espèces rares et en voie de disparition (girafe, okapi, gorille)[427] permettent, dans une certaine mesure, de mettre un frein aux demandes étrangères.

---

[425] Voir notamment à ce sujet Lunde, D., *The naturalist. Theodore Roosevelt, A lifetime of exploration, and the triumph of American natural history*, Crown, 2016 et Brinkley, D., *The Wilderness Warrior. Theodore Roosevelt and the crusade for America*, Harper, 2009.

[426] *BO*, art. 12, 1901, p. 82.

[427] Décret du 17/09/1902 (*BO*, 1902, p. 214-215).

À la reprise de l'EIC par la Belgique, il s'agit de consolider ce mouvement, afin d'éviter la réalisation de collectes intempestives sur le terrain par des étrangers qui, sous couvert de science, visent également, ou parfois exclusivement, des exploits sportifs plus personnels ou traversent les frontières pour pratiquer un commerce plus ou moins illicite d'ivoire, de peaux ou de cornes. Le ministère des Colonies tente de s'appuyer sur des prescriptions légales en matière de chasse, de permis de port d'armes et de protection des animaux sauvages ; de même, les autorisations de collectes impliquent, en principe, l'obligation de confier des doublons à Tervuren. Dans les faits, les relations ambiguës entre le Musée et son ministère de tutelle témoignent cependant de situations paradoxales. Avant 1920, en effet, le ministère continue à appliquer, sans l'avis du Musée, une politique du cas par cas qui oscille entre autorisations et refus selon des enjeux scientifiques, mais surtout politiques et diplomatiques. Si les demandes privées, non scientifiques ou déontologiquement inacceptables sont écartées, les missions scientifiques organisées par des institutions renommées comme le Muséum national d'Histoire naturelle de Paris, par exemple, sont, par contre, encouragées, mais davantage pour l'apport de devises procurées par la vente des divers permis d'abattage et de port d'armes à feu, et pour des intérêts touristiques ou de propagande. Des doubles sont envoyés par l'entremise ministérielle à Tervuren, de manière aléatoire : ceux-ci ne répondent pas toujour aux volontés et nécessités de l'institution, le Musée préférant s'alimenter par l'intermédiaire de ses propres réseaux pour obtenir les collections de son choix.

Dans les années 1920, les mesures législatives en matière de chasse et de protection accrue de nouvelles espèces, comme le gorille de montagne, visent à porter un plus large effet dissuasif. Les autorités belges rechignent davantage à satisfaire les demandes nationales et internationales pour le compte de musées et d'institutions étrangères[428], mais continuent, plus exceptionnellement, à y répondre pour des raisons diplomatiques. C'est ainsi que le gouvernement général est encouragé à lâcher du lest pour l'expédition du prince Guillaume de Suède en 1921[429] dont l'on consent à ce qu'il « dépasse légèrement » le nombre d'animaux que son permis

---

[428] AA/AE : liasse 334, dossier 493 : Demandes d'autorisation… : Dossier Commandant Arrhénius : note du secrétaire général, 2ᵉ DG, au min. AE, Bruxelles, 11/04/1921.

[429] AA/AE : liasse 334, dossier 494 : Demandes d'autorisation… : Dossier Guillaume de Suède : Note du DG Leplae au secrétaire général et 2ᵉ DG, Bruxelles, 14/05/1920.

de chasse lui accorde en nombre limité[430]. La pression exercée par de Haulleville et Schouteden contribue aussi à un changement des pratiques politiques. Tervuren est dorénavant considéré comme le destinataire officiel des collectes et un interlocuteur privilégié, sur base du modèle français où le ministère des Colonies n'accorde aucune autorisation spéciale sans l'accord du Muséum national d'Histoire naturelle de Paris. Néanmoins, l'interprétation fluctuante des lois et règlements dénote une absence de projet politique global et cohérent de la part du ministère des Colonies où la question des récoltes relève de la compétence de trois directions générales[431]. En outre, le ministère adopte parfois une attitude ambiguë à l'égard du Musée, appuyant d'une part les encouragements aux collectes sur le terrain à son profit, freinant d'autre part les demandes qui émanent de l'institution, sous prétexte de son manque de discernement dans les licences accordées à certains récolteurs qui abusent de sa confiance et se livrent sur le terrain à des abattages délictueux ou à but personnel, notamment en matière d'ivoire[432]. Les exemples de personnalités qui se livrent sur le terrain à des abattages illicites et souvent à but personnel[433] au détriment de la confiance que leur témoignent les conservateurs confirment bel et bien cette dernière attitude. Tel est le cas du Belge André Pilette. Fortement encouragé par Schouteden qui regrette l'appui du ministère à une entreprise « éminemment patriotique »[434], Pilette collecte pour Tervuren dans la région des Grands Lacs et dans le Haut-Uele avant et après la Première Guerre mondiale. Malgré la réunion de spécimens inconnus et présentant une valeur inestimable pour le savoir zoologique, il use de son permis spécial de chasse à but scientifique[435] pour

---

[430] *Ibid.* : lettre min. Col au GG, Bruxelles, 15/10/1920.

[431] La DG « Affaires politiques et administratives » pour les problématiques liées aux Affaires étrangères, la DG « Cultes et instructions publiques » pour les relations avec le Musée de Tervuren et la DG « Agriculture » pour les dossiers relatifs à la chasse et à la pêche.

[432] MRAC/Musée : Missions 1910-1930/F-Z, Gillet : lettre de Kervyn, 7ᵉ DG, au directeur MCB, s.d. {janvier 1921}.

[433] MRAC/Musée : Missions 1910-1930/F-Z, Hubert : lettre de Kervyn, 7ᵉ DG, à de Haulleville, 12/01/1922 ; AA/AE, liasse 334, dossier 493-494 : Demandes d'autorisation de voyage : note de Kervyn à la 2ᵉ DG, Bruxelles, 04/01/1920.

[434] MRAC/Musée : Missions 1910-1930/F-Z, Pilette : lettre de Schouteden à de Haulleville, Tervuren, 24/11/1919.

[435] Autorisation de chasser en tout temps et partout, même dans les réserves de chasse, avec toute espèce d'armes, de tuer et de capturer, en nombre illimité, toute espèce d'animaux, sans distinction d'âge et de sexe, à l'exception du grand éléphant de

se constituer une collection personnelle d'ivoire (25 éléphants abattus au lieu des 5 autorisés) qu'il pense faire transiter par le Musée dans l'espoir de récupérer à son retour les défenses qui n'offriraient aucun intérêt scientifique pour l'institution. C'était oublier que celles-ci, en vertu du décret sur la chasse du 31 décembre 1925, seraient d'office déclarées propriété de l'État et vendues par la Société Bunge à Anvers au profit du Trésor Colonial[436]. Le ministère des Colonies n'hésite pas à qualifier de « politique du tout-venant » les pratiques de Tervuren[437] qui encouragent ainsi la dilapidation des richesses naturelles de la colonie et stimulent notamment l'abattage d'éléphants pour l'ivoire qui atteint des prix élevés sur le marché international. Échaudé, le Musée freine dorénavant les collectes obtenues par échanges et n'accorde en outre son patronage à des étrangers que lors d'occasions exceptionnelles, tout en attendant le support inconditionnel de son ministre dans ses choix. Comme par le passé, cet appui n'est pas systématique, comme le prouve la difficulté de Schouteden d'obtenir le titre de « chargé de mission de récoltes zoologiques pour le Musée de Tervuren » pour l'un de ses plus importants collecteurs, le père Hutsebaut. Bruxelles estime qu'avec ce titre « ce serait créer un précédent dangereux, dont d'autres collaborateurs pourraient se prévaloir pour obtenir un titre qui leur donnerait certainement de grandes facilités mais qui pourrait aussi devenir une source d'abus »[438].

---

forêt, du petit éléphant du lac Albert, du rhinocéros blanc, de la girafe, du gorille, de l'okapi, de plus de cinq chimpanzés et de plus de deux élands de Derby (AA/Agri 629 : Mission Pilette).
[436] MRAC/Musée : Missions 1910-1930/F-Z, Pilette : correspondance 1926 ; AA/Agri 629 : Missions : Mission Pilette.
[437] MRAC/Musée : *ibid.*: lettre de Kervyn à de Haulleville, Bruxelles, 12/12/1923.
[438] MRAC/Musée : Missions 1931 : lettre de Jonghe, 2ᵉ DG, à Schouteden, Bruxelles, 29/11/1930.

2. Un patrimoine faunique préservé

Dans l'Afrique occupée à partir du tournant du 20ᵉ siècle, un « Scramble for scientific specimens » s'opère simultanément à un « Scramble for art »[439]. Cette course effrénée qui engage, pour nombre de musées et d'institutions scientifiques d'Europe et d'Amérique du Nord, des collecteurs à la recherche de nouveautés, de raretés ou de chaînons manquants, contribue à retracer l'évolution biologique des espèces. La constitution de collections par des spécimens inédits qui sont classés, étudiés et exhibés participe à l'accroissement d'un patrimoine colonial devenu national que les métropoles doivent entretenir, conserver et valoriser. Ces collections voulues représentatives et exhaustives définissent par conséquent le prestige de l'institution qui les gère, et par son biais, celui de la nation sur la scène internationale. La description et la détermination d'un nombre croissant de spécimens découverts ainsi que leur valorisation, dans les publications et espaces destinés au public, sont les outils performants de cette politique. La recherche des holotypes, surtout, devient un puissant marqueur identitaire et fortifie la recherche scientifique comme élément de dynamisme de la nation. Elle conduit à des rivalités entre les métropoles pour obtenir leur primauté. Tel est aussi le cas pour les espèces rares et en voie de disparition, considérées comme des reliques à préserver à une époque où se manifestent un intérêt scientifique grandissant pour l'origine commune de l'humanité, de l'ancêtre commun et les questionnements sur les notions de primitivisme et de nature primordiale[440], parallèlement à des réflexions connexes sur la

---

[439] Voir à ce sujet, Schildkrout, E. et Keim, C. (éd.), *The Scramble for art, op. cit.*; Mudimbe, V.Y., *The invention of Africa. Gnosis, Philosophy, and the Order of Knowledge*, Bloomington, Indiana Univ. Press, 1998; Ranger, T., *The invention of Tradition in Colonial Africa*, in Hobsbawm, E. et Ranger, T. (éd.), *The Invention of Tradition*, Cambridge, Cambridge Univ. Press, 1983, p. 211-262; Coombes, A., *Reinventing Africa. Museums, Material Culture and Popular Imagination*, New Haven – Londres, Yale Univ. Press, 1994.

[440] Ces questionnements s'inscrivent dans la mouvance des débats suscités et discutés au niveau national et international autour de la révolution scientifique et sociale induite par les théories de l'évolution de Jean-Baptiste de Lamarck (*Philosophie*

dégénération, la génération et la régénération, spécialement par rapport à l'Afrique[441].

Dans la sphère muséale de la fin du 19ᵉ siècle et du premier tiers du 20ᵉ siècle en particulier, se marque alors la volonté de préserver les « témoins-types » essentiels à la compréhension scientifique du monde et à ses leçons éducatives, choisis auprès des sociétés humaines en voie de disparition et parmi les espèces zoologiques ou botaniques appelées à disparaître sur un laps de temps plus ou moins court à cause des interférences de ces environnements culturels et naturels avec la « civilisation » et le « progrès »[442]. L'espace muséal développe ainsi, par essence, une vocation et une pratique de « préservation » dans le sens d'une « sanctuarisation », en vase clos, des spécimens selon les deux objectifs essentiels qui y sont poursuivis : la conservation des collections, assortie ou non de recherches scientifiques sur leurs bases, et leur présentation didactique au grand public. En tant que dépositaire officiel des patrimoines culturels et naturels de sa colonie, le Musée du Congo belge devient le garant historique de leur mémoire, impliquant, par conséquent, la tâche essentielle de préserver

---

zoologique, 1809), soutenant l'idée de l'hérédité des caractères acquis, et surtout de Charles Darwin (*L'Origine des espèces par la sélection naturelle*,1859), qui reprenait les idées de Lamarck tout en les modifiant et en les critiquant. Darwin proposa une présentation de l'évolution par transformation graduelle et proposa pour la première fois le mécanisme de sélection naturelle ; toutefois, il ne remettait pas en cause l'idée de conservation héréditaire des caractères acquis, proposée par son prédécesseur Lamarck. La théorie de l'évolution des espèces s'applique aussi à la taxinomie sur base de laquelle sont observées les ressemblances et différences entre les spécimens issus du vivant et sont établis des liens généalogiques entre toutes les formes de vie. Selon ce principe, les organismes se ressemblent parce qu'ils partagent des caractères hérités d'un ancêtre commun (Theodorides, J. et Petit, G., *Histoire de la Zoologie des origines à Linné*, Paris, Sorbonne, 1962 ; Buican, D., *L'évolution et les théories évolutionnistes*, Masson, 1997 ; Leakey, R. et Lewin, R., *The Sixth Extinction. Patterns of Life and Future of Humankind*, Londres, Doubleday Dell, 1995; De Bont, R., *Darwin Kleinkideren, op. cit.*, p. 241-248.

[441] Coombes, A. E., *op. cit.*, p. 41.

[442] La vocation des musées ethnographiques tournée vers l'idée de primitivisme et de recherche des produits traditionnels et primitifs non contaminés par le « monde moderne » a été étudiée par plusieurs sociologues et anthropologues parmi lesquels, Jewsiewki, B., « Le primitivisme, le post-colonialisme, les antiquités « nègres » et la question nationale », in *Cahiers d'Études africaines*, n° 31/121-122, 1991, p. 191-213, De Boeck, F., « Beeld, tegenbeeld, evenbeeld. Exotisme, fotografie en antropologie in de (post-)koloniale ontmoeting in Afrika », in Baetens, J. (éd.), *Exotisme*, Leuven, Cultureel Centrum Leuven – Institut voor Culturele Studies, 1997, p. 9-18 et Wastiau, B., *ExitCongoMuseum, op. cit.*, p. 50-66.

les traces matérielles d'un territoire ancien et primordial, tel qu'il se présentait avant que la colonisation ne le transforme. Bref, le Musée a la charge de conserver des témoignages figés dans le temps, afin de les inscrire de manière indélébile dans la mémoire collective du patrimoine national et mondial.

Cependant, l'institution représente aussi une politique paradoxale qu'il convient de décrire plus largement. D'un côté, elle joue un rôle moteur dans le mouvement de sensibilisation des autorités coloniales, des scientifiques et du grand public en faveur de la protection et de la conservation des espèces animales de la colonie. De l'autre, elle participe, dans une certaine mesure, à la disparition d'espèces rares en encourageant des prélèvements sur place, en stimulant les demandes et en provoquant des concurrences entre les métropoles occidentales.

Dès sa création, le Musée du Congo s'oriente, en effet, vers la possession du plus grand nombre possible de « types » nouveaux (nombre d'exemplaires ayant servi à la description et à la création de la nomenclature de l'espèce), garantie la plus sûre pour mesurer la valeur de ses collections scientifiques et, par ce biais, concurrencer les institutions étrangères présentes sur le terrain congolais[443]. Certaines espèces rares ou appelées à rapidement disparaître à cause de la chasse et d'un espace vital rétréci au profit des zones agricoles, industrielles et des infrastructures en extension sont dans la ligne de mire. L'okapi (*Okapia johnstoni*), l'éléphant forestier « nain » (*Elephas africanus fransseni*)[444], le rhinocéros blanc (*Rhinoceros eeratotherium simus*) et certains grands singes (*Gorilla gorilla* et *Pan satyrus*) fournissent les exemples les plus pertinents de ces enjeux, entre découverte, science et propagande. Les singes anthropoïdes font ainsi l'objet de demandes particulières. En 1910, Coart insiste sur la nécessité scientifique et l'intérêt pour l'institution d'alimenter les collections et les recherches sur ces espèces, afin de devenir l'établissement le mieux documenté à leur sujet. À cette date, l'institution dispose de quelques spécimens, héritages des collections de

---

[443] MRAC/Hist : Archives L. Cahen, R2/4 : Commission technique : lettre de Th. Wahis et E. De Jonghe au min. Col., Tervuren, 16/05/1911.

[444] Voir à ce sujet P. Van Schuylenbergh, « Du terrain au Musée. Du Musée au terrain. Constitution et trajectoires des collectes zoologiques du Congo belge (1880-1930) », in Juhé-Beaulaton, D. et Leblan (V.) (dir.), *Le spécimen et le collecteur: savoirs naturalistes, pouvoirs et altérités (18ᵉ-20ᵉ siècles)*, Coll. Archives, t.27, Paris, Muséum national d'Histoire naturelle, 2018, p. 149-183.

l'EIC pour l'Exposition de 1897 : un squelette de gorille (*Gorilla gorilla gorilla*) et des squelettes, crânes et vertèbres de quatre chimpanzés (*Pan satyrus satyrus*) provenant de la forêt du Mayumbe au Gabon. Quatre autres crânes de gorilles (*Gorilla gorilla uellensis*) ont été collectés en 1898 par le commandant Paul Le Marinel dans les régions de Djabbir et Mobele, sur l'Itimbiri, s'agissant de la « première fois que l'existence de ce redoutable quadrumane est signalée dans cette région, son habitat n'ayant jusqu'ici été constaté que dans la forêt du Gabon-Mayumbe »[445]. En 1899, Alphonse Cabra envoie plusieurs chimpanzés du Mayumbe et Weyns, des spécimens de la sous-espèce *Pan troglodytes schweinfurthii*[446]. Afin d'assurer une plus large représentativité de ces espèces, Coart incite donc le gouvernement à demander de l'aide aux chefs de zones de la colonie, mais aussi à obtenir des spécimens d'autres régions du continent dans un but comparatif. Le Musée n'hésite pas à recevoir ou à acheter les collections de chasseurs étrangers qui opèrent dans d'autres colonies afin d'augmenter la chance d'enrichir ses collections d'espèces inédites, comme c'est le cas d'une série de gorilles fournie par le directeur d'une société commerciale française. Dix autres dépouilles de gorilles (*Gorilla gorilla graueri*) provenant d'une zone entre le Sud-Kivu et le nord du lac Tanganyika sont offertes entre 1910 et 1912 par le capitaine Pauwels et le lieutenant Jacques de l'Épine d'Hulst, portant à une vingtaine le nombre de spécimens[447] qui font désormais partie d'une collection supérieure à celle du British Museum, mais encore bien pauvre par rapport à celle du Musée d'histoire naturelle de Berlin qui réunit 190 gorilles et 160 chimpanzés[448]. Cette collection est considérée comme une collection-phare, mais Coart indique néanmoins qu'« il importe que, dans un temps déterminé, nous possédions la plus belle collection d'anthropomorphes existant au monde. Le fait de posséder des documents d'étude que les spécialistes sont obligés de consulter contribue puissamment à établir la réputation d'un musée à l'étranger »[449].

---

[445] « Les collections du Musée du Congo », in *La Belgique Coloniale*, 09/10/1898.

[446] MRAC/Zoologie/Vertébrés : Registre des entrées avant 1900.

[447] MRAC/Musée : D/a Sciences naturelles : note de Fuchs au min. Col., Boma, 04/06/1910. Voir à ce sujet Van Schuylenbergh, P., « Hunting down, war and capture. Some historical thoughts about an album of colonial photographs », *op. cit.*, p. 57-63.

[448] MRAC/Musée : D2 1910-1930/D-J, de l'Épine : lettre de de Haulleville au min. Col, Tervuren, 09/03/1912.

[449] MRAC/Musée : D/a Sciences naturelles : rapport de Coart sur l'envoi de Pauwels, Tervuren, 03/08/1910.

2.1. Vestiges préhistoriques

Collectés sur place, puis physiquement transplantés depuis leur lieu de prélèvement vers le musée, où ils sont observés, décrits, classés, et puis éventuellement montrés, les spécimens fauniques changent de statut et de fonction. D'espèces animées d'un rôle précis dans la biocénose et acteurs dans un temps et un espace déterminés, elles deviennent des objets naturalisés, pétrifiés dans le présent avec vocation d'éternité. Tout comme les objets « ethnographiques » des populations humaines, arrachés de leur contexte d'origine, représentent les chaînons manquants du capital socioculturel mondial, les spécimens fauniques alimentent le catalogue du patrimoine naturel universel. La préservation simultanée des témoignages des populations humaines et des faunes en voie de disparition puise ses racines dans la création de l'anthropologie physique, ainsi que dans les ambivalences idéologiques développées à partir des années 1850 portant sur la croyance dans les potentialités sans frein du progrès scientifique, alors même que se manifestent, parallèlement, des consciences de la perte de valeurs civilisationnelles entraînée par les avancées rapides de cette modernité. Le mouvement de collectes ethnographiques[450] et zoologiques organisé depuis le début du Musée du Congo prouve ce trouble : celui de la confrontation entre un milieu naturel congolais considéré comme stable depuis des siècles, et ce même milieu en voie de transformation par les interférences externes induites par la colonisation. En 1883 déjà, Charles Strauch pressait Émile Storms de récolter des objets dans la région du lac Tanganyika, sous peine de les voir se modifier ou disparaître sous l'influence de la civilisation[451]. L'étude de cette *natura incognita* congolaise, où vivent des populations locales isolées de toute influence externe, possédant un développement propre et adaptant la nature à leurs besoins, représente une aubaine scientifique pour des personnalités telles qu'Édouard Dupont, un laboratoire idéal qui permette de confronter les hypothèses évolutionnistes dans le domaine de l'histoire naturelle et de l'ethnographie[452]. Ce libre-penseur

---

[450] Voir à ce sujet Couttenier, M., *Congo tentoongesteld, op. cit.* et « One Speaks Softly, Like in a Sacred Place. Collecting, Studying and Exhibiting Congolese Artefacts as African Art in Belgium », in *Journal of Art Historiography*, n° 12, 2015, p. 1-40.

[451] MRAC/Hist : Fonds É. Storms (HA.01.0017) : lettre de Strauch à Storms, 20/07/1883.

[452] Dupont, E., *Lettre sur le Congo*, Avant-propos, p.2-4.

est ami du géologue Jean-Baptiste d'Omalius d'Halloy, figure de proue de l'évolutionnisme en Belgique, mais qui s'en détache bientôt en faveur du transformisme[453]. Son intérêt pour la préhistoire fait écho à l'essor de la paléontologie, de l'archéologie et de l'anthropologie en Belgique entre 1860 et 1890, disciplines enrichies par la découverte d'ossements fossiles de cétacés et autres mammifères pélagiques par Pierre-Joseph Van Beneden et consorts dans les années 1860, et la découverte en 1886 et 1887 de restes humains dans les grottes de Spy et de gisement d'iguanodons à Bernissart. À cette époque, la science biologique se professionnalise et se détache de la classification issue des sciences naturelles et de l'utilitarisme prôné par les sciences appliquées, alors que des controverses idéologiques font rage au sujet des thèses évolutionnistes suscitées par Darwin. En 1882, la nouvelle Société d'Anthropologie de Bruxelles, initiée par le docteur Émile Houzé et dont Dupont est membre, se dédie surtout aux études relatives à l'anthropologie physique et l'archéologie. Elle possède sa propre collection qui est alors dirigée par Louis De Pauw, directeur du Musée zoologique Auguste Lameere à l'ULB et taxidermiste au Musée d'Histoire naturelle. Par rapport à la question congolaise, la Société estime que l'isolement géographique de ce territoire qui a engendré un développement indépendant, sans l'apport d'autres civilisations, nécessite la collecte et la conservation en Europe des traces matérielles de ce « primitivisme » avant contamination, modification, acculturation ou anéantissement par la modernité européenne[454]. Le projet d'étude de terrain de Dupont de collecter avant disparition vise par conséquent cet objectif. Dans la note qu'il rédige en 1894, suite au rapport à la Chambre de Houzeau de Lehaie à propos d'un programme d'exploration méthodique du territoire de l'EIC, Dupont encourage les collectes ethnographiques comme activités de valeur égale à celles des sciences, parce que l'« on se

---

[453] Vanpaemel, G., « La révolution darwinienne », in Halleux, R. et alii, *op. cit.*, t. 1, p. 259 : l'auteur nuance l'engagement darwiniste de Omalius d'Halloy en démontrant qu'il se détacha quelque peu de ce courant en biologie, en adoptant la théorie du transformisme appliquée aux races humaines et que les capacités d'adaptation de tous êtres vivants soutenaient « une preuve de la sagesse et de la bonté de Dieu » (p. 260) ; De Bont, R., *Darwin Kleinkinderen, op. cit.*, p. 45-52 ; Couttenier, M., « 'With the risk of being called retrograde'. Racial Classifications and the Attack on the Aryan Myth by Jean-Baptiste d'Omalius d'Halloy (1783-1875) », in *Centaurus*, n° 59/1–2, 2017, p.122–51

[454] Cocheteux, A., « Contribution à l'étude de l'anthropologie du Congo », in *Bulletin de la Société d'Anthropologie de Bruxelles*, n° 8, 1889, p. 75-97 (cité par Coutenier, M., *op. cit.*, p. 259).

Vestiges préhistoriques 169

trouve devant des circonstances qu'on ne peut plus guère retrouver sur le reste du globe : de nombreuses populations, occupant le centre d'un grand continent, sont restées livrées à elles-mêmes jusqu'à nos jours sans subir d'influences extérieures capables de les modifier »[455].

La préservation des témoins d'un monde disparu ou en voie de l'être constitue donc une tâche importante de l'institution muséale, par la réunion du « primitif » humain et du « sauvage » naturel. Plusieurs collecteurs sont dès lors sensibilisés à cette vocation. Cuthbert Christy, par exemple, se concentre sur la région forestière de l'Ituri, véritable laboratoire d'études qui, selon lui, représente un « restant équatorial partiellement isolé de la vaste forêt vierge qui couvrait autrefois le continent »[456] et où l'on trouve les derniers survivants humains, les pygmées, « descendant des peuplades qui hantaient l'Afrique alors qu'elle n'était toute entière qu'une immense forêt », et des animaux, pangolins, okapis, éléphants et buffles forestiers, « vestiges des êtres préhistoriques dont était peuplée la sylve primitive »[457]. Vivant en parallèle dans un environnement naturel commun, hommes et animaux représentent des formes primitives demeurées telles ou à peine modifiées au cours du temps. Comme Hutereau et Maes l'ont fait avant lui, Christy met en cause les phénomènes exogènes qui transforment le milieu. La déforestation de la grande forêt équatoriale qui réduit leur espace vital oblige les pygmées à « se pervertir » en participant au commerce de l'ivoire ; perdant leurs caractéristiques essentielles, ceux-ci acquièrent le « goût de la culture », trouvant « les flèches à pointes de fer plus utiles que leurs primitives flèches de bois dur »[458], et ne forment plus, par conséquent, d'intéressants sujets d'études. Venue d'outre-Atlantique, l'expédition Lang-Chapin (1909–1915) dans le Nord-Uele est animée par une vision similaire[459]. L'accroissement des collections hors de la sphère nord-américaine[460] répond à la volonté de montrer des formes

---
[455] AGR/Enseignement Public : Fonds n° 673 : rapport de Dupont, transmis au min. Intér. et Instruct. Publ. par Marchal, Bruxelles, 06/02/1894.
[456] Christy, C., *La grande chasse*, op. cit, p. 53.
[457] *Ibid.*, p. 15.
[458] *Ibid.*, p. 43.
[459] Osborn, H. F., « Les collections réunies au Congo par l'expédition de l'American Museum of Natural History », in *Revue zoologique africaine*, n° 7/2, 1ᵉʳ octobre 1919, p. 193-196.
[460] L'accroissement quantitatif et qualitatif des collections zoologiques du Museum, le développement des publications scientifiques s'y rapportant et la création d'un *Bulletin*, permirent d'asseoir son autorité scientifique et de devenir le premier en

de cultures étrangères en voie de disparition « because the native races and their remains are disappearing rapidly before the advance of our civilization »[461]. Cet élan permet aussi de faire progresser l'esprit libéral et la doctrine positiviste des États-Unis vers son propre Sud et vers les autres continents[462]. Il s'agit donc de mener une lutte contre toutes les formes de barbarie et de collecter simultanément les témoignages les plus complets possible sur les hommes, la faune et la flore, qui se sont développés durant des millénaires et dont l'existence est ou risque d'être rapidement inhibée par le progrès. Le « heart of Africa », ce Congo mystérieux, inaccessible et inhospitalier, devient la terre promise de Cynthia Dickerson, l'éditrice de l'*American Museum Journal* :

> The Congo is probably one of the most promising unexplored fields for zoological work in the world. There has been every reason to prevent investigation of the region previously. Civilization has ignored the West coast of Africa. The world knows the North, East and South coasts, but mystery has been attached to the whole six thousand miles of the coast on the West where surf continually thunders[463].

2.2. Exposition et éducation

Une fois collectés et étudiés, les témoins exemplaires des espèces et sous-espèces en voie de disparition sont agencés dans l'exposition permanente dans un but informatif et éducatif. À cet égard, conjointement à la volonté du Musée du Congo belge de hisser ses collections au rang de

---

son genre dès 1881. Le développement d'une politique de récoltes en « sciences naturelles », zoologie, mais aussi anthropologique, paléontologie, archéologie se dirigea vers l'organisation, à partir de 1885, d'expéditions dans plusieurs régions nord-américaines, puis en dehors des limites du continent américain, à Cuba, aux Antilles et au Mexique, avant de s'ouvrir à d'autres régions du globe (Arctique, Pacifique nord, Sibérie, Chine).

[461] F. B., « The development of the American Museum of Natural History », in *The American_Museum Journal*, n° 2/6, juin 1902, p. 53 ; Graracap, L. P., *ibid.*, n° 1/2, mai 1900, p. 20 et svt.

[462] Enders, A., « Theodore Roosevelt explorateur. Positivisme et mythe de la Frontière dans l'expedição científica Roosevelt-Rondon au Mato-Grosso et en Amazonie (1913-1914) », in *Revue française d'histoire d'outre-mer*, n° 85/318, 1998, p. 83-104.

[463] Dickerson, M. C., « In the heart of Africa. The first published account of the Museum's Congo Expedition », in *The American Museum Journal*, n° 10/6, Octobre 1910, p. 147.

celles des grands musées d'histoire naturelle britanniques, allemands et nord-américains, l'institution belge s'engage à réaliser un modèle muséal inspiré par l'étranger. À partir de 1911, de Haulleville et ses chefs de sections entreprennent une série de voyages d'études dans divers pays européens afin d'évaluer l'état de leurs collections et, surtout, leur manière de les présenter au public sur le plan technique et scientifique. Le nouveau musée national nécessite, en effet, un réajustement par rapport à une présentation plus ancienne qui s'est construite sur le reliquat de l'Exposition internationale de 1897.

Un bref retour en arrière permet de constater les changements opérés. Pour les besoins de cet événement, les organisateurs avaient articulé la présentation de l'environnement naturel congolais autour de trois axes : les espèces fauniques et floristiques, ses ressources décoratives, principalement l'ivoire, et, enfin, ses productions animales et végétales ayant valeur économique. Les spécimens fauniques « pittoresques » et qualifiés « en voie de disparition » étaient naturalisés par De Pauw[464] et groupés autour d'un point d'eau entouré de rochers, héritage de la tradition britannique, dans un vaste diorama où ils donnaient l'impression de se mouvoir dans un décor peint. En longeant un chemin circulaire en pente, le visiteur poursuivait sa route vers la Section ichtyologique où étaient rassemblés des aquariums déployant de nombreuses espèces conservées dans un liquide à base de formol et suspendues par un mince fil à des flotteurs de verre. À l'autre extrémité du tunnel souterrain, le visiteur débouchait au cœur d'une serre tropicale, dont les plantes congolaises provenaient du Jardin botanique de Bruxelles[465] et donnaient à la section « un imprévu et un pittoresque contribuant largement à rehausser son attrait »[466]. L'effet spectaculaire de ces agencements répondait aux conceptions naturalistes de fin de siècle dans les expositions occidentales. La combinaison « ethnique-histoire naturelle », en particulier, répondait au projet d'inventorier les connaissances de tous les êtres vivants, humains ou animaux, et de définir la place qu'ils occupaient dans le système de la nature. Parallèlement à la faune sauvage, huit groupes de sculptures en plâtre de style réaliste étaient présentés dans la salle d'ethnographie et visaient à reproduire des tableaux fidèlement constitués de personnages

---

[464] « Participation de l'EIC à l'Exposition internationale de Bruxelles, mai-novembre 1897 », in *Bulletin de la Société royale belge de Géographie*, 1897, p. 481.
[465] Voir Wynants, M., *Des Ducs de Brabant...*, *op. cit.*, p. 115-117 et 154-155.
[466] « A Tervueren », in *La Belgique Coloniale*, 29/08/1897, p. 410.

grandeur nature, bref, un spectacle humain authentique et vivant, collant à la réalité du terrain, et offrant une primeur européenne de qualité[467]. Par ailleurs, fidèle au modèle européen des « villages indigènes », un groupe composé d'hommes, de femmes et d'enfants recrutés parmi des populations du Haut-Congo était amené à reproduire les gestes quotidiens de « là-bas » et participait à l'idée de perfectibilité en apportant la preuve oculaire de l'existence de l'« homme naturel », primitif mais susceptible de transformations grâce à une civilisation occidentale se pensant au sommet de la hiérarchie universelle[468].

« Groupes éthologiques »

À la popularisation de l'histoire naturelle et de l'anthropologie à des fins morales et politiques par le biais de collections mises en scène[469], telle que la donne à voir l'Exposition internationale de 1897, s'ajoute bientôt un objectif d'éducation publique où les scientifiques sont appelés à dévoiler une nature inconnue et à mettre en scène les fondements originels d'une société occidentale qui s'urbanise[470]. Les spécimens fauniques ne traduisent pas seulement, en termes palpables, les signes d'un exotisme spectaculaire et conquérant, ils deviennent les index des connaissances scientifiques du moment. La volonté de représenter avec le plus d'exactitude possible la vie sociale des animaux anime ainsi les dirigeants de l'institution dès sa création. Des instructions sont données aux collecteurs pour noter les détails précis sur la localisation des espèces

---

[467] Voir Wynants, M., *op. cit.*, p. 112-113 et Luwel, M., « Een voorontwerp van een Congomuseum uit het jaar 1896 », in *Africa-Tervuren*, n° 12, 1966, p. 64.

[468] Voir, par exemple à ce sujet, pour une analyse approfondie du phénomène des expositions ethnographiques, et dans le vaste contexte des collections, mensurations, classifications, représentations iconographiques et littéraires, l'article de Corbey, R., « Ethnographic Showcases, 1870-1930 », in *Cultural Anthropology*, n°8/3, 1993, p. 338-369 et Blanchart, P., Boëtsch, G., Deroo, E. et Lemaire, S. (dir.), *Zoos humains. De la Vénus hottentote aux reality shows*, Paris, La Découverte, 2002. Pour l'histoire parallèle des exhibitions animales, voir notamment Baratay, E. et Hardouin-Fugier, E., *Zoos. Histoire des jardins zoologiques en Occident*, Paris, La Découverte, 1998.

[469] Voir pour l'exemple anglais durant les périodes victorienne et edwardienne, Coombes, A., *Reinventing Africa*, *op. cit.*; MacKenzie, J., *The Empire of Nature*, *op. cit.*, p. 39-43 et MacKenzie J. (éd.), *Imperialism and Popular Culture*, Manchester – New York, Manchester Univ. Press, 1986.

[470] Kohlstedt, S., « Essay Review. Museums : Revisiting Sites in the History of the Natural Sciences », in *Journal of the history of biology*, n° 28, 1995, p. 151-166.

et les caractéristiques permettant une reconstitution minutieuse de leurs biotopes[471]. Montés et exhibés soit seuls, soit en groupes, les spécimens deviennent ainsi les témoins idéaux d'espèces-types disparues ou en voie d'extinction et dont la présence dans les salles garantit l'immortalité. Dans ce cadre, des réflexions s'engagent sur la reconstitution la plus réaliste possible de l'animal vivant et de son environnement. Les groupes éthologiques, appelés aussi « habitat groups », proposent alors une traduction muséographique de spécimens naturalisés dans leurs postures caractéristiques et replacés dans une mise en scène naturaliste, avec des végétaux prélevés sur les lieux de capture et un paysage peint en arrière-fond. Il s'agit donc de réunir et de montrer en un seul tableau le plus grand nombre d'informations possible au sujet des espèces présentées.

Les spécimens de 1897 et qui représentent les espèces vouées à une destruction rapide constituent le noyau des salles permanentes du nouveau Musée. Une attention particulière est accordée au caractère attrayant et didactique de ces collections. Coart insiste d'ailleurs sur une présentation des espèces qui les montre « dans leur milieu naturel, avec leurs allures caractéristiques, à travers les diverses phases de leur vie ; ce sera le système basé sur la Biologie »[472]. À cause de problèmes techniques et financiers, ce vœu ne s'impose pourtant que prudemment. L'idée, par exemple, de constituer le groupe des okapis se trouvant dans les collections se heurte à l'état défectueux et au manque d'harmonie des animaux naturalisés dans des attitudes diverses[473]. Ne possédant pas non plus d'usages établis ni de précédents dans ce domaine, l'institution s'informe auprès des scientifiques afin de prendre en compte leurs desiderata, tandis qu'en 1911 et 1912, des voyages d'études sont organisés dans des musées allemands et britanniques aux fins de comparaisons instructives. L'attention du personnel se tourne vers les groupes de faune dont le Senkenbergisches Naturhistorisches Museum de Francfort propose des œuvres modèles convaincantes. Cette question suscite aussi l'intérêt de Guillaum Séverin, conservateur au Musée royal d'Histoire naturelle, convaincu que plusieurs

---

[471] MRAC/Hist : Archives L. Cahen, R2/4 : E. Coart, *Note relative au rapport de la Commission de Surveillance*, Tervuren, 24/02/1912.

[472] Coart, E., « La Section des Sciences naturelles du Musée du Congo belge », in *Revue zoologique africaine*, n°1/1, avril 1911 – mars 1912, p. 5.

[473] MRAC/Hist : Archives L Cahen : E. Coart, *Note relative au rapport de la Commission de Surveillance*, Tervuren, 24/02/1912.

musées nord-américains représentent un « musée idéal »[474] qui concilie la présentation scientifique des collections et une vocation éducative. Les groupes éthologiques, qui y constituent l'une des principales attractions publiques, se justifient lorsqu'il s'agit de présenter des spécimens en voie de disparition dont il est intéressant de « conserver et de faire revivre [...] les mœurs et les habitudes, afin de montrer leur histoire sous ses aspects primitifs »[475].

Sur base des informations récoltées à l'étranger, le Musée du Congo belge opte pour une présentation simple, fondée sur les connaissances scientifiques de l'espèce et sans intervention du sensationnel pour attirer la faveur du public, comme tel était encore trop souvent le cas dans plusieurs musées nord-américains et dans certaines collections privées britanniques comme celle de Powell-Cotton à Quex Park. L'American Museum of Natural History, le premier, met un frein à ces débordements victoriens et prône davantage de réalisme à fin d'instruction correcte du public. Les groupes ainsi exposés devaient reproduire fidèlement les espèces choisies sur base de l'observation précise de leur milieu d'origine. Le taxidermiste Carl Akeley, auteur des célèbres dioramas new-yorkais, introduit également une approche plus respectueuse de l'animal naturalisé, laquelle ne transpose pas uniquement son corps mais aussi son souffle vital[476]. La réalisation précise de ses groupes est un modèle du genre. Des expéditions de terrain, dirigées par le naturaliste accompagné de préparateurs, de peintres et de photographes, ont pour but d'étudier sur place et de réunir les éléments nécessaires pour reconstituer leur milieu naturel. Akeley entreprend ainsi plusieurs expéditions en Afrique centrale et orientale pour alimenter ses dioramas sur les éléphants, les gorilles et les buffles[477]. Observations, photographies et matériaux prélevés au British East Africa et au Congo belge alimentent ainsi l'African Hall de l'American Museum[478]. La réforme américaine va encourager les

---

[474] Lebrun, H., « Les Musées d'Histoire naturelle aux États-Unis », in *Revue des Questions scientifiques*, 20/04/1907.

[475] Séverin, G., « A propos d'une note sur les Musées américains », in *Annales de la Société royale zoolologique et malacologique de Belgique*, n° 42, 1907, p. 256.

[476] Wheeler, W. M., « Carl Akeley's Early Work and Environment », in *The American Museum Journal*, n° 27, mars-avril 1927, p. 140-141.

[477] Akeley, C., « Adventure with an African Elephant », in *The American Museum Journal*, n° 10/6, Octobre 1910, p. 186-187.

[478] Akeley, C., « Hunting the African Buffalo », *ibid.*, n° 15/4, avril 1915, p. 151-161.

musées européens à modifier leur manière de concevoir les groupes. Leurs préparateurs accordent plus d'attention aux études anatomiques, à la sculpture et à la connaissance des espèces ; ils montent les grands vertébrés dans des poses caractéristiques, bien en vue, dégagés de tout et posés sur un relief de terrain, rochers ou sable, qui évoque leur sol natal. Les groupes, souvent présentés en famille (mâle, femelle, petits) sont également montrés dans des poses naturelles dégagées de tout décor trop envahissant, de manière à focaliser l'attention du public sur le spécimen et non sur ce qui l'entoure[479].

Le financement de groupes selon le modèle américain constitue pourtant un frein important pour de nombreux musées, y compris pour celui de Tervuren, tout comme la nécessité de disposer d'espaces suffisamment vastes et aménagés, de taxidermistes spécialisés et de matériaux de reconstitution du milieu naturel pour les réaliser. Prudente et limitée par l'état actuel des connaissances, le Musée du Congo belge opte pour la présentation de plusieurs types d'exposition : les groupes qui montrent les différents stades évolutifs d'un seul spécimen, tel le groupe des crocodiles, depuis l'œuf jusqu'à l'âge adulte ; les groupes qui exposent ensemble des individus de genres et d'âges variés, celui des gorilles et des pélicans ; les groupes qui présentent les spécimens rares du Congo, l'okapi, l'éléphant forestier et le rhinocéros blanc. Ce choix délibéré annonce l'ère du musée scientifique qui tourne définitivement la page des dioramas fantaisistes proposés en 1897, comme en témoigne le montage des spécimens de gorilles fournis par Pauwels dans une « pose naturelle » et dans leur milieu original :

> L'un, le plus vieux un géant de deux mètres, dont le pelage noir est strié de blanc, ce qui est d'une grande rareté, sera debout au pied d'un arbre, la femelle accroupie allaitera l'un des petits tandis que les autres seront montrés dispersés de côtés et d'autres dans des poses naturelles et copies des auteurs allemands et anglais les plus avertis. Autour du groupe central, le long des murs seront installé des armoires murales où seront alignés les squelettes des anthropomorphes dans la pose naturelle de l'animal vivant[480].

---

[479] Lebrun, H., « A propos des Musées américains d'Histoire naturelle », in *Science et Nature*, n° 13, 20/12/1907, p. 206.

[480] MRAC/Musée : QI/9 – Généralités : de Haulleville au min. Col., Tervuren, 09/02/1910.

Chargé de ce travail, le taxidermiste De Pauw se base sur les données rudimentaires, incomplètes et même erronées dont dispose alors l'institution, comme, notamment, une présentation du gorille bipède. Il faudra attendre les observations de terrain menées par Akeley en 1921 pour s'apercevoir que la plupart des connaissances acquises au sujet des gorilles étaient soumises à caution et que, dans ce cas-ci, la bipédie n'était pas une des caractéristiques propres à l'espèce et ne pouvait être observée que dans des conditions particulières[481].

Outils de sensibilisation

La diffusion des connaissances et la sensibilisation du public aux problématiques en rapport avec la protection de la faune africaine constituent une autre fonction essentielle du Musée du Congo belge. Henri Schouteden, qui joue déjà un rôle moteur dans l'enrichissement des collections zoologiques, engage l'institution dans cette voie par l'entremise de deux revues qu'il crée respectivement en 1921 et en 1924, la *Revue zoologique africaine* et le *Bulletin du Cercle zoologique congolais*. La première fournit un recueil de contributions scientifiques variées à la connaissance de la faune africaine et deviendra un forum d'échanges où les zoologistes africanistes, dont la plupart se consacrent à l'étude des collections du Musée, font état de leurs recherches. La seconde souhaite devenir, aux dires de son fondateur, l'humble pendant de l'*American Museum Journal*, devenu *Natural History* en 1922, revue phare de l'American Museum of Natural History dont Tervuren veut s'inspirer, tant pour la qualité de ses publications scientifiques que pour ses méthodes d'expositions éducatives[482].

La question de la protection et de la conservation de l'environnement devient un point central de liaison entre les deux institutions. De la même manière qu'Osborn a fait de l'American Museum un grand centre d'information, entretenant d'importants réseaux de scientifiques et de praticiens américains et étrangers, Schouteden souhaite enrichir son réseau

---

[481] Voir à ce sujet Herzfeld, C. et Van Schuylenbergh, P., « Singes humanisés, humains singés : dérive des identités à la lumière des représentations occidentales », in *Social Science Information*, n° 50/2, juin 2011, p. 251-274.

[482] Osborn, H. F., « Les collections réunies au Congo par l'expédition de l'American Museum of Natural History », in *Revue zoologique africaine*, n° 7/ 2, 01/10/1919, p. 196.

de correspondants de toutes origines et filières socio-professionnelles. La fondation en 1924 de l'actif Cercle zoologique congolais répond à cette ambition de regrouper des « Amis de la Nature congolaise (zoologistes, fervents de chasse et pêche, amateurs) » dans un but d'échanges d'informations et de vulgarisation. Répondent à l'appel près de quatre cents membres, à savoir des scientifiques belges (Boulenger, Broden, Bequaert, De Witte, Lameere), de médecins (Dubois, Rodhain), des personnalités politiques et du monde des affaires (Orts, Van Sacegem, L'Hoest, Lambert), ainsi que de membres d'honneur étrangers, ayant résidé ou mené des recherches scientifiques au Congo (Lang, Chapin, Christy, Gyldenstolpe, Johnston, Neave, de Rothschild)[483]. Contrairement à l'ambition exclusivement scientifique de la *Revue Zoologique Africaine*, le *Bulletin* du Cercle recense les données des réunions mensuelles qui se tiennent à Tervuren et qui traitent de l'avancée des connaissances sur la faune congolaise, de la réglementation en matière de chasse et pêche, du développement des collections zoologiques ou, encore, des relations avec le Jardin zoologique d'Anvers. La protection des espèces menacées est un objectif prioritaire du Cercle par l'entremise de Schouteden qui adopte une position énergique à cet égard et entame des démarches auprès du ministère des Colonies pour assurer leur protection efficace.

L'influence de personnalités importantes telles que Sidney Frederic Harmer, directeur du British Museum (Natural History), Peter-Gerbrand van Tienhoven, président de la Vereeniging tot Behoud van Natuurmonumenten in Nederland, Camille Janssen, président-fondateur de l'Institut colonial international qui avait notamment publié en 1911 un volumineux ouvrage sur les *Droits de Chasse dans les Colonies et la Conservation de la Faune indigène*, est déterminante dans le lobbying entamé par le Cercle sur la protection d'espèces rares auprès du ministre des Colonies Henri Carton[484]. À cet égard, le Cercle propose diverses mesures de prévention, dont le renforcement d'un réseau de correspondants sur le terrain qui constitueraient des relais pour intéresser la colonie à l'étude de la faune et à sa protection[485], ainsi que la compilation, par la Section des Sciences naturelles du Musée, de la documentation scientifique en

---

[483] *BCZC*, n° 1/1, 07/06/1924, introduction.

[484] « Lettre de M.S.F. Harmer à Schouteden », in *Bulletin du Cercle zoologique congolais (BCZC)*, n° 2/2, 1924, p. 33.

[485] L'on y retrouvait G. A. Boulenger, le docteur Broden, J.-M. Derscheid, A. Lameere, R. Mayné, pour n'en citer que quelques-uns.

matière de protection, de réglementation cynégétique et de commerce de faune sauvage, inspirée de l'*Annual Report of Game Warden* du gouvernement colonial britannique. Jean-Marie Derscheid, collaborateur scientifique de Schouteden et secrétaire du Cercle, est chargé d'étudier les moyens d'en assurer la réalisation et d'entretenir des relations privilégiées avec des groupements et des associations internationales émergentes de protection et de conservation environnementale. Cette fonction lui offre une nouvelle orientation de sa carrière qui le fera bientôt devenir l'un des chefs de file du mouvement en Belgique[486].

Au Congo, de nouveaux correspondants témoignent de la situation critique de la faune. René Van Saceghem, inspecteur vétérinaire au laboratoire de Kisenyi, et A. Jobaert, administrateur territorial à Luisa, décrivent les massacres d'éléphants opérés dans la Province-Orientale et au Kasaï par les chasseurs professionnels et les marchands de viande[487]. Au Katanga, le médecin Schwetz précise que les nombreuses chasses dans la région des Kundelungu sont stimulées par le développement des centres miniers voisins[488], tandis qu'Émile de Lavaleye y constate des chasses nocturnes pratiquées à la lampe portative et signale la disparition du rhinocéros noir[489]. Pour le Cercle, les chasseurs sportifs constituent également de « précieux auxiliaires »[490] pour leur campagne de protection de la faune, comme le prouvent Herman von Wissmann, qui lutta pour la protection de la grande faune en Afrique orientale allemande et plusieurs membres de la Society for the Preservation of the Fauna of the Empire que la presse de l'époque avait surnommé les « Penitent Butchers »[491]. Membre du Cercle, l'agent territorial Jacques Dumont de Chassart fournira lui aussi au Musée de nombreux renseignements zoologiques, ainsi que des trophées et des photographies de ses chasses au Katanga entre 1919 et 1921.

---

[486] Brien, P., « notice sur J.-M. Derscheid », in *Biographie nationale de Belgique*, t. 36, suppl. t. 9/1, col. 219.

[487] « La protection de l'éléphant dans le Congo-Kasaï », in *BCZC*, n° 2/2, 1925, p. 48.

[488] « La protection de la faune », in *BCZC*, n° 3/3, 1926, p. 97.

[489] « La grande faune du Katanga », in *BCZC*, n° 6/3, 1929, p. 77.

[490] Schouteden H., lors d'une conférence donnée par le chasseur Dumont de Chassart au Cercle Zoologique, in *BCZC*, n°2/2, 1925, p. 56-57.

[491] Voir à ce sujet Fitter, R. et Scott, P., *The Penitent Butchers. 75 years of wildlife conservation*, Fauna Preservation Society, Londres, Collins, 1978.

Photographies du vivant

Tandis que la photographie de trophées de chasse ritualise visuellement le processus destructif de la faune sauvage, la photographie d'animaux vivants inscrits dans leur environnement propre s'y substitue progressivement et devient non seulement un instrument d'observation, mais aussi un outil de sensibilisation et de support scientifique à leur protection. Si la photographie est, de manière générale, témoin de la capture d'altérités et démonstration visuelle de conquêtes et de possessions[492], elle devient, dans ce cas précis, une propagande en matière de préservation : le signe concret du passage d'un acte de violence, symbolisé par le trophée de chasse, à un acte pacificateur entre l'homme et l'animal. La substitution de plus en plus fréquente de la caméra à l'arme à feu modifie leurs rapports, l'animal pouvant dorénavant être observé et « capturé » par l'image sans nécessité d'abattage.

Montrer le vivant participe à ce changement d'attitude et de sensibilité qui est appuyé par la mise au point technique de la « prise sur le vif » qui se développe à l'extrême fin du 19e siècle grâce aux pionniers de la photographie de terrain pour qui l'Afrique sert de cadre expérimental idéal. L'Allemand Carl Georg Schillings, important collecteur de mammifères et d'oiseaux pour le Musée de Berlin, réalise ses premières photographiques de la faune africaine dans la région du Tanganyika allemand, entre 1899 et 1905, muni de gros moyens et accompagné de collaborateurs scientifiques[493]. Ces photographies permettent aux scientifiques de l'institution de voir de manière précise les « wahrheitsgetreuen », ces attitudes et mimiques des animaux qui évoluent dans leur milieu naturel. Grâce aux premiers téléobjectifs mis sur le marché en 1903, Schillings traque de nuit lions, zèbres, gnous et rhinocéros piégés par le flash autour de points d'eau ou d'appâts. Ces clichés constituent l'annonce d'une ère nouvelle[494], dont les résultats aboutissent à la publication de son ouvrage

---

[492] Voir à ce sujet Landau, P. S., « The Visual Image in Africa : an Introduction », in Landau, P. S. et Kaspin, D. (éd.), *Images and Empires : Visuality in Colonial and Post-Colonial Africa*, Berkeley – Los Angeles – Londres, University of California Press, 2002, p. 141-171.

[493] Killy, W. et Vierhaus, R., *Deutsche Biographische Enzyklopädie*, Munchen, K. Saur, n° 18, 1998, p. 640.

[494] Ichac, P., « Gromier, précurseur de la chasse photographique », in *Bêtes et Nature*, n° 101, sept. 1972, p. 12-15.

phare, *Mit Blitzlicht und Büchse*, paru à Leipzig en 1905[495]. Soucieux de mener à bien des pratiques adéquates en faveur de la protection de la faune sauvage dans la colonie allemande, Schillings travaille, après 1900, à l'élaboration d'une législation guidée par l'idée que la richesse faunique doit être considérée comme un héritage naturel à conserver pour le futur, mais aussi une ressource durable pour le bien-être économique de la colonie[496]. Dans les territoires d'Afrique orientale britannique, le photographe, peintre et imprimeur Arthur Radclyffe Dugmore réalise, en 1909-1910, une série de trois cents photographies sur la faune sauvage d'Afrique, un genre nouveau pour les États-Unis où il vit, et il devient le pionnier de la photographie animalière[497], reléguant Schillings au statut de chasseur et d'auteur « who took some interesting, but photographically poor, game pictures »[498]. Dugmore se spécialise dans les photographies nocturnes basées sur le même principe que celui de Schillings, avec déclenchement par l'animal du cliché et d'un flash provoqué par un éclair de magnésium. Ce système sera aussi utilisé par d'autres personnalités telles que Cherry Kearton qui parcourt l'Afrique en 1913-1914[499] et photographie des animaux autour des points d'eau, le Français Émile Gromier dans l'Ouest africain et les Anglais Russe Roberts et Marcuswell Maxwell dans l'Est africain, rivalisant tous d'efforts dans la photographie classique de plein jour s'affirmera par la suite comme le processus usuel du chasseur d'images.

Ce travail sur le terrain fait prendre conscience de l'attrait et des émotions supplémentaires qu'offre la constitution de collections photographiques par rapport aux trophées de chasse, car elle est « beaucoup plus intéressante, pour ceux qui aiment et étudient l'histoire naturelle que la plus belle collection de têtes desséchées et de paires de

---

[495] Schillings, C. B., *Mit Blitzlicht und Büchse. Neue Beobachtungen und Erlebnisse in der Wildnis inmitten der Tierwelt von Üquatorial-Ostafrika*, Leipzig, R. Voigtländer, 1905.

[496] Baldus, R. D., *Wildlife Conservation in Tanganyika under German Colonial Rule*, op. cit., p. 3-4.

[497] Clark, J. L., « Pioneer Photography in Africa. A story ot the work of A. Radclyffe Dugmore in securing for America the earliest fine series of African wild game pictures », in *The American Museum Journal*, n° 16/3, mars 1916, p. 155-182.

[498] *Ibid.*, p. 157.

[499] Kearton, Ch. et Barnes, J., *Through Central Africa from East to West*, Londres – New York - Toronto – Melbourne, Cassell & Co, 1915.

cornes »[500]. *Must* de l'équipement complet de tout bon explorateur-collectionneur après la Première Guerre mondiale, la caméra devient un loisir privilégié lors des safaris de chasse en Afrique orientale britannique ainsi que dans le Nord-Est du Congo belge. Elle demeure néanmoins un hobby onéreux et d'application difficile, raisons qui justifient un tir « à la caméra » s'apparentant à un véritable sport qui nécessite des qualités précises, tout comme avec l'arme à feu : persévérance, patience, connaissance des animaux et de leurs mœurs, adresse dans la poursuite ou dans l'affût. Certains auteurs affirment même la supériorité de l'acte photographique sur le tir, tandis que d'autres tentent de superposer les deux actions, puis y renoncent devant l'impossibilité de les mener quasi simultanément sur le terrain. Alexander Barns préfèrera filmer un groupe de gorilles, plutôt que le tirer[501], tandis que le chasseur belge André Pilette reconnaît les difficultés techniques imposées par le port d'un appareil lourd et encombrant, bien qu'il préfère la prise de vue aux « coups de fusil de médiocre importance »[502].

Le procédé photographique devient donc une activité usuelle de terrain durant les expéditions scientifiques en Afrique, renforçant et alimentant, avec les observations manuscrites, les informations zoologiques relatives aux collectes de terrain. Dès le début du 20e siècle, des photographes attitrés accompagnent les grandes expéditions scientifiques et remplacent progressivement les artistes-peintres chargés d'illustrer les étapes du voyage. Les ouvrages édités foisonnent de photographies de terrain. Photographe de l'expédition du duc de Mecklenburg (1907–1908), l'officier de cavalerie Kiesling zu Wilmresdorf réalise quelques cinq mille clichés de spécimens botaniques, zoologiques, anthropologiques qui sont utilisés comme base de travail dans des institutions scientifiques allemandes et présentés en 1909 dans une exposition du Jardin botanique de Berlin. Les photographies permettent aussi de répondre de manière plus adéquate à l'évolution des pratiques muséales en matière d'exposition zoologique. Les dix mille clichés d'Herbert Lang dans l'Uele pour le compte de l'American Museum of Natural History (1909–1915) fournissent à ses

---

[500] Radclyffe Dugmore, A., *Les Fauves d'Afrique photographiés chez eux*, Paris, Hachette, 1910, p. 229.

[501] Barns, T. A., *The Wonderland of the Eastern Congo. The Region of the Snow-Crowned Volcanoes – The Pygmies, the Giant Gorilla and the Okapi*, Londres – New York, G. P. Putnam's Sons, 1922, p. 262.

[502] Pilette, A., *A travers l'Afrique équatoriale*, Bruxelles, E. Lamberty, 1914, p. 41.

spécialistes et taxidermistes des indications sur les espèces collectées et leurs habitats pour la constitution des dioramas[503]. De même, les quinze cents photographies des expéditions africaines d'Akeley, entre 1896 et 1926, fournissent d'indispensables et authentiques données pour la préparation de son African Hall, lui offrant l'indispensable complément pour mesurer de la manière la plus précise la structure physique des spécimens avant dépouillement sur le terrain[504]. Par l'intermédiaire du Cercle de Zoologie Congolaise, le Musée du Congo belge obtient la collaboration de ses membres pour acquérir des photographies dont l'intérêt documentaire est évident[505]. Des chasseurs privés profitent d'appuis scientifiques pour expérimenter à leur tour ces nouveaux moyens techniques et, par la même occasion, justifier leurs collectes et rendre crédibles leurs observations de terrain. L'exemple le plus connu est celui de l'ex-président des États-Unis, Theodore Roosevelt. Réalisé sous les auspices du Smithsonian Institute de Washington, son safari effectué en 1909 en Afrique orientale est justifié par la présence d'une équipe de chasseurs appelée à collecter de nombreux spécimens fauniques pour le compte de l'institution, tandis que son fils Kermit réalise les photographies des trophées ainsi que d'espèces vivantes. Dans son ouvrage intitulé *À travers l'Afrique équatoriale*, le Belge André Pilette présente ses clichés d'animaux vivants tirés au lac Albert-Édouard où il cherche « les mares les plus fréquentées, autour desquels d'innombrables traces se voyaient dans la poussière des rives et des sentiers et qui se perdaient dans la plaine »[506], lieux qui multiplient les chances de pouvoir les observer[507]. Collecteur du Musée, il estime que les indications fournies par la photo surpassent les descriptions écrites, même les plus circonstanciées, et permettent d'offrir une idée précise sur la vie sauvage « aux profanes ignorant toute chose de la brousse »[508].

---

[503] Troncale, A., *The Field Photographs of Herbert Lang from the American Museum Congo Expedition, 1909-1915*, American Museum Congo Expedition, AMNH Digital Library, New York, 2002.

[504] Johnson, M., « Camera Safaris », in *The complete book of African Hall*, The American Museum of National History, New York, 1936, p. 48.

[505] BCZC, 1930, n° 7/1, p. 18.

[506] Pilette, A., *op. cit.*, p. 262-263.

[507] Pour une analyse des liens entre la photograhie et la faune sauvage, axée autour des points d'eau, voir Bunn, D., « An Unnatutal State. Tourism, Water and Wildlife Photography in the Early Kruger National Park », in Beinart, W. et McGregor, J. (éd.), *Social History and African Environments*, Oxford – Athens – Cape Town, James Currey – Ohio Univ. Press – David Philip, 2003, p. 194-220.

[508] Pilette, A., *ibid.*, p. 267.

Dès les années 1920, le développement des techniques cinématographiques encourage les expéditions scientifiques à utiliser en parallèle les images fixes et animées. Oskar Ollson, ingénieur à la Svensk Filmindustri, est engagé à réaliser plusieurs films documentaires lors de l'expédition du prince Guillaume de Suède en Afrique centrale en 1920-1921 et, en particulier, des films illustrant les chasses du comte Nils Gyldenstolpe, un des membres de l'expédition.

Produits par la firme parisienne Gaumont, *Au cœur de l'Afrique sauvage* (1922) et *En Afrique Équatoriale* (1923), intitulé aussi *Les Grandes Chasses de l'Afrique Équatoriale* ou *Chasses du Duc de Südermanie*, sortent dans les salles métropolitaines. La diffusion de ces médias participe à la reconnaissance populaire de ce type de voyages autant qu'à l'obtention des moyens financiers pour les rentabiliser et en organiser de nouveaux. Grâce au support de l'homme d'affaires James J. Joicey, Alexander Barns et son épouse entreprennent en 1919 un voyage d'étude en Afrique centrale pour collecter des lépidoptères et rassembler des informations inédites sur les éléphants et les gorilles vivant au voisinage des lacs Albert-Édouard, Kivu et Tanganyika. Photographies et films font partie de l'expédition et sont montrés à leur retour à la Royal Geographical Society de Londres. Après avoir filmé en Asie et en Australie, le cinéaste et producteur Martin Johnson et son épouse Osa, s'embarquent, en 1921, à destination de l'Afrique orientale britannique où, à pressé par Akeley, ils réalisent des « pictorial life-history » des populations locales et des animaux sauvages préservés des changements induits par la civilisation :

> [...] as they life their lives all but untouched by civilization, unaffected by the worries of the outside world. We will get a picture that will be a record for a thousand years to come, of Africa as God made it, before the white man penetrates further into its beautiful wilds, and before the natives and the wild animals have disappeared [509].

Parallèlement, Martin Johnson réalise et produit de nombreux autres films dont *Trailing African Wild Animals* (1923), ainsi que le récit de ses expériences de terrain, *Camera Trails in Africa* (1924). De retour dans la région fin 1923 pour le compte de l'American Museum of Natural History, le couple s'installe au lac Turkana où il capte durant près de cinq

---

[509] Johnson, M., in *World's Work*, august 1923 (mentionné par Akeley, C. E., « Martin Johnson and his Expedition to Lake Paradise », in *Natural History*, n° 24, mai-juin 1924, p. 288.

ans les témoignages filmés d'une faune abondante; ceux-ci deviennent la propriété de l'institution américaine qui les édite à des fins éducatives sous couvert de sa responsabilité scientifique sous le titre *Simba* (1928), tandis que les ouvrages *Safari* et *Four Years in Paradise* sont illustrés de quelque 2 300 photos de l'expédition.

Les films et les photographies d'animaux vivants concourent à animer dans les expositions muséales une faune présentée dans des postures raides et artificielles[510]. En 1922, l'American Museum of Natural History innove en organisant une exposition de photographies de mammifères qui répond à la politique institutionnelle en matière d'éducation : faire mieux connaître la faune sauvage dans son environnement, pour provoquer parmi le public et surtout chez les jeunes, une sensibilité à la préserver et à agir pour encourager l'établissement de nouvelles réserves[511]. La présentation de photographies d'espèces rares prend une acuité particulière, car elles fournissent, de surcroît, un dernier témoignage essentiel sur celles appelées à disparaître. En collant à la réalité, celles-ci permettent aussi de déconstruire certains mythes bien ancrés. Ainsi, lorsque Akeley met fin, dans ses écrits, à plus de trois siècles d'informations erronées à propos du gorille, sa pratique taxidermique, ses premières photographies et ses films de gorilles vivants, réalisés au Kivu en 1920–1921, vont renforcer ses affirmations. De même, l'expédition photographique réalisée par Marcuswell Maxwell dans cette région en 1931 sert, entre autres, à « achieve the conquest of the gorilla », ses clichés transforment le mythe en réalité : « the gorilla has always been for me, as doubtless for many others, a mythical beast. At least he is to become real »[512].

En Belgique également, la photographie devient un instrument privilégié pour montrer le réel et sensibiliser à la découverte et à la protection de l'environnement. Témoin du changement de perspective qui s'opère à partir des années 1920 et qui sera flagrant durant la décennie suivante en matière de lien direct entre photographie animalière et conservation de la nature, l'ornithologue Léon Lippens se rend dans la colonie, en 1935, pour effectuer des recherches sur la vie des

---

[510] Clark, J. L., « Pioneer Photography in Africa... », *op. cit.*, p. 165.
[511] Lang, H., « Exhibition of photographs of mammals at the American Museum », in *American Museum Journal*, n° 22/3, mai-juin 1922, p. 224.
[512] AA/Agri 423, doss. 330 : *Gorilla and Camera* (extrait du *Times*, 28, 31/08 et 01/09/1931).

oiseaux aquatiques, spécialement les migrateurs venus d'Europe, dans la région du lac Édouard, au cœur du Parc national Albert. Appuyé par Derscheid, il met la photographie au service de sa discipline et publie à son retour *Parmi les bêtes de la brousse / Instantanés*, un ouvrage de clichés de terrain, complétés par des souvenirs personnels animés par la joie de vivre dans la nature. Selon lui, la photographie est « le plus beau, le plus passionnant et le plus fin des sports de plein air »[513] et représente « la chasse la plus riche en émotions, en succès, en souvenirs »[514]. Le choix de ce procédé illustre également un nouveau mode d'approche où les animaux photographiés sont davantage respectés, alors qu'auparavant, des techniques et manœuvres souvent agressives visaient à obtenir le cliché d'animaux vivants, au risque de les tuer ensuite, ce qui se produisait dans de nombreux cas. Au contraire, Lippens tente l'approche à courte distance, avec patience et humilité, afin de ne pas déranger l'animal dans son cadre, de conserver son allure caractéristique propre, avant de se retirer sans utiliser l'arme à feu. Il reconnaît que, « bien souvent dans cette lutte, on est piteusement battu par l'incontestable supériorité que les animaux possèdent sur l'homme au point de vue de l'utilisation de leurs sens »[515]. De cette manière, Lippens, qui endosse pendant un an le rôle de conservateur adjoint du parc, plaide sincèrement pour la pratique de cette activité à celui qui « aime la nature et sait la préserver »[516], mais qui dispose également d'une bonne expérience des animaux sauvages, des qualités d'observateur attentif et chanceux, ainsi que d'un matériel technique portatif et maniable avec téléobjectifs. Devenu bourgmestre de la ville de Knokke en 1952, il poursuivra ses engagements pour la faune aviaire et sa passion pour la photographie en créant la réserve naturelle du Zwin, afin préserver ce biotope du danger que constitue, pour la faune et la flore de la région, l'essor du tourisme côtier.

---

[513] Lippens, L., « La photographie des animaux sauvages au Congo », in *BCZC*, n° 14/3, 1937, p. 67.

[514] Lippens, L., *Parmi les bêtes de la brousse / Instantanés*, Bruxelles, R. Dupriez, {1936}, p. 7.

[515] Lippens, L., « La photographie... », *op. cit.*, p. 69.

[516] Lippens, L., *Parmi les bêtes...*, *op. cit.*, p. 8.

Partie III
Marches vers la Conservation :
Hommes et Réseaux (1880–1930)

1. Contexte global : quelques clés de lecture

De manière générale, la conservation de la nature est une pratique inhérente à toute société humaine soucieuse de pérenniser de manière adéquate un environnement producteur de moyens de subsistance, d'échanges et de bien-être et qui forme un cadre référentiel à des pratiques socioculturelles, des croyances et des spiritualités plurielles. Ses définitions et connotations varient donc en fonction des époques et des lieux, et indiquent aussi une multiplicité d'appréhensions et de concrétisations simultanées. Durant la période de colonisation généralisée de l'Europe dans l'Outre-mer, l'amalgame entre protection et conservation des sols, des flores et des faunes est courant. Pourtant, ces deux paradigmes de l'environnementalisme ont souvent été confusément utilisés alors qu'ils concernaient des idéologies différentes, voire divergentes, qui vont devenir l'une des controverses centrales du mouvement environnemental au 20e siècle[517]. Si la « préservation » s'articule autour d'une volonté historique de maintenir intacte une *Wilderness*, sans ou avec le minimum d'interférences humaines, et comporte également la vision romantique d'une nature spirituelle et divine, impliquant une défense et des principes moraux contre la modernité qui fait disparaître ses traces, la « conservation » est plus pragmatique et vise à offrir des réponses instrumentales – gestion rationnelle, technique des ressources, création d'agences gouvernementales en matière de pêche, de chasse, de forêt – à des problématiques locales de nuisance de l'environnement ou de perte d'écosystèmes particuliers. Celle-ci implique l'idée de la régénération d'un espace défini afin d'y (re)trouver l'équilibre entre les divers êtres vivants qui l'occupent. Émergeant à partir du 20e siècle, surtout par le truchement nord-américain et des personnalités comme Gifford Pinchot et Theodore Roosevelt, la conservation va former la base de la majorité des attitudes scientifiques, économiques et politiques nationales et

---

[517] Allaby, M., *The Concise Oxford Dictionary of Ecology*, Oxford, Oxford Univ. Press, 1994, p. 92.

supranationales à l'égard des environnements humains[518]. La définition adoptée en 1969 par l'Organisation des Nations Unies et l'Union internationale pour la Conservation de la Nature propose en effet qu'elle implique « the rational use of the environment to achieve the highest quality of living for mankind » et recouvre non seulement la protection des faunes et flores, mais englobe l'ensemble de tous les écosystèmes de la planète, y compris les sols et sous-sols, mais aussi l'air, l'énergie et les êtres humains. Cette plus large acception répond ainsi aux préoccupations de plus en plus insistantes par rapport à la détérioration internationale de la qualité des environnements naturels et, corollairement, à une prise de conscience plus générale de ses effets et de la volonté d'y répondre par des législations et des faits associatifs transnationaux. Dès le milieu du 19e siècle, et d'une manière de plus en plus évidente au 20e siècle, l'industrialisation, le développement des moyens techniques et des pollutions, l'enlaidissement des cadres de vie, la perte d'habitats naturels et d'espèces végétales et animales font progressivement ressentir avec plus d'acuité les antagonismes provoqués par les conséquences déjà évidentes des 2e et 3e révolutions industrielles.

1.1. En Europe occidentale

Sur le continent européen, la préoccupation d'assurer la reproduction des espèces destinées à être chassées et la nécessité de protéger les espaces forestiers constituent le fondement le plus ancien des politiques de protection et de conservation de la nature sauvage. Lois et règlements de régulation cynégétique et création de réserves de chasse visent à prévenir les destructions massives de gibier et à entretenir les privilèges royaux et de la noblesse dans des forêts et des zones définies à cet usage. Les traités de cynégétique et les manuels de vénerie témoignent de l'importance du maintien des races animales pour les besoins de leurs pratiques[519]. À partir du 16e siècle, des réserves forestières constituent des sources importantes de matières premières pour le chauffage et la métallurgie. Dans les Provinces-Unies, le Bois de la Haye est érigé en

---

[518] « Conservation of Natural Resources », in Wiener, Ph. (éd.), *Dictionary of the History of Ideas*, t. 1, New York, Charles Scribner's Sons, 1974, p. 471.

[519] Citons par exemple le *Manuel de Vénerie française*, rédigé en 1890 par Jean-Emmanuel-Hector Le Couteulx De Canteleu, ancien officier de cavalerie, lieutenant de louveterie de l'arrondissement des Andelys et éleveur (réédit., Édit. Pygmalion, 2000).

réserve par le prince d'Orange en 1576, tandis que sous Louis XIV, le ministre français Colbert édicte en 1669 une ordonnance forestière motivée par la constatation de destructions forestières et qui définit un plan général de gestion des terres applicable à tout le royaume. Au 18e siècle, des personnalités comme Henri Louis Duhamel du Monceau, grand commis de l'État, considéré comme l'un des pères de la sylviculture et de l'agronomie moderne, rédige un Traité des Bois et Forêts entre 1755 et 1768, où il propose, entre autres, des encouragements aux propriétaires terriens à investir dans cette ressource durable[520]. En Angleterre, Charles Waterton fonde en 1826 un sanctuaire pour les oiseaux dans sa propriété de Walton Park[521]. Le premier espace protégé tchèque est créé en 1838 et, vingt ans plus tard, l'empereur Napoléon III érige une partie de la forêt de Fontainebleau, près de Paris, érigée en première réserve naturelle en France[522].

Préoccupation avant tout économique, sociale ou esthétique, la protection de l'environnement se précise et évolue grâce aux connaissances en histoire naturelle, principalement en biologie, et aux informations désormais plus précises sur un environnement global observé par les voyages en outre-mer. Les descriptions naturalistes du 18e siècle alimentent une nouvelle préoccupation classificatoire des faunes, des flores et de leurs sols. Le naturaliste suédois Carl von Linné, père de la systématique moderne, introduit une classification philogénétique des espèces vivantes dans son *Systema Natura* (1735), ouvrage fondamental qui permet à Charles Darwin, un siècle plus tard, d'alimenter sa théorie de l'évolution des espèces. Linné ouvre également la voie à la compréhension écologique et à l'intérêt pour le destin des espèces sauvages. Les travaux du naturaliste français le comte de Buffon et du géographe allemand Alexander von Humboldt forment des étapes cruciales dans l'avancée de la conservation aux 18e et 19e siècles. Buffon, intendant du Jardin du roi à Paris en 1739, le transforme en centre de recherche et en musée où il se consacre entièrement à l'histoire naturelle. Dans son monumental

---

[520] Corvol-Dessert, A., « Naissance de Henri Louis Duhamel du Monceau », in *Célébrations nationales* (http://www.culture.gouv.fr/culture/actualites/celebrations2000/hlduhamel.htm).

[521] Blackburn, J., *Charles Waterton, 1782-1865: Conservationist and Traveller*, Londres, The Bodley Head, 1989.

[522] Mathis, Ch.-F., « Nation and Nature Preservation in France and England in the Nineteenth Century », in *Environment and History*, n° 20/1, février 2014, p. 9-39.

ouvrage, *Histoire naturelle, générale et particulière* (1749-1789), il propose une classification animale exhaustive, quoique basée sur la nature des rapports des animaux avec l'homme qu'il distingue en exploiteur ou en destructeur des ressources naturelles. Les études de Humboldt en sciences naturelles – physique, chimie et géologie – alimentée par son expédition sur le continent américain (1799-1804) lui permettent d'appréhender l'interaction des forces de la nature et les influences qu'exerce l'environnement géographique sur la vie végétale et animale. Il y perçoit l'unité et la prévalence d'une nature ordonnée mais variée et complexe, et décrit les communautés végétales tout en expliquant les processus naturels s'opérant sur elles et les effets des activités humaines.

Si le 19e siècle porte en lui l'ambition d'assujettir et de domestiquer l'environnement pour mieux l'exploiter, il opère néanmoins une prise de conscience grandissante de l'incompatibilité entre les progrès de l'industrialisation et le maintien intact des patrimoines naturels et de leurs ressources. L'essor des sciences naturelles et de l'exploration scientifique du monde, l'extension des empires coloniaux, tout comme les effets néfastes de la première révolution industrielle sur les espaces urbains et la découverte des paysages et sites remarquables poussent le monde occidental à s'intéresser davantage aux environnements naturels. Bien que cette « re-découverte » de la nature repose encore sur une vision avant tout anthropocentrique et esthétique, elle s'inscrit dans la foulée des réactions romantiques aux prétentions universalistes des Lumières. Aux sentiments provoqués par les pertes visibles des valeurs du passé, Marie Jean de Condorcet propose des réformes destinées à transformer la société moderne, alors que Thomas Malthus voit dans l'augmentation démographique du Vieux Continent une source d'abus anthropique sur l'environnement naturel. La révolution scientifique provoquée par les biologistes Jean-Baptiste de Lamarck et surtout Alfred R. Wallace et Charles Darwin par rapport aux mécanismes de l'évolution des organismes vivants s'adaptant à leur environnement propre discrédite les conceptions anthropocentriques antérieures, suggérant que l'homme est une espèce parmi d'autres et qu'il se distancie lui-même de la nature à son propre péril[523]. Cette théorie s'élabore au profit d'une conscience biocentrée, reconnaissant la parenté entre l'homme et la nature, et l'acceptation d'une responsabilité morale de protéger la terre de ses abus.

---

[523] Mc Cormick, J., *The global environmental Movement. Reclaiming Paradise*, Londres, Belhaven Press, 1989, p. 3.

Ces travaux conduisent Ernst Haeckel à proposer le terme « *écologie* » pour décrire le lien entre les organismes vivants et leurs environnements directs. Promoteur d'une vision moderne et laïque de la nature, ce concept évoluera en deux directions distinctes, l'une scientifique et écologique, l'autre philosophique et politique, consacrant la dépendance d'êtres humains par rapport à d'autres et la croyance dans le monisme qui considère l'humanité comme une partie d'une nature où règnent ordre et beauté[524].

Le souci de plus en plus explicite de sauvegarder les patrimoines nationaux menacés par les changements liés à l'industrialisation de l'environnement est une autre caractéristique du 19e siècle. Il débouche sur la volonté grandissante de protéger et préserver des sites culturels et naturels considérés comme remarquables et introduit la notion de « monument historique »[525]. Considérée dans sa globalité, la nature devient un patrimoine historique, une valeur du passé à préserver avant que la modernité ne la fasse disparaître. Ce mouvement concerne diverses portions de territoires urbains ou ruraux, des paysages sélectionnés visuellement pour leurs qualités pittoresques, alors qu'ils risquent de se voir dégrader par l'industrie, l'agriculture intensive et les risques de pollutions de l'air et de nuisances sonores. La mise en évidence des dangers encourus par l'environnement réveille une nostalgie pour l'harmonie et un ordre fondamentalement esthétique[526]. Une dialectique romantique entre la force du futur et les pertes du passé marque ainsi une fracture entre l'ancien et le nouveau[527]. À l'arrogance de la modernité, du progrès et de l'impérialisme répond le langage commun du repli sur soi et de la nostalgie du passé, exprimé sous diverses formes fluctuant entre nationalisme et parochialisme, entre agro-romantisme et préservationnisme, dans lesquels les sentiments de perte du passé tendent à être substitués par la redécouverte des traditions, basées, elles, sur l'invariable et le répétitif[528].

---

[524] Bramwell, A., *Ecology in the 20th Century. A History*, New Haven – Londres, Yale Univ. Press, 1989.

[525] *Ibid.*, p. 303.

[526] Delort, R. et Walter, F., *Histoire de l'environnement européen*, Paris, PUF, 2001, p. 304.

[527] Le Goff, J., *Histoire et mémoire*, Folio Histoire, Paris, Gallimard, 1988, p. 59.

[528] Voir à ce propos, Hobsbawm, E., « Introduction : Inventing Traditions », in Hobsbawm, E. et Ranger, T. (éd.), *The Invention of Tradition*, Cambridge, Cambridge Univ. Press, 1983, p. 1-14.

Les associations plus professionnelles et structurées de préservation des sites et des paysages se multiplient à cet effet. En Grande-Bretagne, le National Trust for Places of Historic Interest or Natural Beauty (1893) devient le symbole de l'effort entrepris par le gouvernement pour préserver les espaces ruraux et les beaux paysages pour l'agrément, particulièrement dans les communes urbaines accessibles aux travailleurs des villes industrielles, dans une période où la dépression économique de la décennie 1880 et la crise intellectuelle de l'ère post-darwinienne mettent à mal la croyance en la « Grande Providence » favorisée par l'industrie. Bien au contraire, cette source de puissance économique et politique est considérée comme destructrice de l'ordre moral et social, de la santé humaine, des valeurs traditionnelles, de l'environnement physique et des beautés naturelles[529]. De même, la Society for the Promotion of Nature Reserves (1912) est fondée afin de protéger la spécificité de l'héritage culturel (surtout) et naturel de la nation anglaise de la « standardisation » causée par le développement industriel afin de créer des réserves naturelles et de faire un inventaire national des sites à protéger, en mobilisant le public pour en supporter l'acquisition[530]. En France, une Société de la Protection des Paysages de France est créée en 1901, alors qu'en Allemagne et en Suisse s'organisent respectivement, en 1905, un Bund Deutscher Heimatschutz[531] et un Heimatschutz ou Ligue pour la Beauté. Leurs ambitions essentielles visent à conserver et protéger les paysages, urbains et champêtres, qui fondent le caractère national et particulier des provinces et des régions, tant du point de vue de leur constitution que de celui de leurs habitants, humains, animaux ou végétaux ou, encore, de celui de leurs manifestations populaires et de leur folklore[532]. L'influence germanique s'étendra à toute l'Europe, notamment par le biais des congrès internationaux de Paris en 1909 et de Stuttgart en 1912 où les représentants traiteront abondamment de la législation sur

---

[529] Mc Cormick, J., *op. cit.*, p. 5-6.
[530] Allen, D. E., *The Naturalist in Britain: A Social History*, Londres, Allen Lane – Penguin Book, 1976.
[531] Concept forgé par le biologiste Ernst Rudorff dans les années 1880, dont l'expression est sans équivalent en langue française, et que l'on pourrait traduire par « protection du patrimoine ».
[532] *Comptes rendus du Premier Congrès international pour la Protection des Paysages*, Paris, 1909, p. 72 ; voir aussi Le Dinh, D., *Le Heimatschutz, une ligue pour la beauté. Esthétique et conscience culturelle au début du siècle en Suisse*, Histoire et Société Contemporaine, Lausanne, Antipodes, 1992, p. 87, 99).

la protection des sites[533] et marqueront leur volonté commune de faire voter, au niveau national, une loi très large englobant les « intérêts des sciences historiques, archéologiques et naturelles, de l'esthétique, ainsi que de l'agrément et de l'hygiène publique »[534] et de créer une Fédération internationale de toutes les Sociétés pour la Préservation des Richesses naturelles et régionales.

Le développement – parallèle à la préservation du patrimoine esthétique et culturel – d'un courant de conservation du patrimoine naturel s'explique par la participation de l'Europe, des continents nord-américain et asiatique à la deuxième révolution industrielle qui produit partout les mêmes effets de pollution et de dégradation de l'environnement. Cette révolution constitue un « véritable phénomène de civilisation aux dimensions de la terre » causant « une crise générale de l'écosystème planétaire »[535].

L'observation des détériorations à l'échelle internationale n'explique pas à elle seule la montée en puissance de politiques en faveur de la protection de la faune. Une sensibilité contre la chasse et l'utilisation de la cruauté envers les animaux démontre une transformation des rapports entre l'homme et l'animal, alimenté par une collusion entre la vague romantique et les études en histoire naturelle[536]. La Society for Prevention of Cruelty to Animals (1924) résume à elle seule les combats consacrés au bien-être de l'animal, qu'il soit proche de soi ou géographiquement éloigné. La dénonciation de la capture et de la mise à mort, par exemple, d'oiseaux exotiques pour leurs plumages afin de répondre à l'industrie de la mode provoque la création de plusieurs sociétés et ligues de protection comme la Plumage League (1885), la Society for the Protection of Birds (1891) ou la Fur, Fin and Feather Folk (1889). Tout comme en Grande-Bretagne, l'Allemagne et l'Autriche-Hongrie voient émerger des organisations politiquement actives qui se prononcent notamment pour une protection internationale des oiseaux sauvages. Principalement envisagée dans un but utilitaire, la protection des oiseaux veut éviter les

---

[533] Delort, R. et Walter, F., *op. cit.*, p. 305.
[534] *Premier Congrès international pour la Protection des Paysages*, Paris, 1909.
[535] Walter, F., *Les Suisses et l'environnement. Une histoire du rapport à la nature du 18e siècle à nos jours*, Genève, Zoé, 1990, p. 14.
[536] Thomas, K., *Man and the Natural World : Changing Attitudes in England, 1500-1800*, Londres, Allen Lane, 1983, p. 15.

ravages par les insectes des champs et forêts[537], tandis que des groupements réunissant agriculteurs et forestiers s'opposent également à l'arrivée de plumes provenant des territoires coloniaux.

Les milieux scientifiques, spécialistes des faunes et flores, apportent également progressivement leur expertise auprès des associations et s'organisent pour promouvoir la protection et la conservation de la nature. En Grande-Bretagne, ils deviennent membres actifs de sociétés nationales telles que la Society for the Promotion of Nature Reserves (1912) et la Royal Society for the Protection of Birds (1889), rejointe en 1903 par la Society for the Preservation of Wild Fauna of the Empire, fondée par Edward North Buxton, à la suite de rumeurs alarmistes à propos de la fermeture d'une réserve de gibier au Soudan[538]. En France, la Société impériale zoologique d'Acclimatation, fondée en 1854 par le zoologiste Isidore Geoffroy de Saint-Hilaire, professeur au Muséum national d'histoire naturelle à Paris, oriente résolument ses activités vers la protection de la nature ; sous la présidence d'Edmond Perrier[539], directeur du Muséum, elle s'exprime sur les dangers que la surexploitation des ressources naturelles et la surpopulation font peser sur les écosystèmes du monde entier[540]. Avant la Première Guerre mondiale, de nombreuses initiatives nationales se concrétisent par la création de Parcs nationaux et de réserves analogues, l'établissement de lois sur la protection des sites et monuments naturels, l'organisation de Sections locales et d'associations pour la protection de la nature[541]. En Suisse, la Société suisse des sciences naturelles lance en 1906 une Schweizerich Naturschutzkommission instituée à Bâle par le zoologiste Paul Sarasin dont l'objectif principal est l'établissement d'un Parc national où les animaux et les végétaux

---

[537] Holdgate, M., *The Green Web. A Union for World Conservation*, IUCN, Londres, Earthscan Publications, 1999, p. 6.

[538] Fitter, R. et Scott, P., *The Penitent Butchers. The Fauna Preservation Society 1903-1978*, Londres, Collins, 1978, p. 8.

[539] Osborne, M., « La Brebis égarée du Muséum : la Société zoologique d'acclimtation entre la guerre franco-prusienne et la Grande Guerre », in Blanckaert, C. et alii (coord.), *Le Museum…, op. cit.*, p. 137-152.

[540] Jouanin, C., *Historique de la Société nationale de Protection de la Nature (SNPN)*, www.spnp.com/historique.html, p. 1.

[541] Voir pour plus de détails, de Clermont, R., « Évolution et réglementation de la Protection de la Nature », in *Deuxième Congrès international pour la Protection de la Nature*, Paris, 30 juin – 4 juillet 1931, p. 340-349.

pourraient se développer librement sans intervention humaine[542]. Ce projet est relayé dès 1909 auprès du grand public par la Schweizerich Bund für Naturschutz[543]. Aux Pays-Bas, la Vereening tot Behoud van Natuurmonumenten in Nederland, représentée par Pieter Gerbrand van Tienhoven, réunit en 1905 des fonds pour créer d'importantes réserves privées[544].

1.2. Dans l'espace nord-américain

Bien que le continent nord-américain offre de nombreux parallèles avec l'Europe occidentale à propos de l'intérêt pour l'histoire naturelle et de l'influence du courant romantique sur une nouvelle sensibilité à la noble beauté de la nature sauvage, il se distingue cependant par le rôle central et complexe de l'environnement dans la formation de son identité nationale. Celui-ci est à la fois symbole de liberté, reflet de la création divine et vestige intact du passé du continent qui façonne les pionniers immigrants venus d'Europe et les transforme en citoyens[545]. Si les paysages grandioses deviennent une source majeure d'inspiration pour les écrivains, philosophes et voyageurs qui prônent la préservation des sites et de leurs habitants et dénoncent les conséquences des peuplements humains sur certains écosystèmes, tout comme la disparition des Indiens et des bisons, d'autres environnements sont perçus comme une barrière à l'avancée des pionniers et une menace en matière de sécurité, de ressources alimentaires et d'installation définitive. Dès la seconde moitié du 19ᵉ siècle, deux principaux courants divergents se développent. Représenté par des figures centrales telles que Ralph Waldo Emerson, Henry David Thoreau et John Muir, le mouvement préservationniste cherche à défendre la nature sauvage de toutes influences externes, à l'exception des fins récréatives et éducatives. Cette « philosophie » de la nature, où

---

[542] Barbey, A., « Le Parc national suisse, son rôle, son organisation, son intérêt scientifique », in *Contribution à l'étude des réserves naturelles et des parcs nationaux*, Mémoires de la Société de Biogéographie, Paris, P. Lechevalier, 1937, p. 106.

[543] Walter, F., *Les Suisses et l'environnement, op. cit.*

[544] Pelzers, E., « Geschiedenis van de Nederlandse Commissie voor Internationale Natuurbescherming, de Stichting tot Internationale Natuurbescherming en het Office international pour la Protection de la Nature », in *Nederlandsche Commissie voor Internationale Natuurbescherming, Mededelingen*, n° 29, 1994, p. 14.

[545] Larrère, C., *Les philosophies de l'environnement*, Paris, PUF, 1997, p. 5-17.

émerge l'engagement volontaire de l'homme de quitter les villes pour la solitude d'une nature unifiée et mystique et dans laquelle il peut déployer son intuition individuelle qui est la source principale du savoir, devient le leitmotiv de ce mouvement. Champion de cet individualisme prôné par Emerson, Thoreau l'expérimente dans une vie solitaire menée en harmonie avec la nature et décrite dans *Walden* (1854), son ouvrage phare qui défend la primauté de l'esprit libre et humain sur le matérialisme et le conformisme social. En 1858, il lance un appel à la création de Parcs nationaux où la nature sauvage pourrait être préservée[546] et qui manifeste une nette propension à définir une culture de la nature comme élément de l'identité nationale[547]. Fondateur du Sierra Club en 1892, une puissante association californienne de défense de l'environnement qui va notamment protéger des envahissements industriels la forêt de la Yosemite Valley – devenue en 1864, tout comme la futaie de Mariposa, une réserve nationale pour l'usage, la détente et la récréation publique – le calviniste John Muir prolonge la tradition arcadienne de Thoreau et revendique la préservation de grands espaces naturels en tant que création divine, source d'enrichissement spirituel et de ressourcement physique pour l'homme[548]. La création du Yellowstone National Park dans l'État du Wyoming en 1872, sous la présidence d'Ulysse Grant[549], pour l'agrément des générations présentes et futures tient autant de la tradition de Thoreau que d'une volonté scientifique d'y garantir à la fois la sauvegarde de ses richesses minéralogiques rares et la beauté d'un site spectaculaire[550]. Grâce à la création du parc, cette région volcanique devient un espace préservé, propriété inaliénable de l'État, soustraite à toutes tentatives futures de colonisation et d'exploitations privées[551].

---

[546] Worster, D., *Nature's Economy, op. cit.*, p. 61-88; Dasmann, R. F., « Conservation of Natural Ressources », in Wiener, P. P. (éd.), *The Dictionary of the History of Idea*, n° 1, New York, Charles Scribner's Sons, 1973-1974, p. 474.

[547] Specq, F., « Henry D. Thoreau et la naissance de l'idée de Parc national », in *Écologie & Politique*, n° 36, 2008, p. 29-40.

[548] Dasmann, R. F., « Conservation of Natural Ressources », in Wiener, P. P. (éd.), *op. cit.*, p. 475.

[549] Nash, R., « The Invention of National Parks », in *American Quarterly*, n° 22, 1970, p. 726-735.

[550] Leclercq, J., « Histoire de la Yellowstone National Park (La Terre des Merveilles) », in *MG*, 13/12/1885, p. 107-108.

[551] Sellars, R. W., « Science or Scenery ? A conflict of values in the National Parks », in *Wilderness*, été 1989, p. 28-39.

Le second mouvement, conservationniste, vise, quant à lui, à exploiter les ressources naturelles de manière rationnelle et prolongée, et est considéré comme l'une des contributions américaines majeures aux réformes internationales en faveur de la conservation de la nature[552]. Développé d'abord en parallèle au courant préservationniste, il le dépasse ensuite durant la période qui voit culminer plusieurs décennies de pillage des ressources naturelles[553]. Le juriste, homme d'affaires et politicien George Perkins Marsh est l'une de ces personnalités émergentes qui, s'il reprend à son compte l'idée de Thoreau de responsabilité et d'obligation morales de l'homme envers la nature, y ajoute une contribution scientifique et compréhensive de l'impact humain sur le monde naturel, notamment les conséquences de la déforestation. Au mésusage des ressources naturelles qui conduit à la « sauvagerie » répond une gestion rationnelle de celles-ci, indice de « civilisation » réalisée par l'« homme social »[554] et qui entraîne la paix, le bien-être et la productivité. Considéré aujourd'hui comme le premier argument « écologique » en faveur de la conservation de la

---

[552] Il faut cependant tempérer cette affirmation par le fait que le mouvement fut à son tour la résultante de diverses influences européennes. Pour ne citer qu'un exemple révélateur, prenons celui de Gifford Pinchot, maître d'œuvre du mouvement américain en matière de conservation, qui étudia la foresterie en Europe et revint aux États-Unis avec l'idée d'une protection liée à une gestion forestière permettant d'obtenir des rendements soutenus. Les pays nordiques possédaient aussi de longues traditions dans le domaine. De même, plusieurs forestiers allemands exportèrent leurs connaissances et expériences à l'étranger, notamment dans les colonies anglaises de l'Inde, comme ce fut le cas de Dietrich Brandis, superintendant forestier dans la Province du Lower Burma mais également aux États-Unis où Bernhard Fernow dirigea, dès 1886, la gestion forestière gouvernementale.

[553] Voir l'ouvrage plus ancien mais toujours fondateur de Nash, R., *The American Environment : Readings in the History of Conservation*, Reading, Addison-Wesley Pub. Co., 1968.

[554] Voici comment Marsch définit l'homme social, par opposition au « sauvage »: « The arts of the savage are the arts of destruction ; he desolates the region he inhabits, his life is a warfare of extermination, a series of hostilities against nature or his fellow man… Civilization, on the contrary, is at once the mother and the fruit of peace. Social man repays to the earth all that he reaps from her bosom, and her fruitfulness increases with the numbers of civilized beings who draw their nutriment and clothing from the stores of her abundant harvests…Savage man then is the universal foe, both his own kind and all inferior organized existences, an incarnation of the evil principe of productive nature. Civilization transforms him into a beneficent, a fructifying, and a protective influence, and makes him the monarch, not the tyrant, of the organic creation » (Marsh, G. P., in *Speech to agricultural society of Rutland County*, Vermont, 1848)

nature[555], son ouvrage *Man and Nature* (1864) ne connaît alors que peu d'échos. La destruction des ressources, encouragée à la fois par la politique gouvernementale et les initiatives privées, s'accompagne alors de l'essor des colonies de peuplement sur tout le territoire. La nature est davantage perçue comme une force à vaincre qu'un héritage à protéger. Le mouvement prend cependant de l'ampleur en devenant l'une des expressions principales du mouvement politique progressiste[556] mené par le président Theodore Roosevelt entre 1901 et 1909. Celui-ci appuie fortement une organisation efficiente, rationnelle et scientifique des ressources naturelles et prône le rapprochement entre ses aspects utilitaires et éthiques. La conservation, vue essentiellement comme l'aménagement des ressources forestières et hydriques, devient ainsi matière de politique publique, renforcée par des campagnes de propagande et dirigée sur le terrain par des professionnels scientifiques et techniques, forestiers, hydrologues ou géologues, formés pour certains en Europe, et par la création d'une nouvelle école forestière à Yale. Le nom de Gifford Pinchot est étroitement associé au mouvement et à son impact politique en tant qu'idéologue d'une conservation progressiste et Chief Forester de l'US Forest Service dès 1905. Dans son autobiographie intitulée *Breaking New Ground*, il définit la conservation comme « the fundamental material policy in human civilization »[557], selon trois principes essentiels : l'usage des ressources existantes pour la génération actuelle, la prévention du gaspillage, et le développement des ressources naturelles au profit de tous et non de quelques-uns. Le programme d'exploitation forestière de Pinchot, qui prévoit l'accroissement d'aires destinées aux forêts nationales et leur ouverture réglementée, sert d'argument pour organiser un « game management » de la faune sauvage, basé sur une répartition territoriale de refuges et de réserves à gibier où les espèces peuvent survivre à l'impact de la civilisation et se reproduire en toute tranquillité, ainsi que de zones de chasse sportive réglementée[558]. Appuyant des préservationnistes comme Muir dans la création d'autres réserves naturelles, monuments et Parcs nationaux, le président Roosevelt fait de la politique de Pinchot le cheval

---

[555] Mumford, L., *The City in History*, New York, Harcourt, Brace & World, 1961.

[556] L'autre expression de sa politique progressiste fut la campagne réformiste de nettoyage politique, de régulations des corporations commerciales et de purification morale de la nation.

[557] Worster, D., *Nature's Economy. A History of Ecological Ideas, op. cit.*, p. 266-269.

[558] *Ibid.*, p. 261 et svtes.

de bataille de son mandat. En 1908, suite à la White House Conference on Conservation of Natural Resources réunissant les gouverneurs des États et les représentants d'une septantaine d'organisations nationales, la création d'une National Conservation Commission, présidée par Pinchot et composée de membres du Congrès, vise à réaliser l'inventaire de toutes les ressources du pays afin d'assurer une conservation dans l'intérêt de tous, car elle est, selon les termes de Roosevelt, « a great moral issue, for it involves the patriotic duty of insuring the safety and continuance of the nation »[559].

L'influence de Pinchot est aussi déterminante dans la propension présidentielle à amener cette matière sur le plan international, par le biais d'une première conférence mondiale prévue en septembre 1909 à La Haye, axée sur les « world resources and their inventory, conservation and wise utilization »[560], afin de chercher une solution théorique et pratique au problème de l'économie nationale et internationale et de préciser les actions à entreprendre pour conserver les richesses naturelles de chaque nation. La nomination du nouveau président,

W. F. Taft, et l'écartement par ce dernier de Pinchot de la National Conservation Commission font avorter ce projet.

1.3. Internationalisation du mouvement

Dans le programme de Roosevelt de 1908, la volonté de protéger les oiseaux n'est sans doute pas innocente. Un noyau actif d'ornithologues s'était mobilisé en Europe[561] à l'issue du Congrès de l'Agriculture de 1873 à Vienne où avait été émise l'idée d'une convention internationale pour protéger les animaux utiles pour la foresterie et l'agriculture[562]. Ceux-ci marquent la volonté d'unir leurs efforts individuels en organisant plusieurs congrès internationaux où s'élaborent des conventions dans

---

[559] *Republicans for Environmental Protection (REP). Teddy Roosevelt on Conservation. Compilation of statements by President Theodore Roosevelt, 1858-1919.* Note provided to MWH by Jeffrey A. McNeely (in Holdgate, M., *The Green Web, op. cit.*, p. 26.)
[560] Holdgate, M., *The Green Web, op. cit.*, p. 11.
[561] Nicholson, M., *The New Environmental Age*, Cambridge, Cambridge Univ. Press, 1987, p. 29.
[562] Liamine, N., *L'Union internationale pour la Conservation de la Nature et de ses Ressources, 1948-1988*, Mémoire de maîtrise, UER d'Histoire, Univ. Paris-Nanterre, 1989, p. 23.

lesquelles la protection des oiseaux « utiles », surtout les oiseaux migrateurs, constitue une question centrale. Tandis qu'une Première Conférence pour la Protection des Oiseaux (Paris, 1895) réalise un classement des espèces utiles, sauvages et nuisibles, selon une perspective agricole, et qu'en 1902, une Convention internationale pour la Protection des Oiseaux utiles est ratifiée par douze pays européens, les Congrès ornithologiques (Budapest, 1891 ; Paris, 1900 ; Londres, 1905) approfondissent cette question et déterminent les principales espèces à protéger, notamment les pingouins de l'Antarctique (1905). En 1910, le Cinquième Congrès ornithologique à Berlin décide d'établir une organisation permanente pour la protection des oiseaux ; celle-ci ne sera fondée que douze ans plus tard, à la suite de la Conference for the Protection of Birds à Londres (1922) par l'Américain T. Gilbert Pearson, sous la dénomination d'« International Committee for Bird Preservation » (ICBP). Comptant vingt-sept pays membres en 1928, elle demeurera la seule organisation de conservation globale de la nature jusqu'à la création de l'Union Internationale pour la Protection de la Nature (IUPN) en 1948.

À l'instar des oiseaux, d'autres espèces animales reçoivent une attention grandissante, quoique plus limitée, et qui répond aux preuves évidentes de la disparition de certaines d'entre elles dans plusieurs régions d'Europe et dans ses colonies d'outre-mer, Afrique en tête. Les faits de chasse non réglementée au gros gibier et sa destruction par les installations de colons européens alarment les métropoles coloniales, Grande-Bretagne, Allemagne, France, Belgique et Portugal. La Conférence internationale pour la Protection des Animaux en Afrique tenue à Londres en 1900 offre une première réponse théorique à la question et, bien que jamais entrée en vigueur, ouvre la porte à l'instauration de nouvelles législations nationales en matière de réglementation de chasse, tout en stimulant la création d'associations, telles que la Society for Preservation of the Wild Fauna and Flora of the Empire en Angleterre en 1903. En 1901, le Congrès international de Zoologie qui se tient à Berlin adopte une résolution en faveur de la protection de tous les animaux non nuisibles, appartenant aux espèces les plus développées et menacées par l'extension de la civilisation[563].

Une collusion s'affirme également entre les préoccupations des scientifiques pour la préservation de certaines espèces et celles des

---

[563] Büttikoffer, J., *International Conference...*, *op. cit.*, p. 63.

personnalités issues du monde littéraire et artistique pour la préservation des sites et des paysages sur un plan international supportée par plusieurs ligues et associations nationales pour la sauvegarde des patrimoines monumentaux et naturels. En 1905, le Congrès d'Art public de Liège défend la responsabilité des pouvoirs publics sur la conservation des monuments naturels, des paysages et des sites à caractère artistique, scientifique, historique ou légendaire, sur base du rapport[564] de l'ingénieur agronome français Raoul de Clermont, et propose une internationalisation de la législation sur base de travaux de Commissions nationales composées de délégués de toutes les associations intéressées. Dans la foulée, le premier Congrès international pour la Protection des Paysages (Paris, 1909) incite à créer une fédération internationale de toutes les sociétés pour la préservation des richesses naturelles et régionales qui se base sur le programme de conservation des ressources naturelles proposé par Pinchot et Roosevelt, mais combiné, selon les vœux de la Société de la Protection des Paysages de France, à celui du Heimatschutz suisse, davantage axé sur la sauvegarde et la valorisation d'un patrimoine national[565]. Elle combine, de manière explicite, les ambitions des conservationnistes et des préservationnistes selon lesquelles les faunes sauvages d'Europe ne sont plus seulement considérées comme des matières premières, destinées à être gérées de manière rationnelle, mais aussi comme des « monuments naturels » qui font partie des paysages et méritent, par conséquent, d'être sauvegardées, *a fortiori*, en ce qui concerne les espèces rares et en voie de disparition[566].

Un appel urgent à une coopération supranationale plus forte et plus structurée en matière de sauvegarde des biotopes menacés est lancé lors du Huitième Congrès international de Zoologie (Graz, 1910) par le zoologiste suisse Paul Sarasin, fondateur, avec son cousin Fritz, de la Ligue suisse pour la protection de la nature. Cette coopération pourrait,

---

[564] De Clermont, R., Rapport en annexe au *Bulletin de l'Association littéraire et artistique internationale*, n° 19, sept. 1905. Celui-ci apporte également ses vœux de voir créer des parcs nationaux destinés à sauver de la destruction les animaux, les plantes et les minéraux nationaux et de voir instaurer par l'État des Commissions de classement d'arbres et de sites forestiers (de Clermont, R., « Évolution et réglementation de la Protection de la Nature », in *Premier Congrès international pour la Protection de la Nature, Sites et Monuments naturels*, Paris, 31 mai-2 juin 1923, p. 343-344).

[565] *Comptes rendus du Premier Congrès pour la Protection des Paysages*, Paris, 1909, p. 72.

[566] Ternier, L., « Le paysage et la protection de la flore et faune », in *Premier Congrès international pour la Protection des Paysages, op. cit.*

selon lui, répondre aux destructions dans de vastes zones géographiques (océans, déserts, steppes) et économiques pour autant qu'il y ait reconnaissance officielle des États participants. Sa proposition d'une Weltnaturschutzkommission chargée d'étendre la protection au monde entier, sur terre et sur mer, est admise à la Conférence internationale pour la Protection de la Nature du 19 novembre 1913 à Berne, où quatorze pays européens, plus la Russie, les États-Unis et l'Argentine ratifient la création d'une Commission consultative pour la Protection internationale de la Nature. Cet instrument à vocation internationale commence alors à dénoncer officiellement les destructions massives des faunes sauvages, celles des territoires colonisés en particulier, et propose des réponses qui se basent sur les recherches scientifiques les plus récentes. Parmi elles, l'élaboration d'une législation internationale[567] de protection du gros gibier terrestre africain dont les études démontrent qu'il ne véhicule pas les germes d'épizooties comme celui de la peste bovine qui a déterminé une politique d'extermination du buffle dans les régions à tsé-tsé. Une autre réponse concerne la création de grandes « réserves complètes ou totales » qui se distinguent des réserves américaines telles que le Yellowstone et des réserves « partielles » africaines qui n'abritent que certaines espèces déterminées d'animaux et de plantes. Contrairement à celles-ci, créées dans un but « récréatif », les réserves scientifiques de Sarasin se pensent plutôt comme des conservatoires naturels dans lesquels « la biocénose primitive des animaux qui s'y trouvent est complètement rétablie ».

---

[567] Les autres propositions concernent l'élaboration d'une législation cynégétique supranationale pour protéger la faune marine ; la mise sur pied d'une législation internationale de protection de plusieurs espèces menacées d'extermination (le gros gibier terrestre africain et américain, l'orang-outan de Java, les mammifères, marsupiaux et monotrèmes australiens); la nécessité d'une protection nationale et internationale des oiseaux et la création de réserves ornithologiques sur le modèle américain de l'Audubon Society ; la nécessité de protéger les « formes animales inférieures », telles que le boa et la salamandre géante, protégée au Japon grâce aux recherches et aux efforts du zoologiste Miyoshi ; la mise sur pied d'actions de protection internationale étendue aux plantes ; la sauvegarde des dernières « peuplades primitives », avec le souci de les « conserver aussi intactes que possibles pour nos descendants » dans un intérêt scientifique et de créer des réserves pour contenir les « Weddas à Ceylan, les Andaman aux Indes Britanniques, les Boshiman en Afrique du Sud, les Indiens en Amérique du Nord, les indigènes de la Terre de Feu et de la Sibérie arctique et les Esquimaux du Groenland » (Sarasin, P., « Introduction », in *Recueil des Procès-verbaux de la Conférence Iinternationale pour la Protection de la Nature*, Berne, 1913, p. 33 et svtes)

Le continent africain colonisé, surtout, possède des arguments solides pour développer cette vocation. L'accusation envers l'« homme blanc moderne » qui détruit ses faunes pour rentabiliser l'entreprise coloniale révèle une critique véhémente de ce système, tandis que l'exercice de la chasse par les populations locales est considéré comme en harmonie avec la nature. Outre cette critique envers la colonisation, la volonté de maintenir intactes des entités biogéographiques servant à la fois de témoignages pour les générations futures, de laboratoires scientifiques et de vestiges d'un passé révolu, s'inscrit en réaction à l'effervescence et aux bouleversements produits de manière globale par l'exploitation des ressources à des fins économiques et par le développement de zones à fortes densités humaines. Aux vues anthropocentrées proposées jusqu'ici, la vision biocentrée de Sarasin est tournée vers l'idée de réserver partout dans le monde des espaces dénués de toutes interférences et dévoués au retour harmonieux des espèces naturelles et d'une biocénose stable[568].

Interrompue par la Première Guerre mondiale, la Commission consultative voit ralentir les premiers élans de concertation internationale non gouvernementale. À la fin de la guerre, tandis que les propositions de Sarasin sont rejetées par le Conseil fédéral suisse, elles sont reprises par l'un des grands promoteurs de la protection internationale de la nature, le Hollandais Pieter-Gerbrand van Tienhoven, actif dans le mouvement de conservation de la nature depuis 1905 et le fondateur de la Nederlandse Commissie voor Internationale Natuurbescherming en 1925[569]. Cet organe,

---

[568] Terme introduit par le zoologiste allemand Karl Möbius dans son ouvrage *Die Auster und die Austernwirtschaft* (Berlin 1877), qui constitue une enquête géographique sur les possibilités d'introduction de l'ostréiculture et la mytiliculture sur les côtes allemandes du Scheslwig-Holstein après une mission en France. Il y désigna le terme de biocénose qui, se basant sur la théorisation de ses observations de terrain, prend en compte, non seulement le taux de fécondité d'une espèce, mais aussi « *l'ensemble des autres espèces qui vivent dans le même milieu, qui s'en nourrissent ou lui font concurrence* », ce qui explique l'abondance ou la raréfaction d'une espèce. Cette terminologie, remplacée parfois par ses équivalents allemand (*Lebensgemeinschaft*) et anglais (*biotic community*), fut adoptée au début du 20e siècle et triompha durant l'entre-deux-guerres, avant d'être supplantée par le concept d'« écosystème » (Drouin, J.-M., *L'écologie et son histoire. Réinventer la nature*, Paris, Flammarion, 1993, p. 88 et « Histoire du concept d'écosystème », in Giordan, A., *Histoire de la biologie*, t. 1, Paris, Lavoisier, 1987, p. 199-242).

[569] Pelzers, E., « Notice biographique de P.-G. van Tienhoven », in *Biografisch Woordenboek van Nederland*, t. 4, Den Haag, 1994, p. 5-13.

particulièrement actif, stimule la législation et la création de Parcs nationaux et réserves naturelles aux Indes néerlandaises, collecte et fournit des données relatives aux espèces en danger à d'autres associations étrangères. Des personnalités influentes issues du monde des sciences, de la politique, des affaires et des voyageurs, forment un groupe de pression pour relancer l'idée d'une conservation de la nature au niveau international. De façon moins ambitieuse cependant, une collaboration et une coopération permanente est amorcée entre les Pays-Bas, la France et la Belgique par la création, en 1925 et 1926, de trois Comités nationaux (la Nederlandse Commissie voor Internationale Natuurbescherming, le Comité Français Permanent pour la Protection de la Faune Coloniale et le Comité Belge pour la Protection de la Nature) sur base du modèle britannique du British Correlating Committee for the Protection of Nature, établi en 1924 sous les auspices de la Society for the Promotion of Nature Reserves (SPNR) et qui rassemble des personnalités diverses issues de multiples organisations de protection de la nature[570]. L'objectif est d'obtenir de la part de leurs gouvernements respectifs des dispositions légales nécessaires à la réalisation d'une protection internationale de la nature, pour répondre au développement de phénomènes de dégradation des faunes et de leurs habitats (chasse aux baleines et aux oiseaux migrateurs, destructions forestières, exportation d'ivoire, pollution des eaux et menace pétrolière en mer du Nord). Sur leur proposition, l'Union internationale des Sciences biologiques, institution groupant les académies scientifiques de dix pays européens, reprend les projets esquissés à Berne par Sarasin et vote, en 1928, l'établissement d'un Office international de Documentation et de Corrélation pour la Protection de la Nature (OIPN), destiné à devenir le point d'appui du mouvement international pour la défense de la nature[571]. La tâche principale de cet office est de résoudre le manque de communication et de coordination entre les centaines d'institutions, de sociétés et de personnalités qui s'intéressent, d'une manière ou d'une autre, à cette problématique.

De même, le Premier Congrès international pour la Protection de la Nature, Sites et Monuments naturels (Paris, 1923) voit converger la

---

[570] Holdgate, M., *op. cit.*, p. 12.
[571] *L'Office international pour la Protection de la Nature. Ses origines, son programme, son organisation*, 1931, p. 7.

tendance de la protection de la nature et celle de la protection des sites et monuments naturels sur une échelle globale[572], et le Deuxième Congrès international pour la Protection de la Nature[573] (Paris, 1931) présente le résultat des actions entreprises en ce sens par les États européens pour la décennie de 1920[574]. Si des avancées sont réalisées dans les colonies pour protéger certaines espèces menacées (rhinocéros blanc, gorille, éland de Derby et éléphant) par une adaptation des législations cynégétiques et la création de réserves et de Parcs nationaux, les moyens de destruction (armes à feu sophistiquées, chasses sportives, abattages intempestifs pour raison de déprédations et d'épizooties) demeurent une crainte justifiée des congressistes, dont Henri Schouteden, représentant officiel du gouvernement belge, Edmond Leplae, directeur général de l'Agriculture au ministère des Colonies et Édouard Dupont. Le Congrès témoigne aussi des collaborations étroites entretenues entre l'Office international pour la Protection de la Nature et le Comité international pour la Protection des Oiseaux (CIPO), ainsi que de l'essor de nombreuses sociétés au cadre géographique étendu[575]. Les vœux du Congrès portent en particulier sur le rôle accru de l'OIPN et son soutien par les gouvernements nationaux et, notamment, le développement d'une propagande en faveur de la protection de l'environnement, une réglementation plus stricte en matière de chasse et des statistiques transparentes sur les récoltes d'ivoire et de cornes de rhinocéros. Une attention particulière est accordée à la protection des sites et des paysages, ainsi qu'à une collaboration internationale dans les Parcs nationaux installés en zones frontalières et

---

[572] Larabi, Y., Daskiewicz, P. et Blandin, P., « 80ᵉ aniversaire du Premier Congrès pour la Protection de la nature, faune et flore, sites et monuments naturels. Hommage à Raoul de Clermont (1863-1942) », in *Courrier de l'environnement de l'INRA*, n° 52, sept. 2004.

[573] *Deuxième Congrès international pour la Protection de la Nature, Paris, 30 juin – 4 juillet 1931*, Paris, Société d'Éditions géographiques, maritimes et coloniales, 1932.

[574] Voir, pour plus de détails, le rapport de l'ingénieur agronome Raoul de Clermont, sur les faits principaux qui ont marqué, dans divers pays européens, les étapes successives en matière de protection de la nature : « Évolution et réglementation de la Protection de la Nature », in *Deuxième Congrès international pour la Protection de la Nature*, Paris, 30 juin – 4 juillet 1931, p. 340-349.

[575] Parmi elles, la Society for the Preservation of the Fauna of Empire, le Standing Committee for the Protection of Nature in and around the Pacific, le Conseil international de la Chasse, l'Association internationale pour la Conservation du Bison d'Europe, le Conseil international pour la Conservation des Baleines ou la Commission pour la protection de la Faune sud-américaine.

à l'établissement de réserves destinées à juguler les effets néfastes de l'industrie, de l'agriculture et du commerce. Le résultat le plus évident de cette rencontre internationale est la volonté d'assigner aux États un rôle de garant de la préservation de leurs beautés pittoresques et des aspects naturels les plus « primitif », en prenant des mesures adéquates de protection et en s'abstenant d'y porter eux-mêmes atteinte, et tout ceci au profit de l'ensemble de la population et pour les générations futures.

2. De la Belgique au Congo

Au cœur de l'Europe et des nouveaux enjeux en matière de conservation de l'environnement, la Belgique assimile, dans un premier temps, le courant de la protection des paysages et des sites à vocation esthétique, avant celui de conservation de la nature préconisée par des scientifiques. Ces deux idéologies vont ensuite fusionner grâce à l'intervention de personnalités artistiques, politiques et scientifiques, conscientes de l'importance du renforcement mutuel de l'une par l'autre. Sur un autre plan, l'émergence rapide de la notion de « réserves naturelles » est, par contre, l'une des particularités belges à souligner.

2.1 Des activistes précurseurs

Les premières considérations sur la protection de la nature en Belgique sont avant tout esthétiques et régionalistes, en réaction à la défiguration de certains paysages par le développement de l'industrialisation et de l'économie. Le journaliste et écrivain Jean Dommartin, plus connu sous le pseudonyme de Jean d'Ardenne mène les premières campagnes en faveur de la préservation des sites remarquables de la région dont il est originaire et de son tourisme esthétique. Il édite en 1885 un *Guide du Touriste en Ardennes*. Ses actions et ses écrits attirent de nombreux collaborateurs, comme le journaliste et romancier d'origine française Léon Souguenet, directeur du *Journal de Liège*. Ensemble, ils réunissent à leur cause des écrivains et peintres comme Camille Lemonnier, Maurice des Ombiaux, Charles Picard, Edmond Rahir, Louis Piérard, Auguste Émile Berchmans et Richard Heintz, mais également des hommes politiques tels que Henri Carton de Wiart, l'un des premiers et principaux défenseurs des sites locaux, Charles Buls, Émile de Munck, et des scientifiques comme Jean Massart, Ch. Bommer ou Léon Frédéricq.

Durant la première décennie du 20e siècle, cette préoccupation esthétique et régionaliste va être relayée par le monde politique qui l'étend au cadre national. La conservation des paysages en Belgique fait l'objet d'une première proposition de loi de Jules Destrée en séance à la

Chambre du 30 juin 1905, afin que le gouvernement s'engage à consacrer et à faire respecter les beautés naturelles du sol national[576]. La même année, le Congrès d'Art public à Liège défend le principe de conservation légale par l'État de la beauté d'un paysage ou d'un site naturel. Sur base du rapport du Français Raoul de Clermont sur la protection des monuments du passé, des paysages et des sites[577], le Congrès demande l'internationalisation de la législation sur la conservation des monuments du passé, des paysages et des sites, sur base de travaux de Commissions nationales. Il élargit également ses préoccupations à la protection de la nature, en émettant le souhait de voir créer des Parcs nationaux destinés à sauver de la destruction les animaux, les plantes et les minéraux particuliers au pays. Il recommande en particulier l'instauration de Commissions de classement d'arbres et de sites forestiers par les pouvoirs publics[578]. En 1905, au Congrès wallon, Charles Didier préconise la constitution d'un Parc national dans la vallée de l'Amblève. Une Ligue des Amis des Arbres est également fondée en 1905, qui compte parmi ses membres le précurseur de la défense des sites en Belgique, Jean Dommartin. Le peintre, archéologue et géologue Émile de Munck, membre de la Commission royale des Monuments, joue également un rôle décisif dans la reconnaissance de la protection des sites naturels par l'État belge. Représentant belge de la Commission au Congrès International pour la Protection des Paysages (Paris, 1909), de Munck propose la création en Belgique d'une section des Sites au sein de la Commission royale des Monuments, qui serait chargée de veiller à la protection des sites et objets offrant un intérêt artistique ou dans le domaine des sciences naturelles. Son projet obtient, le 12 août 1911, l'assentiment de la Chambre qui dote la Commission royale des Monuments d'une section des Sites, considérant la nécessité de cette action

> dans un intérêt esthétique, de mettre les beautés naturelles du pays, ses sites et ses paysages pittoresques à l'abri de la dégradation [et] dans un intérêt scientifique, d'assurer la conservation, dans quelques localités particulièrement intéressantes, de l'aspect primitif du sol, de ses particularités géologiques, des

---

[576] *Comptes rendus du Premier Congrès international pour la Protection des Paysages*, 17-20 octobre 1909, Paris, 1909, p. 61.

[577] De Clermont, R., Rapport, in annexe au *Bulletin de l'Association littéraire et artistique internationale*, n° 19, sept. 1905.

[578] De Clermont, R., « Évolution et réglementation de la Protection de la Nature », in *Premier Congrès international...*, *op. cit.*, p. 343-344.

plantes et des animaux indigènes d'espèces rares ou caractéristiques, ainsi que des vestiges de la préhistoire[579].

La Commission se voit ainsi assigner une nouvelle mission de sauvegarde des sites naturels, envisagés cette fois plus spécifiquement au point de vue esthétique, et qui s'inscrit dans le cadre de la préservation d'un « patrimoine artistique de la nation » contre tout acte de vandalisme, notamment en faveur des arbres. Cette tutelle étatique encourage alors des associations indépendantes de défense de la nature à se faire entendre. Tel est le cas de la Ligue des Amis de la Forêt de Soignes qui réclame le concours du public pour protéger le domaine boisé au sud de Bruxelles contre la destruction lente et systématique dont il fait souvent l'objet. Son président, le démocrate-chrétien bruxellois Henry Carton de Wiart, membre de la Commission à partir de 1912 et son futur président entre 1937 et 1958, devient l'un des défenseurs assidus pour la préservation de la forêt de Soignes[580] qu'il considère, lors de la séance à la Chambre du 2 juillet 1909, comme une « œuvre de la nature, {qui} vaut en beauté nos plus belles cathédrales et nos plus beaux beffrois »[581]. Tel est aussi le cas de la Vereeniging voor Natuur- en Stedenschoon, association menée par des intellectuels et des artistes régionalistes flamands (Amand de Lattin, Alfons van de Perre, Lode Baeckelman et Ary Delen), qui va notamment défendre la région boisée de Kalmthout, près d'Anvers, contre des plans de promotion immobilière[582].

2.2. Promotion scientifique et réserves naturelles

Bientôt, un mouvement scientifique s'impose à la vocation esthétique de préservation des sites naturels et est lié à une volonté accrue de réserver des parcelles de territoires aux fins d'observations et d'études. Charles Bommer, conservateur du Jardin Botanique de l'État et professeur à

---

[579] Gilissen, P., « La Commission royale des monuments et des sites, des origines à 1958 », in *Les Cahiers de l'Urbanisme*, n° 25-26, sept. 1999, p. 50-57.

[580] Carton de Wiart, H., « Pourquoi et comment défendre nos paysages », in Revue Générale, octobre 1905.

[581] Massart, J., *Pour la protection de la Nature en Belgique*, Bruxelles, H. Lamertin, 1912, p. 6.

[582] De Bont, R. et Heynickx, R. « Landscapes of Nostalgia : Life Scientists and Literary Intellectuals Protecting Belgium's 'Wilderness', 1900-1940 », in *Environment and History*, n° 18, 2012, p. 237-260.

la faculté des Sciences de l'ULB, préconise la constitution de réserves forestières sur le territoire national. Sur sa proposition, le Conseil supérieur des Forêts suggère, en 1902, au gouvernement la création d'une Commission permanente des Réserves, organisée sur le modèle de la Commission royale des Monuments, qui veillerait à la sauvegarde des sites et objets offrant un intérêt sur le plan des sciences naturelles et conduirait une double mission officielle: l'établissement de l'inventaire général des sites et régions présentant un intérêt pour la science, l'art et le tourisme ; la création, dans des endroits judicieusement choisis, de « réserves nationales », où le caractère inculte ou boisé serait mis à l'abri de toute atteinte[583]. L'aménagement, sous son égide, de l'Arboretum géographique de Tervuren est le premier résultat concret de cet effort[584].

D'autres éminents scientifiques, comme Léon Fredericq, pionnier de l'école liégeoise de Physiologie, Léo Errera et surtout Jean Massart, botanistes bruxellois et écologistes avant la lettre, défendent avec conviction la création de réserves naturelles. Ardent naturaliste, Fredericq démontre, dans un retentissant discours prononcé en séance publique du 16 décembre 1904 à la Classe des Sciences de l'Académie royale de Belgique, l'existence d'une colonie de plantes et d'animaux alpins sur le plateau de la Baraque Michel dans les Hautes-Fagnes[585] et attire l'attention des pouvoirs publics sur l'incontestable utilité d'y établir une réserve afin à préserver ses flore et faune glaciaires, menacées de destruction par des travaux d'assèchement et de boisement. En 1905, le professeur Errera présente à son tour à la Classe des Sciences de l'Académie le compte rendu de sa participation au Congrès international de Botanique qui s'est déroulé en Bosnie-Herzégovine où l'idée fait son chemin de création de « réserves », destinées à être conservées intactes, à l'abri des modifications et des défrichements. Errera propose que la Belgique s'engage sur une voie similaire et invite le ministre de l'Agriculture à créer sans retard des « réserves naturelles » dans les régions les plus caractéristiques de Belgique afin d'y préserver un patrimoine scientifique national où pourraient être étudiées de nombreuses questions biologiques.

---

[583] Bommer, Ch., Conseil supérieur des Forêts, *Conservation du caractère naturel des parcelles boisées ou incultes*, Rapport de la Commission spéciale, Bruxelles, 1902.

[584] Il rédige un ouvrage sur son sujet : *Arboretum de Tervuren* (F. L. Terneuf, 1905).

[585] Florkin, M., « Léon Fredericq, 1851-1935 », in *Florilège des Sciences en Belgique pendant le 19e siècle et le début du 20e*, t. 1, Bruxelles, Académie royale de Belgique, s.d., p. 1029.

Suite au décès inopiné d'Errera, Jean Massart, son ancien étudiant et nouveau directeur du Jardin botanique de l'État, lui succède à la direction de l'Institut botanique de l'ULB. Il y oriente les recherches de laboratoire vers l'observation et l'expérimentation directes dans la nature, car la possibilité de mener des recherches géobotaniques et éthologiques, disciplines spécialisées de l'Institut, dans des sites préservés de toutes influences externes, ne peut que l'encourager à poursuivre le souhait d'Errera. Personnalité phare de la promotion de la protection scientifique de la nature en Belgique, Massart fonde en 1912 la Ligue belge pour la Protection de la Nature sous le patronage de la Société royale de Botanique et représente, avec Georges Gilson, la Belgique à la Conférence internationale pour la Protection de la Nature de Berne (1913) où se consolide l'idée d'une politique internationale de protection et de conservation de la nature, sous l'influence de Sarasin. Cette association se compose de plusieurs personnalités scientifiques considérées comme ses associés-fondateurs (notamment Lameere, Frédéricq et Hector Leboucq). C'est l'époque où il rédige *Pour la protection de la Nature en Belgique*, édité à l'occasion du cinquantième anniversaire de la Société royale de Botanique de Belgique. Cet ouvrage fondamental marque un tournant dans l'histoire de la protection de l'environnement national : l'auteur y réalise le premier inventaire de sites naturels de grand intérêt scientifique, de manière à identifier ceux qui nécessitent une protection urgente afin de conserver une trace du patrimoine biologique et géologique de la Belgique[586]. La définition de « réserves » se base sur un principe biologique déjà proposé au début du siècle par Bommer : celles-ci doivent représenter des témoignages exemplaires et intacts de paysages caractéristiques avant dénaturation par le « progrès à outrance » et devenir des objets d'études scientifiques expérimentales.

La Première Guerre mondiale vient briser l'élan de ce mouvement récent, tout comme elle le fait sur le plan de la protection internationale de la nature, et suspendre toute tentative de protection des sites naturels en Belgique ; l'occupation allemande portera, du même coup, atteinte aux forêts et au gros gibier. Après la guerre et durant la décennie 1920–1930 surtout, plusieurs associations et groupements régionaux contribuent, d'une manière ou d'une autre, à la défense, la préservation et la conservation de sites esthétiques et des paysages naturels. Au niveau

---

[586] Massart, J., *op. cit.*, préface.

national, une Fédération nationale pour la défense de la nature (1928), fondée à l'initiative du géologue Ernest van den Broeck, ancien président de la Société belge de Géologie, de Paléontologie et d'Hydrologie et conservateur honoraire du Musée royal d'Histoire naturelle et patronnée par le Touring Club de Belgique vise à attirer l'attention des pouvoirs publics et du public sur l'utilité de prendre rapidement des mesures efficaces pour conserver les réserves scientifiques et pittoresques les plus intéressantes de Belgique[587]. Par le biais de son *Bulletin*, le Touring Club sensibilise également ses nombreux membres et finance le rachat de plusieurs sites au profit de l'État[588].

Après le décès de Massart en 1925, le Comité belge pour la Protection de la Nature, sous la direction de Jean-Marie Derscheid, perpétue son œuvre et favorise la coopération et la collaboration permanente entre les Pays-Bas, la France et la Belgique sur le plan de la protection de la nature.

En pratique et malgré des revendications ponctuelles menées par des personnalités et institutions scientifiques auprès du gouvernement, aucune réserve ne voit le jour dans les années 1920, à l'exception d'une réserve scientifique établie par le Musée royal d'Histoire naturelle, sous l'impulsion de son nouveau directeur, Victor Van Straelen, à l'embouchure de l'Yser, afin d'y protéger les oiseaux migrateurs récemment englués dans des nappes pétrolières en mer du Nord. Encouragé par la création de cette réserve et par la multiplication de réserves zoologiques et botaniques sur plusieurs continents, Van Straelen poursuit activement le programme de constitution de réserves scientifiques en Belgique et propose l'érection de plusieurs domaines de l'État en réserves ornithologiques[589]. Il jouera bientôt un rôle fondamental dans la création des Parcs nationaux au Congo belge. Pour Van Straelen comme pour Derscheid, ces demandes se justifient parce qu'elles possèdent un intérêt scientifique indéniable mais

---

[587] *Ibid.*, p. 22.

[588] Citons, par exemple, la Cascade de Coo en 1924, les rochers de Frahan-sur-Semois en 1927, les ruines du château de Franchimont en 1928 et de l'abbaye de Villers en 1932, etc. (in Rahir, E., « Défense de la nature en Belgique », in *Fédération nationale pour la défense de la nature, Réserves naturelles à sauvegarder en Belgique*, Bruxelles, Touring-Club de Belgique – Les Amis de la Commission royale des Monuments et Sites-Les Amis de l'Amblève, 1931, p. 17-18.

[589] Ainsi, le pavillon et le jardin du Belvédère, la propriété Lacoste et le parc public à Laeken, le parc et le bois des Capucins à Tervuren, le parc des châteaux de Gaasbeek et de Marimont, la partie nord de la forêt de Soignes et la partie nord-est du bois de Colfontaine.

constituent aussi un moyen de lutter contre l'accaparement du territoire par une population humaine en constante augmentation et contre les effets industriels qu'elle produit. Dans ce sens, protéger la nature n'a pas seulement une utilité scientifique, mais devient une nécessité sociale essentielle, car « tout comme la lutte contre la pollution des eaux courantes, la création de réserves naturelles offre à la fois un intérêt scientifique, hygiénique et utilitaire »[590]. C'est ainsi que Van Straelen envisage la fondation d'un organe de gestion de ces réserves sur l'ensemble du territoire national, jouissant de la personnalité civile et réunissant le Fonds national de la Recherche scientifique, le Musée d'Histoire naturelle, le Jardin Botanique et l'Administration des Eaux et Forêts et un représentant des pouvoirs communaux et provinciaux intéressés. En 1931, la Fédération nationale de Défense de la Nature préconise à son tour la conservation de douze réserves naturelles nationales et, le 7 août de la même année, le gouvernement belge promulgue une loi sur la protection des sites. C'est également l'année de l'organisation à Paris du Deuxième Congrès international pour la Protection de la Nature, où plusieurs personnalités belges influentes représentent officiellement les institutions nationales qui s'occupent activement de ces questions : le Musée du Congo belge et son Cercle zoologique congolais, la Direction générale de l'Agriculture du ministère des Colonies, le Musée d'Histoire naturelle de Belgique et l'Institut botanique Louis Errera. Fondée en 1941, l'association Ardennes et Gaume entame de réels efforts de propagande en faveur de la protection des sites naturels et acquiert progressivement divers domaines et terres pour les transformer en réserves naturelles reconnues par le gouvernement. Plusieurs scientifques de renom vont se succéder à sa présidence, tels que Raymond Bouillenne, Raymond Mayné, Pierre Staner, Albert Noirfalise et Willy Delvingt. Leurs actions vont être décisives dans la création des Parcs nationaux et réserves naturelles de Belgique. Cette étude reste encore à entreprendre dans un cadre strictement historique.

---

[590] PR/Secrétariat Léopold III : 124/15 : Van Straelen au directeur du FNRS, Bruxelles, 20/02/1931.

2.3. Quelques chefs de file

Les problématiques liées à la conservation scientifique de l'environnement et à la création de réserves naturelles en Belgique sont rapidement exportées dans sa colonie, là où l'espace immense permet de les multiplier, par l'intermédiaire de ces scientifiques de premier plan. Historiquement, la première étape concerne la nécessité de protéger les sites forestiers, chers à Massart.

Jean Massart et l'exemple des Indes néerlandaises

Jean Massart s'intéresse le premier à la conservation des sites naturels congolais, un intérêt qu'il développe à partir d'un voyage d'études prolongé aux Indes néerlandaises entre 1894 et 1895, dans le cadre de son assistanat à l'Institut Botanique de l'ULB. Ses recherches au Jardin botanique 's Lands Plantentuin de Buitenzorg à Java lui révèlent les splendeurs de la végétation tropicale. À son retour, il rédige pour la *Revue de l'Université de Bruxelles* deux articles consacrés à l'avenir de la botanique d'Outre-mer et établit des analogies entre les deux colonies, en particulier, les spécificités végétales javanaises et congolaises[591]. Appuyant les vœux de l'Académie royale de Belgique de voir le gouvernement belge créer un subside régulier pour l'envoi de jeunes botanistes à Buitenzorg – ce qui constituerait un champ d'expérience unique en matière d'études scientifiques tropicales et d'essais d'acclimatation de plantes utiles – Massart insiste sur les services que peut apporter ce genre d'établissement à la recherche et à la pratique scientifique métropolitaine et coloniale, l'économie agricole en particulier. Le second article représente un plaidoyer pour protéger l'espace forestier congolais et y créer des réserves[592]. S'inspirant une fois encore de l'exemple javanais, il dénonce sa destruction par une pratique anthropique « avide et imprévoyante » au profit de l'agriculture, de l'industrie et du commerce croissant de collections horticoles comme l'orchidée qui entraîne la destruction de milliers d'arbres tuteurs et leur disparition imminente ; par contre, il approuve les réponses du

---

[591] Massart, J., « Le Jardin Botanique de Buitenzorg (Java) », in *La Belgique Coloniale*, 09/02/1896, p. 68-69.

[592] Massart, J., « Protection des forêts », in *La Belgique Coloniale*, 22/03/1896, p. 136-138.

gouvernement colonial hollandais en vue de l'établissement de réserves forestières où est appliquée la tolérance zéro.

En 1919, il plaide, avec Raymond Bouillenne (ULg), Paul Brien, P. Ledoux et A. Navez (ULB), en faveur de la création d'un Institut biologique au Congo, qui pourrait supporter la comparaison avec Buitenzorg et Paradenya (Ceylan) et il prépare, à ces fins, quelques jeunes naturalistes d'élite à réaliser un voyage d'études en pays tropical. Celui-ci se concrétise par l'organisation de la mission biologique belgo-brésilienne[593] (1922) au jardin botanique de Rio de Janeiro. En 1924, à l'invitation de la CRB Educational Foundation, Massart effectue un long périple dans plusieurs Universités et associations scientifiques nord-américaines où il donne une série de conférences sur la protection de l'environnement et échange avec ses collègues américains. Il visite également les Parcs nationaux de Yellowstone et de la Yosemite Valley, afin d'y recueillir des données en vue de la création et de l'organisation du futur Parc national Albert au Kivu. Il rencontre à New York l'ambassadeur du roi, Edmond de Cartier de Marchienne, et il lui promet de le documenter sur cette question[594]. Prématurément décédé en août 1925, Massart n'allait pas jouer le rôle prépondérant qu'il aurait pu incontestablement endosser dans le développement de ce premier Parc national africain. Néanmoins, il servira d'inspiration à Victor Van Straelen, son principal artisan et son ardent défenseur.

Jean-Marie Derscheid et la protection scientifique de la nature

Autre disciple de Massart et de Lameere, Jean-Marie Derscheid se révèle être une personnalité montante dans le domaine de la conservation de la nature, sur le plan national et international. Docteur en sciences zoologiques, spécialisé en Ornithologie de l'ULB (1922), il y suit l'enseignement d'Auguste Lameere et de Jean Massart. Attaché quelque temps au Musée de Tervuren où il remplace, entre 1924 et 1926, Henri Schouteden à la tête de la Section des Sciences naturelles, il travaille sur les collections dont il perçoit toute l'importance et devient membre actif

---

[593] Massart, J. et alii, *Une mission biologique au Brésil (août 1922-mai 1923)*, Bruxelles, Impr. Médicale et Scientifique, 1929-1930.
[594] AA/Agri 423 : lettre de Cartier de Marchienne au min. Col. H. Jaspar, Washington, 23/02/1924.

du Cercle zoologique congolais. Dans ce cadre, Derscheid propose une ouverture du champ d'action à toute l'Afrique équatoriale et des relations suivies avec les nations frontalières, Grande-Bretagne, France, Portugal, afin d'organiser sur une base commune l'étude de la protection de la faune indigène[595]. C'est dans ce contexte qu'il entre en contact avec P.-G. van Tienhoven, président de la toute récente Nederlandsche Commissie voor internationale Natuurbescherming, qui lui fait savoir l'intérêt que cette association attacherait à une coopération avec le Cercle, principalement au sujet des questions de protection des faunes indigènes[596]. Celui-ci va l'appuyer dans ses engagements, et ils travailleront durant plusieurs années en étroite collaboration.

À cette époque, les premiers rejets pétroliers en mer du Nord dans les années 1924–1925 et les photographies d'oiseaux englués scandalisent Derscheid et le confortent dans sa lutte contre les méfaits de la civilisation industrielle[597]. Actif propagandiste des thèses de Massart, Derscheid reprend l'idée de ce dernier de relancer les propositions de Paul Sarasin et de créer un bureau international de renseignements ainsi qu'une commission consultative pour la protection de la nature, des faunes et des flores menacées d'extinction[598]. L'Office international de Documentation et de Corrélation pour la Protection de la Nature (OIPN) est ainsi institué par Léon Fredericq au cours de l'assemblée générale de l'Union internationale des Sciences biologiques de 1927 et créé en 1928. Derscheid en devient l'animateur et la cheville ouvrière en occupant son secrétariat général et la direction de son Bureau[599].

---

[595] « Activités du CZC en Afrique équatoriale », in *BCZC*, n° 2/2, 1925, p. 110-111.

[596] *Ibid.*, p. 108.

[597] Informations recueillies lors d'une interview orale auprès de son fils, Jean-Pierre Derscheid (Sterrebeek, 5 avril 2000).

[598] Massart, J., « Rapport sur la Protection internationale de la Nature, 3ᵉ AG de l'Union internationale des Sciences biologiques, séance du 07/07/1929 », in *La Protection de la Nature et l'Union internationale des Sciences biologiques. Communications présentées aux assemblées générales de 1925, 1926, 1927 et 1928 et publiées par les soins de l'Office international pour la Protection de la Nature*, Bruxelles, novembre 1929, p. 5-8.

[599] Harroy, J.-P., « Contribution à l'histoire jusqu'en 1934 de la création de l'Institut des Parcs nationaux du Congo belge », in Thoveron, G. et Legros, M., *Mélanges Pierre Salmon, t. II : Histoire et ethnologie africaines*, Bruxelles, ULB, Institut de Sociologie, 1993, p. 427-442.

Derscheid propage donc en Belgique l'idée internationale de protection de la nature sur un double héritage et réseau : ceux de la Ligue pour la Protection de la Nature fondée en Belgique en 1912, paralysée pendant la guerre et qui a perdu en Jean Massart l'un de ses plus ardents promoteurs[600] ; ceux constitués autour de Sarasin, puis de van Tienhoven et qui se traduisent par la création en 1926 en Belgique du Comité belge pour la Protection internationale de la Nature, héritag et réseau semblables à ceux qui se sont constitués aux Pays-Bas, en France et en Angleterre. Ce Comité se compose de plusieurs personnalités scientifiques importantes, considérées comme les associés fondateurs (G. A. Boulenger, J. P. Chapin, J. M. Derscheid, E. De Wildeman, L. Fredericq, A. Lameere, R. Mayné, M. de Selys-Longchamps), ainsi que de représentants d'institutions et d'associations ayant la protection de la nature dans leurs attributions (P. G. van Tienhoven, du Comité hollandais, le Cercle zoologique congolais, la Société royale botanique de Belgique, la Société royale zoologique de Belgique), des représentants de l'administration coloniale (M. L. Achten et A. Jobaert, administrateurs territoriaux au Kasaï ; F. Carlier, vétérinaire au Kasaï ; R. W. Hoier, officier de la Force publique), des ministères de l'Agriculture (N. Crahay) et des Colonies (E. Hegh et E. Leplae) et, enfin, d'avocats (A. Braun et O. Louwers). Plusieurs membres d'honneur représentent les institutions scientifiques ou les associations de protection de la nature internationales[601].

La rapidité de la destruction des forêts et des principales espèces fauniques d'Afrique centrale constitue l'une des problématiques centrales du Comité belge qui vise à assurer, en Belgique comme dans son territoire colonial, une protection environnementale basée sur une étude impartiale et scientifique des intérêts en présence, mais tout en n'hésitant pas à reconnaître la responsabilité de l'occupation européenne sur les

---

[600] Derscheid, J.-M., « La fondation du Comité belge pour la Protection de la Nature », in *Annales*, t. 1, Bruxelles, Comité belge pour la Protection de la Nature, 1926, p. 5-6.

[601] Il faut noter la présence de P. Bourdarie, A. Chevalier et A. Gruvel pour le Muséum d'Histoire naturelle de Paris, de Cartier de Marchienne, ambassadeur de Belgique à Londres, de Stephenson Hamilton pour la Society for Preservation of Fauna of the Empire, de W. T. Hornaday pour le Wild Life Protection Fund, d'E. Lönnberg pour le Musée royal d'Histoire naturelle Stockholm, de H. F. Osborn pour l'American Museum of Natural History, de G. Pearson pour les Audubon Societies, de W. Philips, ambassadeur des États-Unis à Bruxelles et de P. Sarasin pour la Ligue suisse pour la Protection de la Nature.

empiètements de ses paysages naturels. Président d'honneur du Comité, le ministre des Colonies, Henri Carton, en appelle au devoir moral du gouvernement de la colonie de veiller sur la protection de la faune et de la flore sous peine de perte irrémédiable pour le développement économique et la prospérité actuelle et future du Congo[602]. À cet utilitarisme de Carton prévalent néanmoins d'autres objectifs prioritaires : l'intérêt scientifique des associations biologiques remarquables qui ont subsisté sous leurs formes primitives et la valeur esthétique des sites congolais[603], dont il convient, selon Derscheid, de répartir des catégories distinctes sur tout le territoire : il préfère ainsi « sacrifier », dans les zones destinées à une intense mise en valeur des ressources, une partie de la faune, appelée irrémédiablement à être exterminée pour des besoins alimentaires, afin de la préserver dans les zones vides en populations humaines et sans valeur agricole et industrielle. C'est dans celles-ci que devrait alors s'appliquer le principe d'une protection scientifique de refuges qui seraient considérés comme des champs exclusifs d'observation et d'expérimentation pour les recherches scientifiques pures.

L'idée d'une protection « souple » de la nature, adaptée aux situations régionales et qui ne porte pas préjudice aux intérêts des populations humaines, congolaises et européennes, se combine ainsi à une vision scientifique beaucoup plus radicale qui va être bientôt appliquée au premier Parc national du Congo belge où Derscheid va jouer un rôle important. En effet, après son voyage d'étude en 1926 dans la région d'installation du Parc national Albert, il défend avec plus de fermeté encore l'idée d'une protection intégrale des biotopes variés qui s'y développent, car ceux-ci constituent des « héritages de l'humanité » dont il importe d'assurer la pérennité par une cession irrévocable des droits et du foncier à l'organisme chargé de sa gestion[604]. Cette perspective à long terme est essentielle pour la juste compréhension de la vocation essentielle de la conservation scientifique de la nature appliquée dans

---

[602] « Discours de M. Henri Carton, ministre des Colonies, président d'honneur », in *Annales, op. cit.*, p. 29-21.

[603] Derscheid, J.-M., « Rapport sur la protection de la nature en Belgique », in *La protection de la nature et l'Union internationale des Sciences biologiques. Communications présentées aux assemblées générales de 1925, 1926, 1927 et 1928*, Bruxelles, Office international pour la Protection de la Nature, nov. 1929, p. 35.

[604] Derscheid, J. M., *Rapport sur la protection de la nature au Congo belge, op. cit.*, p. 44-45.

les Parcs nationaux congolais : l'intérêt scientifique exige que toutes les espèces animales et végétales soient maintenues telles pour découvrir de nouvelles applications améliorant le bien-être des générations futures.

Émile de Wildeman et les « réserves biologiques intégrales »

Membre du Comité belge pour la Protection internationale de la Nature et futur membre du Comité de direction des Parcs nationaux du Congo belge, Émile de Wildeman s'inscrit aussi dans la lignée des Lameere, Fredericq et Derscheid. Docteur en sciences naturelles de l'ULB (1892), il a été l'élève de Léo Errera avec lequel il s'adonne à l'étude des divisions cellulaires, avant d'être promu aide-naturaliste au Jardin Botanique de l'État en 1895 où il organise les premiers herbiers récoltés dans l'EIC. Il commence alors à s'intéresser aux collections congolaises, en particulier à la flore pour laquelle il publie avec Théophile Durant des *Illustrations de la Flore du Congo* et des *Contributions à la Flore du Congo*, parues en 1898 et 1899 dans la série des *Annales du Musée du Congo*. Reconnu comme un des grands spécialistes de la question, il est promu conservateur au Jardin botanique en 1900, dont il occupe le poste de directeur à partir de 1912. Durant toute cette époque, une grande partie de sa carrière continue à être orientée vers ces questions et plus spécifiquement vers la botanique appliquée à l'économie[605]. Il attire notamment l'attention des autorités sur la nécessité de créer au Congo des jardins botaniques coloniaux, ce qui se concrétisera par la fondation du Jardin Botanique d'Eala par Émile Laurent. Dans son ouvrage *Sciences biologiques et colonisation* (1909)[606], de Wildeman insiste déjà sur la nécessité d'inventaires complets des ressources naturelles du pays, afin d'éviter la destruction inconsidérée des matières premières et de développer une exploitation rationnelle sous couvert de recherches et d'expérimentations scientifiques sur le terrain. Dans cette perspective, la protection de la nature se situe au premier rang dans le mouvement transformateur des colonies. En effet, poursuivant des recherches sur la phytogéographie du Congo et la problématique forestière, les phénomènes de déforestation et des feux de brousse, en particulier, ses réflexions renvoient à un questionnement scientifique général (biologique et social) sur le domaine colonial au début des années

---

[605] Lawalrée, A., « Émile de Wildeman, 1866-1947 », in *Florilège des Sciences en Belgique*, t. II, Bruxelles, Académie royale de Belgique, 1980, p. 569-584.
[606] De Wildeman, E., *Sciences biologiques et colonisation*, Bruxelles, Castaigne, 1909.

1930, lorsque la colonie connaît d'intenses transformations de la politique agricole congolaise, notamment au niveau des actions en milieu rural et du perfectionnement des expertises de terrain par l'intermédiaire, par exemple, de la création de l'Institut national pour l'Étude agronomique au Congo belge (INEAC). L'idée de protéger non seulement la faune, mais aussi la flore dans des « réserve naturelles intégrales » permet de sauvegarder de vastes complexes biologiques où se jouent d'étroites interdépendances entre les espèces.

Si la création, entre 1910 et 1938, d'une centaine de réserves forestières répond à cet appel, de Wildeman engage aussi le gouvernement belge à étendre le régime de protection intégrale de la nature à d'autres régions spécifiques dans un but scientifique, opinion partagée à l'unanimité par les scientifiques belges réunis au Congrès national des Sciences organisé à Bruxelles par la Fédération belge des Sociétés scientifiques à l'été 1930[607]. Dans son article « Protection de la Nature, protection de l'Agriculture. Les problèmes qu'elles soulèvent » présenté en séance de l'Institut royal colonial belge en 1932, de Wildeman lance un long plaidoyer sur la protection de la nature et la nécessité d'établir des réserves naturelles intégrales dans l'optique de fournir des matériaux pour la recherche fondamentale et appliquée en médecine, en économie, en agriculture ou pour l'industrie[608]. Ainsi, les réserves forestières sont indispensables pour réguler des précipitations pluviales et préserver une couche d'humus suffisante afin de lutter contre l'érosion du sol et l'action du soleil[609], souhait notamment émis lors du Deuxième Congrès pour la Protection de la Nature (Paris, 1931-1932), dont les membres, parmi lesquels de Wildeman, engagent les gouvernements coloniaux à créer des cours d'écologie à l'usage des futurs fonctionnaires des Eaux et Forêts et des agents des services forestiers des colonies tropicales[610]. La première réserve naturelle intégrale établie par la France à Madagascar (massif montagneux central d'Andringitra, 1927) sert de modèle à de

---

[607] *Compte rendu du Congrès national des Sciences*, Fédération belge des Sociétés scientifiques (Bruxelles, 29 juin – 2 juillet 1930), Bruxelles, 1931, p. 29.

[608] De Wildeman, E., « Protection de la Nature, protection de l'Agriculture. Les problèmes qu'elles soulèvent », in *Bulletin des Séances*, Institut royal colonial belge, n° 4/2, 1932, p. 386-428.

[609] Lecomte, H., « Des réserves naturelles dans les Colonies françaises », in *Revue d'histoire naturelle*, n° 10/8, août 1929.

[610] *Procès-verbaux, rapports et vœux du 2ᵉ Congrès pour la Protection de la Nature*, Paris, 1931 et 1932, p. 546.

Wildeman : un régime de protection absolue sur un territoire inhabité, un puissant intérêt scientifique avec des faunes et flores uniques mais menacées, un contrôle et une gestion administrative confiée au service forestier de l'île, et des recherches dirigées par le Muséum national d'Histoire naturelle de Paris[611]. L'aménagement rationnel des espaces naturels sous-tend, par conséquent, ce que l'auteur nomme une « culture économique » où les réserves participent à la mise en valeur des ressources naturelles coloniales, dans des conditions optimales d'exploitation du sol et des associations biologiques (animales-végétales)[612]. Toutefois, de Wildeman pose aussi l'importante question des choix à effectuer par le colonisateur entre la protection de la nature et le développement de l'agriculture où des espèces concurrentes peuvent faire pencher la balance au profit de l'une et au détriment de l'autre. Il revient, selon lui, à la recherche scientifique de proposer une hiérarchie des priorités par l'analyse objective des conséquences des actions pragmatiques en faveur de la nature ou de l'agriculture.

De Wildeman va finalement proposer plusieurs régions congolaises qui lui semblent intéressantes pour y établir sans tarder des réserves de ce type : le grand graben africain, les terres avoisinant le lac Albert, la pente ouest du Ruwenzori, dont la récente Mission scientifique belge au Ruwenzori (1932) a révélé l'importance de la flore[613], l'entre-Ubangi-Congo, à la hauteur de la Lua et des affluents de la Mongala – où pourraient s'opérer des études sur la formation des rivières et l'influence de la régularisation des cours d'eau sur la constitution de la faune et de la flore de la région –, le massif forestier de Madia-Koko dans le Mayumbe, la région de Dilolo, au sud-ouest du Congo, plusieurs régions du Katanga, dont la région des mines, celle du Moero et celle du graben de l'Upemba.

---

[611] Humbert, E., « La protection de la Nature dans les pays intertropicaux et subtropicaux », *Contribution à l'étude des réserves naturelles et des parcs nationaux*, Société de Biogéographie, Paris, P. Chevalier, 1937, p. 161-162 ; Chevalier, A., in *Revue de Botanique appliquée et d'Agriculture tropicale*, n° 138, février 1933, p. 170.

[612] « Discours du M.E. De Wildeman », in *Annales, op. cit.*, p. 29.

[613] de Grunne, X., Hauman, L., Bourgeon, L. et Michot, P., *Vers les glaciers de l'É quateur. Le Ruwenzori. Mission scientifique belge 1932*, Bruxelles, R. Dupriez, 1937, p. 261-274.

Partie IV
Gestion et Conservation (1910–1960)

1. Politiques cynégétiques au Congo belge

Tout comme en Europe où l'agriculture et l'industrie ont profondément transformé les paysages et leurs ressources naturelles, les territoires tropicaux et équatoriaux qu'elle contrôle subissent d'importantes altérations environnementales par la déforestation, l'introduction de nouvelles plantes et d'espèces animales exogènes et la généralisation des cultures de rentes destinées à l'exportation. De cause à effet, ces phénomènes contribuent à miner les écosystèmes locaux et à participer à la fragilisation de certaines espèces[614] que les chasses effrénées ont rendues, dans bien des cas, proches de l'extermination. Dans ce contexte, la protection et la conservation de l'environnement entrent dans des programmes de planification permettant d'organiser et de gérer l'exploitation des ressources naturelles des colonies depuis les métropoles. À Bruxelles, le ministre des Colonies Jules Renkin fait appel à l'ingénieur agronome Edmond Leplae pour créer et diriger, à partir de 1910, une nouvelle Direction générale de l'Agriculture. La gestion de la faune sauvage y occupera une place prépondérante, car il importera de mieux la contrôler, notamment en matière d'épizooties et de déprédations, mais aussi de maintenir en équilibre la nécessité de disposer, à la fois, d'espaces réglementés où les espèces sauvages peuvent être chassées pour se nourrir, faire du commerce ou se divertir, et de zones de protection et de conservation où les cheptels puissent se reconstituer et être partiellement ou totalement protégés. La combinaison de ces agendas va se révéler, dans bien des cas, irréalisable. Si l'introduction d'une législation cynégétique et l'organisation de réserves de chasse ressortissent à la compétence du gouvernement colonial, la création et la gestion des Parcs nationaux dépendront d'un organisme parastatal. Le premier développera ce projet dans une vision utilitariste où primeront les intérêts socio-économiques de la colonie et de ses populations ; le second proposera une formule

---

[614] Voir à ce sujet, l'ouvrage de Crosby, A. W., *Ecological Imperialism. The Biological Expansion of Europe, 900-1900*, Cambridge, Cambridge Univ. Press, 1986, p. 171-216, et, en particuliers, les deux chapitres traitant plus particulièrement des transferts des animaux et des maladies d'Europe vers le reste du monde.

garantissant leur protection la plus durable par le biais d'une conservation scientifique de la nature où toute action anthropique est, par principe, exclue.

Malgré les mesures destinées à protéger certaines espèces de manière totale ou partielle, la chasse au gibier et aux trophées par les populations africaines et européennes restera un phénomène important que la colonie n'arrivera pas à juguler, malgré quelques avancées évidentes en la matière. Dans certains cas, et notamment avec le développement touristique au Congo belge, les chasses sportives, certes contrôlées, seront encouragées et alimentées par une propagande internationale vantant la diversité et le caractère unique de la faune coloniale.

Dans une colonie où l'extension des zones urbaines, industrielles et agricoles ainsi que des réseaux de transports rogne de plus en plus sur les espaces naturels, la coexistence entre les hommes et les animaux se crispe. Certaines pratiques, comme l'abattage des éléphants en cas de légitime défense, seront notamment approuvées par les pouvoirs en place pour lutter contre leurs déprédations dans les champs et les agglomérations villageoises. L'attrait des matières premières animales, ivoire, cornes, peaux et plumes, continuera par ailleurs à alimenter un commerce transfrontalier accru et qui répond à l'essor des marchés internationaux licites et illicites pour ces produits. De même, la progression constante du commerce de viande à destination des centres urbains et industriels continuera à peser lourdement sur le capital faune de la colonie. Les faits de chasses illicites et d'actes de braconnage, même s'il est impossible de les comptabiliser, vont entraîner de lourdes conséquences. À la veille de l'indépendance du Congo en 1960, le constat est amer : celui d'un patrimoine faunique proche de la disparition sur l'ensemble du territoire colonial, à l'exception des Parcs nationaux, mais dont les ambitions se verront aussi réduites en fonction de nombreuses vicissitudes depuis la Deuxième Guerre mondiale et du Plan décennal (1949), en particulier dans les domaines agricoles et pastoraux.

1.1. Agriculture et capital « faune » (1910-1930)

Edmond Leplae et le décret du 26 juillet 1910

Dans la foulée de la Conférence de Londres de 1900, la publication d'arrêtés de loi et de décrets du gouvernement de l'EIC en faveur de la protection de la faune (interdiction de chasse dans certaines régions, à certaines périodes et par rapport à certaines espèces) n'a représenté, nous l'avons vu, que des mesures ponctuelles très inégalement appliquées et qui s'avèrent sans grands effets sur le terrain. Suite à la reprise en 1908 de l'EIC par la Belgique qui en fait une colonie belge, le nouveau ministère des Colonies crée un département général de l'Agriculture le 25 janvier 1910[615]. Celui-ci est désormais compétent en matière de plantations et industries agricoles, d'élevages, de botanique, ainsi que des recherches scientifiques, de l'enseignement et de la propagande qui s'y rapportent ; il s'occupe aussi des questions de chasse et de pêche, et des réserves de faune et de flore. La multiplicité de ces attributions fait d'Edmond Leplae une personnalité centrale du ministère. Cet ingénieur agronome, professeur de Génie rural et de cultures spéciales à l'Université de Louvain, a réalisé de nombreuses missions agricoles en Europe et des voyages d'études aux États-Unis, au Brésil et au Sénégal. Sa mission prioritaire consiste à relancer l'économie congolaise car les faibles résultats de l'exploitation de lianes à caoutchouc (*Futumia elastica*) nécessitent de trouver d'autres débouchés. Leplae élabore un vaste et ambitieux programme tourné vers la consommation intérieure et vers l'exportation. Il souhaite dans ce but développer des études techniques en métropole et créer sur l'ensemble du territoire congolais des circonscriptions agricoles placées sous la direction d'agronomes engagés pour leurs compétences et leurs expériences pratiques. Dans ce programme, la gestion et le contrôle du patrimoine faunique concernent surtout son intérêt économique et les questions liées à sa cohabitation avec les populations humaines et leur bétail : les transmissions virales du gibier au bétail, la régulation de diverses épizooties, l'acclimatation et l'élevage de certaines espèces sauvages, l'hybridation entre espèces sauvages et espèces domestiquées, la police des animaux sauvages et la résolution des problèmes de déprédations animales dans les cultures.

La question de la chasse, dont Leplae réclame, suite à une première mission agricole effectuée au Katanga en 1911, l'attribution dans ses compétences « ainsi que cela s'est fait partout ailleurs »[616], y est aussi capitale. Il s'agit en effet de concilier le plus adéquatement possible l'intérêt économique que représentent le « capital faune » et la cohabitation des animaux avec les populations humaines. Pragmatique, il considère que

---

[615] *BO*, 1910, p. 114-115.
[616] AA/JC, liasse 709 : Varia : rapport de Leplae au ministre Col., Élisabethville, 04/10/1911.

la législation cynégétique coloniale doit donc être complètement revue et plus strictement suivie. À l'initiative du décret du 26 juillet 1910[617] sur la chasse qui abroge toutes les lois antérieures, l'agronome marque un premier geste fort en présentant une législation cynégétique cohérente et rationnelle qui vise à proposer un continuum « moral »[618] à la Convention internationale de Londres de 1900 mais qui s'en distingue au niveau du contenu. En effet, comme tel est le cas pour la convention, le décret autorise toute personne munie d'une autorisation administrative délivrée par le gouvernement de la colonie à chasser sur l'ensemble du territoire, sauf propriétés privées et domaines de l'État. Le décret s'en détache aussi sur les points suivants. Il donne aux groupements autochtones une autorisation collective et gratuite de chasse alimentaire sur les terres qui leur sont attribuées et sur les terres et forêts domaniales[619]. La chasse en cas de légitime défense est autorisée et la destruction des animaux nuisibles, encouragée par des primes. Par contre, le commerce des animaux sauvages reste illicite et par conséquent interdit. Un large pouvoir décisionnaire est cependant laissé au gouvernement général de la colonie qui, par voie d'ordonnances, dispose de la possibilité d'interpréter la législation en fonction des impératifs locaux et de situations régionales particulières. Tel est notamment le cas des réserves de chasse, encouragées par la Convention de 1900, et qui sont créées et délimitées par ordonnances du gouverneur général, afin de faciliter leur suppression ou leur déplacement en fonction des mesures spéciales qu'exige la protection de la faune.

Les voyages de Leplae au Katanga en 1912 et en 1916 l'amènent pourtant à revoir sa politique. Constatant une régression considérable

---

[617] *BO*, 1910, p. 646-652.

[618] Il faut remarquer que cette convention ne reçut jamais, de la part de l'EIC, la ratification expressément prévue comme condition de son entrée en vigueur au Congo. Une discussion au Conseil colonial conclut que son gouvernement avait manifesté la volonté de la faire appliquée selon le décret du 29/04/1901qui s'en inspirait directement. Suite à la reprise de l'État par la Belgique, la nation n'y était pas liée diplomatiquement mais moralement du fait que, par souci de continuité, elle validait le choix de l'EIC et suivait l'engagement des autres États signataires de la convention qui la mirent en vigueur dans leur législation (« Rapport du Conseil colonial sur le projet de décret réglant les droits de chasse et de pêche », in *BO*, 1910, p. 638-639).

[619] Le régime des droits des autochtones fut réglé par l'article 6 du décret du 03/06/1906 qui consacrait le droit de chasse des collectivités autochtones sur les terres qui leur étaient attribuées et sur les terres et forêts domaniales ; par contre, il ne précisait pas l'exercice de ce droit.

du gros gibier durant ce court laps de temps[620], il adresse une note au vice-gouverneur général qui indique l'urgence des mesures à prendre pour le protéger, en particulier l'éland et d'autres espèces (zèbres, éléphants, buffles, certaines antilopes) potentiellement exploitables dans l'avenir. Il propose notamment la création d'une réserve de chasse sur le plateau des Bianos et de l'entre-Lualaba-Kalule-Ngule[621]. De retour en métropole, Leplae oriente alors son action vers deux grands axes d'une conservation rationnelle de la faune, comme c'est le cas dans les colonies britanniques d'Afrique orientale : d'une part, la création de réserves de chasse destinées à reconstituer un « cheptel gibier » qui puisse préserver les animaux reproducteurs indispensables pour combler les difficultés d'approvisionnement en viande de boucherie dans certaines régions, contrôler les réseaux commerciaux illicites dans le domaine et soutenir les tentatives d'acclimatation d'espèces bovines exotiques ; d'autre part, une application plus stricte de la législation cynégétique avec le recadrage du gouvernement général qui contourne les lois cynégétiques et de port d'armes, notamment de fusils perfectionnés pour les chasseurs autochtones dans certains postes de l'État, qui accorde des tolérances sur le commerce de viande et garantit l'exportation de dépouilles animales en toute liberté.

Ces pratiques seront dénoncées dans son ouvrage *Les grands animaux de chasse du Congo belge*[622] paru en 1925 et qui marque l'officialisation de la Section spécifique de la Chasse et de la Pêche au sein de la DG Agriculture. Détaillant les principales espèces animales chassées au Congo et les lois en la matière, Leplae y présente ses propositions pour contrer l'état alarmant de la faune et, en particulier, les « *hécatombes* » annuelles de 15 000 à 25 000 éléphants. Malgré ses prises de position, les solutions

---

[620] AA/AGRI 628 : Mission Leplae (1915) : note Leplae, Élisabethville, 04/05/1916.

[621] Ainsi, l'établissement de cette réserve ne résistera cependant pas à la pression cynégétique et sera abolie en 1918 car toute la faune y a été exterminée. Les autres propositions concernent : une connnaissance publique des mesures nouvelles par voie d'affiches et de journaux ; l'interdiction de la chasse à l'éland, qui sera tempérée par une ordonnance du gouverneur général en 1917 interdisant sa chasse par les autochtones mais le classant parmi les espèces protégées pouvant être abattues en nombre limité par les Européens en vertu d'un permis de chasse de 1500 fr ; la délivrance limitée de permis de port d'armes perfectionnées aux chasseurs noirs au service d'entrepreneurs et pour la durée d'avancement de la construction du chemin du fer du BCK.

[622] Leplae, E., *Les grands animaux de chasse du Congo belge*, Bruxelles, Ministère des Colonies, 1925.

qu'il propose restent plus limitées que celles préconisées dix ans plus tôt. Il reste par contre intraitable quant à la nécessité de créer de nouvelles réserves de chasse bien gardées sur tout le territoire colonial, sur base du modèle de la réserve établie en 1923 par le gouverneur de la Province-Orientale Adolphe de Meulemeester et qui constituera l'une des assises du futur Parc national Albert.

L'effort métropolitain relatif à la protection de la faune africaine doit aussi se poursuivre. Leplae ambitionne, à l'instar de l'African Hall de l'American Museum of Natural History, la création d'un grand hall de la faune africaine au Musée du Congo belge, fruit de la prouesse de récolteurs et chasseurs sportifs de première valeur, et qui contribuerait à nourrir la fierté de son « empire colonial »[623]. La participation du département de l'Agriculture au Palais du Congo belge de l'Exposition universelle et internationale de Gand de 1913 répond à cet objectif de propagande. Le groupe d'éléphants domestiqués, œuvre du sculpteur animalier Albéric Collin, a été reconstitué d'après les photographies prises par Leplae en 1910 aux Indes britanniques et symbolise la suppression de la destruction des éléphants sauvages grâce à l'application du système de dressage et de domestication. D'autres statuettes de l'artiste, groupe d'éléphants, zèbre, antilope, zébu, buffle d'Asie, également présentées à l'Exposition de Londres (1921) et d'Anvers (1923) font directement allusion aux essais d'acclimatation et de domestication coloniales tentées avec plus ou moins de réussite. En effet, l'acclimatation de certaines espèces sauvages répond aussi à la volonté d'assurer leur présence continue. Dès le début du 20e siècle, cette pratique, présentée comme une science moderne, assignant un nouveau rôle à l'histoire naturelle et basée sur un mode strictement économique, implique l'exploitation rationnelle de la faune placée dans des environnements nouveaux. Les objectifs sont doubles : d'une part, introduire, acclimater et domestiquer des animaux utiles et d'ornement ; d'autre part, perfectionner et multiplier de nouvelles races, récemment introduites ou domestiquées[624]. L'exportation d'animaux africains en

---

[623] Leplae, E., *Les grands animaux de chasse...*, *op. cit.*, p. 10.

[624] Pour l'exemple français, nous renvoyons aux ouvrages et articles d'Osborne, M., en particulier *Nature, the Exotic, and the Science of French Colonialism* (Bloomington, Indiana Univ. Press, 1994) où il consacre son étude au mouvement d'acclimatation en France sous les auspices de la Société zoologique d'Acclimatation et décrit les connections étroites entre elle et les acteurs politiques français contemporains au règne de Napoléon III, notamment relatives aux recherches accomplies par ses membres pour développer l'agriculture en Algérie et *The role of exotic animals in the scientific*

Europe se révélera prometteuse, car ceux-ci participent, dans une certaine mesure, à l'expansion nationale au Congo. Elle sera également envisagée comme méthode d'exploitation et de pérennisation des animaux en voie de disparition[625].

Tolérances et fraudes

Sur le terrain colonial, le décret de 1910 laisse un large pouvoir de décision au gouverneur général Théophile Wahis qui met ses clauses à exécution à travers plusieurs ordonnances qui en précisent les dispositions pratiques ou les modifient. L'ordonnance du 12 octobre 1910[626] met à exécution les articles du décret qui distinguent les animaux totalement, partiellement ou non protégés en fonction des droits de chasse que confèrent sur le gibier l'autorisation individuelle, l'autorisation collective et les divers autres permis. De manière générale, davantage d'espèces sont protégées, soit totalement (le rhinocéros blanc, le petit hippopotame du Liberia, la girafe, le gorille et le chimpanzé), soit partiellement, en contrepartie de l'octroi d'un permis de chasse qui s'élève à 1 500 fr (éléphants, singes à fourrure, élans, ibex, chevrotains, fourmiliers, certains félins, chacals, faux-loups, autruches, marabouts, aigrettes et dugongs). La chasse pour motifs scientifiques est reconnue par un permis individuel

---

and political culture of nineteenth century France, in Bodson, L. (éd.), *Les Animaux domestiques dans les relations internationales*, Liège, Université de Liège, 1998, p. 15-32. Pour une perspective plus large et dans un cadre européen en général, mais avec une accentuation du cas français également, voir Baratay, E. et Hardouin-Fugier, E., *Zoos. Histoire des jardins zoologiques en Occident (16ᵉ-20ᵉ siècle)*, Paris, Éd. La Découverte, 1998, p. 172-179. D'autres ouvrages traitent des cas anglais, allemands, italiens ou russes, dont, par exemple, Mashietti, G. et alii, *Serragli e menagerie in Piemonte nell'ottocento sotto la real casa Savoia*, Torino, Umberto Allemandi, 1988, Kazeeff, W., « Un immense jardin d'acclimatation en Russie. Askania-Nova », in *La Nature*, janv. 1933, p. 1-6 ; pour le cas belge, nous renvoyons à l'histoire du zoo d'Anvers, retracée par Baetens, R., *Le chant du Paradis. Le Zoo d'Anvers a 150 ans*, Tielt, Lannoo, 1993 et les travaux plus récents de Pouillard, V., *En captivité. Politiques humaines et vies animales dans les jardins zoologiques du 19ᵉ siècle à nos jours : ménagerie du Jardin des Plantes, Zoos de Londres et d'Anvers*, thèse de doctorat en Histoire, Lyon 3-ULB, 2015), ainsi que « Conservation et captures animales au Congo belge (1908-1960). Vers une histoire de la matérialité des politiques de gestion de la faune », in *Revue Historique*, n° 3, 2016, p. 577-604.

[625] Gaspart, A. W., « Élevons ! Acclimatons ! Domestiquons ! L'acclimatation. Un facteur ignoré de l'expansion nationale », in *L'Expansion Belge*, sept. 1909.

[626] *BO*, 1910, p. 1048-1065.

spécial, complété le 15 juin 1911[627] par un permis collectif spécial gratuit délivré dorénavant aux autorités territoriales et militaires ainsi qu'aux chefs de missions religieuses ou scientifiques, afin de chasser, dans un but alimentaire, les animaux précisés par le permis et leur nombre. Cette ordonnance est complétée par celle du 16 juin 1912 qui introduit le droit d'annuler ces permis lorsque la collectivité ou l'individu violent les dispositions des décrets et règlements sur la chasse[628]. L'ordonnance de 1912 supprime aussi l'autorisation collective de chasse à l'éléphant accordée aux collectivités autochtones en faveur d'une déclaration individuelle de chasse, notamment au moyen d'armes à feu et d'armes traditionnelles prohibées.

Le successeur de Wahis, Félix Fuchs, remanie à son tour la législation en abrogeant les ordonnances précédentes, qu'il trouve « précipitées ». Celles-ci sont remplacées par l'ordonnance du 6 décembre 1912[629] qui offre une plus grande tolérance de chasse, des éléphants mâles en particulier, dont il autorise d'abattre, sur tout le territoire, les porteurs de défenses supérieures à 2 kg contre 10 kg sous Wahis[630]. Cette disposition constitue un retour en arrière de la protection de l'espèce, puisque la chasse aux éléphanteaux est désormais admise[631]. Cette libéralité entraîne alors l'arrivée au Congo de nombreux chasseurs étrangers, surtout des colonies britanniques voisines dont les lois sont plus strictes et qui « ont soigneusement étudié notre législation sur la chasse et saisi l'utilisation qui peut être faite pour abattre, presque sans bourse délier, un gibier rigoureusement protégé dans leurs colonies »[632]. Des ordonnances particulières répondent aussi aux disparités régionales. Tel est le cas de la Province du Katanga, qui, liée à son statut spécial de vice-gouvernorat général depuis 1910, dispose d'une législation propre. Ainsi, l'ordonnance du 11 septembre 1913, qui distingue plusieurs types de permis de chasse

---

[627] *BO*, 1911, p. 725-727.
[628] *BO*, 1912, p. 727-730.
[629] Ordonnances des 12/10/1910, 15/06/1911, 16/06/1911 et 27/04/1912.
[630] Ordonnance du 27/04/1912 : modification du décret précipité du 21/04/1910 et de son ordonnance d'exécution du 12/10/1912 : interdiction de chasser l'éléphant ayant des pointes pesant chacune moins de 2 kg (au lieu de 10 kg) et autorisation d'abattage de ceux d'au moins 2 kg (au lieu de 10 kg), à l'exception des femelles (*BO*, 1912, p. 1130-1131).
[631] Un éléphant mâle est estimé à l'état adulte lorsque ses défenses pèsent plus de 10 kg.
[632] AA/PPA (Chasse et Pêche), liasse 3507, dossier 445-449 : min. Col. Arnold au GG, Bruxelles, 30/04/1924.

en fonction du statut du requérant[633], vise à mieux canaliser le commerce de viande destiné à la main-d'œuvre industrielle en expansion et à freiner les activités organisées par des « aventuriers » recruté parmi des évadés et d'anciens déportés de droit commun issus de la colonie portugaise[634].

Malgré les pressions d'Edmond Leplae sur le gouvernement général et l'introduction de mesures législatives qui tentent globalement de freiner les chasses et protéger certaines espèces, les informations tirées de sources officielles et littéraires témoignent d'une multiplication à grande échelle du phénomène de la chasse. Tandis que ces sources attribuent surtout aux populations locales, munies d'armes perfectionnées, la responsabilité des massacres, les Européens sont également accusés. Plusieurs facteurs cumulés expliquent cette hécatombe: le développement rapide des voies de communication qui améliore les réseaux commerciaux de viande de brousse et de matières premières animales, l'amélioration du régime alimentaire des travailleurs autochtones qui inclut des rations carnées, l'absence ou le faible rendement des premiers élevages bovins, une demande grandissante et une hausse des prix offerts pour l'ivoire, les cornes de rhinocéros et la viande fraîche ou fumée. Quelques témoins privilégiés, tel que Lode Achten, commissaire du district du Kasaï (1922–1928) et membre actif du Comité belge pour la Protection de la Nature, sont des informateurs fiables pour estimer l'ampleur du phénomène. Afin de mener dans son district une politique active de protection de la faune, ce dernier recense 7000 permis de port d'armes délivrés aux autochtones, avec une incertitude sur le fait que toutes les armes aient été préalablement enregistrées. Il signale aussi la présence de six chasseurs professionnels européens établis le long du Kasaï qui opèrent sans permis et vendent la viande d'hippopotame boucanée ou salée à divers comptoirs

---

[633] Les permis distinguent ainsi celui de « débitant », autorisant la chasse aux animaux communs en vue du commerce de la viande, d'« entrepreneur », accordé aux personnes ou sociétés industrielles ou commerciales et autorisant à chasser les animaux communs pour nourrir son personnel blanc et noir, de « voyageur », taxé à 100 fr et autorisant à chasser les animaux communs pour se nourrir et nourrir sa caravane, de « chasse aux oiseaux », taxé à 25 fr, permettant la chasse d'oiseaux non protégés, de « résident », taxé à 50 franc autorisant la chasse aux animaux et aux oiseaux communs dans les limites de son district, de « non-résident », taxé à 500 fr permettant la chasse des animaux communs et des oiseaux et, finalement, le permis général taxé à 1500 fr, autorisant de tuer 2 éléphants, outre les diverses autres espèces communes (*BO*, 1913, p. 1149-1164).

[634] MRAC/Hist : Fonds F. Fuchs (HA.01.0038) : lettre de Fuchs au min. Col., Boma, 17/12/1911.

du Stanley-Pool et du Kasaï. Achten estime que 4 000 hippopotames sont ainsi annuellement abattus. Ainsi,

> [il] a été démontré qu'en 1923, en une seule journée de chasse ayant duré trois ou quatre jours, un chasseur professionnel de Mangai avait abattu 59 hippopotames au confluent de la rivière Lie (Piopio) et du Kasaï. De nombreux « exploits » semblables m'ont été signalés[635].

Les mesures dissuasives et répressives que prend le commissaire de district à l'encontre de ces chasseurs causent leur départ vers des régions plus laxistes où des permis leur sont distribués malgré leur condamnation antérieure. Ce témoignage peut sans doute être multiplié à l'échelle du pays. Au Katanga par exemple, le médecin Schwetz observe la présence de nombreux *cambi*, huttes provisoires équipées de séchoirs pour la viande de zèbre et qui alimentent les villes et agglomérations minières des alentours[636]. Encore communs avant la Première Guerre, les zèbres du Haut-Katanga ont pratiquement disparu en 1926, à l'exception du plateau des Kundelungu, où ils sont protégés par l'ordonnance de 1921[637]. Bientôt, la présence des Européens dans ce territoire éteint cette population, tout comme ce fut le cas pour le plateau des Bianos dont la réserve établie en 1916 à l'initiative de Leplae, fut supprimée deux années plus tard.

Le phénomène de la fraude de l'ivoire se développe en conséquence, augmentant les chasses illicites aux éléphants de la part des populations locales encouragées par les demandes européennes sur place. Quant à la législation coloniale, elle l'entretient aussi indirectement par la mise en vente de permis qui alimentent les caisses de l'État. En 1924, la Chambre des représentants reconnaît publiquement la difficulté de contrôler les irrégularités en la matière[638] et vote le décret du 31 décembre 1925 qui vise surtout à freiner et à contrôler le trafic clandestin de l'ivoire au bénéfice de

---

[635] Achten, L., « La protection de la Faune au Kasaï (Congo belge) », in *Annales*, Comité belge pour la protection de la nature, t. 1, 1926, Bruxelles, p. 65.
[636] Schwetz, J., « Les zèbres des Kundelungu et la protection de la faune dans le Haut-Katanga », in *Annales*, *op. cit.*, p. 70.
[637] Ordonnance du vice-gouverneur général du Katanga du 02/12/1921.
[638] Chambre des Représentants, *Rapport annuel sur l'administration de la Colonie du Congo belge*, Bruxelles, 1924, p. 47.

l'État[639] plutôt qu'à le supprimer pour protéger l'espèce. En exigeant, non plus comme auparavant, le prélèvement de l'ivoire en nature, mais une « taxe d'enregistrement » dont les taux sont fixés par le gouverneur général d'après le prix de vente de l'ivoire sur les marchés européens, la colonie abandonne l'ivoire en nature au « commerce colonial » qu'elle stimule par plusieurs tolérances (ouverture du commerce de l'ivoire aux autochtones du Congo ou des colonies voisines ou aux Européens disposant dans la colonie d'un établissement commercial autorisé et imposable), mais le grève de plusieurs obligations financières d'enregistrement pour l'exportation, laquelle s'opère uniquement par les voies et douanes autorisées par l'État. De même, afin de contrer l'extension des permis de port d'armes, l'État n'agit pas par coercition mais, il en relève plutôt les taxes dans un but dissuasif, tout au profit du Trésor[640]. La mesure produit les effets escomptés, puisque les recettes des permis de ventes d'armes et de munitions passent de 14 350 fr en 1926 à 178 263 fr en 1927 au Congo-Kasaï, et de 9500 à 94 000 fr dans la Province-Orientale, la province qui enregistre le plus grand volume d'exportation d'ivoire. En 1925, par exemple, 230 tonnes sur 348 tonnes officiellement exportées par le Congo proviennent de cette province[641]. Ce relèvement des taxes, qui constitue une première étape dans le prélèvement d'impôts indigènes basés sur les ressources des contribuables[642], est aussi présenté comme une mesure de surveillance active et efficace de l'armement indigène dans l'intérêt de la sécurité publique et de la lutte contre la multiplication des facilités de chasse accordées aux autochtones par le gouvernement colonial[643]. Cette hausse des coûts des permis connaît pourtant des répercussions variées selon les lieux. Entre 1924 et 1927, l'octroi des permis de chasse à l'éléphant se poursuit de manière exponentielle dans la

---

[639] « Rapport du Conseil colonial sur un projet de décret concernant le régime de l'ivoire », in *BO*, 1926, p. 43 ; décret exécuté par l'ordonnance du 25/02/1926 (in *BA*, 1926, p. 124).

[640] Questions traitées par l'ordonnance du GG du 21/08/1925 et par le décret du 10/08/1926.

[641] Plus précisément : Congo-Kasaï (11 352 kg), Équateur (74 612 kg), Province-Orientale (230 250 kg) et Katanga (32 000 kg), soit un total de 348 214 kg (Chambre des Représentants, *Rapport annuel sur l'administration de la Colonie du Congo belge*, Bruxelles, session 1927-1928, p. 32).

[642] *BO*, 1926, p. 770-772.

[643] « Rapport du Conseil colonial sur un projet de décret modifiant le régime relatif au port d'armes dans la colonie, Bruxelles, 20/12/1935 », in *BO*, 1935, p. 98.

Province-Orientale où la vente de l'ivoire demeure une industrie prospère qui dépasse largement les pertes entraînées par l'achat des permis. Dès 1927, les mesures restrictives à l'égard du commerce des particuliers et des sociétés entraînent pourtant une forte diminution de la production d'ivoire, notamment dans l'Équateur, où les commerçants hésitent à fournir la caution et à s'imposer les formalités supplémentaires prévues par la nouvelle législation. En outre, les autochtones sont plus enclins à conserver leur ivoire pour des temps plus propices et à continuer les fraudes.

Les résultats attendus par la colonie s'avèrent, à la longue, contreproductifs. La recette domaniale sur l'ivoire exporté par les particuliers se trouve en très nette régression entre 1927 et 1935 – 1337 fr en 1929 contre 1 390 499 fr en 1925. Les années de crise économique internationale entre 1930 et 1935 sont également un important facteur qui entraîne une diminution du commerce de l'ivoire et son stockage par les autochtones, car l'ivoire n'est plus rentable, entre 3 à 25 franc/kg en 1934 et 50 et 60 fr/kg en 1922. Par conséquent, les permis de chasse diminuent simultanément avec le prix de l'ivoire, entraînant à leur tour une diminution des recettes de l'État qui réduit, en parallèle, les droits d'enregistrement[644]. Dès 1935 par contre, suite à la dévaluation et à la mise consécutive sur le marché des stocks d'ivoire détenus depuis plusieurs années, la colonie voit un redressement général des cours des produits. L'on assiste alors à une nouvelle augmentation des permis de port d'armes et à la reprise du commerce des poudres de traite, suite à une plus grande tolérance administrative dans la délivrance de bons d'achat pour celles-ci. Cette situation n'est pas sans conséquences sur les chasses à l'éléphant, le prix offert pour son ivoire devient, à nouveau, plus rémunérateur.

Ces taxes en tous genres prélevées par le gouvernement ne peuvent pas seulement être considérées comme un apport en numéraire ou l'application de mesures en faveur de la protection d'une espèce économiquement rentable ; elles sont également un moyen détourné de contrôler les mouvements économiques des populations. Ceci explique qu'à partir de 1936, les coûts des permis sont fixés selon un calcul régional basé sur les ressources des autochtones lequel calcul incite ces derniers à ne plus cacher leurs armes pour éluder le paiement d'une taxe

---

[644] Ordonnance du GG du 01/06/1931.

naguère considérée comme prohibitive. Des relevés plus précis veulent donc assurer davantage de transparence quant aux situations locales et notamment répondre aux critiques émises sur les manquements au niveau de la gestion et de la protection de la faune.

1.2. Législation et inquiétudes persistantes (1930-1940)

Ancrage international : la Conférence de Londres (1933)

La proportion inquiétante et généralisée de la chasse « moderne », qui inclut l'utilisation d'armes plus perfectionnées et de nouvelles pratiques comme la chasse de nuit et la chasse motorisée, entraîne les autorités métropolitaines à entreprendre une série de mesures destinées à freiner le mouvement. Celles-ci sont indispensables d'autant plus que la Belgique a ratifié, le 22 juillet 1935, la majorité des clauses de la convention relative à la conservation de la faune et de la flore africaine à l'état naturel, signée à Londres le 8 novembre 1933, lors de la Conférence internationale pour la Protection des Animaux en Afrique. Plus de trente ans après la première conférence londresienne de 1900, cette importante manifestation poursuit la rédaction d'une convention sur la protection des faunes et flores africaines ébauchée à Paris en 1931 par les représentants des gouvernements et des associations présentes lors du Deuxième Congrès international pour la Protection de la Nature à Paris. Première conférence « conservationniste », la Conférence de Londres affirme la nécessité d'une gestion rationnelle de l'environnement naturel qui, dans les conditions actuelles, est en danger d'extinction ou de préjudice permanent. La régression de la faune, conséquence de la corrélation de plusieurs facteurs (expansion des occupations humaines, développement de l'agriculture extensive, de l'agriculture vivrière et de l'élevage, perfectionnement des moyens de transports et des armements, ouverture de nouveaux marchés au commerce de viande, lutte contre les vecteurs et réservoirs des maladies bovines), n'est plus à démontrer.

Dans la ligne de cette double politique, la convention réaffirme les dispositions de la conférence de 1900 et prévoit la constitution, dans tous les territoires des gouvernements cosignataires (Union sud-africaine, Belgique, Royaume-Uni de Grande-Bretagne et d'Irlande du Nord, Égypte, Espagne, France, Italie, Portugal, Soudan anglo-égyptien), de « parcs nationaux », dont la définition est précisée, et de « réserves naturelles intégrales », dont le terme récent, puisant son inspiration auprès de biologistes français, est introduit et officialisé. Ces régimes spéciaux concernent la protection de biotopes vastes et spécialement choisis où des mesures sévères de surveillance sont prévues pour maintenir des réservoirs d'espèces et prévoir leur régénération, sans intervention humaine, hormis l'introduction d'activités touristiques prudentes. Des zones tampons, territoires sans propriétaire et sans droits, sont prévues comme espaces transitoires autour de ces zones, afin de réduire les déprédations animales dans les espaces habités par l'homme tout en y limiter les chasses par un contrôle spécifique des autorités des parcs ou réserves.

La convention fixe également une série de principes généraux à propos du contrôle et de la régulation du commerce des dépouilles d'animaux sauvages, de trophées, défenses, cornes, de l'interdiction de certains modes et pratiques de chasse (chasses nocturnes, à l'explosif, trappes, collets, poisons) et d'autres induits par le développement des technologies (chasses en voiture, bateau, avion et train). Elle simplifie les catégories des espèces en deux classes. La classe A regroupe celles à protéger aussi complètement que possible et chassées en fonction d'une permission spéciale[645] ; la classe B réunit celles qui ne nécessitent pas une protection aussi rigoureuse, mais qui ne peuvent cependant être chassées, abattues ou capturées qu'en vertu d'un permis spécial[646].

La convention souhaite, sous l'arbitrage du gouvernement britannique qui officierait comme organe de liaison, renforcer les collaborations interétatiques par des réunions périodiques et des échanges d'informations

---

[645] Permission accordée par l'autorité supérieure du territoire où la demande était faite, sans des circonstances spéciales et uniquement en vue de buts scientifiques importants ou pour cause de raisons administratives essentielles (art. 8, § 1). La classe A regroupait ainsi les sous-espèces de gorilles, toutes les espèces de lémuriens de Madagascar, ainsi que diverses autres espèces : protèle, genette fossane, antilope noire géante, antilope nyala, tragélaphe de montagne, okapi, cerf d'Algérie, hippopotame du Libéria, zèbre de montagne, âne sauvage, rhinocéros blanc, bubale d'Afrique du Nord, bouquetin d'Abyssinie, éléphant (défense de moins de 5 kg), chevrotain aquatique, bec-en-sabot, comatibis chevelu et pintade à poitrine blanche.

[646] Le permis spécial désignait une autorisation autre que le permis de chasse ordinaire, délivré par l'autorité compétente, mais avec une validation temporelle et géographique limitée (art. 8, § 1). La classe B regroupait les espèces suivantes : chimpanzé, colobe, éland géant, girafe, gnou, céphalophe à dos jaune, céphalophe de Jentink, oréotrague Beira, gazelle de Clarke, damalisque à queue blanche, rhinocéros noir, éléphant (défenses de plus de 5 kg), pangolin, marabout, grand calao d'Abyssinie, grand calao, autruche sauvage, messager serpentaire, aigrette garzette, grande aigrette, aigrette intermédiaire de l'Afrique et pique-bœuf.

et de pratiques, notamment lorsqu'il s'agit de zones situées à la frontière de deux ou plusieurs États coloniaux. Une autre conférence est prévue en 1938 pour examiner les résultats de l'application de la Convention de 1933, perfectionner les listes d'animaux justifiant des mesures particulières de protection et préparer une rencontre internationale ayant pour objet d'étendre les principes à l'Asie du Sud-Est et à l'Australie, ce qui représente une nouvelle étape vers un accord mondial pour la protection de la vie sauvage[647]. Ce projet est abandonné suite à la menace d'un conflit à l'échelle mondiale.

Vu l'importance économique de l'ivoire, la Belgique refuse, par contre, certaines clauses comme l'introduction de l'éléphant dans la classe B des animaux à protéger pour des raisons économiques et de gestion de leurs populations :

> L'éléphant est, en certaines parties de la colonie, tellement abondant qu'on doit penser plutôt à en restreindre le nombre qu'à le protéger. Au reste, la protection est déjà assurée dans les Parcs nationaux et les réserves de chasse. D'un autre côté, le commerce de l'ivoire est un élément important de notre activité économique que je ne puis négliger. Comme aux termes de l'article II, tout gouvernement contractant peut faire des réserves expresses quant aux articles 3 à 10 qui pourraient être considérées commes essentielles, ces réserves affecteront principalement, sinon exclusivement, l'éléphant et l'ivoire[648].

Motivations belges : le décret du 21 avril 1937 et ses applications

Afin de répondre à l'action internationale et d'adapter le décret lacunaire de 1910, toujours en application, le baron Félicien Fallon, directeur de l'Agriculture au ministère des Colonies, et le gouverneur général Pierre Ryckmans prennent l'initiative de proposer un nouveau décret afin d'y transposer de manière cohérente les multiples ordonnances locales, parfois contradictoires, émises depuis lors[649]. L'orientation

---

[647] Maurice, H.-G., *Parle à la Terre*, Bruxelles, IPNCB, 1946, p. 10.
[648] PR/Secrétariat Léopold III : dossier 124/8 : Conférence internationale pour la Protection de la Nature en Afrique (Londres, 1933) : lettre du min. AE à Capelle, Bruxelles, 04/10/1934.
[649] « Rapport du Conseil colonial sur le projet de décret relatif à la chasse et à la pêche », in *BO*, 1937, p. 353.

générale de la nouvelle législation va dans le sens d'une plus grande rigidité, d'un contrôle métropolitain accru et d'un « esprit nouveau à l'égard de la protection de la faune » se manifestant par une responsabilité renforcée du personnel administratif et juridique de la colonie, largement taxée de laxiste par le pouvoir métropolitain. Il s'agit en outre de mettre la réglementation de la pêche, tout à fait embryonnaire, au niveau de celle de la chasse et de retravailler la législation qui permettait à l'État d'acquérir de plein droit et sans retour l'ivoire d'éléphants abattus en cas de légitime défense[650], motif qui entraînait de nombreux abus[651]. Les discussions du Conseil colonial révèlent aussi l'épineuse question des permis de chasse accordés aux autochtones et la recherche d'un équilibre difficile entre, d'une part, l'autorisation de laisser aux collectivités africaines l'usage de leurs moyens « traditionnels » pour assurer leur alimentation carnée et, d'autre part, des mesures à prendre pour combattre la raréfaction progressive du gibier dont ceux-ci sont considérés comme les principaux responsables. Selon le *Rapport annuel sur l'administration de la Colonie*, 2154 autorisations individuelles et 664 autorisations collectives de chasse leur auraient été distribuées en 1937 (sur une population totale de 10 220 000 individus recensés, répartis en 1629 chefferies), contre 969 permis de chasse accordés aux résidents européens (sur 12 728 personnes masculines) au 1er janvier 1938[652]. Ces chiffres, qui peuvent sembler dérisoires, masquent bel et bien de nombreux cas de chasses illicites et le fait que les autorisations collectives peuvent être utilisées par un grand nombre d'individus, un groupement ou l'ensemble d'une circonscription.

Le décret, mis à exécution par ordonnance du gouverneur général[653], réunit donc un vaste ensemble de septante-trois articles relatifs aux droits de chasse et de pêche, ainsi qu'à la protection de la faune classée en 5 catégories[654]. Globalement, il édicte l'interdiction absolue, pour tous et sur tout le territoire, de chasser et de commercer toutes les espèces sauvages, à l'exception des espèces nuisibles, sans autorisation administrative individuelle ou collective.

---

[650] Décret du 31/12/1925 (*BO*, 1926, p. 45-51).
[651] AA/Agri 441 : notre de Fallon au min. Col., Bruxelles, 07/04/1936.
[652] Chambre des Représentants, *Rapport annuel sur l'administration de la colonie du Congo belge*, Bruxelles, 1937, p. 180.
[653] Ordonnance n° 103/Agri du 04/10/1937 du GG (in *BA*, 1937, p. 470 et svtes).
[654] *BO*, 1937, p. 356-399.

Si les autorisations de chasse pour les autochtones ne se modifient pas fondamentalement par rapport aux législations précédentes (octroi d'un permis gratuit qui autorise la chasse individuelle, la chasse collective pour tous les hommes d'une même circonscription indigène), le décret donne aussi accès à des permis administratifs pour Européens, pour autant que ceux-ci puissent en assumer le paiement. Cette plus grande libéralité est cependant cadenassée par une série de limitations pratiques qui empêchent, en fin de compte, les autochtones d'accéder à ce type de permis[655]. Les moyens « traditionnels » de chasse (pièges, engins, armes et modes de chasse coutumiers) restent admis, de même que l'usage individuel du fusil à piston. La chasse à l'éléphant fait exception à ces règles, car l'ivoire demeure une source importante de revenus pour la colonie : l'autorisation individuelle permet toujours l'abattage des éléphants mâles mais dont les défenses sont supérieures à 5 kg et moyennant une taxe perçue par l'État. En outre, aucune interdiction ne vise plus les juvéniles et les femelles accompagnées de leurs jeunes.

Parallèlement, une dizaine de permis de chasse annuels et payants pour les Européens[656] sont restructurés en fonction du degré de protection des espèces et visent à devenir une source importante de revenus. Parmi ceux-ci, trois nouveaux permis d'abattage des éléphants sont également légalisés dans certaines conditions pour répondre à une situation coloniale préoccupante : le permis de ravitaillement, destiné à une main-d'œuvre autochtone de plus en plus nombreuse, le permis de défense individuelle qui vise les déprédations animales, et surtout des éléphants, dans les cultures, et le permis de capture destiné à pourvoir en individus des entreprises comme la Station de Domestication des Éléphants. Dans ces trois cas, tout l'ivoire récolté sera néanmoins remis à l'État.

Une troisième caractéristique concerne les catégories des espèces à protéger. Ces catégories se basent sur les deux grandes listes introduites

---

[655] Ainsi, les restrictions concernent l'autorisation d'abattage accordée seulement pour des nécessités alimentaires et d'échanges, l'interdiction de pratiquer le commerce de viande de chasse, de fourrures ou de dépouilles, la déclaration écrite renseignant sur la validité et les animaux dont l'abattage et la capture étaient interdits et l'annulation des autorisations de chasse par ordonnance du gouverneur général pour certaines nécessités et pour une période limitée.

[656] Petit, moyen et grand permis de résident, petit et grand permis de non-résident, permis administratif de chasse, permis scientifique de chasse ou de capture, permis de chasse de ravitaillement de la main-d'oeuvre, permis spécial de chasse à l'éléphant et permis spécial de capture d'éléphants.

aux Conférences de Londres de 1900 et de 1933: la première concerne la protection totale de la majorité des espèces, à l'exception des espèces nuisibles (fauves, charognards, cynocéphales, oiseaux de proie, reptiles, loutres, phacochères); la seconde concerne la protection partielle d'autres espèces, moyennant le paiement d'un permis de chasse pour Européens (plusieurs grands permis de résident et de non-résident ainsi qu'un permis scientifique).

Cette simplification est en réalité un leurre au service d'un principe nouveau qui donne l'autorisation générale d'abattre tous les animaux, même ceux totalement protégés, en dehors des réserves totales de chasse et des Parcs nationaux, pour autant que les demandeurs y mettent le prix. La protection de la faune procède donc davantage par mesures dissuasives que coercitives, le prix du permis étant évalué en fonction de la rareté de l'espèce chassée. Ainsi, le permis de chasse au gorille et à l'okapi est multiplié par 10 (15 000 fr en 1937 contre 1500 en 1910), celui du rhinocéros blanc, par 16 (25 000 fr en 1937 contre 1500 en 1910) tandis que l'éléphant « nain » et l'éland de Derby, par exemple, peuvent être dorénavant chassés pour 10 000 fr par tête. La liste introduit aussi de nombreuses espèces nouvellement découvertes ou dont les recherches zoologiques ont spécifié les groupes et sous-groupes. Alors que le décret de 1910 protège partiellement les « singes à fourrure », celui de 1937 protège partiellement les singes dorés (*Cercopithecus Kandti*), les singes argentés (*C. leucampyx*), les colobes (*Colobus*), les chimpanzés de la rive gauche du fleuve Congo (*Anthropopithecus paniscus*, ou bonobo) et de la rive droite du fleuve (*Anthropopithecus satyrus*). De nombreuses espèces d'oiseaux et de poissons s'y trouvent aussi nouvellement inscrites, comme la cigogne blanche d'Europe ou le *Caecobarbus Geertsi*.

Malgré la volonté d'organiser la chasse depuis Bruxelles, le décret assure une certaine souplesse aux pouvoirs locaux qui peuvent continuer à ajouter ou à lever des interdictions de chasse en fonction des circonstances, tout comme modifier la liste des espèces protégées ou constituer des réserves de chasse. Ces pouvoirs règlent également les diverses mesures pénales prévues pour les contrevenants, allant de la simple amende lorsque l'infraction est commise en dehors des réserves, à la confiscation des permis et des armes, et même, à l'emprisonnement.

Dès 1937, les statistiques officielles du gouvernement signalent de manière précise le nombre d'autorisations individuelles et collectives en faveur des autochtones, les divers permis délivrés aux non-autochtones et assimilés pour des buts divers (alimentation, collectes scientifiques)[657]. Elles renseignent également le nombre officiel d'éléphants abattus (3417 en 1937 contre 1921 en 1936), principalement par des autochtones des Provinces de Costermansville, Stanleyville et du Katanga. Le lieutenant-honoraire de chasse A. Jobaert témoigne du développement inquiétant des *fundi*, chasseurs professionnels qui possèdent des armes à feu, voyagent toute l'année et revendent les produits de leurs chasses pour une somme équivalant à plusieurs mois de travail[658]. Suite à la dépression et à l'application du nouveau décret de 1937, le marché de l'ivoire poursuit sa régression, tandis que les recettes des permis de port d'armes continuent d'augmenter par la majoration de leur coût dans divers territoires, majoration basée sur le relèvement du taux de l'impôt indigène et par un recensement plus complet de leurs armes. La diversité des permis individuels de chasse introduits par le décret et notamment le coût des permis les plus bas (entre 5 et 20 fr) accentue fortement les demandes des autochtones (10 177 en 1938 contre 2154 en 1937), tandis que les demandes collectives sont en régression (373 contre 664). En outre, le décret de 1937 autorise l'abattage d'éléphants et d'autres animaux déprédateurs sous couvert de la légitime défense lors de campagnes de refoulement pour protéger les cultures. Entre 1946 et 1954, quelque 2200 abattages annuels sont officiellement comptabilisés par les statistiques officielles dans ce contexte précis.

La Commission permanente Chasse et Pêche

À la demande du Conseil colonial et parallèlement à la rédaction du décret de 1937, une Commission permanente de la Chasse et de la Pêche (CPCP) est créée par arrêté royal du 4 juillet 1936. Elle vise à aider le ministère à élaborer une législation plus appropriée aux contingences du terrain[659]. Présidé par les agronomes M. Van den Abeele et F. Fallon, directeurs de l'Agriculture au ministère des Colonies, et composé de membres issus du Conseil colonial et d'institutions scientifiques (Institut national pour l'Étude agronomique au Congo belge, Institut des Parcs

---

[657] Chambre des Représentants, *Rapport annuel sur l'administration de la colonie du Congo belge…*, 1937, p. 180 et svtes.
[658] AA/Agri 442 : Chasse et Pêche : Exposé et suggestions pour le Comité local de chasse de Lusambo par Jobaert, Katamvala, 25/09/1938.
[659] *BO*, 1936, p. 1112-1113.

nationaux du Congo belge, Institut de Médecine tropicale Prince Léopold, Musée du Congo belge), cet organe d'avis va rapidement presser le ministre E. Rubbens de doter la colonie d'un personnel exécutif technique et qualifié, inspiré des modèles coloniaux britannique et français[660]. Sa mission consisterait à faire naître un état d'esprit nouveau à l'égard de la protection de la faune, à éclairer les autorités sur les imperfections de la loi, à veiller à la mise en application du décret et à signaler les abus[661]. Un Corps de lieutenants-honoraires de chasse, institué à cet effet par arrêté ministériel du 27 septembre 1937[662], se voit composé de résidents coloniaux bénévoles, nommés par le gouverneur général pour trois ans et qui disposent d'un statut d'officier de police judiciaire à compétence limitée. Très vite, le travail de terrain de ces agents se révèle inégal et largement inefficace, tant par le manque de formation et d'expérience en la matière que par le fait que, n'étant pas guidés par une autorité spécialisée, ils manquent généralement de doctrine. En 1945, dix-huit agents seulement occupent la fonction pour l'ensemble du territoire[663].

En parallèle, des Comités locaux de chasse[664] sont créés en 1938 dans les chefs-lieux des provinces. Ceux-ci se composent d'au moins quatre membres issus de l'administration provinciale, du Corps des officiers et de lieutenants-honoraires de chasse, de certains magistrats et de spécialistes des questions traitées. Également nommés par le gouverneur général pour trois ans, ces Comités consultatifs disposent d'une influence non négligeable au niveau législatif, notamment pour la création, l'organisation et l'administration des réserves de chasse et le

---

[660] Une administration de forestiers professionnels destinée à contrôler et à gérer les forêts fut créée, dès 1892, sous le régime allemand de l'Oost Deutsch Afrika (Koponen, J., *Development for Exploitation. German colonial policies in Mainland Tanzania, 1884-1914*, Helsinki – Hambourg, LIT Verlag, 1994, p. 531). À la reprise de la colonie par les Britanniques, le Tanganyika Territory poursuivait le système allemand et créait, en 1921, un Forest Department basé à Lushoto (Neumann, R. P., *Imposing Wilderness. Struggles overs Livelihood and Nature Preservation in Africa*, Berkeley – Los Angeles – Londres, University of California Press, 1998); voir aussi Gissibl, B., *The nature of German imperialism, op. cit.*, p. 217-225.

[661] AA/Agri 445 : Commission permanente de la Chasse et de la Pêche, procès-verbal, juillet 1936.

[662] *BO*, 1937, p. 1093-1097.

[663] AA/Agri 441 : Note de P. Offermann au Comité permanent de Chasse et Pêche, 11/01/1957.

[664] Ordonnance n°4/Agri du 11/01/1938.

développement du tourisme cynégétique[665]. Par ailleurs, l'administration métropolitaine s'entourera dans les années suivantes de plusieurs autres groupements d'origine privée à qui elle accordera le statut de personnalité civile : Société de Botanique et de Zoologie congolaise, Union congolaise pour la Protection de la Nature, Amis de la Faune et de la Flore africaines. La Société de Botanique et de Zoologie congolaise, par exemple, fondée en 1936, créera la revue *Zooléo* en mai 1949, laquelle succèdera au *Bulletin de l'Association des Amis du Parc* en devenant un organe d'éducation et de vulgarisation du public sur la flore et la faune congolaises et sur la conservation de la nature.

Au niveau du gouvernement général au Congo, par contre, aucune structure spécifique n'est mise sur pied. Les matières « Chasse et Pêche » sont confiées à une section du Service des Eaux et Forêts, dépendant elle-même de la Direction générale de l'Agriculture dirigée par un ingénieur forestier. Deux officiers de Chasse et de Pêche (Vleeschouwer et Swaluwe) y sont chargés de missions spéciales, mais sans fonctions clairement précisées, ils sont surtout chargés de la création de réserves de chasse et de la capture d'animaux sauvages[666]. Bien que les autorités de Léopoldville installent en 1935 un Corps de gardes-chasses et de gardes-forestiers autochtones, recrutés par les administrateurs territoriaux, ceux-ci sont peu nombreux et manquent de formation technique. Leur action reste inefficace.

1.3. Technicisation et déconvenues (1940-1960)

La Deuxième Guerre mondiale entraîna de profondes répercussions sur l'application des mesures de protection qui devaient découler de la mise en vigueur du décret de 1937. Dans le contexte de l'économie de guerre, les gouverneurs de provinces délivrent, avec l'assentiment de Léopoldville, de nouveaux permis et des autorisations de chasse. De même, l'organisation de campagnes de refoulement et de destruction du gibier crée souvent des situations parfois irréversibles pour les populations animales. La chasse aux éléphants se révèle plus active, permettant à la colonie de percevoir un nombre plus élevé de taxes d'abattage et ce, malgré une majoration des permis de port d'armes pour les autochtones et la difficulté de

---

[665] MRAC/Hist : Commission permanente de la Chasse et de la Pêche (73.43).
[666] AA/Agri 441 : Chasse et Pêche : P. Offermann..., *op. cit.*

s'approvisionner en poudre de traite, en armes et en munitions. En de nombreuses régions s'organise une véritable industrie de destruction de leur population pour l'ivoire et la viande sous couvert de légitime défense et pour motif de déprédations aux cultures[667]. Par contre, le conflit provoque, tout comme pour la Première Guerre, une diminution des recettes domaniales sur l'ivoire exporté par les particuliers, avant d'observer en 1946 la mise sur le marché d'importants stocks d'ivoire dont la valeur à l'exportation atteint 54 314 000 fr pour une production record de 273 tonnes. La fin des hostilités entraîne également une augmentation de la demande des différents permis, malgré un relèvement des taux, ainsi que la reprise normale des importations d'armes et de munitions. Les permis spéciaux de chasse à l'éléphant constituent les taxes les plus nombreuses et offrent à la colonie les plus grosses recettes de chasse, tandis que le petit permis de résident à 150 fr connaît un grand succès, permettant de chasser tous les oiseaux sauf ceux protégés par le décret de 1937, ainsi qu'un certain nombre d'antilopes mâles adultes dont la liste est fixée par ordonnance du gouverneur général. Après la guerre, les permis de chasse continuent à être délivrés par les gouverneurs de province, à l'exception de deux permis – le permis spécial de chasse à l'éléphant valable dans toute la colonie et le permis scientifique de chasse – qui sont délivrés par le gouverneur général. Malgré un nombre moins important de permis individuels délivrés aux autochtones, l'abattage des éléphants par ces derniers est croissant. Le rapport annuel de la colonie, estimant que dix mille individus seraient annuellement tués depuis la fin de la guerre, met en cause la combinaison de l'extrême modicité de la taxe (4500 fr pour deux éléphants) et la haute valeur de l'ivoire (400 fr/kg à Anvers pour des défenses de plus de 35 kg)[668]. Il pointe également la distribution trop laxiste et trop élevée de permis administratifs de chasse qui ne devraient, en principe, être accordés qu'à des fins exceptionnelles[669], ainsi que l'augmentation des permis scientifiques accordés aux conservateurs des Parcs nationaux, au personnel de la Section Chasse et Pêche et aux membres de missions scientifiques de plus en plus nombreuses.

---

[667] AA/Agri 441 : Chasse et Pêche : P. Offermann, secrétaire de la CPCP aux membres du CPCP, Bruxelles, 11/01/1957.

[668] Chambre des Représentants, *Rapport annuel…, 1945-1946 : Agriculture*, p. 355-357.

[669] Pour « *but supérieur d'administration* » (article 45 du décret du 21/04/1937, in *BO*, 1937, p. 378).

Décentralisation et organisation technique

En réponse aux libéralités et au manque de zèle de l'administration locale à s'occuper de ces questions, les gouverneurs généraux Pierre Ryckmans et Eugène Jungers prennent, en 1946-1947, une série de mesures structurelles et législatives. Sur le plan législatif, des instructions sont également envoyées aux gouverneurs provinciaux pour appliquer la taxe individuelle de chasse prévue par le décret de 1937 et pour réajuster la taxe sur l'enregistrement de l'ivoire et sur le permis spécial de chasse. Ces mesures entraînent notamment une forte diminution des autorisations individuelles de chasse délivrées aux autochtones de la Province de l'Équateur (1475 en 1947 contre 4472 en 1946) tout comme elles répondent, dans un contexte général économiquement moins favorable, à la chute des prix de l'ivoire sur les marchés européens. L'article permettant le refoulement des éléphants est aussi abrogé, ce qui entraîne une diminution sensible de leur abattage (3218 en 1949 contre 7086 en 1946)[670]. Le décret du 2 mars 1948, destiné à mieux protéger la faune et la reconstitution de réserves à gibier, mais aussi à réduire le nombre de fusils aux mains des autochtones, accentue les interdictions et, en parallèle, augmente considérablement les recettes de l'État. De 1947 à 1948, l'augmentation de la délivrance des permis de port d'armes et des ventes d'armes et de munitions produit un doublement des bénéfices nets (13 373 837 fr contre 7 817 833 fr). La diminution généralisée des demandes individuelles de chasse par les autochtones dans tout le pays, à l'exception du Kivu et du Katanga, s'effectue alors au profit d'une augmentation des demandes collectives et d'une hausse importante des permis de chasse délivrés aux Européens, surtout le petit permis de résident. Le nombre d'éléphants abattus continue cependant à diminuer (3054 en 1948 contre 5867 en 1947). À partir de 1949, de nombreuses mesures réglementaires régionales édictées en matière de taxes et licences inversent néanmoins le mouvement. Les autorisations individuelles de chasse aux Européens et aux autochtones connaissent une énorme progression (8164 en 1949, 32 200 en 1950, 59 134 en 1951).

Afin de remédier à cette situation désastreuse et de mieux assumer les responsabilités de l'Administration coloniale à gérer le « capital faune »[671],

---

[670] AA/Agri 440 : Chasse et Pêche : Commission permanente de Chasse et Pêche, Bruxelles, 12/12/1955.
[671] AA/Agri 188 : dossier 65 : Chasse divers : circulaire n° 52/34 du GG du 25/06/1950.

le gouverneur général Jungers fait un geste fort en signant l'ordonnance de février 1952[672] qui autorise l'annulation des autorisations individuelles de chasse dans le but d'empêcher la disparition du gibier. Selon lui, il s'agit du devoir moral du colonisateur de protéger ce « capital faune » dont il est responsable à l'égard de la population congolaise. Les résultats ne sont pourtant que de courte durée. Alors qu'en 1952, 18 272 autorisations individuelles sont ainsi annulées pour la seule Province de Léopoldville, l'Administration reste particulièrement laxiste dans l'octroi des petits permis de chasse de résident et des autorisations individuelles et collectives pour les autochtones. Une fois encore, à l'amère constatation de la destruction du gibier[673] répond la satisfaction d'assurer, par le biais des divers permis, des recettes importantes (20 millions en 1954 contre 8 en 1947 !). De surcroît, les rapports de lieutenants-honoraires de chasse à la CPCP font état de nombreux délits de chasse sans permis et de nombreux actes de braconnage commis par les autochtones, les migrants[674] et les Européens[675] dans des buts divers (commerce, défense, recherche de trophées) et confirment la disparition presque totale du gros gibier, comme, par exemple, dans la région de Kolwezi en quelques années seulement[676]. L'essor du commerce de viande de chasse y profite surtout aux commerçants, résidents africains hors circonscriptions ou en provenance des grands centres urbains ou industriels, au détriment des populations rurales de l'extérieur. Des braconniers de Jadotville, Lubudi et Élisabethville pénètrent dans les réserves de chasse de Sampwe, des Kundelungu et du Parc national de l'Upemba et vendent les fruits de leurs chasses dans les cités indigènes[677]. En 1959, près de 5000 éléphants sont ainsi officiellement abattus au Congo belge. Le nouveau gouverneur général Henri Cornelis reconnaît que ce nombre a été augmenté par l'accroissement régulier et rapide de l'occupation du pays depuis le *Plan décennal* de 1949, en particulier dans les domaines agricoles et pastoraux[678].

---

[672] Ordonnance n° 52/47 du GG du 06/02/1952.

[673] AA/Agri 440 : Chasse et Pêche : Communication de Ch. Vander Elst au Comité de direction de l'IPNCB, Bruxelles, 08/09/1954.

[674] AA/Agri 188 : Réserves de Chasse : note de l'officier de Chasse du Katanga, Georis, Bruxelles, 16/01/1958.

[675] AA/Agri 440 : Chasse et Pêche : rapport du lieutenant-honoraire de la Kéthulle de Ryhove, Mokabe, mars 1955.

[676] *Ibid.* : rapport du lieutenant-honoraire Moureau, Kolwezi, 1954.

[677] AA/Agri 188 : Réserves de Chasse : lettre de J. Vandersmissen à P. Staner, Élisabethville, 1911/1950.

[678] *Ibid.* : note du GG au min. Col., Léopoldville, 27/07/1959.

Ce froid constat illustre la proche disparition, outre des éléphants, de tout un important patrimoine faunique : antilopes de savane, kudus, impalas, antilopes sable, élands de Livingstone et bubales[679].

Années	Ivoire (kg)	Ivoire (fr)	Années	Ivoire (kg)	Ivoire (fr)
1908	228 757	5 936 244	...	...	...
1909	243 823	6 583 221	1934	112 000	11 217 000
1910	236 822	6 056 475	1935	219 000	29 896 000
1911	226 433	5 683 468	1936	204 000	29 431 000
1912	233 675	6 075 550	1037	184 000	26 430 000
1913	277 107	7 792 632	1938	122 000	17 861 000
1914	295 496	7 091 904	1939	78 000	11 474 000
1915	214 932	4 588 798	1940	80 000	11 357 000
1916	360 418	7 929 196	1941	111 000	16 313 000
1917	181 882	3 637 640	1942	144 000	20 021 000
1918	127 117	3 050 808	1943	107 000	15 729 000
1919	424 013	19 399 414	1944	126 000	30 936 000
1920	352 053	38 836 649	1945	128 000	24 678 000
1921	258 174	11 263 603	1946	273 000	54 314 000
1922	303 610	17 601 521	1947	121 000	27 660 000
1923	334 660	32 668 732	1948	122 000	31 355 000
1924	314 446	32 791 941	1949	62 000	14 114 000
1925	309 846	33 966 200	1950	100 000	22 251 000
1926	239 600	28 887 270	1951	178 000	38 694 000
1927	225 000	31 416 000	1952	135 000	29 736 000
1928	204 000	34 701 000	1953	188 387	36 470 896
1929	207 000	37 084 000	1954	97 771	31 254 382
1930	153 000	21 551 000	1955	152 420	37 315 348
1931	133 000	17 960 000	1956	199 441	48 126 644
1932	168 000	17 720 000	1957	155 867	36 571 675
1933	129 000	12 671 000	1958	136 198	28 320 189
...	...	...	Total	9 917 948	1 134 470 400

Fig. 4 *Exportations de l'ivoire brut congolais renseignées en quantité (kg) et en valeur absolue (francs belges) pour le commerce spécial entre 1908 et 1958.* Source : *Annuaire statistique de la Belgique et du Congo belge*, Bruxelles, ministère de l'Intérieur, 1908–1960. Remarque : Certaines années additionnent ivoire brut et ivoire travaillé (1913, 1919–1926, 1932–1936)

---

[679] AA/Agri 441 : Ch. Vander Elst, Mission d'information sur la chasse au Congo belge, 1955.

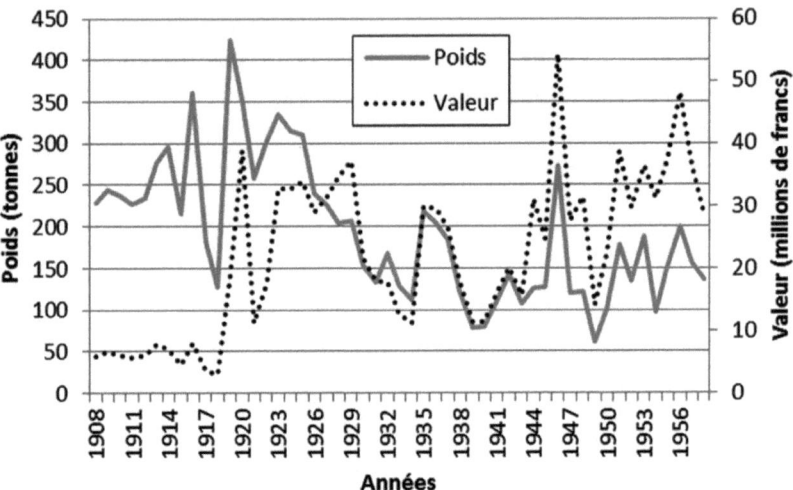

Fig. 5 *Exportations d'ivoire traduites en quantité (tonnes) et francs (belges), se rapportant aux statistiques fournies par le ministère de l'Intérieur pour la période 1908–1960.*

Technicisation et déconvenues

Années	Situation financière et budgétaire: Situation de l'ivoire		Permis de chasse, port d'armes et vente d'armes à feu et munitions
	Recettes domaniales	Taxe d'enregistrement	
1921			31 172
1922			33 299
1923	4 054 339		
1924	1 375 499		
1925	1 390 499		
1926	996 455	3 147 942	
1927	83 066	10 339 790	
1928	2 162	11 878 953	3 363 988
1929	1 337	10 926 516	3 814 582
1930		7 236 167	3 683 579
1931		5 978 990	3 308 483
1932		6 421 019	2 652 620
1933		3 153 919	2 434 364
1934	290 849	2 749 077	2 382 676
1935		5 307 108	2 641 611
1936	1 297 637	4 605 560	2 950 571
1937	2 467 795	4 863 436	3 844 212
1938	688 488	3 520 989	4 089 543
1939	658 589	2 870 171	4 174 345
1940	17 878	2 728 890	4 254 465
1941	543 259	3 722 040	4 228 767
1942	3 769 750	3 740 462	4 162 173
1943	6 110 366	5 435 367	3 991 051
1944	1 283 087	2 871 466	3 856 815
1945	7 669 328	5 643 330	5 234 369
1946	2 138 731	4 120 404	4 610 388
1947	1 904 213	7 644 374	7 817 833
1948	1 303 365	4 560 922	13 373 837
1949	1 944 222	3 382 029	11 537 000
1950	489 000	3 757 166	14 660 173
1951	6 431 000	5 615 300	15 759 600
1952	6 700 000	2 800 000	17 200 000
1953	18 400 000	8 300 000	18 200 000
1954	10 800 000	3 800 000	20 000 000

Fig. 6 *Recettes de l'État sur l'ivoire et sur les divers permis de chasses, de port et vente d'armes et de munitions.* Source : Chambre des Représentants, *Rapport sur la situation générale du Congo belge et au Ruanda-Urundi. Finances. Situation financière et budgétaire*, Bruxelles, 1908–1958. Remarque : Les statistiques de certaines années sont manquantes car non fournies dans les *Rapports* (1908–1922, partiellement ; 1930–1933, partiellement ; à partir de 1955).

Des mesures structurelles répondent aussi à la nécessité de jeter les bases d'une organisation plus complète de la chasse et de lutter contre l'extermination de la faune sauvage. Tandis qu'auparavant, les questions de chasse et pêche relevaient de la compétence de l'ingénieur forestier, un nouveau Bureau de la Chasse et de la Pêche est créé, en 1946, au sein du Service des Eaux et Forêts de la DG Agriculture du gouvernement général à Léopoldville[680]. Ce bureau est à présent dirigé par un officier supérieur ayant le titre de conservateur de la Chasse et de la Pêche, secondé par un officier de chasse. D'autres mesures concernent l'officialisation du cadre des officiers de Chasse et de Pêche du service et la transformation du récent Corps des gardes-chasses et gardes-forestiers autochtones[681] en Corps des préposés à la Protection de la Faune et de la Flore, placé sous la direction technique des agents des Eaux et Forêts et sous l'autorité des administrateurs territoriaux[682]. Tel est aussi désormais le cas du Corps de chasseurs-cornacs de la Station de Domestication des Éléphants de Gangala na Bodio. Destinés à devenir la « cheville ouvrière » entre l'Administration et les populations locales, les membres de ces Corps sont choisis parmi les anciens combattants, les militaires de la Force publique et les chasseurs-cornacs[683]. Leur rôle consiste à prévenir, rechercher et signaler aux autorités les infractions commises en violation de la législation forestière, de chasse et de pêche, la vente illicite d'ivoire, le commerce des armes, ainsi qu'à assurer la protection des animaux sur l'ensemble de la colonie, y compris dans les parcs nationaux. Ils ont également la tâche de recueillir la documentation demandée en ces matières et de contribuer aux travaux entrepris en vue de la conservation, de la domestication et de la multiplication des espèces animales et végétales. À partir de 1954, leur nomination ne dépendra plus de Léopoldville mais du directeur provincial de l'Agriculture sur proposition de leur autorité de tutelle.

À partir de 1951, la décentralisation provinciale est aussi appliquée aux Corps des officiers de Chasse et de Pêche, composé de fonctionnaires coloniaux qui, contrairement aux lieutenants-honoraires, possèdent une

---

[680] AA/Agri 411 : Chasse et Pêche : lettre de Offermann aux membres du CPCP, Gangala na Bodio, 12/12/1955.

[681] Ordonnance n° 432/Agri du GG du 26/12/1947.

[682] AA/Agri 440 : CPCP, *Bilan d'activité dela Section Chasse et Pêche de 1946 à 1950*, Bruxelles, 12/12/1955.

[683] *Ibid.*: *Mémoire relatif à l'organisation Chasse et Pêche au Congo belge*, Bruxelles, 29/05/1954.

formation scientifique ou en ingénierie forestière et dépendent directement des Services de l'Agriculture dans les provinces. Ceux-ci sont tenus de procéder, à la demande du Service des Eaux et Forêts du gouvernement général, à des études sur les conditions de vie de la faune, et en particulier, sur les rythmes de reproduction des espèces, afin d'établir un inventaire général de la faune et, sur cette base, de proposer des mesures propres à assurer son exploitation rationnelle et optimale. Pratiquant l'itinérance, ces officiers sont responsables de la surveillance matérielle et de la police de la faune dans leur province et, à ce titre, ils remplissent le rôle de conseillers techniques des autorités et d'instructeurs des préposés à la conservation de la faune.

D'autre part, le gouvernement général entreprend le renforcement du cadre des lieutenants-honoraires de chasse qui s'élève à 76 en 1955[684]. Leur cohésion tente d'être assurée par la publication d'un bulletin de liaison, le *Bulletin des Lieutenants-honoraires de Chasse* qui paraît sans discontinuité entre 1947 et 1960. Tous ces agents sont également nommés membres correspondants de la Société de Botanique et de Zoologie congolaise qui s'occupe de la protection de la nature. Il tente aussi de faire revivre les Comités locaux de Chasse, inactifs depuis le début de la guerre, notamment en faisant participer comme membres d'office les officiers de Chasse et de Pêche. Dès 1948, ces Comités fonctionnent de manière assez régulière. Les procès-verbaux de leurs assemblées illustrent leurs principales préoccupations : la responsabilité des communautés congolaises dans la gestion du capital faune, la protection des cultures par des clôtures électriques, le développement de la propagande en faveur de la protection de certaines espèces par des moyens nouveaux comme les films et la création de domaines de chasse avec maintien des droits de chasse des autochtones à condition d'y assurer un gardiennage efficace.

Dernier projet avorté

Contrairement à la multiplication des initiatives dans la colonie, le manque de capacités exécutives de la Commission permanente qui se réunit à Bruxelles ne permet pas de procurer les effets escomptés. Celle-ci finit par ne plus se réunir et plusieurs sièges vacants ne sont plus pourvus. En 1953, conformément aux souhaits du roi Baudouin, le ministère des

---

[684] AA/Agri 440 : Chasse et Pêche : Commission permanente de Chasse et Pêche, Bruxelles, 12/12/1955.

Colonies soumet un projet de décret remplaçant la Commission par un Office de la Chasse et de la Pêche au Congo belge. Cet organe consultatif vise à disposer d'une autonomie de pouvoirs nécessaire pour assurer la surveillance, la gestion et la valorisation touristique des réserves et des domaines de chasse et de pêche sur l'ensemble du territoire colonial en dehors de ceux gérés par l'Institut des Parcs nationaux du Congo belge[685]. Cet objectif répond surtout aux résultats de la mission d'étude au Congo de Charles Vander Elst, vice-président de la Commission, sur la situation de la chasse coloniale en relation avec la protection de la faune. Le rapport pointe les nombreuses lacunes du système mis en place dans les provinces par le Service de la Chasse et de la Pêche, incapable, selon lui, de lutter conjointement contre la diminution drastique de la faune, surtout au Katanga et au Kivu, et contre l'augmentation sensible du braconnage. Et pour cause. Les comités locaux sont mal composés et non consultés, des lieutenants-honoraires manquent d'expertise, tandis que les officiers de chasse sont en nombre insuffisant (au mieux, 1 par province !). En outre, les services provinciaux de l'Agriculture entravent souvent les missions du personnel du Service de la Chasse. Pour Vander Elst, la solution la plus efficace consisterait à mieux répartir les responsabilités entre les autorités coloniales et les autorités congolaises. La Commission se penche alors sur la nécessité d'associer les chefs coutumiers aux prises de décision sur l'organisation de la chasse, une idée qui va à contre-courant de celles généralement acquises sur les autochtones présentés comme les principaux destructeurs de leur environnement. Il propose ainsi plusieurs mesures tout à fait inédites : la transmission de leurs droits et devoirs, la réhabilitation du caractère local de la chasse « indigène », la reconnaissance de l'autorité coutumière sur le droit de chasse « communale », l'abandon des amendes pour braconnage imposées à la collectivité autochtone, l'indemnisation des dommages causés par les déprédations animales sur les cultures par la création de caisses de compensation, l'offre des dépouilles comestibles, la collaboration entre les chefs locaux et l'officier de Chasse de la province et, finalement, la remise en vigueur d'anciennes coutumes. Cette dernière suggestion est particulièrement novatrice, car elle manifeste une prise de conscience très nette que des savoirs et des pratiques de chasse africains sont à prendre en considération pour sauvegarder l'avenir de la faune, car

---

[685] AA/Agri 441 : Chasse et Pêche : projet de décret instituant l'Office de la Chasse et de la Pêche au Congo belge, 1953.

[elles] concernaient les droits du Chef, les époques de chasse, les espèces protégées, la préservation de la reproduction des espèces, la répartition des terres de chasse en un cycle s'étendant sur plusieurs années, d'où la réglementation des feux de brousse, établissement de pâturages, etc.[686].

En symbiose avec les vues de Leplae quelques décennies précédentes concernant l'adéquation entre protection du gibier et assurance d'une alimentation pour les populations actuelles et futures, Vander Elst est convaincu que le progrès économique n'exclut pas le sacrifice, total ou partiel, de la faune[687]. Sur base d'enquêtes réalisées auprès d'autorités compétentes[688] par la Commission permanente, un nouveau projet de décret stimulé par ce dernier est proposé en 1957. Celui-ci s'appuie sur trois facteurs structurels importants qui proposent un équilibre décisionnel entre métropole et colonie. Primo, l'initiative est prise par le gouverneur général Pétillon qui soumet le décret au Conseil du gouvernement à Léopoldville en décembre 1959. Secundo, la Commission permanente de la Chasse et Pêche et les Comités locaux de Chasse sont invités à donner leurs avis et considérations sur le projet. Tertio, le contenu respecte les principes et des recommandations formulées à la Troisième Conférence internationale pour la Protection de la Faune et de la Flore tenue à Bukavu en 1953. Sur le plan du fond, le projet, largement décentralisateur, innove sur divers points : la participation active des autorités coutumières à la gestion des terres de chasse, la distribution de la totalité de la viande de chasse aux populations rurales en limitant son commerce aux seuls échanges coutumiers, le développement d'un tourisme cynégétique guidé par des personnes compétentes ou des sociétés de chasse, l'abrogation du terme « nuisible » pour toutes les espèces, la simplification des types de permis et formulaires, l'importance de la délégation des pouvoirs et, finalement, l'introduction de la notion de « réparation civile au profit de l'État ». Les événements précipités qui vont conduire à l'indépendance

---

[686] *Ibid.* : Rapport de Ch. Vander Elst, Mission d'information sur la chasse au Congo belge, 1955, annexe II (Collaboration indigène).

[687] AA/Agri 439 : Chasse et Pêche : allocution de Ch. Vander Elst à la réunion du Comité local de la Chasse de la Province du Kasaï, 05/08/1957.

[688] Notamment de Paulus, directeur du Service des Affaires indigènes du ministère des Colonies, de de Waersegger, avocat général près la Cour d'Appel à Léopoldville, de Limbourg, substitut du procureur du roi à Élisabethville, de Lefebvre, directeur de la Station de Chasse, de Roberti, officier de Chasse du Kivu, de Colleaux, ingénieur agronome forestier principal et de Frère, lieutenant-honoraire de chasse.

du Congo annuleront la mise en application de ce prometteur projet de décret.

1.4. Réserves de faune

Simultanément à l'élaboration d'une législation cynégétique pour gérer, contrôler et protéger la faune et les matières premières d'origine animale, la mise en place de réserves de faune répond également à ces objectifs, mais vise surtout à s'adapter aux particularismes et aux contingences régionales. Comme ce fut le cas pour deux des trois réserves (Aruwimi, Ituri) créées sous le gouvernement de l'EIC, les premières réserves de chasse mises en place par le ministère des Colonies concernent la protection de l'éléphant. À la demande du gouverneur général Félix Fuchs[689], la réserve de chasse à éléphants[690] du district de l'Uele vise, dès 1910, à assurer la capture d'individus pour la Station de Domestication des Éléphants et à freiner les fraudes d'armes, de munitions et d'ivoire entre le Congo belge et l'Afrique équatoriale française. D'après le témoignage du chasseur professionnel Marcus Daly, il existe alors un réseau commercial bien drillé sur cette frontière étendue et incontrôlable[691] :

> Des deux côtés du fleuve, la région est sauvage et inhabitée : on n'y rencontre que des chasseurs d'ivoire et des commerçants, à une certaine période de l'année, elle voit affluer d'innombrables pachydermes [...]. Sur le côté belge, c'est une véritable jungle [...]. Par centaines, les chasseurs indigènes s'assemblent sur l'une et l'autre rive, en des points déterminés ; ils appartiennent à cette catégorie de Nemrods que j'ai présentés sous le sobriquet de 'cap and powder hunters'. Ils possèdent de très grandes pirogues, taillées en une seule pièce dans des troncs d'arbres, traversent le fleuve plusieurs fois par jour s'il le faut, le remontent ou le descendent, accompagnés souvent par des commerçants italiens, français ou portugais. Il va de soi qu'ils chassent sans permis[692].

Arrêté lui-même pour faits illicites de chasse par l'administration française qui lui confisque armes et ivoire, Daly établit ensuite son camp

---

[689] AA/Agri 412: D/dossier V/Domestication des éléphants : lettre du GG Fuchs au secrétaire d'État, Boma, 02/09/1907.

[690] *BO*, 1910, p. 724-725.

[691] AA/Agri 412 : Gangala na Bodio nouvelle station : lettre de Meulemeester au GG, Stanleyville, 23/04/1924.

[692] Daly, M., *La grande chasse en Afrique. Mémoire d'un chasseur professionnel*, Paris, Payot, 1947, p. 125-126.

de part et d'autre du fleuve Ubangi pour pouvoir aisément passer cette frontière naturelle en cas de contrôle. Ce stratagème est aussi adopté par les chefs de poste belges qui participent à cette contrebande, sous couvert du permis d'abattage de deux éléphants :

> Ils tournent le règlement en tuant d'autres paires de pachydermes, transportent chaque fois les défenses au territoire français, reviennent chez eux et recommencent leur ingénieux manège sous la protection de leur élastique permis[693].

Suite à l'échec de la réserve de chasse du plateau des Bianos au Katanga, destinée à reconstituer un gibier potentiellement exploitable pour l'alimentation de la région et abolie deux ans après sa création en 1916 devant l'extermination quasi totale de sa faune, Leplae envisage la création d'autres réserves qui protégeraient prioritairement certaines espèces en particulier. Dans la région de l'Aka-Dungu, la réserve de chasse constituée en 1920 a pour but de protéger le rhinocéros blanc, la girafe, le bubale et d'autres espèces de la région. En 1922, une nouvelle réserve de chasse à éléphants de l'entre-Bili-Gwane-Dakwa[694] jouxte celle de 1910 en vue d'assurer la stabilité de sa population, de nouvelles captures d'éléphanteaux pour Api et Gangala na Bodio, et la protection d'un gibier en forte diminution[695]. Les réserves de chasse créées au Kivu en 1923 et 1924 visent, quant à elles, à protéger le gibier de la plaine du lac Édouard. Ces réserves deviendront l'un des noyaux du Parc national Albert, créé un an plus tard en tant que « réserve naturelle intégrale ».

À partir des années 1920 mais surtout dès le milieu des années 1930, dans le cadre de la politique de gestion faunique mise en place depuis Bruxelles et stimulée par la Convention de Londres de 1933, les autorités provinciales sont tenues à leur tour d'attribuer certaines zones de leur territoire à la protection de la faune. Dans toute la colonie se développe alors une variété de réserves (« réserves générales de chasse », « réserves de gibier », « réserves partielles », « réserves à éléphants », « réserves à hippopotames » et « domaines de chasse réservée ») dont les types et les statuts répondent à des nécessités économiques

---

[693] *Ibid.*, p. 127.

[694] Ordonnance du 07/02/1922 (AA/Agri 412 : lettre du secrétaire général Postiaux au min. Col., Boma, 06/07/1922).

[695] AA/Agri 412 : Gangala na Bodio, nouvelle station : rapport sur la domestication des éléphants par l'agronome adj. Vermeersch, Api, 21/12/1921 ; Vermeersch, rapport supplémentaire sur la chasse et la conservation du grand gibier, Api, avril 1922.

et alimentaires régionales. Les réserves générales définissent des zones où diverses espèces fauniques sont complètement protégées, à l'exception des espèces considérées comme nuisibles (fauves, crocodiles, serpents). Elles sont dotées d'un statut permanent et pratiquement irrévocable qui exige une enquête de vacance des terres et le rachat des droits traditionnels des autochtones. Les réserves de l'Aka-Dungu dans le Haut-Uele, d'Irumu dans l'Ituri, de la Luama au Maniema, et des Kundelungu sur les hauts plateaux du Katanga répondent à cette définition. De vastes régions des Provinces de Léopoldville-Lusambo et Coquilhatville sont, quant à elles, transformées en réserves partielles où des espèces particulières sont protégées et certains types de chasse autorisés sous diverses conditions. Celles-ci ne concernent pas les éléphants et hippopotames qui sont protégés dans des réserves distinctes et répondent à des mesures le plus souvent exceptionnelles. En 1936, par exemple, l'ensemble de la Province de Coquilhatville est constituée en réserve à hippopotames pour une durée déterminée[696]. En 1940, cette mesure provisoire est définitivement ajournée, cette province demeurant la seule à être dépourvue de réserves fauniques jusqu'à l'indépendance. Par contre, les Provinces de Stanleyville et de Costermansville développent un vaste réseau de réserves, afin de protéger la faune en général et certaines espèces en particulier des ravages des chasses alimentaires et commerciales. Tel est notamment le cas de l'antilope rouanne qui, non protégée par le décret général sur la chasse de 1937, va faire l'objet de mesures spéciales sur l'ensemble du territoire des Provinces de Lusambo, de Coquilhatville et de Costermansville[697], ainsi qu'au Ruanda-Urundi, afin de freiner la chasse pour sa peau dont l'exportation atteint, en 1938–1939, des chiffres records[698].

---

[696] Arrêté n° 17/Agri du 01/02/1936 (« Réserves de chasse au 1er septembre 1936 », in Frechkop, S., *Mammifères et oiseaux protégés au Congo belge*, Bruxelles, IPNCB, 1936, p. 85).

[697] Arrêtés n° 426 du commissaire de Province de Lusambo du 17/11/1938 ; n° 75 du commissaire de Province de Coquilhatville du 15/05/1939 ; n° 80 du commissaire de Province de Costermansville du 21/09/1939 (*Législation créant les parcs nationaux et les réserves de chasse et de pêche au Congo belge et au Ruanda-Urundi*, in Frechkop, S., *op. cit.*, 1941, p. 421, 423 et 454).

[698] Avant la guerre, les statistiques officielles du commerce extérieur mentionnent l'exportation de 90 365 kg de peaux d'antilopes, grises et brunes confondues, pour un total de près de 3 743 000 fr de l'époque. Pendant la guerre, leur exportation diminue nettement pour arriver à 6163 kg en 1945, signe d'une plus grande protection de l'espèce mais également de cette période particulière où les exportations du Congo vers l'étranger sont très nettement stoppées. En 1946, les stocks emmagasinés reprennent la route de l'Europe avec un total de 31 840 kg de peaux pour un montant

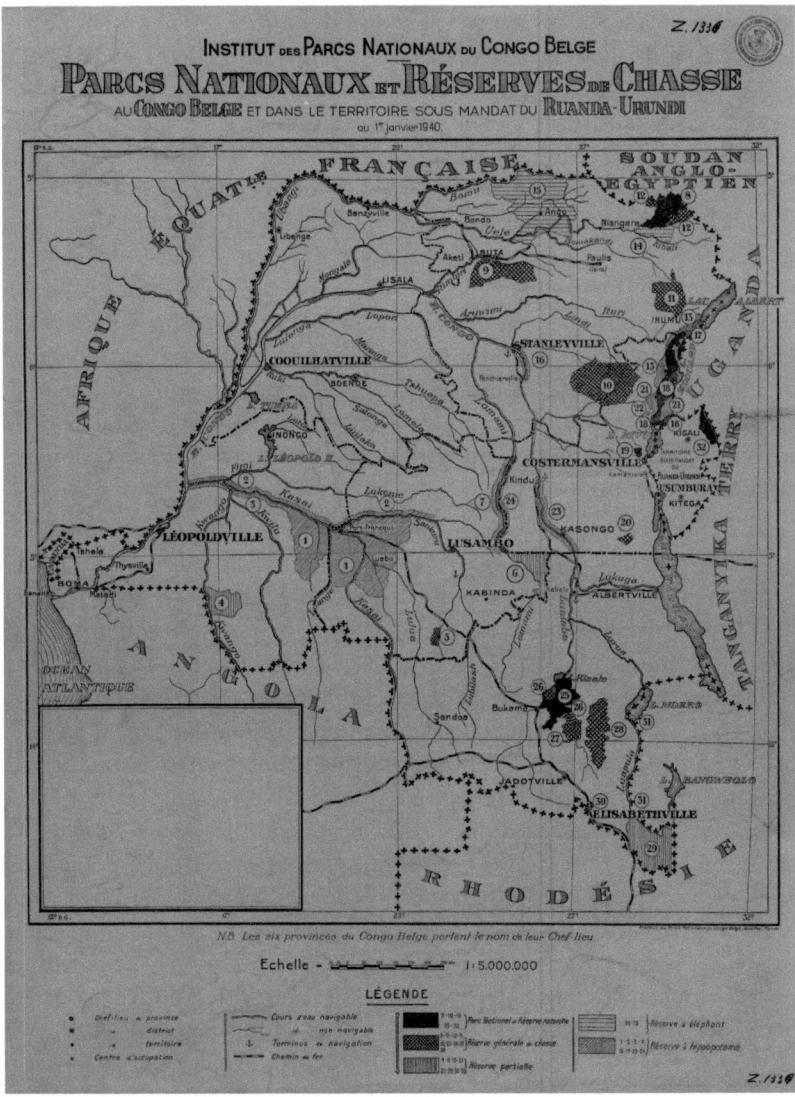

Fig. 7 *Carte des réserves de chasse et des parcs nationaux au Congo belge en 1940.*
Source : *Collections cartographiques de l'IRSNB, Z. 1336.*

---

de 3 645 000 fr (« Commerce spécial : Exportations du Congo vers l'étranger », in *Statistiques du Commerce extérieur du Congo belge et du Ruanda-Urundi*, Ministère des Colonies, Office Colonial, Bruxelles, Goemaere, 1913-1958).

La surveillance de ces réserves est d'abord confiée à certains membres du Service territorial ou du Service de l'Agriculture du gouvernement général de Léopoldville, assistés du Corps de gardes-chasses autochtones – ou de gardes forestiers autochtones, pour ce qui concerne les réserves forestières et de flore –, rôle ensuite dévolu aux officiers du Service de la Chasse et Pêche du gouvernement général. Dès la création de la CPCP en 1936 et la constitution de Comités locaux de Chasse, les propositions d'érection de réserves ou de domaines de chasse réservée se multiplient pour protéger certains particularismes locaux. Ainsi, la réserve de la Bushimaï, installée en territoire de Luisa au Kasaï en 1939[699], est administrée par le lieutenant-honoraire de chasse Jobaert, ancien administrateur territorial pensionné. Il occupe ce poste en tant que bénévole non rémunéré en échange d'une gratification annuelle du gouvernement général pour la surveillance et l'instruction des gardes-chasses affectés à la protection des cultures indigènes[700].

En 1945, la colonie compte vingt-huit réserves de chasse, dont neuf générales, établies sur quelque vingt millions d'hectares. Dès 1949 apparaissent les « domaines de chasse », un nouveau type de réserves qui concrétise l'ordonnance du gouverneur général Ryckmans de 1940[701] promouvant une économie sociale dans laquelle la population congolaise perçoit, de plein droit et sans compensation, les fruits de ses chasses. Plusieurs ordonnances provinciales instaurent ces domaines dans l'Équateur, anciennement Stanleyville (domaine des Bakumu, des Azande, de Mondo), le Katanga et le Nord-Kivu (Kasenyi et Semliki). Tandis que les premières sont surtout destinées à la chasse alimentaire des populations locales, les suivantes sont réservées aux détenteurs européens de permis – résident, non-résident, scientifique – moyennant le paiement d'une taxe spéciale et réglementant sa pratique de manière stricte[702]. L'administration provinciale y voit en effet l'opportunité d'y développer la chasse sportive, branche touristique dont elle espère percevoir de gros bénéfices[703]. Après 1950, l'administration s'efforce,

---

[699] Arrêté n° 243/Agri du gouverneur de la Province du Kasaï du 14/10/1939.

[700] AA/Agri 188 : dossier 61 : réserve de chasse de la Bushimaï (1954-1960).

[701] Ordonnance du 31 août 1940 qui modifie l'article 7 du décret sur la chasse du 21 avril 1937 (in Harroy, J.-P., *Protégeons la Nature. Elle nous le rendra*, Bruxelles, IPNCB, 1946, p. 51).

[702] AA/Agri 418 : dossier 61 : domaine de chasse Kasenyi et Semliki, 16/06/1953.

[703] *Ibid.* : réserves de chasse : note de Ch. Vander Elst, Anvers, 18/05/1956.

dans cette perspective, de créer des complexes environnementaux où certains territoires-annexes des réserves naturelles intégrales, comme celle du Parc national Albert, soient transformés en domaine de chasse, les premières alimentant les secondes en gibier[704]. Cette évolution vers une collaboration plus étroite entre la conservation de la faune et un tourisme cynégétique ne suscite pas que des émules. Le concours de chasse organisé par le Syndicat d'Initiative de Bukavu et l'Office du Tourisme du Congo belge en 1956 dans le domaine de chasse de la Luama près d'Albertville au Tanganyika, va provoquer un tollé de protestations de la part de sociétés protectrices d'animaux en Europe et en Afrique du Sud. Dans la foulée, A. J. Jobaert, conservateur de la réserve de la Bushimaï, rédige une note amère à propos de la politique coloniale en matière de faune :

> Nous avons été, nous continuons à l'être, de l'avis des étrangers chasseurs « Penny wise and pound foolish ». Nous avons sacrifié une richesse existante de grande valeur pour une économie parfois médiocre. Nous récoltons ce que nous avons semé depuis notre occupation du territoire, nous avons sauvagement exterminé et laissé exterminer. Toutes les richesses naturelles ont été inventoriées et généralement exploitées avec prudence à l'exception de la faune que l'on persiste à tenir pour une nuisance, nous avons pensé en médiocres et agi en primaires, ne voyant que les bénéfices immédiats, quelque modestes qu'ils fussent[705].

L'opinion publique européenne en général et belge en particulier accuse des massacres réalisés « pour le plaisir » avec la complaisance du gouvernement colonial à ces « dévastations insensées »[706]. Camille Huysmans, président de la Chambre, prend le relais et critique, par la même occasion, le système mis en place dans les domaines de chasse :

> Le Congo n'a pas été créé pour l'organisation des parties de chasses spectaculaires à l'intention des lords de Grande-Bretagne et de leur progéniture {...}. Je persiste à croire qu'un organisme officiel dépendant du gouvernement ne devrait pas prendre l'initiative de pareils massacres {...}. La création des Parcs nationaux ne doit pas nous endormir dans une fausse

---

[704] Verschuren, J., « Conservation de la nature », in Drachoussoff, V. – Focan, A. – Hecq, J. (coord.), *Le développement rural en Afrique centrale 1980-1960/1962*, t. 2, Bruxelles, Fondation Roi Baudouin, 1992, p. 1064.

[705] Jobaert, A. J., « Au sujet de l'échec du concours international de chasse de 1956 », in « Chronique de la Chasse et de la Pêche », *L'Essor du Congo*, 21/01/1957.

[706] AA/Agri 418 : dossier 61 : concours de chasse de la Luama : F. Lepaffe, admin. délégué de Veeweyede au min. Col., Bruxelles, 26/05/1926.

sécurité en matière de conservation de la faune et si la chasse est permise à certains endroits, le gouvernement et ses agents doivent veiller à freiner l'ardeur des chasseurs plutôt qu'à l'encourager[707].

L'établissement de réserves de faune suscite d'autres types de critiques sur le terrain. La circulation de la faune des zones protégées vers les zones agricoles et d'habitats humains entraîne parfois d'importantes déprédations dans les cultures, surtout depuis l'abrogation, début 1947, des campagnes de refoulement des éléphants qui étaient autorisées par le décret de 1937 (art. 12 bis).

La diminution sensible des abattages (7086 en 1946 pour 3054 en 1948[708]) entraîne une augmentation des déprédations, comme dans les zones avoisinant les réserves de chasse de Dungu et Faradje[709]. À partir de 1946, le Corps des chasseurs-cornacs de la Station de Domestication des Éléphants est chargé de la prévention des déprédations en étudiant les comportements des pachydermes et en organisant des patrouilles défensives dans les zones agricoles riveraines des réserves. En 1951, la Station de Domestication, devenue Station de Chasse, étend son contrôle aux districts de l'Uele et du Kibali-Ituri par un renforcement de son personnel. Cette expérience régionale constitue la première étape d'une police de la faune sauvage destinée à être appliquée à l'ensemble des provinces gérées par les officiers de chasse. Dans d'autres régions, en effet, d'importants dégâts sont occasionnés par des troupeaux d'éléphants, d'hippopotames et de buffles. Tel est le cas d'individus provenant du domaine de chasse voisin des cultures établies par la Société des Plantations de Gombo à Kasandjala (Kivu) qui pousse ses administrateurs à entreprendre des démarches pour supprimer le domaine ou, au moins, reculer ses limites[710]. Pierre Staner, directeur général de l'Agriculture du ministère des Colonies, appuie ces revendications en indiquant que « réserves et terres de colonisation devraient, dans la mesure du possible, être séparées par des zones où l'exercice de la chasse n'est pas réglementé autrement que par la législation générale en la matière et où le gibier n'est

---

[707] *Ibid.* : C. Huysmans au min. Col., Bruxelles, 13/09/1956.

[708] AA/Agri 440 : Chasse et Pêche : Commission permanente de Chasse et Pêche, Bruxelles, 12/12/1955.

[709] Lefebvre, R., « Police des animaux sauvages 1948-1954 », (extrait du *Bulletin agricole du Congo belge*, n° 46-3, 1955, p. 609-629).

[710] AA/Agri 188 : Réserves de Chasse : note de L. Helbig de Balzac, président du CNKi à P. Staner, Bruxelles, 15/10/1956.

pas à protéger de façon spéciale »[711]. Au Mushari notamment, région située au sud-ouest du Parc national Albert, des milliers d'éléphants sont abattus dans le cadre de la Mission d'Émigration des BanyaRuanda pour protéger les cultures de thé qui s'y développent[712]. Les nombreuses protestations émises dans ce cas retentissent auprès du ministre des Colonies, obligeant le gouverneur général à entreprendre un contrôle administratif plus serré des futurs abattages et à redéfinir l'unique utilisation de la légitime défense dans les cas de danger réel et imminent pour les biens et les personnes[713]. De son côté, la CPCP prend aussi l'avis d'experts. Selon Pierre Offermann, conservateur de la SDE, les expériences mises en place avec ses chasseurs-cornacs et des piquets de protection peuvent répondre plus efficacement aux prédations que le refoulement et l'abattage[714]. Il propose également que la SDE assure la surveillance spéciale des réserves de la Province-Orientale grâce à la présence d'un personnel spécialisé qui aurait un pouvoir de police judiciaire pour constater et punir les infractions.

---

[711] AA/Agri 188 : Réserves de Chasse : note de P. Staner au GG, Bruxelles, 01/10/1956.
[712] *Ibid.* : lettre du min. Col. au GG, Bruxelles, 30/12/1957.
[713] *Ibid.* : lettre du GG au min. Col, Léopoldville, 05/02/1958.
[714] AA/Agri 440 : Chasse et Pêche : note de P. Offermann aux membres de la CPCP, 15/03/1956.

2. Parcs nationaux : la création du Parc national Albert

Parmi les réserves établies au Congo, les Parcs nationaux constituent un enjeu crucial en matière de protection environnementale, de sa faune en particulier, et représentent le stade le plus abouti de la politique de diversification des réserves naturelles : de par leur statut, leurs fonctions et leurs objectifs, ils répondent à la définition de « réserves naturelles intégrales », nettement plus stricte que celle des « parcs nationaux » qui se sont développés selon le modèle nord-américain (*National Park*) du Yellowstone Park, modèle ensuite diffusé dans ses colonies durant le dernier tiers du 19ᵉ siècle[715], puis en Afrique du Sud et en Inde à l'aube du 20ᵉ siècle[716]. Tandis que ce terme est principalement utilisé pour désigner les espaces délimités, destinés à conserver intact l'aspect primitif et naturel d'une région, de sa faune et de sa flore, tout en les mettant à disposition du public à des fins récréatives, la « réserve naturelle intégrale » vise à en écarter toute intervention anthropique directe ou indirecte, afin de laisser se dérouler les cycles biologiques à l'abri de toute influence. Ce concept s'appuie sur la notion de « protection intégrale » d'associations végétales développée par plusieurs botanistes dans l'archipel des Seychelles (îles de Praslin et Curieuse, 1875)[717] et sur l'île de Java (Tjibodas,

---

[715] Ainsi, au Canada : les Canadian Waterton Lakes (1885), Glacier (1886) et Banff (1887) et les Parcs nationaux provinciaux (Algonquin, Ontario (1893), Rondeau, Ontario (1894), Laurentides, Quebec (1895) et Mont Tremblant, Quebec (1895)) ; en Australie : Australian National Park (New South Wales) (1879), Ku-Ring-Gai Chase (1894), Victoria Wilsons Promontory (1898), Mount Buffalo (1898), South Australia Belair (1891), West Australia John Forrest (1900) ; en Nouvelle-Zélande : New Zeland's Tongariro (1894) et Egmont (1900).

[716] En Afrique du Sud : Sabie Game Reserve (1898), devenant le Kruger National Park (1926), Hluhluwe, Umfolozi et Santa Lucia Reserves (1897) ; en Inde : Kaziranga Wildlife Sanctuary (1908) (cité par Harroy, J.-P., « National Parks. A 100-year appraisal », in Harroy, J.-P. (dir.), *World National Parks. Progress and opportunities*, Bruxelles, Hayez, 1972, p. 14-15).

[717] Van Straelen, V., « Le concept de la réserve naturelle intégrale au Congo belge », *in Bulletin des Séances de l'IRCB*, n° 14/2, 1943, p. 397-417.

1889)[718]. En Europe, le Parc national Suisse (Engadine, 1914) constitue la première réserve intégrale ouest-continentale, idée supportée par Paul Sarasin. Lors du 8ᵉ Congrès international de Zoologie (Graz, 1910)[719] et de la Conférence internationale pour la Protection de la Nature (Berne, 1913), Sarasin lance un appel à la protection intégrale de la biocénose dans des réserves « complètes ou totales » qui, particulièrement en Afrique, « soient rendues à la nature et mises en état de faire réapparaître les biocénoses grandioses que l'Afrique possédait avant l'arrivée de l'homme blanc, qui détruit tout sans aucun égard »[720]. Dans cette perspective, il insiste sur la nécessité pour ces réserves de devenir des espaces dédiés à la recherche scientifique.

La création en 1925 du Parc national Albert (PNA) répond directement à ce vœu, bien avant que la Conférence internationale pour la Protection de la Nature en Afrique (Londres, 8 novembre 1933) n'encourage à créer et à développer des parcs et des réserves destinés à mettre à l'abri de toutes prédations anthropiques un certain nombre de biotopes sélectionnés. Le PNA devient le premier Parc national du continent africain et se place parmi les premiers dans le monde à être établis dans un but purement scientifique[721]. Le terme « Parc national » est cependant conservé lors de l'officialisation des statuts de l'Institut des Parcs nationaux du Congo belge en 1934, car la locution, devenue classique, répond aux vœux des instigateurs de montrer ses liens historiques avec les Parcs nationaux américains et, surtout, l'attachement du roi Albert Iᵉʳ pour ces espaces outre-Atlantique. Similairement à ce parc, dont le noyau sera établi sur deux réserves de chasse créées par ordonnances en 1923 et 1924, deux autres parcs, le Parc national de la Garamba (PNG) et le Parc national de l'Upemba (PNU), sont respectivement créés en 1938 sur la base des réserves de chasse de l'Aka-Dungu dans le Haut-Uele, et en 1939 sur la réserve zoologique et forestière du Lualaba-Kitara. Le Parc national de la Kagera (PNK) est quant à lui établi en 1934 sur la réserve de

---

[718] Eshuis, W., « Protection of Wild Life in Netherlands Indies », in *Bulletin of the Colonial Institute of Amsterdam*, n° 2/4, 1939, p. 291-307.

[719] Sarasin P., « Ueber Weltnaturschutz », in *Verhandlungen VIII Int. Zool. Kongress zu Graz 1910*, 1912, p. 243.

[720] Sarasin, P., « Exposé introductif », in *Conférence internationale pour la Protection de la Nature*, Berne, 1913, p. 59.

[721] *Special Publication of the American Committee for International Wild Life Protection*, n° 1/3, 1933, p. 19.

chasse de la Kagera, dans les territoires sous mandat du Ruanda-Urundi. Similairement au PNA, ces parcs sont également placés sous le régime de la réserve naturelle intégrale.

Au départ, les motifs de création de ces parcs procèdent de la volonté de certaines personnalités de protéger plusieurs espèces animales en voie de disparition. L'histoire du Parc national Albert est ainsi liée à la découverte, en 1902, du gorille de montagne (*Gorilla gorilla beringei*), sous-espèce endémique vivant sur les volcans dormants de la chaîne des Virunga. Après la constitution de la réserve de chasse du Haut-Uele, appelée aussi de l'Aka-Dungu, les autorités qui assurent la gestion du PNA proposent de transformer cette dernière en Parc national de la Garamba (1938) pour assurer dans cette niche écologique remarquable la survie du rhinocéros blanc, de la girafe, de l'éland de Derby et, bien sûr, de l'éléphant, espèces menacées d'extinction à l'échelle continentale. La création du Parc national de l'Upemba (1939) répond, quant à elle, à une nette prise de conscience de la disparition à un rythme accéléré du grand gibier katangais, en particulier sur le plateau des Kundelungu, traqué pour l'alimentation des centres miniers et urbains avoisinants ; il constitue aussi un espace de protection pour le rhinocéros noir près de s'éteindre, le zèbre, l'éland du Cap et les antilopes chevalines. Du côté des territoires sous mandat du Ruanda-Urundi, le Parc national de la Kagera (1934), zone de savane située à l'ouest de la rivière Kagera, abrite de nombreuses espèces d'oiseaux aquatiques d'un grand intérêt scientifique ainsi que le rhinocéros noir, le zèbre, l'impala et d'autres mammifères inexistants dans le PNA. La présence du gorille de Grauer (*Gorilla beringei graueri*)[722] sur un ancien volcan se distinguant par la diversité de ses étages végétaux favorisera la création de la Réserve forestière du mont Kahuzi (1935) qui deviendra le noyau du Parc national de Kahuzi-Biega en 1970 tandis que la région de la Tshuapa sera pressentie, dans les années 1950, pour y ériger le futur Parc national de la Salonga dont les premières délimitations seront entreprises en 1957.

2.1. Un « Gorilla Sanctuary »

La création du Parc national Albert est étroitement liée à l'histoire de la découverte du gorille de montagne. Située dans une région caractérisée

---

[722] Rapport annuel de 1934, p. 18.

par une activité volcanique ancienne, la zone choisie pour ériger le PNA est constituée de différents étages caractéristiques de végétation qui rassemblent de nombreuses espèces animales spécifiques auxquelles l'isolement a offert des refuges privilégiés, comme c'est le cas pour cet emblématique primate. En 1902, Robert von Beringe, capitaine et chef du poste militaire d'Usumbura en mission dans la région, abat sur l'un des flancs du Sabinyio un grand singe mâle à l'« allure humaine » (*menschenähnlicher Affe*)[723]. Envoyée au Berliner Zoologischen Museum, sa dépouille est étudiée par le zoologiste Paul Matschie. Celui-ci détermine cette nouvelle sous-espèce sous le nom de *Gorilla gorilla beringei Matschie*, attribuant à von Beringe l'immortalité taxonomique de découvreur[724]. Alors que jusqu'ici, la seule espèce connue était le gorille des plaines de l'Ouest[725], cette découverte galvanise le monde scientifique, car elle permet de compléter la classification philogénique de la famille des hominidés et suscite, par conséquent, l'organisation de plusieurs expéditions internationales dans la région, afin de procurer de nouveaux spécimens aux musées européens et nord-américains. La chasse et la science font bon ménage. En 1907-1908, l'expédition allemande du duc von Mecklenburg nourrit l'ambition d'atteindre les sources du Nil et d'entreprendre l'exploration scientifique du grand Graben. Organisée et financée par un Comité composé de plusieurs institutions scientifiques allemandes et de diverses personnalités politiques et commerciales, elle réunit des militaires et une équipe scientifique multidisciplinaire dont l'anthropologue J. Czekanowski, le botaniste J. Mildread et zoologiste, J. G. H. Schubotz. En réalisant la première reconnaissance sérieuse de la région des volcans (il observe l'éruption du Nyamulagira le 12 novembre 1907) qui deviendra, en 1926, le noyau du PNA, l'un des

---

[723] « Bericht des Hauptmanns v. Beringe über eine Expedition nach Ruanda », in *Deutsches Kolonialblatt*, n° 14, 1903, p. 298.

[724] Gorilla gorilla beringei Matschie, in *Sitzung-Berliner Gezelschaft Naturforschende Freunde*, n° 6, 1903, p.257.

[725] La seule espèce de gorille connue jusqu'alors est le gorille occidental des plaines (*Gorilla gorilla gorilla*), découvert en 1847 par le missionnaire et naturaliste américain Thomas S. Savage près du bassin méridional de la rivière Gabon. Il est d'abord décrit par par Jeffries Wyman, professeur d'anatomie d'Harvard (*Boston Journal of Natural History*, n° 5-6, 1847) et popularisé, notamment, quelques années plus tard, par la relation de voyage du franco-américain, Paul Belloni, dit Du Chaillu (*Explorations and Adventures in Equatorial Africa, With accounts of the manners and customs of the people, and the chace of the gorilla, crocodile, leopard, elephant, hippopotamus, and other animals*, Londres, John Murray, 1861).

objectifs consiste à tuer un nouveau gorille pour le compte du Berliner Zoologischen Museum, qui possède l'unique exemplaire de von Beringe. Pour l'institution, il importe de vérifier si la présence d'autres singes dans la région se confirme, ce qui représenterait un progrès scientifique incontestable. À défaut de pouvoir observer et abattre un individu, Johann Schubotz rassemble une importante collection de la faune des plaines du lac Albert-Édouard dont la description paraît dans les actes de la Berliner Gezellschaft Naturforschende Freunde[726]. Dans son ouvrage, *Ins Innerste Afrika*[727], von Mecklenburg attire l'attention sur l'abondance du gibier dans les plaines de la Rutschuru et de la Semliki. Après la Première Guerre mondiale, le prince Guillaume de Suède propose à son tour de doter le Ricksmuseum de Stockholm d'une collection complète de spécimens de la faune des volcans des Virunga et, plus particulièrement, de gorilles dont les premiers spécimens provenant du Mikeno ont été fournis à l'institution en 1913-1914 par le capitaine de la Force publique congolaise Elias Arrhenius[728]. Appuyé par le roi Albert, Guillaume reçoit davantage de liberté pour abattre plus que les deux spécimens de chaque espèce protégée prévus par la loi[729]. Quatorze gorilles sont ainsi tués pour alimenter l'hypothèse du professeur Einar Lönnberg, militant actif de la protection de l'environnement, à propos des différences morphologiques, et peut-être d'espèces, entre les gorilles en fonction de leur habitat[730]. Les résultats de ses recherches prouvent au contraire que tous les gorilles des Virunga appartiennent à une seule sous-espèce, bien qu'ils vivent sur des volcans isolés les uns des autres mais qui sont reliés par des galeries forestières, ce qui expliquerait leur similarité. Bien que l'expédition ait permis des avancées scientifiques sur la vie et l'alimentation des gorilles,

---

[726] Schubotz, J. G. H., *Vorläufiger Bericht über die Reise und die zoologischen Ergebnissen der deutschen Zentralafrika-Expedition, 1907-1908*, Berliner Gezellschaft naturforschende Freunde, n° 7, 1909.

[727] Zu Mecklenburg, A. F. (Herzog-), *Ins Innerste Afrika. Bericht über den Verlauf der deutschen wissenschaftlichen Zentral-Afrika-Expedition 1907-1908*, Leipzig, Klinkhardt & Biermann, 1909.

[728] AE/Liasse 334, dossier 493 : Demandes d'autorisation de voyageurs étrangers… : Dossier Arrhénius : Secrétaire Général Min. Col. au Min. EA, Bruxelles, 11/04/1921.

[729] *Ibid.* : Dossier Guillaume de Suède : Secrétaire d'État au min. AE, Bruxelles, 02/06/1920.

[730] Gyldenstolpe, N., *Among the Giant Volcanoes*, in of Sweden, W. (Prince -), *Among Pigmies and Gorillas. With the Swedish zoological expedition to central Africa 1921*, Copenhague – Berlin – Christania, Gyldendal, 1923, p. 189.

les abattages réalisés suscitent de nombreuses critiques internationales qui pointent du doigt le laxisme des autorités belges. De retour en Suède, Guillaume envoie une lettre[731] à Paul May, ministre de Belgique à Stockholm, dans laquelle il propose d'interdire la chasse dans les plaines giboyeuses de la Rwindi et de la Rutshuru, région qu'il compare à un paradis faunique inépuisable, un véritable *dry parklike landscape* de l'ère tertiaire, pour laquelle il réclame un statut de protection totale[732]. Cette proposition attire l'attention du roi Albert qui considère le document comme « extrêmement intéressant »[733] ; elle constituera l'une des amorces à la création du Parc national Albert en 1925[734].

À la même époque, l'Américain Carl Akeley, taxidermiste naturaliste réputé de l'American Museum of Natural History, donne une impulsion déterminante à la création d'un « gorilla sanctuary » dans la région des volcans Mikeno, Karisimbi et Visoke. Après avoir entrepris plusieurs expéditions en Afrique orientale pour compléter son grand projet de monter pour cette institution un « African Hall », il veut offrir une image compréhensive des espèces les plus remarquables du continent replacées dans leur environnement spécifique et, par conséquent, montrer au public les derniers survivants d'espèces en voie de disparition. Membre de plusieurs associations de conservation américaines, il est convaincu du rôle mémoriel du Musée envers la vie sauvage primitive quasi éteinte et est appuyé dans ses convictions par son directeur, Henry Fairfield Osborn, paléontologiste éminent, néodarwinien, qui prédit également la fin de l'« Âge des Mammifères » par la progression de la civilisation moderne et dont l'Afrique est le dernier retranchement. Sous la présidence de ce dernier, le Musée new-yorkais devient l'un des centres reconnus de la conservation environnementale et pousse, par conséquent, à présenter des arguments solides en faveur de la préservation de la faune sauvage. La capture de quelques spécimens de gorilles concourt à cette tâche pédagogique.

En août 1921, Akeley embarque à destination du Kivu en compagnie de la famille d'Herbert E. Bradley. Une caravane composée de 200 porteurs locaux est organisée à partir de la mission des Pères Blancs à

---

[731] PR/Secrétariat Albert Ier : 4/40 : lettre de Guillaume de Suède à Paul May, Stockholm, 05/01/1923.

[732] of Sweden, W., *op. cit.*, p. 148-149.

[733] PR/Secrétariat Albert Ier : 4/40 : lettre Guillaume de Suède à May, 05/01/1923.

[734] *Ibid.* : note sur le Parc national Albert (13/03/1924).

Lulenga[735]. Sur les dix gorilles autorisés par le ministère des Colonies à être prélevés, Akeley abat cinq individus, trouvant le groupe suffisamment constitué et éprouvant des difficultés à concrétiser cet acte dont il écrit que « of the two I was the savage and the aggressor »[736]. Il réalise aussi une série inédite de photographies et un film qui montrent des gorilles vivant dans leur milieu naturel. Outre son projet éducatif et muséographique, Akeley considère que des études anatomiques comparatives de l'espèce sont fondamentales pour mieux comprendre l'origine des hominidés. Convaincu que cette espèce ne sera jamais à l'abri dans des territoires progressivement restreints[737], il défend l'idée d'assurer sa sécurité dans un espace dévolu à cette cause, un sanctuaire absolu destiné à sa reproduction et où les scientifiques pourraient l'observer et l'étudier dans les conditions les plus favorables, afin de promouvoir des connaissances bénéfiques au bien-être de l'homme et des générations futures. Akeley démontre aussi que le gorille est un animal doux et plutôt craintif, qu'il n'est ni arboricole ni bipède, une présentation diamétralement opposée aux croyances populaires véhiculées sur son compte.

L'établissement d'un *Gorilla sanctuary*, sorte de laboratoire scientifique à ciel ouvert, devient le cheval de bataille d'Akeley en Belgique et aux États-Unis où son projet est fortement appuyé par des scientifiques et des diplomates. À New York, il convainc Henry F. Osborn, William T. Hornaday et le paléontologue John C. Merriam, président du Carnegie Institute, ardent conservationniste et promoteur de la recherche scientifique aux États-Unis, de fonder une société internationale pour trouver des fonds nécessaires à son organisation. Il présente également une série de conférences à travers le pays et rédige plusieurs articles et l'ouvrage *In Brightest Africa*[738] pour sensibiliser l'opinion publique à la

---

[735] Hastings Bradley, M., « In Africa with Akeley », in *Natural History*, n° 27/2, mars-avril 1927, p. 161-172

[736] Akeley, C., *In Brightest Africa*, New York, Doubleday & Co, 1923, p. 216.

[737] D'après les estimations d'Akeley, leur nombre varie entre cinquante et cent spécimens vivant sur les monts Mikeno, Karissimbi et Visoke mais ce dernier pense même que ce nombre a été réduit du tiers par les chasses réalisées dès 1920 par Guillaume de Suède, les siennes et celles d'autres chasseurs durant cette période (AA/Agri 421 : annexe de C. Akeley à la lettre de Cartier à Jaspar (Bruxelles, 20/01/1923) : *Suggestions for the establishment of a gorilla sanctuary in the Kivu District-Belgian Congo*, New York, 18/01/1923).

[738] Ainsi, les comptes rendus de ses expéditions dans plusieurs articles : « Hunting Gorillas in Central Africa, Hunting Gorillas on Mt. Mikeno, Is the Gorilla almost a man ? » (in *World's Work*, entre juillet et septembre 1922). Ceux-ci serviront de base à

disparition alarmante des grands mammifères africains et au besoin urgent de les conserver. Par la même occasion, il espère attirer la sympathie du monde scientifique et financier pour son projet de Hall africain. Tandis que sa proposition reçoit un accueil plutôt froid d'Edmond Leplae, Akeley est vivement soutenu par James Gustavus Whiteley, consul de Belgique aux États-Unis, secrétaire général du Central Committee for Belgian Relief durant la Première Guerre mondiale et membre honoraire de la Société royale zoologique d'Anvers qui parraine son initiative en rédigeant plusieurs articles consacrés à « nos cousins les gorilles » dans certains journaux britanniques et nord-américains[739]. Par ailleurs, le baron Émile-Ernest de Cartier de Marchienne, ambassadeur extraordinaire et plénipotentiaire de la Belgique auprès du président des États-Unis depuis 1917, joue un rôle essentiel dans le dossier. Attaché à la cause de la protection de la nature et membre de plusieurs sociétés de protection de la nature, de l'American Museum of Natural History et administrateur de la RCB Foundation[740], il relaie le projet américain au ministre des Affaires étrangères Henri Jaspar et au roi Albert par le truchement de son ami Max-Léo Gérard, secrétaire du roi depuis 1919. Il argumente le fait que la Belgique doit saisir cette opportunité pour devenir un chef de file international dans la protection des gorilles et en matière de recherches scientifiques, afin de recevoir le soutien financier d'institutions américaines comme la Rockefeller Foundation dans la lutte contre la trypanosomiase humaine. Cartier entame à cet effet une campagne de propagande dans les milieux scientifiques et financiers américains et propose la formation d'un cercle qui pourrait appuyer la création d'établissements de recherche dans le futur parc.

2.2. Une vocation scientifique

Ambitions et oppositions

Le soutien d'Albert marque une étape décisive dans l'établissement du futur parc, en élargissant toutefois, conformément à la proposition

---

son ouvrage *In Brightest Africa* (1923) tandis que la revue *The Mentor* de janvier 1926 est entièrement dévolue à l'Afrique et l'African Hall.

[739] PR/Cabinet Albert Ier : dossier 131 : Whiteley au comte d'Arschot, Baltimore, 09/09/1924.

[740] *Ibid.* : dossier 670 : Cartier de Marchienne.

du cousin du roi, Guillaume de Suède, le projet de sanctuaire d'Akeley à la protection de l'ensemble de la faune de la région qui s'étend entre les lacs Édouard et Kivu. Une première réserve de chasse, nommée « Réserve Albert » est créée par l'ordonnance du 24 février 1923 du gouverneur de la Province-Orientale et vice-gouverneur général Adolphe de Meulemeester, afin de protéger la faune de la région du Bwito, située au sud-ouest du lac Édouard et qui se prolonge sur la vallée de la rivière Rwindi[741]. Un an plus tard, l'ordonnance du 30 avril 1924 y adjoint une bande de terre longeant la rivière Rusthuru à l'est.

Par ailleurs, le roi manifeste clairement sa préoccupation de voir établir une réserve naturelle selon un ordre scientifique inspiré du modèle nord-américain dont l'expérience tropicale en Amérique centrale et du Sud, notamment dans les domaines médical, minier et agricole, a fait ses preuves[742]. En voyage aux États-Unis en 1898 et en 1919, Albert y a admiré la beauté et l'aspect grandiose de la nature sauvage et des premiers Parcs nationaux qui y ont été créés. Lors du mémorable feu de camp de Washburn, à Madison, fortement soutenu par John C. Merriam et Henry F. Osborn, ainsi que par de Cartier de Marchienne, le roi annonce sa formelle intention de voir reproduire au Congo belge le modèle américain du « parc national »[743]. Il est vrai que, si les expériences américaines en matière coloniale procurent des sources d'inspirations nouvelles à la Belgique pour sa propre colonie, le rôle du mécénat privé dans la promotion et la diffusion de la recherche scientifique séduit tout particulièrement le souverain[744].

---

[741] Ordonnance du 24/02/1923, n° 4, in *BA*, 25/03/1923, p. 155-156.

[742] PR/Secrétariat Albert Ier : 4/40 : lettre de Gérard à Arnold, secrétaire général des Colonies, Bruxelles, 25/03/1924.

[743] Harroy, J.-P., *Contribution à l'histoire jusque 1934 de la création de l'Institut...*, op. cit., p. 430.

[744] Le roi va faire appliquer ce modèle en Belgique sur base de l'idée que la science est l'instrument indispensable pour redresser le pays et permettre l'essor de l'industrie nationale de pointe. Il s'entoure de personnalités du monde industriel et des affaires, comme Émile Francqui, pour mettre sur pied des institutions privées destinées à promouvoir et à soutenir cette cause (Fondation universitaire, Fonds national de la Recherche scientifique). Conjointement, d'autres efforts sont menés pour sortir la question coloniale de son cloisonnement et organiser les sciences coloniales comme œuvre patriotique grâce à l'initiative privée en créant, notamment, divers groupements et sociétés d'études et de diffusion des sciences (Université coloniale, Institut royal colonial belge, entre autres). Voir à ce sujet Halleux, R. et Xhayet, G., « La marche des idées », in Halleux, R., Vandersmissen, J. et alii (dir. scient.),

L'implication américaine heurte cependant le ministre des Colonies qui craint de laisser le champ libre à un pays étranger et, par conséquent, l'attribution de droits réels aux Américains sur cette zone frontalière. En outre, ce dernier juge indéfendable la cause des gorilles en Belgique et ne désire pas accorder de subsides à Akeley. Devant ces freins, le roi et de Cartier pressent les autorités d'accélérer la création du parc national dans la région, afin de juguler la multiplication des demandes de chasse aux gorilles. En effet, la circulation des informations au sujet de l'accessibilité de la chasse dans la région du Kivu et de la relative docilité du gorille entraîne une multiplication des demandes de chasse dans la région auprès du ministère des Colonies qui éprouve des difficultés à évaluer la pertinence des demandes officielles émanant notamment de plusieurs musées américains qui souhaitent chacun avoir « leurs gorilles » avant l'extinction totale de la sous-espèce[745]. Pour répondre à ce problème, Leplae plaide pour la constitution d'une deuxième réserve de chasse au Kivu, qui sera établie le 23 novembre 1923 entre le mont Sabinio et la mission catholique de Tongres-Sainte-Marie pour y protéger les animaux rares et spécialement le gorille[746]. Celle-ci devient le noyau de la réserve de faune et de flore « Parc national Albert » (PNA) créée par décret du 21 avril 1925[747], devant l'empressement du roi et malgré l'avis négatif de diverses personnalités coloniales. Parmi elles, le commissaire de la Province-Orientale Adolphe de Meulemeester et le gouverneur général Rutten qui estiment que cette réserve ne tient pas suffisamment compte de la situation sur le terrain et, en particulier, de la population autochtone locale qui y vit avec un bétail important. Rutten a pourtant la tâche de fixer les limites définitives du parc en suivant, autant que possible, les

---

Histoire des sciences en Belgique 1815-2000, t. 2, Tournai – Bruxelles, La Renaissance du Livre – Dexia Banque, 2001, p. 15 ; Ranieri, L., « Le Fonds national pour la Recherche scientifique », in *La dynastie et la culture en Belgique*, Anvers, 1990 ; Halleux, R. et Xhayet, G., *La liberté de chercher. Histoire du Fonds national belge de la Recherche scientifique*, Liège, Éd. de l'Université de Liège, 2017; Pirot, P., *La dynastie et la science, 1909-1959*, thèse de doctorat, Univ. de Liège, 2015.

[745] L'Américain Benjamin Burbridge et le Britannique Alexandre Barns sont respectivement autorisés à abattre quatre et cinq gorilles tandis que les demandes d'autres personnalités (Snow, Strickland, Peel, Baxter, Wood, Rossi) sont refusées (AA/AGRI 423 : relevé des permis de chasse aux gorilles, 1920-1924).

[746] Ordonnance du gouverneur de la Province-Orientale (in *BA*, 25/12/1923, pp 657-658)

[747] *BO*, 1925, p. 238-241.

délimitations naturelles du terrain et en tenant compte des besoins des populations locales.

Afin de répondre à ce problème, deux régimes distincts vont composer le PNA. Le premier correspond au principe de la « réserve naturelle intégrale » qui est appliqué à la zone géographique proposée par Akeley et à l'assise de la récente réserve de chasse créée en novembre 1923 (l'ensemble du Mikeno et les versants congolais du Karissimbi et du Visoke) mais étendu, du côté congolais, à l'ensemble de la région des volcans qui englobe la partie septentionale du lac Kivu jusqu'à la délimitation avec la « Réserve de chasse Albert »[748] et, du côté Ruandais, à la zone prolongeant le PNA au sud-est[749]. Le second comprend des « territoires-annexes » qui entourent la réserve intégrale du côté congolais et constituent une vaste zone tampon entre celle-ci et les populations riveraines qui y conservent néanmoins les droits de cueillette et de chasse qui leur sont reconnus par les autorités coloniales. Assimilée au statut de « Parc national » ou de réserve de chasse de type ordinaire, cette zone intermédiaire est interdite aux Européens ne disposant pas d'un permis de chasse délivré par l'administration coloniale[750]. Indistinctement, dans ces deux zones, le décret prohibe la poursuite, la capture et l'abattage des gorilles ainsi que des autres animaux sauvages, y compris ceux considérés comme nuisibles, sauf en cas de légitime défense.

---

[748] Ordonnance du 14/08/1925 du gouverneur de la Province-Orientale. La réserve englobait la région située entre la rive sud du lac Édouard, la rive droite de la Rutshuru jusqu'à la frontière de la colonie, cette frontière jusqu'au lac Kivu, la rive nord du lac Kivu jusqu'à la lisière orientale de la lave, une droite joignant ce point au sommet du volcan Nyamulagira, puis une ligne brisée suivant la bordure occidentale de l'escarpement des Mitumba jusqu'au lac Édouard. Cette réserve fut néanmoins abrogée le 28/12/1929, du côté congolais, 6 mois après que la superficie du PNA fût sensiblement étendue par le décret qui créait l'institution du même nom.

[749] Une seconde zone d'extension est, à son tour, constituée du côté ruandais, par l'ordonnance du 11 mai 1925, instituant une réserve de chasse constituant le prolongement sud-est du PNA (Ordonnance du 11/05/1925). Du côté ruandais, elle fut abrogée à son tour le 03/03/1927, le jour de la création du PNA au Ruanda, et remplacée par une autre qui établissait, entre Ruhengeri et Kisenyi, une nouvelle réserve de chasse, destinée également à servir de zone de protection au PNA (Ordonnance n° 30 du 11/05/1925, *BA*, 1925).

[750] AA/Agri 423: note de Leplae au min. Col., Bruxelles, 28/01/1925.

Une gestion parastatale

Tandis que le parc est provisoirement géré par le gouverneur général[751] puis par le Comité national du Kivu (CNKi) qui a la tâche d'aménager et d'administrer le parc, Leplae élabore à Bruxelles un projet d'administration qui sauvegarde l'autorité métropolitaine tout en permettant à des mécènes étrangers d'avoir la possibilité de favoriser les mesures conservatrices et les études dans le parc mais sans droit de regard sur lui[752]. Le décret du 9 juillet 1929 répond à cette ambition en faisant du PNA une institution autonome qui bénéficie de la personnalité civile, conformément au décret du 28 décembre 1888[753], lui permettant d'être administré depuis Bruxelles par un Comité de direction et une Commission scientifique composée de membres nationaux et internationaux. Ce principe novateur s'inspire du modèle des réserves naturelles suédoises gérées par une Commission scientifique dépendant de l'Académie royale des Sciences de Suède et non par un département ministériel, comme c'est, par exemple, le cas aux États-Unis, ou par l'initiative privée qui supervise celles des Pays-Bas et de Suisse. Le caractère « parastatal » du nouveau parc implique également une grande audace politique et constitutionnelle, car des étendues importantes de territoires cessent de relever de l'autorité exclusive du gouvernement de la colonie, bien que celui-ci continue à y conserver ses pouvoirs judiciaires et son droit de propriété et peut, par exemple, y entreprendre la construction de routes ; il ne peut, par contre, ni le céder, ni le concéder, ni lui donner une affectation contraire au but scientifique de l'institution. Cette situation de fait entraînera par la suite de nombreux conflits d'intérêts entre les autorités du parc et les autorités coloniales dont les objectifs généraux diffèrent, les unes défendant la cause de la protection des faunes et flores de la réserve, les autres défendant

---

[751] Celui-ci est appelé à fixer les limites définitives du PNA, à créer un corps de conservateurs et de policiers autochtones spéciaux, à édicter les réglementations en matière de circulation, de transport d'armes, de pièges, de dépouilles ainsi qu'en matière de pratique de fouilles et de terrassements dans le PNA, sous réserve des droits des autochtones.

[752] AA/Agri 423 : projet d'arrêté royal, transmis par Leplae à de Cartier, Bruxelles, 27/07/1925.

[753] Décret du 28 décembre 1888 sur les associations scientifiques, religieuses et philanthropiques (*BO*, 1889, p.5) stipulant notamment que « les associations reconnues comme personnes civiles agissent par l'organe d'un ou plusieurs membres effectifs chargés, comme représentants légaux de ces associations, d'administrer et de gérer leurs affaires » (art. 5).

les intérêts politiques, économiques et sociaux de leurs administrés. Au niveau métropolitain, le financement et le contrôle de l'institution PNA par le ministère des Colonies constitueront également une source de frictions, quoiqu'une étroite collaboration sera généralement de mise entre ces deux entités. Enfin, un certain nombre de tensions internes vont entacher les premières années de l'institution, notamment par rapport au choix du premier président de la Commission, le prince Eugène de Ligne, ancien diplomate devenu grand propriétaire terrien au Kivu[754], et de son administrateur-délégué, le zoologiste Jean-Marie Derscheid, cheville ouvrière du PNA depuis sa mission sur le terrain en 1926 où il avait notamment été chargé d'établir un relevé topographique plus précis, afin de préparer les nouvelles délimitations du parc telles que prévues par le décret de 1929.

Des divergences de vues vont rapidement se faire sentir au sein de la direction métropolitaine du PNA quant à l'ingérence étrangère, nord-américaine en particulier. De Ligne et Derscheid envisagent le PNA comme futur point focal d'une fédération internationale de réserves naturelles coloniales qui privilégierait une collaboration internationale (scientifique et financière) dans le cadre de l'Office de corrélation, nouvelle appellation du Comité belge pour la Protection de la Nature et qui deviendra quelques années plus tard l'Union internationale pour la Conservation de la Nature (UICN)[755]. Cette perspective est écartée, dès 1931, par leurs successeurs, le prince Léopold de Belgique, duc de Brabant et Victor Van Straelen, directeur du Musée royal des Sciences naturelles de Belgique et mentor du prince qu'il a accompagné en 1928 durant son expédition aux Indes néerlandaises. Léopold de Belgique, futur Léopold III, marquera les esprits par l'important discours qu'il fera à l'African Society, à l'occasion de la Conférence de Londres de 1933 et qui illustrera un engagement personnel et surtout l'idéal politique d'une protection de la nature devant être garantie par l'État censé

« assumer les charges d'une organisation protectrice qui intéresse l'humanité entière, dans son progrès moral, social, économique et culturel »[756]. Pour le prince, une « réserve de nature » coloniale, telle que

---

[754] de Ligne, E., *Africa. L'évolution d'un continent vue des volcans du Kivu*, Bruxelles, Librairie Générale, 1961.

[755] MRAC/Hist : Fonds IPNCB : Comité américain : note de E. de Ligne au min. Col. H. Jaspar, Bruxelles, 07/09/1931.

[756] « Discours prononcé à l'African Society par le duc de Brabant, le prince Léopold à Londres le 16 novembre 1933 à l'occasion de la Conférence internationale pour la

le Parc national Albert, doit, non seulement, prolonger *in situ* les centres d'études métropolitains mais aussi préserver les richesses naturelles de la colonie en tant que patrimoine commun de l'humanité[757].

Disciple de Massart et proche du roi Albert et de son idée du mécénat en faveur des sciences par l'initiative privée[758], Van Straelen est nommé président de l'institution en 1934, lors de la montée sur le trône du prince après le décès accidentel de son père. Il donne alors priorité au renforcement quasi exclusif de la recherche scientifique nationale sur le terrain. Jusqu'à l'indépendance congolaise en 1960, il mènera une gestion éclairée mais autoritaire du PNA et des autres futurs parcs nationaux du Congo belge et du Ruanda-Urundi.

Le décret de 1929 élargit aussi considérablement les territoires placés sous le régime de protection totale des faunes et flores (réserve naturelle intégrale du PNA qu'il organise en quatre secteurs distincts (central, oriental, occidental et septentrional), tandis qu'il y ajoute plusieurs territoires-annexes[759]. De même, il tente aussi de régler la question des terres occupées par les populations locales et de leurs droits. Cette importante question fait l'objet du chapitre suivant.

Très rapidement s'impose pour l'équipe dirigeante la nécessité de consolider la structure institutionnelle, afin de pouvoir exercer un pouvoir décisionnel étendu en matière de conservation de l'environnement congolais, principalement par la création de nouveaux parcs nationaux similaires au régime appliqué au PNA, et par cela, poursuivre un programme visant à conserver intact un site caractéristique de chacun des aspects biogéographiques du Congo. Le décret du prince régent du 26 novembre 1934 remanie l'institution PNA en un Institut des Parcs nationaux du Congo belge (IPNCB), une institution de droit colonial

---

Protection de la Faune et de la Flore Africaines », in *Les Parcs nationaux et la Protection de la nature*, Bruxelles, IPNCB, 1937.

[757] Van Schuylenbergh, P., « Léopold III et la conservation des espaces naturels 'inviolés' », in *Museum Dynasticum*, n° 2, 2001, p. 102-111.

[758] Van Schuylenbergh, P., « Entre chasse, science et diplomatie. Le « Parc national Albert » et la question de l'internationalisme », in *International Conference The Belgian Congo between the Two World Wars, Royal Academy for Overseas Sciences, Brussels, 17-18 March 2016*, Bruxelles, ARSOM, 2019, p. 211-240.

[759] Autour du secteur septentrional, les territoires de Kamande, du Bwito et du Binza ; autour des secteurs central et occidental, ceux de Kibumba, du Rwereri, du Rwankeri-Mulera-Bugamba et du Bwisha-Djomba (Annexe au décret du 9/07/1929, *BO*, 1929, p. 860-874).

belge dont le siège est installé à Bruxelles[760]. Ce décret innove sur plusieurs points. Le premier introduit une distinction entre l'institution et les territoires qu'elle gère, lui permettant ainsi d'incorporer de nouveaux territoires et de modifier en conséquence les textes législatifs sans toucher au décret organique. Un autre confirme le triple objectif des parcs nationaux : la protection des faune et flore, le développement de la recherche scientifique et, fait nouveau, l'encouragement d'un tourisme prudent et conforme à la protection de la nature, tel qu'il fut recommandé lors de la Conférence internationale pour la Protection de la Nature en Afrique (Londres, 8 novembre 1933)[761]. Une troisième innovation vise la nomination par l'Institut d'un corps spécial de conservateurs et de gardes cessant de dépendre de l'autorité administrative de la colonie. Le conservateur, dont la désignation est approuvée par le ministre des Colonies, reçoit les pleins pouvoirs exécutifs. Entre 1936 et 1940, le colonel de la Force publique Henri-Martin Hackars, ex-commissaire de district-adjoint du Haut-Ituri, devient ainsi le premier conservateur indépendant du PNA. Celui-ci procède à une réorganisation des services du parc, à des enquêtes de vacance des terres, préliminaires à une considérable extension de sa superficie, et à des prospections pour l'établissement de nouveaux parcs dans le Haut-Uele et au Katanga. Après son décès à Namur en 1940, le major danois Rasmus Hoier, précédent directeur-adjoint du PNA, succèdera à ce poste et y restera jusqu'en 1946. Les agents du PNA disposent désormais des pouvoirs de police dans le parc, permettant de renforcer le contrôle sur le terrain et d'assurer une plus grande sécurité des gardes autochtones qui ne jouissent, jusqu'ici, d'aucune mesure de protection lorsqu'ils s'éloignent des agglomérations. Une dernière innovation est la possibilité institutionnelle d'accepter des dons manuels, sans l'approbation du roi, et la capacité juridique de constituer des fondations financières aux fins de recherches scientifiques. La création de la Fondation pour favoriser l'Étude scientifique des Parcs nationaux du Congo belge (FESPNCB), présidée par Van Straelen, sera alimentée grâce au mécénat du baron Louis Empain, industriel, banquier

---

[760] « Décret organisant l'Institut des Parcs nationaux du Congo belge – Règlement organique », 26/11/1934, in *BO*, 1935, p. 64-77.

[761] Cette ouverture au tourisme était prévue dans la définition de « Parc national » (art. 2, *Convention relative à la Conservation de la Faune et de la Flore à l'état naturel*, Londres, 8/11/1933, in *Troisième Conférence internationale sur la Portection de la Faune et de la Flore en Afrique, Bukavu, 1953*, Commission de Coopération Technique en Afrique au Sud du Sahara (CCTA), Bruxelles, s.d. {1953}, p. 163.

et écologiste avant la lettre. Cette nouvelle manne permet d'envisager plus sereinement la possibilité de stimuler et de financer des missions de recherches scientifiques belges sur le terrain, ainsi que d'assurer le dépouillement ou la publication de leurs résultats.

2.3. De l'écologie au tourisme

Recherches internationales sur les gorilles

Contrairement aux réactions mitigées en Belgique et dans l'espace colonial, la création du PNA avait été très favorablement accueillie aux États-Unis. Dès 1926, plusieurs demandes de missions scientifiques sous les auspices de l'American Museum of Natural History sont envoyées aux Affaires étrangères belges. La mission « Akeley-Eastman-Pomeroy African Hall Expedition » (1926-1927) envisage d'enrichir l'African Hall de sept nouveaux groupes de la faune typique de l'Afrique orientale et de collecter des spécimens végétaux caractéristiques de l'habitat du gorille de montagne du Kivu[762]. Une autre expédition, l'« American Museum Ruwenzori-Kivu Expedition » (1926-1927), est dirigée par l'ornithologue James P. Chapin, accompagné par F. P. Mathews et De Witt L. Sage, dans le but de récolter plusieurs centaines d'oiseaux et d'étudier leur distribution dans les conditions spécifiques de ces régions de haute et moyenne altitudes[763].

Le gouvernement belge ne peut s'opposer à ces expéditions commanditées par l'AMNH, considéré dès le départ à devenir l'un des soutiens financiers du parc. Cependant, l'envoi prématuré de ces expéditions pose problème, car l'organisation administrative de la réserve est encore balbutiante. Afin de « tolérer » ces visites dans la réserve naturelle intégrale, Carl Akeley et James Chapin sont nommés envoyés spéciaux par le ministre des Colonies, chargés de mission d'étude de la réserve au point de vue de son organisation et de sa surveillance[764]. Cette désignation permet à Chapin de chasser des oiseaux dans le domaine du parc, tout en réalisant un relevé cartographique de la diversité naturelle et humaine de la région ainsi que la localisation et l'estimation numérique

---

[762] Jobe Akeley, M., *The Wilderness....*, *op. cit.*, p. 255.
[763] Chapin, J., « Birds of the Belgian Congo, I », in *Bulletin of American Museum of Natural History*, n° 65, 1932, p. 23.
[764] AA/Agri 629: Missions: lettre min. Col. au GG, Bruxelles, 23/02/1926.

des gorilles et des chimpanzés pour le compte du gouvernement belge. Pour sa part, Akeley est chargé de mission pour la Belgique, accompagné par le zoologiste Jean-Marie Derscheid, attaché au Musée du Congo belge et réputé pour ses recherches sur la protection de la faune tropicale[765]. Toutefois, les frais de l'expédition sont supportés, à la demande de Leplae, par le Fonds spécial du Roi pour éviter une totale dépendance vis-à-vis d'une expédition scientifique étrangère[766]. Les deux scientifiques doivent entreprendre une étude topographique complète du parc en vue d'en préciser les limites, émettre des suggestions sur la manière de préserver et de mettre scientifiquement en valeur ses richesses naturelles, et réunir les données sur la distribution des végétations et des populations de vertébrés. Une attention particulière est accordée à l'habitat, aux mœurs et au nombre de gorilles et chimpanzés. En outre, Derscheid propose d'étudier le rapport entre gibier et tsé-tsé, et l'influence de la grande faune sur l'hygiène et l'alimentation des populations autochtones[767]. Sur le terrain, l'équipe de scientifiques et de porteurs doit faire face au mauvais temps, tout en prenant des mesures et photographiant lorsque c'est possible. Akeley, malade et épuisé par la route, décède d'une dysenterie le 17 novembre 1926 au camp de Kabara, sur la crête reliant les sommets du Mikeno et du Karisimbi. Derscheid poursuit seul la reconnaissance du pays, dans des conditions de travail très pénibles. Il exécute les premiers levés topographiques nécessaires à l'établissement d'une carte sommaire de la région et réunit un ensemble de documents et d'observations qui permettent d'élaborer sur des bases plus précises le statut ultérieur du PNA. Il fournit une estimation du nombre de gorilles des Virunga plus fiable et plus systématique que les évaluations chiffrées alors proposées par Akeley (entre 100 et 200 gorilles), Ben Burbridge (environ 2000) et les Pères Blancs de la Mission de Lulanga (entre 2000 et 5000)[768]. Malgré la difficulté de chiffrer exactement, Derscheid estime que 600 à 850

---

[765] Jobe Akeley, M., « In the Land of His Dream. The last chapter of Carl Akeley's 1926 African Expedition », in *Natural History*, n° 27/6, novembre-décembre 1927, p. 525-527.

[766] AA/Agri 629 : Missions : lettre de Leplae au min. Col., Bruxelles, 16/05/1928.

[767] *Ibid.* : Mission Derscheid : note d'Arnold à Derscheid, Bxl, 20/08/1926 et lettre Derscheid au min. Col., 26/03/1926.

[768] Derscheid, J.-M., *La protection scientifique de la nature, op. cit.*, p. 53.

gorilles vivent dans la région, côtés belge et britannique confondus[769]. Il constate également un nombre peu élevé de jeunes gorilles et conclut que, sur base de la maturité sexuelle tardive de l'espèce, celle-ci se reproduit très lentement et parvient difficilement à se remettre d'une destruction partielle. Cette observation constitue, selon lui, une raison suffisante pour n'accorder des autorisations de chasse, y compris scientifiques, qu'en nombre très limité.

La collaboration américaine, quelque peu émoussée depuis le décès d'Akeley, se concrétise également par la constitution d'un Comité américain du PNA en 1929 dont l'objectif est d'intensifier les contacts entre le parc, les scientifiques américains et les sociétés de conservation. Installé à l'AMNH, ce Comité regroupe, sous la présidence du prince Albert de Ligne, plusieurs membres associés de la première heure au projet et des associations actives dans la protection de la nature[770]. Ce Comité sera appuyé dans sa tâche par Mary Jobe Akeley, veuve de Carl et « assistant-adviser » de l'Akeley African Hall. Elle mènera par l'écrit[771] une propagande assidue pour le PNA, grâce à son influence dans certaines sphères dirigeantes des États-Unis, ainsi qu'auprès de personnalités marquantes du monde scientifique international.

Au début des années 1930, des universités américaines sollicitent à leur tour l'autorisation de missions d'études anatomiques, physiologiques et embryologiques afin de comparer les grands singes et l'homme, et de réunir des données plus solides sur leur évolution respective[772]. Sous la direction du psychobiologiste et primatologue Robert Yerkes et de Harold C. Bingham, Carnegie Institution et Yale University organisent une expédition commune de recherches éthologiques sur le gorille destinées à compléter les informations récoltées à partir de gorilles et chimpanzés en

---

[769] Voir à ce sujet son « Estimation du nombre des gorilles » où Derscheid développait sa méthode de travail sur l'observation des gorilles effectuée sur le terrain (Derscheid, J.-M., *op. cit.*, p. 71-74).

[770] Voir à ce sujet, l'article « Increasing knowledge through exploration », in *Natural History*, n° 30/4, septembre-octobre 1930, p. 334.

[771] Elle rédige plusieurs ouvrages relatant l'œuvre de son mari, la découverte du Kivu et la création du PNA. Ces oeuvres sont largement distribuées, en particulier *Carl Akeley's Africa* (1929) et *Lions, Gorillas and their Neighbours*, ainsi que de nombreux articles paraissant dans des revues de vulgarisation scientifique, telles que *Natural History, Scientific Monthly, Science, Scientific American, Battle Creek Journal, Journal of the Society for Preservation of the Fauna of the Empire* ou *New York Times*.

[772] AA/Agri 421 : lettre de Mary Jobe Akeley à de Cartier, New York, 29/03/1929.

captivité[773]. Henry Cushier Raven, curator du département d'Anatomie humaine et comparative à l'AMNH, dirige, quant à lui, l'« African Expedition for research bearing on the physical development of man », organisée en collaboration avec la Columbia University. Ses études portent sur l'origine des troubles fonctionnels communs à l'homme et au gorille et sur la compréhension du mécanisme de la douleur physique[774]. Parallèlement, d'autres missions étrangères séjournent dans le PNA: celle de l'ornithologue japonais Masauji Hachisuka et de son collègue Miyoshi recueille des vertébrés et des nids de gorilles pour le compte du Musée impérial de Tokyo et du British Museum; le major Marcuswell Maxwell y réalise un film sur les grands mammifères, les lions et les gorilles[775] ; le colonel Lavauden, directeur général du Service des Eaux et Forêts à Madagascar, y mène des observations biogéographiques.

Malgré la création du parc, la protection du gorille de montagne n'est pas totalement assurée. En 1930, plusieurs permis de chasse et de capture sont accordés, notamment à destination du Muséum d'Histoire naturelle de Paris et du Zoo de New York[776]. L'abattage par les populations locales de sept gorilles sur le versant est du Karissimbi est également signalé[777]. Ces mouvements humains effarouchent rapidement les groupes qui migrent vers des lieux plus sécurisés[778]. En Grande-Bretagne, sous la pression diplomatique et scientifique et celle de sociétés de protection, le Premier ministre britannique, Lord Grey of Falloden, membre de la Commission PNA et Sir P. Chalmers Mitchell rédigent un mémorandum pour pousser la Kigezi Mountain Gorilla Game Reserve, créée en 1927 dans le prolongement du PNA, à renforcer ses mesures administratives en

---

[773] *Gorillas in a Native Habitat. Report of the Joint Expedition of 1929-1930 of Yale University and Carnegie Institution of Washington for psychobiological study of mountains gorillas (Gorilla beringei) in Parc national Albert, Belgian Congo, Africa*, Washington, Carnegie Institution, août 1932, p. 1-66.

[774] AA/Agri 423: lettre min. Col. au GG, Bruxelles, 01/07/1929.

[775] *Ibid.*: article du *Times* sur l'expédition Maxwell (28, 31/08 et 01/09/1931).

[776] *Ibid.*: relevé des demandes au min. Col. pour des permis de chasse aux gorilles (1928-1930).

[777] « Rapport général de fin d'année sur la situation du PNA », in *PNA, Rapports annuels, 1929-1934*, 1931, p. 6.

[778] *Rapport de l'administrateur-délégué du Comité de direction sur la situation du PNA (1929-1930)*, in PNA, *Rapports annuels, 1929-1934*, 1929, annexe II et Derscheid, J.-M., *La protection scientifique de la nature, op. cit.*, p. 73.

adoptant un régime analogue à la réserve intégrale[779], pour permettre aux gorilles de vivre en paix. C'est là une condition nécessaire pour mener à bien les recherches scientifiques en cours[780].

Priorités belges

Sous la présidence de Van Straelen, les recherches internationales sur les gorilles se tarissent brusquement. En 1958, à cause de la dégradation de la situation politique dans la région du secteur oriental, de l'insuffisance du personnel européen et de la situation budgétaire[781], la demande effectuée par H. J. Coolidge, ancien membre de la Commission, est refusée et orientée vers les peuplements de gorilles de Grauer du mont Kahuzi. En 1959, le zoologiste américain George Schaller, chercheur associé à la Johns Hopkins University et à la New York Zoological Society est cependant autorisé à entreprendre une étude écologique et comportementale des gorilles de montagne dans le cadre de sa thèse de doctorat. Les ouvrages qu'il rédigea suite à ces observations de terrain constitueront une base scientifique fondamentale[782] et une méthode inédite d'approche, poursuivies quelques années plus tard par Dian Fossey qui vivra de 1963 à 1985 parmi les gorilles. La principale explication de cette frilosité à accorder des missions aux étrangers tient à la décision du président de l'IPNCB de donner la priorité des recherches aux scientifiques belges. À l'instar d'autres nations, telles que les Pays-Bas qui ont développé aux Indes orientales néerlandaises des stations de recherches scientifiques de pointe comme le Jardin botanique de Buitenzorg, la Belgique doit, selon lui, se doter d'experts œuvrant dans la colonie. Grand patriote et ardent défenseur du « devoir sacré » de la nation belge en Afrique, Van Straelen insiste, consécutivement au discours du roi Albert à Cockerill en 1927, sur une action gouvernementale en faveur de la recherche scientifique et du financement des Universités pour survivre économiquement et tenir tête à la concurrence internationale. Cette idée est soutenue par le

---

[779] Williams, J. G., *A Field Guide to the National Parks of East Africa*, Londres, Collins, 1967, p. 148-149.
[780] AA/Agri 421 : Sir Peter Chalmers Mitchell à de Cartier, Londres, 19/11/1929.
[781] Comité de direction, 22/12/958, p. 2.
[782] Schaller, G., *The mountain gorilla : Ecology and Behavior*, Chicago, University of Chicago Press, 1963, ainsi qu'un ouvrage de vulgarisation, *The Year of the Gorilla*, Chicago, University of Chicago Press, 1964.

prince Léopold qui, dans son allocution présidentielle lors de la séance du Comité de direction du 24 décembre 1931, indique qu'une « 'réserve de nature' coloniale doit être [...] le prolongement des centres d'études métropolitaines »[783].

Deux axes importants de recherche sont dès lors privilégiés dans le PNA et les futurs autres parcs nationaux : les inventaires, études descriptives et collectes systématiques d'une zone bionomique ou d'un groupe d'organismes vivants, d'une part, l'étude de questions présentant un intérêt scientifique général pour lequel les parcs nationaux offrent des conditions favorables et souvent uniques, d'autre part. Contrairement à l'évolution de la primatologie et de la psychologie des primates aux États-Unis, en Union soviétique et dans plusieurs pays européens (Allemangne, Grande-Bretagne, France), l'absence de spécialisation belge dans ces disciplines éloigne encore la perspective d'études de cette famille sur le terrain. Dorénavant, la recherche a pour objectif, non seulement de développer les connaissances scientifiques par l'observation et les collectes sur le terrain, mais surtout, d'apporter des solutions pratiques aux équilibres écologiques futurs, rompus par l'action anthropique de l'homme « moderne ». En ce sens, Van Straelen peut être considéré comme le chef de file d'une nouvelle génération de chercheurs qui vont placer la perspective écologique à la base de leurs préoccupations. Dans son important article *La protection de la nature. Sa nécessité et ses avantages*[784], il présente les principes prioritaires soutenant la politique des parcs nationaux : l'« intégrité de la communauté biologique », en dehors de toutes interférences externes, tout en n'éludant pas la difficulté de maintenir cet état de « pureté primitive » dans un territoire entouré de cultures et d'établissements humains. La mise en garde, vingt-cinq ans plus tôt, par Jean Massart, contre les dangers que constituaient, pour les espaces naturels belges, l'extension des zones industrielles et la croissance démographique l'avait fortement sensibilisé à la problématique, tout comme les efforts de conscientisation de personnalités telles que Sarasin, Derscheid et Van Tienhoven auprès des gouvernements pour éviter le mésusage des ressources naturelles.

---

[783] Discours prononcé à la Bourse d'Anvers, le 14 janvier 1928, par V. Van Straelen, in *Victor Van Straelen. Tel qu'il demeure*, Bruxelles, Renson International Marketing, 1964, p. 73-80.

[784] Van Straelen, V., *La protection de la nature. Sa nécessité et ses avantages*, in *Les Parcs nationaux et la protection de la nature*, Bruxelles, IPNCB, 1937, p. 43-86.

Van Straelen insiste donc pour que les recherches dans ces zones soient menées sur tous les êtres vivants, « du ver microscopique au grand ongulé, du puissant arbre forestier à l'humble mousse et à la surface topographique elle-même », qui jouent un rôle, même s'il est inégal, dans le métabolisme des communautés biologiques. Lui-même portera une attention particulière à l'étude des catégories majeures des organismes producteurs (phanérogames[785]), consommateurs (mammifères) et décomposeurs (micro-organismes du sol)[786]. Il considère, par contre, les actions anthropiques comme des éléments perturbateurs de l'équilibre biologique qui accélèrent le processus d'épuisement progressif des sols, l'érosion hydrographique et éolienne, l'abaissement des nappes aquifères et la destruction des couverts végétaux. Conjoints à une modification climatique, ces phénomènes provoquent l'élimination de la vie sauvage et, par conséquent, une restriction future des chasses dans un but alimentaire. Dans cette optique, l'équilibre instable de la nature nécessite des mesures de précautions indispensables où le concept de « réserve naturelle intégrale » se justifie pleinement. Par extension, la protection de la nature est donc l'une des branches de la biologie appliquée, discipline récente, née au croisement de l'écologie et de l'éthologie. Van Straelen prévoit, à ces fins, l'élaboration d'un véritable programme de la protection de la nature, dont les parcs nationaux constituent un point essentiel. L'enrichissement et le croisement des données observables et quantifiables de ces zones protégées sur un temps relativement long seront dès lors destinés à servir de référence future à une exploitation rationnelle et à une reconstitution des sols tropicaux dégradés par une suractivation des facteurs physiques, biologiques et météoriques. En ce sens, les zones protégées deviendront un potentiel réservoir naturel pour l'homme de demain.

---

[785] Emile De Wildeman étudia en particulier ce sujet, en attribuant à l'action anthropique la cause principales de presque toutes les disparitions d'espèces : « Si des phénomènes biologiques inhérents à la nature des végétaux, à leur constitution morphologique peuvent amener la stérilité, l'action de l'homme […] est la cause principale de presque toutes les récentes disparitions d'espèces ; mais cette action n'est pas unique et fréquemment indirecte, agissant parfois sur des représentants du règne animal, dont la présence est nécessaire pour permettre l'établissement du cycle vital de certains organismes végétaux » (De Wildeman, E., *Intersexualité, unisexualité chez quelques phanérogames. Tendance vers la stérilité ou la fécondité. Apparition, disparition d'espèces*, Mémoires de l'Académie royale de Belgique, t. 15/1, 1936, p. 161-162).

[786] Bourlière, F., « La mammalogie africaine », in *Le Flambeau*, n° spécial consacré à V. Van Straelen, mars-avril 1964, p. 124-125.

Dès 1933, l'exploration scientifique systématique du PNA s'organise donc depuis la métropole et répond à la volonté de tisser des liens plus étroits entre l'IPNCB, les Universités et les instituts scientifiques nationaux. Elle se voit aussi stimulée par les apports financiers de la FESPNCB que constituent les 200 000 fr accordés annuellement par Louis Empain[787]. Dès 1939, ce dernier offre à l'institution un portefeuille-titres, dont la valeur correspond approximativement à la capitalisation de ce revenu. Au 31 décembre 1940, le capital de la Fondation s'élève à 3 421 800 fr. En dehors des intérêts du capital investi, la Fondation dispose, en outre, de rentrées complémentaires, provenant du reliquat de l'exercice de l'année précédente, des intérêts des comptes en banque placés à la Banque du Congo belge et de recettes extraordinaires – chèques postaux, caisse, Commission administrative du Patrimoine du Musée royal d'Histoire naturelle de Belgique – ainsi que de dons privés de ses administrateurs, notamment Carton de Wiart, de Cartier de Marchienne et Lippens[788].

Vingt-huit missions scientifiques sont ainsi organisées entre 1933 et 1960, composées de quatre-vingt-sept chercheurs belges et internationaux, recevant le statut de « chargés de mission ». L'IPNCB forme treize naturalistes explorateurs et subsidie trente-quatre collaborateurs pour exécuter quinze missions exploratoires dont onze concernent le PNA. De ces missions découlent 231 publications, dans lesquelles figurent 323 études scientifiques. Leur rayonnement et leur diffusion sont internationaux[789]. Confiée à l'herpétologiste Gaston-François de Witte, chef de la Section de Zoologie et d'Entomologie au Musée du Congo belge, qui possède une solide expérience dans le domaine de la collecte, des techniques et du maniement des collections zoologiques congolaises, la première mission officielle du PNA vise à réaliser une étude éthologique et taxinomique de la faune herpétologique de la région, ainsi qu'à collecter des invertébrés, poissons, oiseaux et petits mammifères[790]. Les collections sont ensuite déterminées par de nombreux zoologistes belges et étrangers dont les résultats sont publiés entre 1937 et 1956, dans la

---

[787] Commission Administrative, Procès-verbal de la 11ᵉ AG, 14/07/1934, p. 2
[788] FESPNCB, *Premier rapport 1935-1940*, Bruxelles, J. Vromans, s.d. {1941}, p. 15-16.
[789] IPNCB, *Rapport annuel 1958*, Bruxelles, 1959, p. 10-11.
[790] Van Schuylenbergh, P., « Recherche scientifique et collectes de terrain : l'exemple de Gaston-François de Witte », in Van Schuylenbergh, P. et de Koijer, H., *Virunga, Archives et Collections d'un Parc national d'exception*, Collections du MRAC et de l'IRSNB, Tervuren, MRAC, 2017, p. 69-83.

collection de l'Institut des Parcs nationaux du Congo. L'ouvrage de de Witte sur les batraciens et les reptiles sera par ailleurs couronné, en 1941, par le Prix quinquennal de Sélys Longchamps par l'Académie royale des Sciences, Lettres et Beaux-Arts de Belgique[791], attribué pour la première fois à des travaux scientifiques relatifs à la colonie[792]. Se succèderont aussi des missions hydrobiologiques (Hubert Damas, 1935–1936), botaniques (Jean Lebrun, 1937–1938), anthropologiques (Peter Schumacher, 1933–1936), vulcanologiques (John Verhoogen, 1938–1940), stratigraphiques et paléontologiques (Jean de Heinzelin de Braucourt, 1950).

En dehors des études menées par les scientifiques chargés de mission, les conservateurs et les délégués aux visites des parcs sont initiés aux méthodes de collecte d'échantillons, à la photographie et à la consignation de leurs observations de terrain dans des rapports de gestion. Dès la fin des années 1930, l'engagement de conservateurs au profil scientifique s'impose, s'inspirant en cela des *Parks Naturalists* américains[793]. Ceux-ci ont pour tâche de rassembler une documentation puisée dans les territoires soumis à leur gestion[794]. Leurs rapports mensuels fournissent notamment des indications précieuses sur la dynamique de peuplement de la faune, basées sur l'observation directe des fluctuations, par espèce, du nombre d'individus et sur les facteurs qui les déterminent (taux de naissances et de mortalité, déplacements quotidiens et saisonniers). Les premiers résultats de ces enquêtes permettent de confirmer qu'un taux trop élevé de destruction animale conduit à la disparition irrémédiable d'une espèce ou d'une sous-espèce. Afin de poursuivre ces investigations, encore insuffisamment documentées, des scientifiques comme Serge Frechkop, associé au FNRS et collaborateur au Musée royal des Sciences naturelles de Belgique, portent leur attention sur les conditions d'existence des mammifères[795]. Ce dernier réalise également des tableaux synoptiques et des clés de détermination des espèces et sous-espèces du PNA et du PNK, dans le but d'inciter les coloniaux à collaborer à l'exploration de ces régions en leur fournissant certaines données écologiques et éthologiques de base. Des études sur les conditions de vie des parasites de la faune

---

[791] de Witte, G.-F., *Batraciens et Reptiles*, Bruxelles, IPNCB, 1941.
[792] Comité de direction de l'IPNCB, séance du 09/08/1941, p. 1.
[793] Van Straelen, V., *Les Parcs nationaux…*, *op. cit.*, p. 43-86.
[794] *Premier rapport quinquennal (1935-1939)*, Bruxelles, IP NCB, s.d., p. 45-51.
[795] Frechkop, S., *Mammifères*, Bruxelles, IPNCB, 1943 ; Verheyen, R., rédigea le 2ᵉ tome sur les *Oiseaux* (1947).

sauvage se développent également, à l'initiative de l'Institut de Médecine tropicale d'Anvers, afin de déterminer les causes de maladie et de mortalité chez certaines espèces comme les antilopes, touchées par la bilharziose ou la peste bovine qui sévit en Uganda, au Ruanda et dans l'Est du Congo. Les étroites relations de cause à effet entre la végétation et la faune sont, quant à elles, étudiées durant la mission botanique de Jean Lebrun pour le compte de l'Institut pour l'étude agronomique du Congo belge (INEAC). Dans ce cadre, la problématique de la transformation des paysages par les feux de brousse revêt une importance capitale pour les gestionnaires du PNA, car ceux-ci entraînent des répercussions immédiates sur la vitalité des grands herbivores dont les comportements induisent à leur tour des transformations de l'équilibre de l'ensemble des espèces fauniques[796].

La répartition des collectes de terrain entre les institutions scientifiques métropolitaines chargées de les préparer et de les déterminer débute en 1938. Le Musée du Congo belge et le Musée des Sciences naturelles de Belgique se partagent les collections zoologiques et géologiques, tandis que le Jardin botanique de l'État abrite les collections botaniques. Des doublons sont aussi proposés à des institutions étrangères (Muséum national d'Histoire naturelle de Paris, les Royal Botanical Gardens de Kew, le British Museum of Natural History) dont les membres siègent au sein de la Commission administrative de l'IPNCB[797]. Durant la Seconde Guerre mondiale, l'invasion de la Belgique par l'Allemagne et la rupture des relations avec la colonie freinent l'envoi des collections vers les institutions scientifiques métropolitaines, mais l'Institut poursuit néanmoins la préparation active des importantes collections de de Witte, Damas, Lippens et Lebrun récoltées avant le conflit, ainsi que la publication des travaux scientifiques. Cette période ne ralentit pas non plus les activités de l'IPNCB qui publie la seconde édition de l'ouvrage *Animaux protégés au Congo belge* (1941), sur base d'une première édition de Frechkop datant de 1936. Considérablement augmentée, cette dernière parution présente la législation sur les espèces animales protégées

---

[796] « Introduction », in Lebrun, J., *La végétation de la plaine alluviale au Sud du lac Édouard*, Bruxelles, IPNCB, 1947. La question du rapport entre feux de brousse et faune sauvage fait l'objet d'une très vaste controverse durant plusieurs décennies. Les avis de plusieurs scientifiques, agronomes et vétérinaires belges et étrangers (notamment Bouillenne, Humbert, Lavauden, Lönnberg, Robyns, Schouteden, Edwards, Poulton, Martin, Tean, Swynnerton) amèneront le PNA à interdire provisoirement les feux de brousse.

[797] Comité de direction, séance du 15/01/1938, p. 5.

à l'usage des coloniaux ainsi qu'un appel à contribuer aux connaissances par leurs propres observations.

Après la guerre s'exprime la nécessité de mieux préparer les chargés de mission au travail de terrain. Des documents législatifs et techniques sont publiés[798], afin de renforcer les activités de collecte, d'affiner les résultats des recherches et de créer les conditions optimales de petits laboratoires d'observations écologiques régulières. Les conservateurs, à leur tour, sont appelés à réunir des collections dans les limites des parcs nationaux, afin de suppléer aux études organisées par l'Institut[799]. D'importantes études écologiques se poursuivent dans les années 1950, comme celle menée par l'agronome Henri De Saeger et son équipe qui réalisent une première mission d'écobiologie scientifique centrée sur l'étude des principales biocénoses du PNG (1949-1952)[800]. Au milieu de cette décennie, l'observation de la faune par les chargés de mission et les conservateurs des parcs nationaux démontre plus que jamais l'intérêt de procéder à son étude approfondie par l'engagement d'un observateur permanent initié aux méthodes d'observation et de dénombrement de l'écologie quantitative des mammifères[801]. Cette fonction de chargé de mission permanent est attribuée à Jacques Verschuren qui succède à de Witte, atteint par la limite d'âge. Zoologiste de l'Institut des Sciences naturelles de Belgique, Verschuren collabore en 1956 au premier programme d'étude écologique du PNA avec François Bourlière, médecin et biologiste, professeur agrégé à la Faculté de Médecine de Paris, dont l'étude porte sur les liens entre l'organisation sociale des animaux et les structures des populations humaines[802]. Une autre mission écologique

---

[798] Ceux-ci intègrent les droits et devoirs envers l'Institut, un recueil de textes officiels et de décisions à l'usage des membres d'Afrique, l'uniformisation des désignations toponymiques, l'établissement d'un questionnaire à l'usage des résidents en vue de réunir une documentation sur la faune congolaise, leur distribution et leurs moeurs pour préparer éventuellement des mesures de protection en faveur d'espèces menacées ainsi que l'établissement d'un questionnaire botanique pour la protection des végétaux.

[799] Comité de direction, séance du 16 février 1946, p. 3.

[800] De Saeger, H., *Exploration du Parc national de la Garamba. Introduction*, Bruxelles, IPNCB, 1954 ; Comité de direction, séance du 16/07/1949, Programme de la mission De Saeger.

[801] IPNCB, *Rapport annuel 1956*, p. 28.

[802] *Introduction à l'écologie des Ongulés du Parc national Albert.* Exploration PNA, Mission Bourlière et Verschuren, Bruxelles, IPNCB, 1960.

dans le PNA est remplie par la mission des lacs Kivu, Édouard et Albert (1952-1954) organisée sous l'égide de la Commission administrative du Patrimoine de l'Institut royal des Sciences naturelles de Belgique et composée d'une équipe de sept chercheurs dirigés par Jean Capart. Outre le fait de fournir une base scientifique à l'exploitation halieutique des lacs grâce aux informations récoltées sur leurs biotopes[803], cette étude constitue une première contribution à l'écologie générale des insectes et autres invertébrés lacustres, et permet l'étude de plusieurs espèces vectrices d'infections parasitaires chez l'homme[804]. La fin des années 1950 se marque aussi par une spécialisation plus pointue des recherches écologiques effectuées sur le terrain sur les liens entre plusieurs espèces, des mammifères aux bactéries, en passant par leurs parasites. En 1957, une collaboration entre les biologistes belges se trouvant dans le PNA (Bourlière, Verschuren, Mollart et Vanschuytbroeck), le Dr Frans Evens, directeur du laboratoire de recherche de biologie médicale à Bukavu et spécialiste des glossines et des trypanosomes, et l'Institut Pasteur de Paris est entreprise pour étudier les états pathologiques de la faune sauvage, dont les connaissances demeurent fortement lacunaires dans ce domaine. Cette étude concerne des individus atteints de lésions anatomiques provoquées par des fusiformes et l'analyse biochimique de leur nutrition[805].

En 1958, le système d'observations scientifiques permanentes mis en place durant la décennie donne des résultats probants. Les observations de certains troupeaux de grands mammifères se poursuivent sur des itinéraires déterminés qui sont périodiquement parcourus. Par ailleurs, le recensement de la faune de la plaine Rwindi-Rutshuru dans le PNA est opéré par les gardes autochtones du parc selon une méthode de déplacement sur des parcours déterminés et identiques ; ceux-ci fournissent en parallèle des observations sur les faunes et flores rencontrées en cours d'inspection.

---

[803] Van Schuylenbergh, P., « Contribution à l'histoire du lac Édouard: enjeux socio-économiques et environnementaux autour des ressources halieutiques (ca 1920-1960 », in Mabiala Mantuba-Ngoma P. et Zana Etambala, M. (dir.), *La société congolaise face à la modernité (ca.1700-2010. Mélanges eurafricains offerts à Jean-Luc Vellut*, Cahiers africains, n° 89, Tervuren – Paris, MRAC – L'Harmattan, 2017, p. 127-163.

[804] Verbeke, J., *Mission d'Étude des lacs Kivu, Édouard et Albert*, Bruxelles, IPNCB, 1955.

[805] Comité de direction, séance du 15/06/1957, p. 5.

Sensibilisation et tourisme

Outre ces méthodes d'observation de terrain, la documentation photographique est largement stimulée par l'IPNCB en tant que matériel d'étude et témoignage de la modification des milieux botaniques en lien avec la densité des populations animales. Plus de soixante mille photographies et de nombreux enregistrements cinématographiques sont réalisés dans les parcs nationaux du Congo entre 1930 et 1960[806]. Le Belge Armand Denis, chef de la mission américaine A. Denis-Roosevelt (1935), est le premier cinéaste engagé par l'Institut, avec financements du FNRS, de la FESPNCB et de la Liste civile du roi pour tourner une série de films destinés à servir de supports didactiques aux institutions scientifiques et d'enseignement supérieur et qui montrent les caractéristiques des faune et flore du parc. Par ailleurs, le développement de l'activité touristique devient un autre instrument de propagande non négligeable destiné à sensibiliser le grand public métropolitain, colonial et autochtone, à la politique des parcs nationaux et à la protection de la nature en général. Il est avant tout, cependant, un moyen efficace pour assurer les bases financières de l'institution, voire sa survie économique. L'ouverture des parcs au tourisme ne correspond pourtant pas à la philosophie de la réserve naturelle intégrale, mais elle est avant tout dictée par la pression internationale suscitée par la Conférence de Londres (1933) qui encourage les nations à ouvrir leurs parcs à un tourisme prudent, sur base des modèles anglais et américains où les parcs sont également des lieux de récréation destinés à l'agrément public. Son début coïncide aussi avec l'idée d'une utilisation rentable de la nature par le développement d'un tourisme régional dans la région du Kivu et des Grands Lacs. Le tourisme dans les parcs nationaux se caractérise, dans un premier temps, par la venue de visiteurs internationaux, notamment britanniques. Le PNA devient la destination privilégiée et une étape incontournable de la ligne aérienne entre l'Angleterre et Le Cap. La plaine de la Rwindi, qui abrite de nombreux mammifères, obtient les faveurs du public et nécessite la construction d'un service hôtelier avec pavillons de logement confortable, salle de douche et chalet de restauration pour répondre à la demande. Un poste de « délégué aux visites » est créé afin d'accueillir et d'accompagner les visiteurs sur les pistes; il est assuré par le commandant

---

[806] De Saeger, H., « Les Parcs nationaux et la conservation de la Nature », in *Le Flambeau*, *op. cit.*, p. 117.

de réserve Ernest Hubert, grand connaisseur de la faune et très apprécié des visiteurs. À partir de la Deuxième Guerre, un tourisme local émerge surtout, provoqué par les séjours forcés des coloniaux en Afrique durant les congés pour cause de conflit. De nouvelles pistes sont alors ouvertes pour observer une faune qui se déplace progressivement vers des zones plus paisibles. En augmentation sensible d'année en année, le tourisme au PNA répond aux résultats d'une propagande plus ciblée, mais aussi à un engouement progressif pour la nature sauvage. Dans les autres parcs, par contre, le tourisme se développe plus lentement (fin des années 1950 au Parc national de la Kagera), notamment à cause des difficultés d'organiser des circuits routiers (Parc national de la Garamba) ou liées aux litiges avec les populations locales (Parc national de l'Upemba).

3. Hommes ou animaux : un dilemme continu

3.1. Des intérêts divergents

Tous les parcs nationaux, sans exception, ont été confrontés de manière plus ou moins importante à la problématique de la présence humaine dans leurs limites et en dehors de celles-ci. Comment concilier la sauvegarde d'un environnement naturel demeuré intact ou retourné à un état « primitif » et les activités des populations qui l'utilisent, le transforment, voire le dégradent, est au cœur de la question et de nombreuses controverses. L'histoire des parcs nationaux congolais illustre bien les frictions et les tensions continuelles qui se sont jouées entre les divers protagonistes ainsi que les raisons mobilisées par chacun pour justifier une politique, parfois jusqu'au-boutiste, chacun étant convaincu que ses arguments sont les plus pertinents.

La substitution de terres coloniales au profit des parcs nationaux fait surgir des tensions continuelles entre les objectifs divergents, voire opposés, des multiples acteurs sur le terrain. La mise en valeur économique des terres, telle que pensée et voulue par l'Administration coloniale et les entreprises agricoles et industrielles publiques ou privées, a peu de traits communs avec la volonté de réserver des vastes espaces, particulièrement riches en ressources naturelles, à une conservation rigoureuse de leurs biotopes sur une longue durée, même si, à terme, celle-ci est envisagée comme une mesure de précaution pour assurer l'alimentation des générations futures.

Les différentes tentatives, plus ou moins réussies, d'éviction des populations congolaises de leurs terres constituent également une source importante de tensions, de frictions et d'actes de résistance. Pour les dirigeants de l'IPNCB, l'absence de toute activité anthropique représente une condition essentielle à la protection des faunes et des végétaux des parcs et répond à leur mission fondamentale qui consiste à retrouver un équilibre « primitif » rompu. Pour le pouvoir colonial, par contre, cet argument est économiquement, socialement et moralement indéfendable, alors qu'il véhicule lui-même l'image d'Africains présentés comme les principaux ravageurs d'un environnement méritant le gardiennage des Européens[807]. Ce paradoxe montre bien l'ambiguïté du système mis en place. Si, d'un côté, le pouvoir invoque son devoir de tutelle envers les colonisés et tend à assurer, jusqu'à un certain point, la défense de leurs intérêts, de l'autre, il restreint ou interdit plusieurs de leurs activités comme la chasse pour des questions de sécurité publique et de contrôle économique. L'élaboration d'une législation complexe, les enquêtes territoriales sévères pour l'octroi d'autorisation de chasse, la poursuite des fraudes, l'instauration de taxes et de permis de chasse et l'augmentation progressive du coût de ceux-ci constituent les instruments privilégiés pour surveiller et cadenasser les populations et leurs armements.

Il est avéré que l'expulsion hors des parcs nationaux des Africains qui y possédaient, avant la création de ceux-ci, leurs territoires de chasse, de pêche et de prélèvement de ressources naturelles (bambous, bois de chauffage) les empêche d'accéder à une source importante de subsistance et d'y mener des activités socio-économiques indispensables à leur survie (élevage, agriculture, commerce). Identifiées comme la cause principale de l'extermination du gibier, vaquant à leurs activités sans souci de prévoyance et de préservation, les populations africaines font les frais d'une stratégie économique planifiée, tout comme de connotations culturelles largement stéréotypées. « L'indigène qui est cruel par nature envers l'animal » est appelé à « recevoir nécessairement une éducation plus appropriée à ce sujet » note le journal *La Dernière Heure*, appuyant le souhait de certains milieux d'une modification plus sévère de l'arrêté du 28 février 1928 qui punit la cruauté envers les animaux[808]. Les diverses réponses et les contournements des Africains à ces évictions physiques et psychologiques constituent le signe distinctif d'une désapprobation générale des populations locales à l'égard de l'autorité coloniale. Considérées par les Européens comme du « braconnage », les activités illégales menées par les colonisés représentent moins une volonté délibérée de destruction des ressources qu'un moyen de résistance vis-à-vis du contrôle administratif

---

[807] Van Schuylenbergh, P., « Entre délinquance et résistance au Congo belge: l'interprétation coloniale du braconnage », in *Afrique et Histoire. Revue internationale*, n°7 (Dossier: Dans les plis de la structuration coloniale: ombres et délinquances), 2009, p. 25-48.

[808] « La réglementation de la chasse au Congo. Une nouvelle ordonnance pour mettre fin aux massacres de gibier », in *La Dernière Heure*, 19/04/1934.

et qu'un mode d'expression pour protester contre une domination subie et l'autoritarisme de concepts occidentaux importés[809]. Au Nord-Kivu, la Commission pour l'Étude du Problème foncier souligne, au milieu des années 1950, que « des enquêtes locales nous permettent d'affirmer que les sentiments de haine que les indigènes portent au Comité national du Kivu ne sont surpassés que par ceux qu'ils ont contre les parcs nationaux et spécialement contre le Parc Albert »[810]. Ces actes illégaux constituent, par conséquent, une forme explicite de contestation par rapport à une discrimination en matière de droits, et surtout en matière de droit foncier.

3.2. Des Africains « hors-la-loi »

Une fois encore, l'évolution du Parc national Albert permet d'illustrer les causes et l'évolution de l'exacerbation de ces sentiments négatifs.

Organisé selon le décret de 1929 en réserve naturelle intégrale composée de certains territoires-annexes, le PNA doit rapidement faire face à des pressions diverses provoquées par la présence de groupements humains, et pour certains, de leur bétail dans et autour du parc. Il est aussi cerné par des espaces et des infrastructures coloniales (terrains agricoles, missions religieuses et chapelles-écoles, espaces urbains et commerciaux, réseau routier) dont il entrave le développement. Afin d'éviter toute source de conflits futurs, le décret constitutif de 1934 décide d'exclure du parc un certain nombre de territoires-annexes qui sont occupés par

---

[809] Nzanbandora Ndi Mubanzi, J., *Histoire de conserver : Évolution des relations socio-économiques et ethnoécologiques entres les Parcs nationaux du Kivu et les populations avoisinantes*, thèse de doctorat en Sciences sociales, politiques et économiques, ULB, 2002-2003 ; voir aussi une série de mémoires de licence en Histoire et en Sciences Sociales de l'Institut Supérieur de Pédagogie (ISP) de Bukavu, rédigés entre 1980 et 1996 (Gapira wa Mutazimiza, Z., *Les incidences socio-économiques et politiques de la création du PNA dans le Territoire de Rutshuru* (1980) ; Baitsura Musowa, W., *Impact du PNVi sur la population de la zone de Beni (1935-1978)* (1982) ; Mbilizi Ubighi, H., *La conservation de la nature chez les Lega des Bamuguba/Sud en Zone de Shabunda au Sud-Kivu* (1996), pour ne citer que quelques exemples).

[810] Lemarchand, R., *Political Awakening in the Belgian Congo*, Berkeley – Los Angeles, University of California Press, 1964, p. 119 ; Willame, J.-C., *Banyaruanda et Banyamulenge. Violence ethnique et gestion de l'identitaire au Kivu*, in Cahiers Africains, n° 25, Bruxelles – Paris, Institut Africain – L'Harmattan, 1997, p. 40 ; voir, pour la méthode de travail adoptée par la Commission, le mode d'application de la méthode et quelques résultats obtenus, Biebuyck, D. et Dufour, J., « Le régime foncier du Congo belge. Étude ethnologique et juridique », in *Zaïre*, n° 12/4, 1958, p. 365-382.

les populations locales. En contrepartie de ces pertes territoriales, il transforme les territoires-annexes qui n'ont pas été abandonnés au profit du domaine public en réserve naturelle intégrale et il annexe au parc de nouvelles zones dont la biodiversité est exceptionnelle[811]. Désormais doublée, la superficie du parc est divisée en sept secteurs répartis selon leurs particularités biogéographiques distinctives (Nyamulagira, Rwindi-Rutshuru, lac Édouard, Haute-Semliki, Basse-Semliki, Ruwenzori et Mikeno) dans lesquels toute action anthropique est strictement interdite à l'exception de celles prévues dans le cadre des recherches scientifiques sur le terrain.

Plusieurs entraves légales contraignent cependant cette nouvelle organisation. Dans la réserve intégrale, des terres étaient concédées aux populations locales qui les occupaient avant le décret de 1934, en vertu du décret du 3 juin 1906. Selon ce décret, l'État reconnaissait des droits d'occupation aux populations sur les terres habitées, cultivées et exploitées par celles-ci après constatation par l'administration de la nature et de l'étendue de ces droits[812]. Sur ces terres, les populations étaient autorisées à exercer leurs droits coutumiers[813] (droits de chasse, de pêche et de coupe de bois)[814], afin de répondre à leurs besoins vitaux et ils pouvaient

---

[811] Ainsi, la région du Binza au sud du secteur Nord, la plaine de lave au nord du Nyamuragira dans le secteur ccidental, la rive occidentale du lac Édouard, la plaine de la Semliki, évacuée pour combattre la maladie du sommeil et le massif du Ruwenzori. En 1957, l'IPNCB se voit accorder la mise en réserve d'un territoire de forêt dense de 2 500 000 hectares dans la région de Biega, à cheval sur les Province de Stanleyville (anc. Province-Orientale) et de Costermansville (anc. Province du Kivu) où les okapis et les gorilles de basse altitude pourraient être protégés, ainsi qu'en 1960, la mise en réserve naturelle intégrale du mont Kahuzi, soit 12 000 hectares de terres au sud-ouest du PNA afin de combler le nouveau rétrécissement de l'habitat du gorille de montagne, consécutif à la rétrocession de terres envisagée dans le secteur du Mikeno. Ces deux dernières régions sont à l'origine du Parc national Kahuzi-Biega, créé par le décret du général Mobutu du 30 novembre 1970 et élargi en juillet 1975 (Décret de création n° 70-316 du 30/11/1970) de 75 000 à 600 000 hectares (Décret n°75-238) (« Kahuzi-Biega National Park », in *Descriptions of Natural World..., op. cit.*)

[812] Décret du 03/06/1906 relatif aux terres indigènes (*BO*, 1906, p. 226).

[813] L'exercice de ces droits coutumiers est stipulé par l'acte constitutionnel de l'EIC (Ordonnance de l'administrateur général de Winton du 01/07/1885, in *BO*, 1885, p. 30) et repris par le Code civil congolais de 1912 qui réaffirme l'appropriation des « terres sans maître » au profit de la colonie, à l'exclusion de l'exercice des droits coutumiers des populations congolaises (Décret du 31/07/1912, in *BO*, 1912, p. 799)

[814] IPNCB, *Premier rapport quinquennal (1935-1939)*, Bruxelles, {1940}, p. 36.

circuler sur certaines routes carrossables. Ces terres échappaient donc à la législation des parcs nationaux. Le décret de 1934, qui vise à protéger de manière absolue les animaux et végétaux de la réserve intégrale, apporte de nombreuses interdictions qui réduisent largement les droits de ces groupements. À l'exception du droit de circulation dans les territoires-annexes, tout fait de chasse, de pêche et de coupe de bois est strictement interdit. Au fil du temps, des dérogations à ces interdictions répondent de manière ponctuelle à des revendications de plusieurs chefferies ou d'entreprises européennes publiques ou privées afin de tarir les sources de conflit. Celles-ci concernent notamment l'autorisation, sous certaines conditions, des droits de pêche dans la rivière Semliki, une section de la Rutshuru, et dans le lac Édouard, de récolte du sel et ses noix palmistes le long de la Semliki, de coupe de bois sur le mont Bukuku, de circulation sur certaines routes pour garantir l'accès à des ressources ou aux tombes d'ancêtres. Certains de ces droits sont cependant abrogés quelques années plus tard devant l'augmentation du braconnage, de la présence de bétail et de feux de brousse.

La superposition de la législation coloniale en matière de chasse, de circulation et de protection de la faune, valable sur l'ensemble du territoire, sur celle des parcs nationaux suscite, de son côté, des divergences d'interprétation sur le terrain. Un jugement du tribunal du Parquet de Costermansville décide de ne pas sanctionner un occupant d'une des enclaves non expropriées du parc qui détient ou transporte une pointe d'ivoire provenant d'un éléphant trouvé mort dans cette enclave, alors que ce fait constitue une infraction pour la législation des parcs[815]. Par contre, l'application, sur tout le territoire colonial, y compris dans les parcs nationaux, du décret du 21 avril 1937 sur la chasse et la pêche, aide à renforcer la protection de la faune. Ainsi, un éléphant ne pourra être abattu dans un parc national que si le chasseur est en règle avec la législation générale sur la chasse et le décret constitutif de l'IPNCB. En réalité, le demandeur a très peu de chance de justifier cette demande, car, outre le fait de sa conformité avec la législation sur les armes à feu, il doit être en possession d'un permis scientifique délivré par le gouvernement général et d'une autorisation délivrée par l'IPNCB. Si ces deux législations sont en harmonie, il y a des cas où, au contraire, elles s'opposent. Tel est le cas pour la pêche qui est librement autorisée sur l'ensemble du territoire

---

[815] *Revue juridique Congolaise*, 1938, p. 37.

par le décret de 1937, alors qu'elle est interdite, sauf exceptions, par celui de 1934. Dans la pratique, la législation des parcs l'emporte ici.

Pour l'IPNCB, la présence de groupements humains à l'intérieur des parcs demeure cependant une importante entrave à la poursuite de ses missions. Fixée par décret du 5 février 1932, la procédure d'expropriation par le gouvernement général « pour cause d'utilité publique » vient en aide à l'Institut, juridiquement désarmé pour réprimer les infractions sur des terres occupées par les autochtones dont la législation coloniale ne reconnaît pas le droit de propriété. En échange, un rachat des droits des expropriés contre indemnités est prévu aux frais de la colonie, de même que la mise à disposition de terres de superficie et de valeur au moins égales à celles quittées. Au PNA, les groupements nande installés sur le pourtour sud-ouest du lac Édouard sont notamment expropriés de la région sous l'argument d'éradication de la trypanosomiase dans cette zone[816]. Comme le souligne Martin Hackars, conservateur du secteur Nord, « il ne pouvait plus être remédié à cette situation que par des moyens détournés. En l'occurrence, c'est encore la maladie du sommeil qui nous a tirés d'embarras »[817]. Certaines populations restent néanmoins autorisées à vivre dans le PNA, comme quelques centaines de pygmées twa, considérés comme un groupe en voie de disparition et qui font l'objet d'études anthropométriques et sociologiques[818], ou encore, plusieurs petits villages du secteur Nord qui fournissent des guides spécialisés dans l'ascension du Rwenzori et ont abandonné leurs droits de chasse au profit d'un droit de pêche.

Des exemples de déstabilisation des populations par de telles mesures sont nombreux et démontrent que la question de possession des terres et d'accès aux ressources naturelles représente un point de confrontation majeure entre les autorités des parcs et les populations riveraines. Dans plusieurs cas, les enquêtes administratives chargées de constater l'étendue des droits des populations dans les parcs et de proposer des indemnités équitables pour leur évacuation ne réussissent pas à calmer les esprits. Ces enquêtes étant généralement réalisées tardivement, les autochtones

---

[816] Van Schuylenbergh, P., « Ressources halieutiques… », *op. cit.*, p. 135-139.

[817] AA/Agri 418 : H. Hackars, Rapport administratif du secteur Nord du PNA, Mutsora, décembre 1937, p. 4.

[818] Schumacher, P., *Anthropometrische Aufnahmen bei den Kivu-Pygmäen*, fasc.1, Anvers, IPNCB, 1939 et *Die Kivu-Pygmäen und ihre soziale Umwelt in Albert-Nationalpark*, fasc. 2, Anvers, IPNCB, 1943.

profitent des délais pour renoncer à céder leurs droits ou pour en revendiquer d'autres, sans que l'administration ne puisse établir de manière formelle l'authenticité de leurs déclarations. Ces revendications évoluent également en fonction du temps, de la situation du moment et de l'influence de certaines personnalités en place qui freinent ou, au contraire, favorisent les mouvements en fonction d'intérêts divers et qui peuvent être radicalement divergents.

La complexité tient aussi au fait que les terres des parcs nationaux restent propriété de l'État colonial qui les considère comme des terres domaniales. La colonie s'est engagée à ne pas les affecter à d'autres buts que ceux de l'IPNCB. Durant la Deuxième Guerre mondiale, une importante dérogation à ce principe est introduite. Coupés du siège décisionnel métropolitain, les parcs sont gérés durant le conflit par le gouverneur général Pierre Ryckmans. Celui-ci accorde des libéralités aux populations congolaises en vue de développer au maximum la production agricole de guerre, notamment par l'exploitation de tous les peuplements d'essences caoutchoutières et d'exploiter les gisements de fer pour fabriquer du petit matériel agricole. Malgré l'abrogation de ces ordonnances après la guerre, cette brèche ne sera jamais colmatée dans les années suivantes durant lesquelles les revendications des autochtones constituent, plus que jamais, une lourde menace pour l'avenir des parcs, PNA, Kagera et Upemba en particulier. D'autres dérogations sont prises par le gouvernement général pour répondre à des solutions d'urgence, afin de ne pas restreindre les déplacements nécessaires au développement économique des populations. Tel est le cas de l'ouverture temporaire du sentier qui relie le Bukumu au Kameronze, aussi longtemps que la coulée de lave du Nyamuragira de 1939 rend impraticable la route carrossable entre Goma et Sake[819]. Les modalités d'ouverture ou de fermeture des routes sont néanmoins décidées par l'IPNCB. Outre certaines dérogations plus ou moins ponctuelles, le gouvernement colonial et la magistrature reconnaissent le bien-fondé de certaines revendications des populations en matière de chasse et de pêche et souhaitent à plusieurs reprises des rétrocessions de territoires du PNA pour contenir notamment la poussée démographique, des hommes et du bétail, sur le territoire de Rutshuru en provenance du Ruanda voisin.

---

[819] Arrêté royal du 14/11/1938, complété par celui du 07/12/1939 réglementant la circulation des non-touristes dans les parcs nationaux (*BO*, 1939, I, p. 294).

La décentralisation des pouvoirs de l'après-guerre au profit du gouvernement général et aux dépens du ministère des Colonies, qui soutient globalement les autorités des parcs, vient renforcer la confrontation entre les parcs et les populations locales. Le soutien évident de la colonie aux populations provoque une légalisation de la résistance, et, par conséquent, un raidissement des parties en jeu. Tandis que l'Institut invoque l'expropriation inconditionnelle de toutes les populations du parc comme seul recours légal, le gouvernement général qualifie cette mesure d'« anticonstitutionnelle » et considère que les parcs défendent des mesures trop drastiques pour garantir une protection adéquate de la faune dont la législation cynégétique et les réserves coloniales de chasse pallient les lacunes. Par contre, des efforts concrets sont menés dans les parcs pour contrebalancer la perte de droits des autochtones (organisation de plantations, construction de citernes d'eau et d'aménagement en dur, etc.), ainsi qu'un travail de sensibilisation et de propagande sur le terrain en faveur de la politique des parcs et de la protection de la nature. Ces démarches arrivent trop tard pour freiner le mécontentement croissant des populations prises en étau entre une politique coloniale de mise en valeur agricole des terres dans les pourtours des parcs et une sursaturation démographique des régions orientales entraînant une pénurie des terres arables et pastorales et la migration forcée vers d'autres terres inoccupées et vers celles du PNA. L'une des conséquences se concrétise, par exemple, par l'introduction plus systématique du bétail des éleveurs banyaruandais de Kisenyi et de Ruhengeri dans plusieurs de ces secteurs. L'impunité accordée par la magistrature à ces pénétrations fait multiplier de toutes parts les revendications territoriales, accentuées par des leaders politiques locaux ainsi que par des colons européens qui manifestent ainsi leur hostilité ouverte aux parcs. En fin de course, les parcs constituent des enclaves instables, étranglées par les prétentions économiques et politiques du pays. La chasse au gibier continue de s'y pratiquer pour répondre à une demande croissante des villages coutumiers et des centres européens pour le ravitaillement d'une main-d'œuvre de travailleurs et elle s'organise en véritables circuits de fraude.

Les difficultés sur le terrain reflètent une exaspération des conflits d'intérêts entre, d'une part, la gestion des intérêts lointains des collectivités, européennes et africaines confondues, dont la tâche revient à l'IPNCB et, d'autre part, l'intérêt particulier et immédiat des groupements autochtones locaux ou régionaux, défendu par l'Administration et la magistrature coloniales qui, invoquant leur devoir de tutelle sur la population congolaise, contestent progressivement l'autorité de l'Institut à leur interdire l'accès aux terres des parcs et au libre exercice de leurs droits. Ce conflit persistant entre les deux entités reflète bien l'antagonisme accru entre la conservation de la nature et le développement économique de la colonie, l'un entravant l'autre et inversement, et qui se marque bien dans les cris d'indignation de certaines personnalités : « Les animaux sont-ils plus importants que les êtres humains ? » Pour l'Institut, cependant, la finalité des parcs relève du bien-être futur des populations humaines et participe à un programme social de la nation ; son président, Van Straelen, invoque ainsi sa responsabilité historique à maintenir coûte que coûte ces œuvres au profit des générations à venir.

Les facteurs qui contribuent donc à développer ou à entraver l'exercice de la politique menée dans les parcs nationaux sont nombreux et complexes. Outre l'exemple du PNA, déjà abordé sous certains aspects et qui fera l'objet d'une prochaine publication, les cas des Parcs nationaux de la Garamba et de l'Upemba illustrent plus précisément certaines problématiques en jeu.

3.3. Parc national de la Garamba, or et éléphants

En 1928, les autorités du PNA retiennent la suggestion de l'administrateur territorial de Dungu d'ériger la réserve de chasse du Haut-Uele (ou de l'Aka-Dungu), constituée en 1925[820], en nouveau parc national dont la Station de Domestication des Éléphants (SDE) de Gangala na Bodio deviendrait le centre administratif. L'intérêt scientifique de la région a été démontré par plusieurs expéditions scientifiques (Scoubotz, Lang et Chapin, Pilette, Lebrun, Schouteden) qui ont parcouru ce vaste territoire de la savane soudanaise, entrecoupé de galeries forestières. Sa biodiversité unique abrite l'éléphant, le rhinocéros blanc, la girafe et l'éland de Derby, grands mammifères surtout menacés par le braconnage et en voie de disparition à l'échelle continentale. Peaux et crins de girafes et surtout cornes de rhinocéros passent en toute illégalité la frontière avec le Soudan et les colonies britanniques d'Afrique orientale – où sa chasse est prohibée et la détention de ses cornes rigoureusement interdite – à destination de l'Asie en transitant par les ports de la mer Rouge. La

---

[820] Réserve générale de chasse du Haut-Uele, créée par ordonnance du gouverneur de la Province-Orientale le 14 août 1925.

situation des éléphants est tout aussi interpellante. Cuthbert Christy estime qu'ils sont 20 000 à être massacrés chaque année dans la réserve de chasse pour alimenter le commerce de défenses et de viande dont le service médical de la colonie impose la distribution aux ouvriers des mines et des plantations pour pallier l'absence de bétail[821]. Dans les années 1920, la contrebande de l'ivoire est aussi organisée par de nombreux chasseurs britanniques qui opèrent aux frontières du Congo belge pour contourner une législation plus autoritaire sur la possession et le transport de l'ivoire dans leurs colonies. Dugald Campbell, par exemple, commerce l'ivoire depuis les territoires belges comme si rien n'avait changé depuis la fin du 19ᵉ siècle[822]. Outre l'Uele, le Ruanda-Urundi deviendra un autre centre actif de trafic des cornes de rhinocéros entre le Tanganyika Territory et le Congo[823].

En voyage en 1930 dans le Haut-Uele, Derscheid et de Ligne étudient la mise en place de mesures similaires au PNA : l'établissement des limites de la future réserve naturelle intégrale[824] où l'exercice de la chasse et de la pêche serait interdit, sauf à des fins scientifiques, et des limites des territoires-annexes[825], destinés à établir une transition entre la réserve et le reste du pays. En parallèle à la constitution du Parc national de la Garamba (PNG), l'institution PNA presse le gouvernement de renforcer les lois sur l'interdiction de la détention, de la vente et de l'exportation des dépouilles de rhinocéros, telle qu'elle est définie par le décret sur la chasse du 26 juillet 1910 (art. 8 et 11)[826] et d'engager des pourparlers, par

---

[821] AA/Agri 413 : Éléphants : lettre de Leplae au chef de cabinet du roi, Bruxelles, 29/03/1932.
[822] MacKenzie, J., *The Empire of Nature...*, op. cit., p. 305.
[823] AA/PPA 448, dossier 3507 : note 3ᵉ DG au directeur général, 03/02/1930.
[824] Le Parc national de la Garamba, tout comme les autres parcs nationaux du Congo belge, est mis, en presque totalité sous le régime des réserves intégrales, défini par la Convention de Londres pour la protection de la faune et de la flore en Afrique du 8 novembre 1933, mais un régime atténué dont certaines interdictions ou restrictions pouvaient être levées en faveur du public par l'IPNCB.
[825] Durant la Conférence de Londres de 1933 fut discutée l'utilité d'établir ces zones de transition qui pouvaient assurer, en fonction des circonstances, la protection des forêts contre les feux de brousse, les migrations de certains animaux hors des limites sur lesquelles s'exerce une protection totale, l'autorisation d'une chasse réglementée (in Humbert, H., « La protection de la nature dans les pays intertropicaux et subtropicaux », in *Contribution à l'étude des réserves naturelles et des Parcs nationaux*, Paris, Société de Biogéographie, 1937, p. 179-180).
[826] AA/Agri 424 : lettre min. Col à Van Straelen, Bruxelles, 06/12/1932.

l'intermédiaire de l'Office international pour la Protection de la Nature, avec les États coloniaux voisins pour établir un accord international afin de prohiber leur trafic dans tous les ports africains et interdire le commerce et le transport des cornes dans tous les pays[827]. En réponse, le ministre des Colonies charge le gouverneur général de prendre d'urgence une ordonnance-loi plaçant le rhinocéros dans la catégorie des espèces qu'il est interdit de tuer[828].

En 1932, le Comité de direction du PNA adresse au ministre des Colonies une demande officielle pour transformer la réserve de chasse de Dungu (Uele-Nepoko) et Faradje (Kibali-Ituri) en parc national jouissant d'un statut analogue et administré par sa Commission[829]. Après enquête sur le terrain auprès des autorités territoriales, des missionnaires, du personnel de la SDE et de notables locaux, le PNG est constitué par le décret du 17 mars 1938[830]. À la demande de l'IPNCB, le directeur de la SDE, Pierre Offerman, est chargé par le ministre des Colonies d'assurer le rôle de conservateur du parc, faute de crédits pour engager un conservateur à temps plein[831]. Comme pour le PNA, plusieurs contraintes vont compliquer la gestion du nouveau parc : d'abord, son enclavement dans une zone comprenant, à l'est et à l'ouest, deux réserves de chasse, au sud, les terrains de pâture et de capture de la SDE et, au nord, la frontière du Soudan anglo-égyptien ; il en est de même pour le maintien des droits de pêche des populations dans certains biefs des rivières Garamba, Dungu et Aka et des droits de recherche et d'exploitation minières concédés à la Société des Mines d'Or de Kilo-Moto par le décret du 8 février 1926.

Tout comme dans le PNA, le PNG est soumis par l'administration coloniale au régime du rachat des droits des populations de 21 villages se trouvant dans la réserve naturelle intégrale. Les négociations de rachat se basent sur les enquêtes menées par Derscheid en 1930[832], complétées par les travaux d'une Commission de délimitation composée par Henri Hackars, conservateur du PNA, l'administrateur territorial de Faradje, délégué du gouvernement général de la colonie, et Pierre Offerman. Les

---

[827] AA/Agri 421 : lettre de Van Straelen au min. Col., Bruxelles, 20/11/1932.
[828] Ordonnance-loi du GG du 6 octobre 1932, modifiant l'art. 8 du décret du 26/07/1910 sur la chasse au rhinocéros.
[829] Comité de direction du PNA, séance du 30/01/1932.
[830] Décret du 17/03/1938 (*BO*, 1938, p. 259-263).
[831] Comité de direction, séance du 21/05/1938, p. 4.
[832] Commission du PNA, Compte rendu de la 6ᵉ AG, 18/11/1930, p. 5.

clauses du rachat stipulent le versement par l'IPNCB d'une indemnisation financière aux autochtones, tandis que l'administration coloniale organise et finance les expropriations, tout en mettant à la disposition des expropriés des terres de superficie et de valeur au moins égales à celles qui leur sont retirées. Ces mesures n'ont que peu de prise sur les déplacements, depuis le Soudan anglo-égyptien voisin, de populations Mondo, Avokaya, Zande et Baka, qui reviennent sur leurs terres ancestrales et d'anciens champs inclus dans le parc. Elles y mènent une chasse active, surtout durant la saison sèche, dont les trophées retraversent la frontière. Malgré la Convention de Londres (1933) prévoyant l'établissement d'une collaboration transfrontalière plus efficace et les pressions du baron de Cartier de Marchienne et de Henry G. Maurice, secrétaire de la Society for the Preservation of the Fauna of the Empire (SPFE) sur le Foreign Office pour obtenir des autorités soudanaises, la répression des chasses aux rhinocéros ainsi que l'établissement d'une zone de protection contiguë au PNG, la collaboration sera inexistante. Cette région boisée, infestée de tsé-tsé et déjà interdite aux populations soudanaises ne stimule pas la Grande-Bretagne à prendre d'autres mesures. Les zones frontalières vont, par conséquent, devenir un problème important, d'autant plus que certaines d'entre elles ne sont pas encore délimitées[833]. À la proposition belge de réaliser conjointement l'abornement de la zone commune[834], les Britanniques rétorquent qu'il s'agit d'une pratique inefficace de répression des incursions et proposent plutôt la construction par le Congo d'une piste carrossable sur sa frontière nord, afin de permettre la circulation de patrouilles de policiers armés. L'organisation interne du PNG a aussi à s'adapter à des terrains peu accessibles (végétation nombreuse, zones submergées et impraticables durant la saison des pluies, absence de routes), ce qui rend les délits incontrôlables, d'autant plus que l'ancienne réserve de chasse de l'Aka-Dungu avait pratiqué la surveillance zéro. Sous Offerman, la surveillance périphérique du parc se voit alors renforcée par un corps de gardes mieux drillés et recrutés parmi les anciens soldats

---

[833] La frontière entre le Congo belge et les possessions britanniques est déterminée par l'arrangement du 12/05/1894, la convention du 09/05/1906 et l'arrangement du 03/02/1915. La délimitation de plusieurs sections n'est pas encore réalisée en 1950 (frontière allant du départ de la crête Congo-Nil, au nord du lac Albert, jusqu'à l'intersection formée par les frontières du Congo belge, de l'Afrique équatoriale française et du Soudan anglo-égyptien, soit 525 km).

[834] Les Britanniques avaient déjà proposé cet abornement en 1912, avec l'accord du gouvernement belge mais la Première Guerre mondiale avait empêché sa réalisation.

et policiers de chefferies et parfois parmi ses anciens chasseurs-cornacs. Ceux-ci sont fréquemment mutés pour éviter les délits de corruption et les collusions avec les populations locales.

Par ailleurs, le long délai (6 ans) entre la proposition de création du parc et son décret constitutif révèle la prudence du ministère des Colonies qui souhaitait obtenir l'assurance que cette zone ne ruine pas les potentialités économiques, minières et agricoles de la région ni ne soit revendiquée par aucun intérêt privé. La concession obtenue par la Société des Mines d'Or de Kilo-Moto dans la précédente réserve de chasse de l'Aka-Dungu représentait un argument de poids, car elle avait obtenu le droit de prospecter et d'exploiter l'or et le diamant sur ses terres, depuis la frontière orientale jusqu'au méridien de Niangara[835]. La Société, qui avait commencé ses prospections dans les bassins de l'Aka et de la Haute-Duru, une région granitique proche des terrains aurifères découverts par le Dr Christy dans le West Nile, était soucieuse de poursuivre ses recherches, sinon d'obtenir au moins une compensation au cas où la création du parc viendrait restreindre l'étendue de ses droits[836]. À sa demande, le ministère place provisoirement le parc sous le régime des territoires-annexes, prévu par l'article 3 du décret du 26 novembre 1934, permettant à la Société d'y poursuivre ses prospections minières et d'y couper du bois. Par contre, le PNG va se montrer plus strict sur les modalités de présence de ses agents qui doivent être munis d'un permis de libre circulation valable pour un temps limité et sur le seul parcours reliant la mine à l'extérieur du parc[837]. Si la Société n'a pas représenté de réels problèmes aux conservateurs du parc, elle manifeste, par contre, son insatisfaction devant la diminution du nombre d'éléphants suite aux captures et aux campagnes de refoulement par la SDE. Si les premières activités entravent le commerce de viande destinée à la main-d'œuvre des mines, les secondes refoulent surtout une grande partie des troupeaux vers d'autres régions où ils endommagent les endroits de gisements, les routes et l'agriculture vivrière locale qui fournit également en vivres le personnel de la Société. Pour celle-ci, la solution consiste à vider de ses éléphants la région entre Kilo et Irumu et à les refouler au-delà de l'Ituri, en prenant exemple sur l'Uganda où le gouvernement britannique organise des campagnes annuelles de

---

[835] *BO*, 15/02/1926, p. 251-254.
[836] Comité de direction, séance du 25/06/1932, p. 4-5.
[837] *BO*, 1938, p. 259-262.

refoulement dans la région limitrophe de la réserve de chasse de Bunyoro. Le rapport du gouverneur général de la Société est explicite :

> Nous devons suivre l'exemple donné par les gouvernements des colonies voisines, où pareil problème est résolu depuis longtemps... Le ravitaillement de nombreuses populations est en jeu et ne peut rester compromis pour des motifs de sentimentalité, économiquement et raisonnablement mal entendue. Il ne s'agit pas d'exterminer l'éléphant mais de l'écarter des régions où il se montre destructeur... On ne peut songer à faire d'une région minière où la production des vivres est d'importance capitale et d'une région de colonisation, un parc à éléphants[838].

La gestion des éléphants se révèle donc cruciale. Elle constitue un exemple révélateur de l'atmosphère conflictuelle qui règne entre le PNG et la SDE[839] dont le conservateur, cumulant avant 1947 la direction de ces deux organismes, avait privilégié les tâches de la Station. Dès 1926, Offerman avait témoigné de larges ambitions pour la SDE : il la voulait centre de capture, de dressage, d'élevage, de vente et de location d'éléphants avec une surveillance du gibier inspirée du *Game Department* des colonies britanniques[840]. Il considère donc le PNG comme un obstacle, comme c'est le cas du gouvernement de la colonie qui envisageait d'y développer le transport et le portage[841]. Au contraire, l'expérience des captures dans la région d'Api suscitait la crainte de l'IPNCB et du ministère des Colonies qui les considéraient comme « antiéconomiques »[842] et comme la cause

---

[838] AA/Agri 413 : Éléphants : Rapport de la DG de la Société des Mines de Kilo-Moto au min. Col. (21/12/1937).

[839] Un premier établissement est créé en 1900 par le commandant J. Laplume à la demande du roi Léopold II afin de tenter un essai de domestication de l'éléphant. La station fut installée dans la chefferie Karavungu à Bomokandi (Bambili, Uele) puis transférée en 1904 à Api, ancien poste militaire abandonné vers 1896. Les débuts ne concrétisèrent que peu de résultats probants jusqu'à la Première Guerre mondiale où la station survit grâce à une dotation de la Liste civile du roi Albert Ier. La domestication connaît un nouvel essor dès 1919 avec l'engagement de mahouts qui initient les Zande, recrutés depuis 1904, aux pratiques de dressage indien. Un service de transport par chariots est organisé dans l'Uele et en 1927, la station est transférée à Gangala na Bodio, avec le développement d'une politique de vente ou de location d'éléphants dressés pour le transport (Offermann, P., « La domestication de l'éléphant d'Afrique », in *Encyclopédie du Congo belge*, t. 2, Bruxelles, Éd. Bieleveld, s.d., p. 449-468).

[840] AA/Agri 412 : P. Offermann, rapport..., *op. cit.*, Bruxelles, 26/08/1926.

[841] *L'Expansion Belge*, janvier 1912.

[842] AA/Agri 413 : Éléphants : lettre de l'administrateur général des Colonies au GG, Bruxelles, 19/04/1934.

principale du massacre de nombreux éléphants adultes pour obtenir leurs jeunes. Non réglementées à leur début, les chasses avaient été multipliées et se pratiquaient toute l'année pour compenser le nombre élevé d'individus morts[843]. Cette situation avait dépeuplé en quelques années les environs d'Api où l'éléphant abondait encore au début du siècle. Dès 1921, la zone de chasse était étendue à plus de 100 kilomètres au-delà de la zone initiale, tandis qu'Api était supprimée au profit, en 1927, de la station de Gangala na Bodio, à 500 kilomètres plus à l'est d'Api, sur la rivière Dungu où les pachydermes étaient encore abondants et le terrain largement praticable. À cette fin, l'ordonnance du 14 mai 1932 du gouverneur de la Province-Orientale établissait une seconde réserve de chasse à l'éléphant dans l'entre-Kibali-Dungu, au profit de la SDE où la chasse et la capture lui étaient exclusivement réservées, tandis que le nord de la Dungu, autrefois réserve intégrale de chasse, allait faire partie du PNG dont le décret constitutif garantissait l'usage dans l'entre-Dungu-Garamba. Sur le principe, les mesures de conservation des éléphants adoptées dans le parc étaient censées maintenir et même augmenter le cheptel d'éléphants destinés à l'apprivoisement. En acceptant le principe du PNG, le gouvernement général de la colonie y avait perçu le réservoir économique que le parc représentait pour la SDE dont les rendements étaient relativement faibles. Offerman considère désormais que le parc empiète sur son terrain de chasse et qu'il menace directement la rentabilité de Gangala na Bodio. Pour lui, la survie de la station nécessite le maintien de son droit de capture au nord de la rivière Dungu, dans une zone désormais enclavée dans le parc.

En 1937, Henri Hackars, qui mène des enquêtes territoriales en vue de délimiter le futur parc, constate amèrement la disparition prématurée de l'éléphant dans l'immense région Kibali-Dungu, conséquence directe du développement de la SDE. Celle-ci pousse alors ses opérations de capture dans l'entre-Dungu-Garamba, à l'intérieur même du PNG. Sur base du rapport de capture de la Station, le Comité de Direction de l'IPNCB compte un animal capturé pour un animal abattu[844]. Hackars

---

[843] Entre 1900 et 1914, les chasses avaient été très meurtrières pour les éléphants. La règle de ne pas les abattre, sauf pour cas exceptionnels, fut seulement observée à partir de 1949 mais le nombre d'abattages se réduisit déjà dès 1927. Entre 1936 et 1940, on compte deux abattages pour trois captures ; en 1951, on ne compte plus qu'un seul abattage pour vingt-sept captures.

[844] Comité de direction, séance du 27/08/1938, p. 2.

temporise et souhaite une alliance entre la SDE et le PNG, alliance concrétisée par la nomination d'Offerman comme conservateur du parc entre 1938 et 1940 et par la reconnaissance que le parc représente une « réserve de reproduction » garantissant la pérennité de la station[845]. L'organisation des captures de la SDE dans le PNG provoque néanmoins un affrontement ouvert entre l'IPNCB et le gouvernement général à Léopoldville. Le problème des feux en est un élément central. Fin 1938, le parc installe des coupe-feux préventifs sur toute sa périphérie pour empêcher la propagation des incendies annuels provoqués par la SDE afin de régénérer les pâtures sur la partie du parc qui lui est réservée. Ceux-ci s'accompagnent de coupes de végétaux pour boucaner la viande des animaux abattusn destinée à être vendue. Le parc ne peut pourtant pas faire face à ces incendies sporadiques. En 1940, le PNG est ravagé également par des feux allumés au Soudan anglo-égyptien. Au début des années 1950, un chassé-croisé s'opère entre les décisions métropolitaines et les décisions locales à propos de l'interdiction des mises à feu préliminaires du territoire de capture et de leur organisation. PNG et SDE s'accusent mutuellement d'avoir empiété sur le domaine de l'autre.

L'essor touristique de la Station constitue une autre source de tension. En 1936, la Station accueille quelque 300 visiteurs, attirés par des opérations spectaculaires de capture. Compte tenu du principe de restreindre au maximum la circulation dans les territoires qu'il gère, l'Institut insiste sur les lourdes responsabilités qu'entraîneraient pour lui d'éventuels accidents causés par les éléphants. Sous la pression du gouverneur général Ryckmans, le PNG est malgré tout contraint d'autoriser le public à assister aux captures mais le frappe d'une taxe spéciale pour le dissuader d'y assister[846].

Après la Deuxième Guerre mondiale, la Station perd néanmoins de son crédit face à un parc dont les principes sont progressivement reconnus et acceptés par le politique et le public. Ce changement des mentalités en faveur de la conservation de la nature permet à Victor Van Straelen d'écrire : « on ne peut continuer à admettre raisonnablement la dilapidation inconsidérée du capital-faune que ces captures entraînent ». Les preuves que la domestication des éléphants représente « une opération

---

[845] AA/Agri 414 : AI/6/2/5, Commission de direction : Rapports mensuels du PNG : Lettre de Hackars au président de l'IPNCB (Mutsora, 14/07/1937).

[846] Comité de direction, séance du 27/08/1938, p. 3.

tombée en désuétude et qui s'oppose au bon sens »[847] sont apportées par la mission scientifique dirigée par Heini Hediger, éthologiste suisse de renom, fondateur de la « biosémiotique »[848] et directeur du Jardin Zoologique de Bâle puis de Francfort[849], dont l'une des tâches consiste à étudier les populations d'éléphants et l'incidence de leur capture par la SDE dans le parc. Les opérations de capture sont déplacées hors du parc et de l'entre-Dungu-Garamba, considérant qu'elles entraînent « de profondes modifications tant pour la faune que pour la flore et [...] un énorme sacrifice d'animaux consenti à la capture et [qu'elles] étaient contraires aux dispositions du décret qu'elles suscitaient »[850]. Afin de subsister, la SDE élargit sa vocation initiale pour s'assurer du soutien du gouvernement métropolitain. En juillet 1951, elle devient la Station de Chasse (SDC) sous l'impulsion d'Offerman et conformément au vœu de la Direction générale de l'Agriculture du ministère des Colonies. Ses missions sont élargies à l'acclimatation et à l'élevage d'autres espèces comme le buffle, à l'établissement d'herbiers et de collections zoologiques ainsi qu'aux observations biologiques[851]. Les activités de la station se tournent surtout vers la gestion faunique de la Province-Orientale: l'organisation des contrôles et du recensement du gibier, la formation de gardes-chasse ou d'agents de l'État préposés à la protection de la faune et les moyens de protection des cultures autochtones contre les déprédations de l'éléphant sauvage. Le nouveau programme de la SDC répond aussi à l'essor touristique de la colonie. La création, sous la direction de la Station, du camp d'Epulu dans une zone forestière où vivent les pygmées et les okapis, sujets de recherches scientifiques mais aussi de curiosité, démontre la volonté du gouvernement général de

---

[847] AA/Agri 45 : PNG : Lettre de V. Van Straelen au min. Col., Bruxelles, 01/02/1949.

[848] Sebeok, Th. A., *The Swiss Pioneer in Nonverbal Communication Studies : Heini Heidiger (1908-1992)*, Language, Media and Education Studies, Ottawa – Toronto, Legas, 2001.

[849] Hediger, H., *Observations sur la psychologie animale dans les Parcs nationaux du Congo belge*, Exploration des Parcs nationaux du Congo belge, Mission H. Hediger – J. Verschuren (1948), Bruxelles, IPNCB, 1951.

[850] Voir à ce propos la note de Heini Hediger qui plaide en faveur de la suppression de l'hypothèque qui grève lourdement le PNG (Hediger, H., *La capture des éléphants au Parc national de la Garamba*, Institut royal colonial belge, Bull. des Séances, Section Sc. Naturelles et Médicales, 18/02/1950, p. 218-226).

[851] Un nouveau programme est établi par l'agronome Matagne, dans le cadre des buts définis par l'ordonnance n° 91 du 01/03/1951.

la colonie de faire des stations de chasse un élément de choix pour la propagande coloniale. Celui-ci ambitionne de les rendre plus attractives, notamment auprès d'un public international. La presse britannique et nord-américaine participera en grande partie à leur renommée.

3.4. Parc national de l'Upemba, Comité Spécial du Katanga et droits fonciers

La création du Parc national de l'Upemba en 1939, dernier grand parc congolais à avoir été créé durant la colonisation belge, répond à une très nette prise de conscience du déclin de l'âge d'or de la faune katangaise, tel que l'avaient décrit de nombreux explorateurs de passage entre la fin du 19e et le début du 20e siècle. Agent de la British South Africa Company de Cecil Rhodes en mission dans le territoire du chef yeke M'siri, Alfred Sharpe explore en 1890 la région du lac Moero où

> [de] ma vie, je n'ai vu d'aussi grandes quantités de buffles qu'en cet endroit. Les plaines en étaient toutes noires, on en comptait des milliers et des milliers. {…} Parmi les buffles se trouvèrent également de grandes troupes de zèbres qui se laissèrent approcher à une distance de 100 yards {…}. Les lions n'y manquaient pas non plus, comme c'est le cas, ici, partout où les buffles abondent[852].

De nombreux troupeaux d'éléphants et de zèbres étaient notamment observés à la source du Lomami, dans le Lubudi et dans les plaines du Lualaba par Paul Le Marinel, commissaire de district du Lualaba[853]. Lors de l'expédition Bia-Francqui en 1892, le géologue Jules Cornet décrivait à son tour la grande variété de la faune katangaise et confirmait les observations des voyageurs précédents à propos de l'abondance des antilopes, des buffles et des zèbres, ainsi que la forte densité d'éléphants entre la Lufira et le Luapula. Par contre, tout comme Sharpe, il constatait que l'éléphant était chassé par les caravanes provenant du Bihé et de la côte orientale ainsi que par les hommes de M'siri[854]. Trois décennies plus

---

[852] Wauters, A. J, « Les découvertes de M. Sharpe dans le bassin du Tanganyika et du Moero », in *MG*, 12/07/1891, col. 3 a-b.
[853] « L'expédition Paul Le Marinel au Katanga. Du camp de Lusambo chez Msiri », in *MG*, 07/02/1892, col. 2 b.
[854] « L'expédition Bia-Francqui. Rapport du Dr Cornet. Le Katanga », in *MG*, 11/06/1894, col. 1 b-c et 2 a-b.

tard, les massacres du gibier avaient réduit la faune dans d'importantes proportions dans toute la province. Sous la gestion du Comité Spécial du Katanga (CSK), entreprise privée chargée par la colonie d'exploiter les terres qui lui avaient été confiées, d'octroyer des concessions minières et foncières et de faire contrôler les exploitations par son propre personnel technique et scientifique spécialisé, la province devient rapidement le centre principal d'activités capitalistiques. La création de l'Union minière du Haut-Katanga (UMHK) ainsi que l'installation d'un colonat agricole drainent de nouveaux exploitants, commerçants et aventuriers qui alimentent un marché vivrier destiné à la main-d'œuvre industrielle et urbaine en pleine expansion et entraînent, en parallèle, une importante demande en viande de chasse. Les ventes et cessions d'armes perfectionnées aux populations africaines facilitent l'accès aux ressources carnées et encouragent des marchands ambulants à dynamiser la vente illicite d'ivoire[855]. Pour freiner le mouvement, des ordonnances de chasse sont promulguées, ainsi que la création en 1916 de la réserve des Bianos qui subsistera deux ans à peine. À l'initiative du gouverneur de province Gaston Heenen et du commissaire général A. Dufour, par ailleurs membre du Cercle zoologique congolais, la question de la constitution de réserves de chasse et de leur surveillance rigoureuse est remise à l'agenda[856]. Une nouvelle réserve de chasse est établie dans les Kundelungu en 1921 et une réserve à éléphants est instituée en 1926, mais l'une et l'autre s'avèrent insuffisantes pour décourager les chasseurs de viande. En 1925, un certain Cocq témoigne de la situation au lac Moero dans une lettre à Jean-Marie Derscheid où,

> [d']après les dernières nouvelles, reçues hier, j'apprends qu'actuellement, il faut 'chercher ces animaux à la loupe'… Il est inutile de vous parler de mon expérience personnelle, car tous savent que, dans des territoires où les Antilopes étaient, il y a quatre ans encore, innombrables, vous ne parviendrez pas maintenant à en tirer une seule[857].

Sous couvert de l'institution PNA, Derscheid soumet, en 1932, au ministère des Colonies la proposition d'ériger la réserve des Kundelungu en parc national. La Commission spéciale pour la protection de la Faune

---

[855] MRAC/Hist : Fonds F. Fuchs (HA.01.0038) : lettre de Fuchs au min. Col., Boma, 15/12/1911.
[856] « La grande faune du Katanga », in *BCZC*, n° 6/3, 1929, p. 76-77.
[857] Derscheid, J.-M., « L'âge d'or », in *BCZC*, n° 2/2, 1925, p. 97-98.

au Katanga, constituée par le commissaire de province Amour Maron et d'autres personnalités telles que Dom Jean-Félix de Hemptinne, vicaire apostolique du Katanga, et M. Godefroid, directeur général du CSK, est chargée d'effectuer une étude de faisabilité après enquêtes de terrain. En mars 1933, elle appuie l'érection d'un parc national, mais suggère plutôt de l'établir dans la région des lacs du Lualaba, au sud de Bukama, qui réunit de nombreux avantages : faune et flore variées, population humaine peu nombreuse, aspects pittoresques et accès aisé et favorable au tourisme. À la demande d'Ernest Hubert, colon à Albertville et futur conservateur-adjoint du PNA, l'IPNCB appuie l'insertion des monts Kibara dans le futur parc.

Le parc vise à protéger le zèbre, l'éland du Cap et les antilopes chevalines, mais surtout le rhinocéros noir, en voie d'extinction[858]. Alors que cette espèce s'observe en nombre assez considérable sur trois plateaux katangais (Kibara, Kundelungu et Mitumba) jusqu'en 1914, sa diminution est ensuite constatée par Hubert qui, installé à Tembwe, au pied des Kibara, témoigne de la « guerre d'extermination » pratiquée par les chasseurs pour le compte de chefs locaux, d'Européens et d'Asiatiques, suite à la hausse importante du prix d'achat de ses cornes et ce, malgré les mesures légales interdisant son abattage, son transport ou la détention de cornes. En 1931, le chef Tumbwe lui confie : « Je connais encore l'existence de trois rhinos. » Sur les Kundelungu, ils sont déjà rares en 1925-1926 et leur viande boucanée se draine vers Élisabethville. L'espèce subsiste malgré tout dans les régions moins accessibles des Kibara. Le zèbre de Burchell subit les mêmes attaques et ne survit que dans des zones moins accessibles ou privilégiées (Kibara, Kundelungu, Itabwa). Les annuels feux de brousse allumés sur les plateaux des Kibara accentuent la venue des chasseurs de viande européens, grecs surtout, qui transportent le gibier par camions et chemin de fer à destination des villages autochtones ou des employeurs de main-d'œuvre. La piste automobile Lubudi-Mokabe et le nouveau pont sur la Kalule facilitent son acheminement vers l'est et le nord de la province. La région du fleuve Lualaba, au sud de la Lufira, constitue un autre centre du trafic où les chasseurs écoulent facilement leurs marchandises dans les nombreuses exploitations minières de la région[859].

---

[858] AA/Agri 631 : note de E. Hubert sur les parcs nationaux et réserves au Congo, Bruxelles, 24/10/1934.

[859] AA/Agri 415 : E. Hubert à Van Straelen, Rwindi, 30/05/1939.

Dans la phase intermédiaire de l'organisation du parc, nécessitant l'étude de ses limites, des droits autochtones existants et des établissements européens, l'institution PNA demande au gouvernement général la constitution provisoire de la région en réserve intégrale zoologique et forestière[860]. Créée par ordonnance en 1934[861], celle-ci englobe la plaine basse du Kamolondo, le lac Tabwe, une partie de la plaine de la Fungwe et les extensions marécageuses de l'Upemba. Trois mois après son établissement, l'ordonnance est abrogée pour raisons économiques. Pour Albrecht Gohr, président du CSK[862], et pour le gouverneur du Katanga, cette réserve porte préjudice aux populations du Lualaba privées de leurs droits de pêche, et, par conséquent, à la main-d'œuvre des entreprises industrielles (Chemin de Fer du Bas-Congo au Katanga, Union Minière du Haut-Katanga, Chemin de Fer des Grands Lacs et Geomines) ravitaillée en poissons et aux nombreux commerçants grecs installés le long du fleuve Lualaba. Tandis que la réserve intégrale de chasse est maintenue, interdisant la chasse aux alentours du Lualaba, le droit de pêche est rétabli[863]. Afin de se prémunir de nouvelles attaques, l'IPNCB propose à Gohr de devenir membre de sa Commission, ce qui lui permet de prendre l'initiative, au nom du CSK, de protéger la flore dans des parties intéressantes des territoires qui sont confiés à sa gestion[864].

Cette manœuvre ne suffit pas à alimenter les discussions entre l'IPNCB et le CSK sur le maintien exigé des droits miniers du Comité dans plusieurs parties du futur parc qui contiennent des gisements réels ou potentiels de cassitérite. Si le CSK finit par abandonner en 1936 les droits de l'UMHK et d'un privé, Optat Pate, moyennant compensations octroyées par le Comité, il garde l'exploitation d'un gisement d'étain à la limite sud du parc et l'équipement des chutes de Kiubo, sur la Lufira[865].

Créé par décret du 15 mai 1939[866], le Parc national de l'Upemba (PNU) s'étend sur une superficie de 1 150 000 hectares de forêt claire

---

[860] Comité de direction, séance du 30/09/1933, p. 3.
[861] Ordonnance n° 78/Agri du GG, 30/09/1934.
[862] Ordonnance n° 100/Agri du GG, 26/12/1934 ; Comité de direction, 01/12/1934, p. 4.
[863] Ordonnance n° 100/Agri du GG, 26/12/1934.
[864] Selon l'art. 11 du décret du 09/07/1934.
[865] Comité de direction, séance du 19/12/1936, p. 4.
[866] Décret du 15/05/1939 (in *BO*, 1939, p. 306-313).

de type tanzanien[867], entre la plaine du Kamolondo et les contreforts occidentaux des monts Kibara. Il suit les limites proposées en 1937 par le général Tilkens, dernier président du CSK et par le commissaire Maron. Ces limites visent à préserver l'industrie piscicole et notamment, les frayères de la région alluvionnaire de la basse Lufira et tiennent compte du récent regroupement le long du fleuve et sur le plateau du Sumbalulu, sur ordre des autorités territoriales et médicales, de populations jusqu'alors dispersées[868]. Comme pour le PNA et le PNG, le décret reconnaît certains droits autochtones (la pêche dans la rivière Lukoka et son confluent avec la rivière Buma, l'exploitation des salines de la Lukoko) ainsi que les droits miniers concédés au préalable à l'UMHK, tout en assurant un contrôle serré de la circulation et du séjour de ses prospecteurs[869]. Contrairement au PNG où le déplacement des populations n'a pas posé de nombreux problèmes car la densité humaine y était faible, l'administration coloniale doit provoquer au PNU le départ de 8000 hommes, femmes et enfants, sous des prétextes d'hygiène publique et de contrôle administratif de la région. La mesure entraîne également la suppression de petits commerces précaires, tenus surtout par des Grecs, que les autorités veulent voir disparaître « en des endroits perdus où le contrôle administratif est malaisé »[870], au profit d'une installation de postes commerciaux le long du fleuve. Les procès-verbaux des enquêtes de vacance de terres démontrent la volonté de l'administration de compenser la perte des droits des populations locales par l'attribution hors du parc de nouvelles terres très largement suffisantes et fertiles. Dans le territoire de Mwanza (district du Tanganyika), la chefferie Kayumba, soit 2700 individus, est déplacée en août 1938 au nord de la rivière Bwamba pour lutter contre la trypanosomiase présente dans cette région marécageuse et peu accessible

---

[867] Malaisse, F., *Se nourrir en forêt claire africaine. Approche écologique et nutritionnelle*, Gembloux, Presses agronomiques de Gembloux – Centre technique de Coopération agricole et rurale (CTA), 1997, p. 14.

[868] Gilliard, A., « Sur les Parcs nationaux du Congo belge et plus spécialement le Parc national de l'Upemba », in *Comptes rendus du Congrès scientifique, Élisabethville 1950, 13-19 août, n° II-1, Commémoration du 50ᵉ anniversaire du Comité spécial du Katanga, Travaux de la Commission géographique et géologique*, communication n° 123, Élisabethville, 1950, p. 231-249.

[869] *BO*, 1939, p. 307-310.

[870] AA/Agri 414 : dossier n° 39 : lettre du chef de province A. Marron au GG, Élisabethville, 08/10/1938.

en saison des pluies[871]. Cette décision répond surtout à la nécessité de concentrer une population disséminée, en vue de l'imposition d'un contrôle administratif et médical plus serré et de nouvelles activités tournées vers la pêche et l'agriculture vivrière et cotonnière[872]. Elle permet aussi de rassembler les populations par affinité clanique, pour éviter des luttes « ethniques » tout comme des revendications d'autonomie, étant donné la fidélité des clans à l'égard des autorités coutumières[873]. Des déplacements pour mesures administratives et d'hygiène concernent également les chefferies Butumba, Kibanda et Mulumbu, dans le territoire de Bukama (district du Lualaba), soit 2300 personnes éparpillées sur d'immenses étendues insalubres, difficilement contrôlables et où elles ne paient pas d'impôt[874]. Dans le territoire de Sampwe, les enquêtes médicales préconisent l'évacuation complète de toute la vallée de la Lufira où plusieurs facteurs concomitants maintiennent les endémies : la pêche sur la Lufira et ses affluents et les échanges commerciaux entre la Lufira et les chefferies Kabengere et Kayumba[875]. Aux villages déplacés correspond l'abandon de certains droits de chasse et de culture, tandis que la libre jouissance des salines de Lukoka est maintenue et même appuyée par l'administration territoriale, car elles offrent une source de revenus pour la chefferie Tomombo. Celle-ci dispose du droit de pénétrer dans le parc pour l'exploiter[876]. Après la guerre, ce droit d'usage tombera en désuétude suite à l'engagement de nombreux hommes de la chefferie dans les chantiers miniers de l'UMHK[877].

Les indemnités prévues par l'administration coloniale aux chefferies déplacées et pour le rachat des droits d'usage vont cependant provoquer de nombreux conflits. Les sommes compensatoires versées aux chefferies de Bukama et du Haut-Katanga pour l'abandon de palmiers et de plantations de manioc s'avèrent dérisoires, tandis que celles promises pour

---

[871] AA/Agri 414 : dossier n° 39 : décision du commissaire de district a.i. du Tanganyika R. Wauthion, Albertville, 26/07/1937.
[872] *Ibid.* : rapport du médecin 2ᵉ classe J. Grosfeld, Kikunda, 09/07/1937.
[873] *Ibid.* : rapport de l'Administrateur territorial R. Lanfant, Mwanza, 12/07/1937.
[874] *Ibid.* : rapport médical du territoire de Bukama par le Dr Hacardiaux, Bukama, 02/07/1937.
[875] *Ibid* : rapport de l'agent sanitaire Vanderhoost, Sampwe, 23/05/1937.
[876] *Ibid.* : note du commissaire provincial adjoint a.i. H.L. Keyser, Élisabethville, 13/09/1937.
[877] IPNCB, *Rapport annuel 1945*, p. 30.

le territoire de Mwanza ne seront jamais payées. Mgr Jean de Hemptinne propose plutôt d'affecter ces indemnisations à la construction de deux dispensaires, ce qui légalement s'avère impossible et plus onéreux que le coût de transfert des populations[878]. Plusieurs raisons expliquent l'absence des paiements. Durant la guerre, le gouverneur général Ryckmans, qui gère les parcs nationaux, et le procureur du roi Georges Brouxhon encouragent certaines chefferies, dont celles de Kayumba et Tomombo, à exercer les droits qu'elles possèdent sur leurs terres dans le parc. Brouxhon refuse même de dresser les actes de cession de droits car, selon la législation, l'abandon de terres pour raison d'hygiène ne constitue pas une destitution des droits fonciers et, en outre, la justice n'est pas compétente pour entraver l'exercice des droits d'usage de chasse, pêche et cueillette dans le PNU[879]. Pour démêler la situation, le nouveau gouverneur général Eugène Jungers, juriste de formation, met sur pied en 1948 une Commission d'enquête sur les droits des indigènes (CEDI)[880], suite aux pressions exercées par l'IPNCB sur le ministre des Colonies Pierre Wigny pour accélérer la procédure. Pendant ce temps, au Parquet d'Élisabethville, Brouxhon est chargé par le procureur général de le tenir régulièrement au courant des vicissitudes du PNU et il fait avertir les populations Batumba et Kayumba de la validité de leurs droits d'accès et de libre exercice sur les terres du parc, droits que le conservateur du PNU, René Grauwet, ne peut entraver. Brouxhon ne reconnaît d'ailleurs pas la compétence de juge du tribunal de police exercée par ce dernier dans le cadre de ses fonctions pour freiner les actes de braconnage et va même jusqu'à considérer illégal l'établissement du PNU et illégales les actions qui y sont menées[881]. La CEDI est dirigée par le juge de première instance, E. t'Serstevens, accompagné par Albert Gilliard, nouveau conservateur du parc et membre de la Commission administrative de l'IPNCB. Cette délicate mission révèle l'atmosphère d'insécurité qui règne dans le parc et la méfiance des populations locales à l'égard des Belges. Gaston-François de Witte, en mission d'exploration scientifique dans le PNU, témoigne de cette situation par laquelle les autorités coloniales viennent « légaliser la résistance ouverte parfois sanglante au cours des six dernières années

---

[878] AA/Agri 414 : Van Straelen au min. Col., Bruxelles, 24/08/1939.
[879] AA/Agri 417 : GG au chef de la Province d'Élisabethville, 30/01/1940, n° 1073/AE/T.
[880] Ordonnance du GG n° 53/134 du 13/04/1948.
[881] AA/Agri 415 : G. Brouxhon au Procureur général, Élisabethville, 27/07/1948.

à l'égard de toutes les autorités ». Pour lui, la Commission d'enquête risque de compromettre les résultats des recherches entreprises dans le parc. De son côté, Brouxhon continue d'alimenter les tensions en déclarant inconcevable pour les autochtones de savoir que la mission abat de nombreux animaux, même protégés, alors qu'étant propriétaires coutumiers de ces droits, eux-mêmes ne peuvent plus chasser sur leurs propres terres. Des actes de résistance se manifestent alors de la part des populations riveraines du PNU qui enlèvent ostensiblement des symboles d'occupation des terres par le parc, bornes, plaques d'interdiction de passage, et s'en prennent aux gardes. Les résultats de la Commission sont sans appel : devant le net refus des populations de céder leurs terres et leurs droits, la seule voie légale possible est l'expropriation « pour cause d'utilité publique, contre juste et préalable indemnité, seule procédure qui permettra dans la suite d'intervenir à bon droit en cas d'infractions constatées »[882].

L'IPNCB encourage cette décision devant une situation qui entrave totalement toute autorité du conservateur et met à mal l'existence du parc[883]. Van Straelen craint surtout que ces incidents ne compromettent le prestige de l'œuvre belge en matière de protection de la nature aux yeux de l'étranger, alors que la prochaine Conférence de Fontainebleau (1948), qui allait créer l'Union internationale pour la Conservation de la Nature (UICN), proposait un état de la question sur le développement des parcs nationaux dans le monde. Il redoute aussi les réactions de certains membres de l'ONU à l'égard des politiques coloniales internationales où pourrait être mise en évidence l'incapacité de la Belgique à créer et à maintenir durant une décennie une réserve naturelle intégrale dans une région à peu près vide d'hommes et ce, malgré l'action vigilante de l'IPNCB[884]. La solution de l'expropriation est néanmoins rejetée en bloc par le gouverneur général Jungers qui la considère comme « anticonstitutionnelle » et propose la suppression pure et simple du parc et la remise aux autochtones de leurs terres et droits essentiels, car « agir autrement serait une lourde faute politique, car nous sèmerions la méfiance, la rancœur et même la haine parmi une population de près de trente mille âmes dont nous avons à assurer la tutelle »[885]. Selon Jungers,

---

[882] AA/Agri 417 : Procureur général L. Bours au GG, Élisabethville, 24/07/1947.
[883] IPNCB, *Rapport annuel 1947*, p. 17.
[884] AA/Agri 46 : A. Gilliard au GG, Lusinga, 30/09/1948.
[885] *Ibid.*: GG Jungers au min. Col., Léopoldville, 21/01/1950.

les réserves naturelles intégrales constituent une mesure trop drastique et représentent une mainmise des autorités métropolitaines sur ces régions. Au contraire, une protection adéquate de la faune et des populations humaines requiert, dans les parcs, la gestion des services adéquats de son gouvernement « dont la compétence s'étend normalement à toutes les questions indigènes »[886]. À Bruxelles, le ministre des Colonies, Pierre Wigny, tente de trouver une solution intermédiaire en demandant à l'Institut de céder les terrains les moins intéressants et les plus coûteux à exproprier[887]. L'IPNCB se dit prêt à approuver cette proposition sous la condition d'obtenir des garanties formelles de l'État que, sur base de ces changements, plus aucune revendication n'entraînera désormais une modification des limites du parc[888]. Au terme des pourparlers, le rapport de la CEDI propose l'amputation d'un cinquième du parc, des lacs et des terres dont l'exploitation est indispensable à l'économie des communautés autochtones, plutôt que l'expropriation de milliers de personnes et la suppression de leurs droits dont le coût total des indemnités (200 millions de fr congolais) grèverait lourdement le budget colonial. Cette proposition reste inacceptable pour le Comité restreint de l'IPNCB (les scientifiques Jules Rodhain, Jean Lebrun et Pierre Staner) chargé d'examiner le problème sur place, indiquant que

> les amputations réclamées, sous prétexte de pouvoir fournir aux indigènes une alimentation en viande de chasse et poisson, ne serviront en réalité qu'à favoriser le trafic de ces produits avec les exploitations commerciales et industrielles situées dans la région, sans apporter une source de relèvement au standing des populations autochtones. Un massacre inconsidéré aura tôt fait d'amener la disparition complète de la faune de ces régions, et le problème se posera à nouveau dans toute son acuité[889].

Les causes de la disparition de la faune divisent la CEDI et l'IPNCB. Tandis que, pour la Commission, la politique de protection du parc est en échec, les scientifiques insistent sur une faune dévastée pour alimenter le commerce régional en viande. Les activités de pêche sont aussi visées. Lors de sa comparution en justice pour délit de pêche, le chef Kabengele (Butumba) précise clairement l'ambiguïté de la situation où « d'un

---

[886] *Ibid.*
[887] *Ibid.* : note du min. Col. Wigny à Vanden Abeele, Bruxelles, 13/05/1950.
[888] *Ibid.* : Van Straelen au min. Col., Bruxelles, 19/02/1951.
[889] *Ibid.* : Van Straelen au min. Col., Bruxelles, 19/02/1951.

côté, on nous encourage à fournir du poisson et à tuer les crocodiles, et de l'autre, on nous met en prison lorsque nous voulons pêcher. Les indigènes de ma chefferie sont très mécontents car ils n'arrivent plus à se procurer de la nourriture[890] ». En 1948, la pêche est officiellement rouverte et autorisée dans le PNU par arrêté du gouverneur de la Province du Katanga, annulant, de ce fait, les dispositions du décret royal[891]. Dans le lac Upemba, des pêcheurs vendent le poisson pour des exploitants européens, comme la pêcherie Spirato qui y prélève cinq tonnes mensuelles de poissons. Ceux-ci servent notamment de couverture au commerce de la viande boucanée qui est transportée par pirogues, cachée sous une couche de poissons et évacuée par le fleuve Lualaba vers le Kasaï[892].

Devant cette situation, l'IPNCB soumet au ministre de nouvelles propositions de rétrocessions qui constituent la limite des concessions acceptables, sans quoi l'existence de la réserve ne se justifie plus[893]. Ces propositions conduisent à la mise sur pied, en 1952, d'une seconde Commission de délimitation[894] qui implique cette fois des représentants de l'Institut, de l'administration coloniale et des populations autochtones[895]. Une fois encore, l'IPNCB constate amèrement que les droits autochtones ont été reconnus sans un examen approfondi de la réalité de ces droits. Devant l'ampleur des rétrocessions proposées, le Comité de direction de l'Institut adresse une lettre au ministre des Colonies dans laquelle il prend ses distances et se dégage de toute responsabilité en la matière :

> Nous pouvons d'autant moins assumer cette responsabilité que nous notons, chez les autorités responsables, une différence de conception lorsqu'il s'agit d'attribuer des terres à des entreprises à but lucratif ou à un sanctuaire consacré aux intérêts de la communauté. [...] Il nous semble que le devoir de tutelle des autorités leur impose d'empêcher les indigènes de ruiner leur propre fonds. Porter atteinte à la seule mesure efficace susceptible de leur conserver, en dépit de leur imprévoyance, un potentiel de ressources alimentaires, constitue une solution imprégnée d'illogisme. Il est assez

---

[890] AA/Agri 415 : Pro Justitia établi par Ch. De Beer de Laer en comparution de Lupundu Kabengele, chef investi de la chefferie Kabengele et d'autres notables, Kamina, 17/07/1948.
[891] AA/Agri 46 : Van Straelen au min. Col., 24/03/1949.
[892] *Ibid.* : Rapport sur l'administration du PNU, décembre 1948.
[893] *Ibid.* : Van Straelen au min. Col., Bruxelles, 19/02/1951.
[894] Ordonnance du GG n° 52/309 du 22/05/1952.
[895] Comité de direction, 17/03/1951, décision n° 2435, p. 2-3.

paradoxal de prétendre ou d'admettre que l'existence d'un parc national puisse créer un préjudice aux indigènes alors que le but poursuivi – dont on ne tient pas assez souvent compte – est précisément de servir l'intérêt de tous, en évitant l'appauvrissement du patrimoine de la Colonie et en augmentant sa productivité[896].

La divergence de vues entre les autorités coloniales et l'IPNCB confirme la lutte de pouvoir qui se joue, non seulement entre la métropole et la colonie en matière de protection de l'environnement, mais aussi entre les services du gouvernement général du Congo belge. Comme l'indique Charles Vander Elst, vice-président de la Commission permanente de la Chasse et Pêche et membre de l'IPNCB, si « tout le monde (je dis bien tout le monde) » à Léopoldville s'oppose à la survie du PNU, c'est que, « si le Gouverneur a fait des propositions dans ce sens c'est parce que ses services l'y incitaient ». Et d'ajouter : « [...] si nous ne parvenons pas à dissocier la protection de la faune (chasse et réserves intégrales ou non) du Service de l'Agriculture, nous épuiserons nos forces à obtenir des avantages réduits et momentanés »[897]. Début 1957, une nouvelle Commission est dirigée par M. Georis, officier de chasse de la Province du Katanga, pour déterminer les limites du parc de manière définitive en tenant compte des revendications des populations et pour liquider leurs indemnités. Deux points importants résultent de ces travaux : d'une part, l'acceptation par les autochtones du principe de l'intérêt du parc et, de l'autre, leur refus unanime d'accepter les indemnités de rachat de leurs droits qu'ils considèrent comme une vente pure et simple de leurs terres. Le règlement des droits reste donc, une fois encore, au point mort, tandis que les populations se réinstallent progressivement aux endroits non autorisés, que des pêcheries s'établissent sur la rive du lac Upemba et le long de la Lufira, et que des commerçants y font affaire[898]. La faune du parc subit les conséquences de cette situation. D'après de Witte, en mission d'observation dans le PNU, celle-ci a considérablement diminué depuis une dizaine d'années et plus intensément encore à partir de 1957[899]. À la veille de l'indépendance, la région du bassin de la Basse-Lufira ne peut plus être considérée comme une réserve naturelle intégrale.

---

[896] Lettre du Comité de direction au min. Col., cité dans IPNCB, Comité de direction, séance du 08/12/1954, p. 2-4.
[897] AA/Agri 39 : dossier 26 : lettre de Vander Elst à P. Staner, Anvers, le 16/10/1956.
[898] IPNCB, *Rapport annuel 1958*, p. 51-52.
[899] Comité de direction, séance du 03/01/1959, p. 2-3.

Le nombre de grands mammifères y a régressé de manière générale dans ses régions périphériques et ceux-ci ont totalement disparus dans sa partie nord. Comme pour les autres parcs nationaux, un accord intervenu entre le ministre du Congo belge et du Ruanda-Urundi[900] et le gouvernement général semble se diriger vers la solution du bail emphytéotique à l'égard des populations autochtones. La solution est cependant différée à l'échelon provincial pour « laisser la responsabilité de la décision au futur gouvernement congolais »[901].

---

[900] L'appellation du ministère des Colonies est modifiée suite au processus de décolonisation généralisée et de l'évolution de la politique belge en Afrique centrale. En 1958, il devient le ministère du Congo belge et du Ruanda-Urundi, tandis qu'à partir du 1er juin 1960, il se transforme en ministère des Affaires Africaines jusqu'au 1er août 1962. Ses attributions sont ensuite réparties entre différents ministères (Van Grieken-Taverniers, M., *La colonisation belge en Afrique centrale. Guide des Archives africaines du ministère des Affaires africaines 1885-1962*, Bruxelles, ministère des Affaires étrangères, 1981, p. 6-7).

[901] Comité de direction, séance du 17/10/1959, p. 5.

4. Coloniser n'est pas piller

De par son statut légal particulier et ses objectifs, l'IPNCB, avec l'appui du ministère des Colonies, souhaitait faire des parcs nationaux des enclaves soustraites totalement ou partiellemement à la politique et aux agendas coloniaux. L'histoire de ces parcs démontre cependant qu'il n'en fut pas le cas. Sa volonté d'autonomie intellectuelle et d'actions justifiait une démarche indépendante de protection supranationale de l'environnement, bien loin des particularismes régionaux et nationaux. Cette vision, basée sur le modèle des réserves naturelles intégrales, opéra cependant une sanctuarisation de la nature dédiée à la science ; toute action anthropique y était donc considérée comme une menace et portait en elle la destruction du milieu naturel. L'étude écologique des biotopes de ces parcs amena pourtant à reconsidérer cette philosophie. Une meilleure compréhension de certaines activités anthropiques, comme la pratique des feux de brousse par exemple, permit d'observer que leurs usages modérés ne détérioraient pas l'écosystème mais accéléraient, au contraire, la régénération végétative qui attirait, à son tour, de nombreux herbivores. À la fin des années 1930, les responsables des parcs nationaux, qui sont avant tout des scientifiques, mènent également une réflexion fondamentale quant au rôle de la colonisation sur le déséquilibre écologique du territoire congolais, parcs nationaux exceptés. Cette réflexion porte surtout sur la détérioration des sols dont les dangers d'érosion sont déjà mentionnés dans de nombreux rapports des colonies britanniques sur l'agriculture, l'élevage ou les forêts[902]. En 1939, l'ouvrage *The Rape of the Earth : A world survey of soil erosion* rédigé par G. V. Jacks et R. O. Whyte soulignait déjà que « the white man's burden in the future will be to come to terms with the soil and plant world, and for many reasons it promises to be a heavier burden than coming to terms with the natives

---

[902] Citons notamment les rapports de la Drought Commission de l'Union Sud-Africaine (1923), de la Land Commission du Kenya (1934) ou l'enquête effectuée en Rhodésie du Sud sur la situation économique de l'industrie agricole (1934).

»[903]. Plusieurs publications du Bureau des Sols du Commonwealth se penchent sur leurs causes et présentent des solutions[904]. Les résultats de ces investigations constituent une base scientifique de données destinées à montrer la cohérence ou les lacunes de l'application des techniques et savoirs européens au développement du continent africain[905]. L'édition du célèbre *An African Survey. A Study of problems arising in Africa South of Sahara*[906], dirigée par William Malcolm Hailey, expert pour le Colonial Office, constitue pour les autorités un point de repère significatif pour résoudre des problèmes politiques, sociaux et économiques. Le volume consacré à la science coloniale est compilé par le biologiste E.B. Worthington[907]. Dans son chapitre sur l'érosion des sols, cet adepte du nouveau champ de l'écologie accuse la colonisation d'avoir induit ce phénomène par les effets combinés de surpâturage, de surculture et de mises à feu des sols dans un contexte d'augmentation des populations et de leurs bétails : « Increases in human and cattle population since the arrival of the white man are held to be largely responsible for the erosion of the African soil »[908].

---

[903] Jacks, G. V. et Whyte, R. O., *The Rape of the Earth : A World Survey of Soil Erosion*, Londres, Faber & Faber, 1939, p. 249.

[904] Worthington, E. B., *Connaissance scientifique de l'Afrique*, Paris, Berger-Levrault, 1960, p. 214.

[905] Voir par exemple sur ce sujet Bonneuil, Ch., « Development as Experiment : Science and State Building in Late Colonial and Post-Colonial Africa, 1930-1970 », in MacLoed (éd.), *Nature and Empire. Science and the Colonial Enterprise*, in *Osiris*, n° 15, 2000, p. 258-281.

[906] Hailey, W. M., *An African Survey. A Study of problems arising in Africa South of Sahara*, Londres, Oxford Univ. Press, 1938; voir aussi Cell, J. W., *Hailey. A Study in British Imperialism, 1872-1969*, Cambridge, Cambridge Univ. Press, 1992, p. 215-265 à propos de ses missions d'études en Afrique. La littérature historique britannique s'est beaucoup intéressée à cet ouvrage, considéré comme un point de repère significatif qui aida les autorités coloniales à définir et à légitimer le champ des études africaines et à faire évoluer le Commonwealth vers un partenariat et un transfert du pouvoir aux autorités autochtones locales.

[907] Biologiste formé à l'Université de Cambridge, il oriente sa carrière vers le nouveau champ de l'écologie. Voir son important ouvrage de synthèse intitulé *Science in Africa. A Review of scientific research relating tropical and southern Africa*, Londres, Oxford Univ. Press, 1938. Voir à ce sujet Tilley, H., *Africa as a living laboratory : the African Research Survey and the British colonial empire, consolidating environmental, medical and anthropological debates, 1920-1940* (Ph.D History, Oxford University, 2001).

[908] Hailey, W. M., *Science in Africa*, op. cit., p. 138.

4.1. Victor Van Straelen et le spectre de la famine

À l'époque des travaux britanniques, la recherche pédologique au Congo belge ne dispose que d'observations éparses ou de spéculations sur les problèmes de la fertilité des sols. Seuls font exception les travaux de J. Baeyens sur les sols du Bas-Congo en 1935, qui ont constitué un point de départ du vaste programme de cartographie pédologique que mènera l'Institut national pour l'Étude agronomique du Congo belge (INEAC) de 1945 à 1960[909]. Les multiples prospections pédobotaniques organisées par cet institut de recherche fourniront un ensemble de données relatives aux problèmes du déboisement, des feux de brousse et de l'érosion[910].

L'observation de la détérioration des sols constitue pourtant l'un des phénomènes mis en évidence par Victor Van Straelen qui, lors de ses voyages d'inspection des parcs nationaux en 1938 et 1939, démontre l'incohérence, les lacunes et l'absence de perspectives de certaines pratiques coloniales. Dans une note privée adressée à Léopold III, il dresse la liste des problèmes que les autorités sont appelées à résoudre (déforestation, inefficacité et trop lente progression de l'agriculture, absence de politique du sol destinée à nourrir une population croissante, abus divers, notamment en matière de chasse et de feux de brousse) sous peine de famines comme conséquence ultime :

> Je suis convaincu que d'ici dix ans, la souveraineté belge au Congo aura subi des atteintes. Celles-ci ne pourront être limitées que dans la mesure où nous aurons montré notre capacité à tirer un parti convenable des immenses ressources de la Colonie. Je ne suis pas certain que la Belgique est techniquement habilitée à le faire en ce moment[911].

Après les ravages causés dans les parcs nationaux durant la guerre, Van Straelen renforce ses arguments sur l'antagonisme entre le développement

---

[909] Baeyens, J., *Les sols de l'Afrique centrale et spécialement du Congo belge, t. 1, le Bas-Congo*, Bruxelles, INEAC, 1938. Voir aussi Baert, G., Van Ranst, E., Ngongo, M. et Verdoodt, A., *Soil Survey in DR Congo – from 1935 until today*, Paper presented at the meeting of the Section of Natural and Medical Sciences, Dprt of Earth and Environment, 27 March 2012. (https://ees.kuleuven.be/africa-in-profile/dig-deeper/soil-mapping-in-africa/Baert2013(SoilSurveyDRCongo).pdf)

[910] « Discours de de Vleeschauwer lors de l'installation de la Commission de l'INEAC, début 1940 », in *Livre Blanc*, t .2, Bruxelles, ARSOM, p. 264.

[911] PR/Secrétariat Léopold III : liasse (25) : IRSNB et correspondance Van Straelen : lettre de Van Straelen au roi, Élisabethville, 06/02/1939.

économique de la colonie et la conservation de certains de ses biotopes privilégiés. Il est en effet convaincu que les réserves naturelles intégrales permettront de combler à l'avenir la pénurie de ressources entraînée par la croissance démographique des populations congolaises. L'équation entre la hausse de la natalité, l'intensification des activités économiques et la réduction des terres fertiles est clairement mise en évidence. La région du Kivu est exemplaire de ces phénomènes, car sa population en augmentation croissante est prise en étau entre divers modes d'aménagement foncier, le PNA, les concessions agricoles du colonat, les frontières avec l'Uganda et le Ruanda. De son côté, l'occupation européenne au Ruanda provoque un bouleversement involontaire des économies agricoles qui se traduit par des famines, une baisse du standing alimentaire des populations et des migrations à la recherche d'espaces plus fertiles. Dans ce contexte, organisés par les autorités coloniales, les mouvements d'émigration des populations du Nord du Ruanda vont, à leur tour, provoquer des transformations radicales des structures économiques, sociales et politiques de la région. Lorsque ces nouveaux migrants rencontrent au Congo des territoires également pauvres et surpeuplés, ou occupés par des concessions européennes, ils se voient contraints de résoudre le problème de leur subsistance par la dissolution de la collectivité, l'absorption de ses membres dans l'économie industrielle ou l'adoption de méthodes coloniales d'exploitation du sol.

Pour Van Straelen, la convoitise des populations envers les terres des parcs nationaux dépend clairement de ces situations d'exploitation forcée des terres : la croissance démographique entraîne une transformation parallèle des besoins des collectivités autochtones et la nécessité de revendiquer un espace vital également proportionnel. Il revient par conséquent à l'État d'éliminer cette convoitise en proposant une agriculture autochtone qui corrige le caractère épuisant des modes culturaux et multiplie les ressources nouvelles[912]. Pour résoudre ce phénomène observé sur l'ensemble du continent colonisé, le rôle des institutions scientifiques s'avère prépondérant. L'expertise de l'IPNCB est ainsi proposée pour participer aux expériences et aux mesures d'exécution visant à créer, en faveur des populations riveraines des parcs, des peuplements forestiers nouveaux, des centres de pisciculture, des élevages. L'institution accepte même, si nécessaire, de gérer une pêcherie qui aurait pour objet de retirer

---

[912] A.A/Agri 420 : lettre de Van Straelen au min. Col., Bruxelles, 05/06/1945.

du lac Édouard, dans l'enceinte du PNA, le poisson momentanément nécessaire pour l'amélioration de leurs conditions d'existence.

4.2. Jean-Paul Harroy ou l'*Afrique, terre qui meurt*

Inspiré par Van Straelen, Jean-Paul Harroy devient un autre lanceur d'alerte, dénonçant plus ouvertement encore le mésusage des ressources naturelles par la colonisation. Ingénieur commercial sorti de l'École de Commerce Solvay, il est choisi en 1935 pour remplacer Jean Van Peborgh au poste de directeur de l'IPNCB par l'entremise de son beau-père, Hector van de Walle, ami de Van Straelen. Pour se faire la main, ce dernier l'envoie en 1937 aux stations de Rutshuru et de Mutsora, où il est amené à réorganiser les structures du PNA et à réaliser des tournées pédestres d'inspection. Il y côtoie les conservateurs en place et plusieurs scientifiques travaillant sur le terrain[913]. De retour en Belgique, il entame un doctorat en Sciences coloniales à l'ULB portant sur « *La dégradation des sols africains sous l'influence de la colonisation* » sous la direction d'Alfred Marzorati, ancien vice-gouveneur général du Congo et gouverneur du Ruanda-Urundi. Démobilisé durant la guerre et les tâches de l'IPNCB étant quelque peu mises en veilleuse, Harroy rédige rapidement les résultats de ses recherches qui sont publiés en 1944 sous le titre « *Afrique, terre qui meurt* »[914]. Cette œuvre pionnière en Belgique lui ouvre les portes de l'enseignement universitaire, de la présidence de la section Conservation des Sols du Congrès mondial de la Science du Sol à Amsterdam (1948), et l'ancre définitivement dans divers milieux internationaux de protection de la nature. Basé principalement sur les études scientifiques britanniques qui ont ouvert la voie dans ce domaine, ce document constitue un cri d'alarme prophétique et une « prise de conscience écologique »[915] du même importance que le futur *Our Plundered Planet* d'Henri Fairfield Osborn (1948) et que, vingt ans plus tard, *The Silent Spring* de Rachel Carlson (1962). L'auteur y accuse le modèle de production des ressources naturelles imposé par le colonisateur d'être la cause du déséquilibre environnemental de l'Afrique centrale et

---

[913] MRAC/Hist : Fonds J.-P. Harroy (HA.01.0106) : Rutshuru (5 carnets de notes personnelles).
[914] Harroy, J.-P., *Afrique, terre qui meurt*, Bruxelles, Librairie Hayez, 1944.
[915] Symoens, J.-J., « Jean-Paul Harroy », in *Bulletin de Séances de l'ARSOM*, n° 1942/1, 1996, p. 101.

dénonce sans ambiguïté la responsabilité de ce dernier dans la chute de la fertilité. Harroy perçoit cette transformation comme une agression rompant des pratiques millénaires qui entraîne un « processus régressif caractérisé par l'élimination de nombreuses espèces animales et végétales appartenant aux associations primitives et par une moindre aptitude des sols à nourrir une végétation riche et abondante »[916]. Comme Van Straelen, Harroy propose des solutions pratiques pour en éliminer les causes. Selon lui, la collaboration étroite et accrue entre l'État et des scientifiques multidisciplinaires permettrait l'engagement d'une politique volontariste et globalisante portant sur trois types de remèdes : la lutte directe contre les manifestations matérielles du phénomène (appauvrissement ou destruction du couvert végétal, dessèchement, dégradation et érosion des sols), l'amélioration des méthodes générales d'agriculture et d'élevage et l'action sur les contingences économiques, sociales ou politiques ayant aggravé la dégradation. En outre, l'éducation et la propagande auprès des populations autochtones et des allochtones devraient permettre de consolider ces actions de sauvegarde et de régénérescence du patrimoine naturel.

La période de l'après-guerre voit Harroy prendre pied avec de plus en plus d'énergie dans le domaine de la conservation environnementale. Critiqué par le monde colonial, il réagit en rédigeant d'autres plaidoyers tels que *Coloniser n'est pas piller* qui connaît beaucoup de retentissement en métropole, ainsi que *Protégeons la nature, elle nous le rendra*[917] réunissant une série de conférences qu'il donne alors à l'Université coloniale d'Anvers. Destiné à sensibiliser les futurs administrateurs coloniaux à cette problématique, cet opuscule démontre la nécessité de freiner la consommation excessive des ressources naturelles et, au contraire, de protéger la nature vue comme une réaction défensive pour sauvegarder des réservoirs de matières premières et de denrées alimentaires destinés à faire subsister l'humanité. Tout comme Van Straelen, Harroy développe une réflexion autour de la notion d'équilibre biologique complexe des composantes naturelles, en passant par l'action du sol et du climat. La pression coloniale sur les populations africaines, qui ont déjà commencé à détruire leur environnement par certaines pratiques, précipite sa destruction en incitant ces dernières à étendre leurs troupeaux et leurs champs, ce qui bouleverse profondément le rythme de la vie agricole.

---

[916] Harroy, J.-P., *Afrique...*, op. cit., préface, p. 3.
[917] Harroy, J.-P., *Protégeons la Nature, elle nous le rendra*, Bruxelles, IPNCB, 1946.

Dans ce cadre, la destruction de la faune sauvage représente un exemple flagrant du conflit d'intérêt de plus en plus constant entre « la vache, la houe et le gibier ». Telle est la raison pour laquelle le développement de la recherche scientifique dans les parcs nationaux est important : ceux-ci réunissent les conditions normales de vie des associations biologiques et servent donc de modèles pour résoudre les facteurs d'altération ou de destruction des milieux naturels. La clé est dans la mise sur pied d'une politique réaliste et visionnaire, liant conservation et exploitation raisonnée des ressouces :

> Dans l'intérêt des hommes, blancs ou noirs, qui nous succéderont au Congo, pour leur éviter la faim et nous éviter leurs justes reproches, je demande seulement qu'il soit mis un terme, par une meilleure connaissance des choses et une plus sage politique d'exploitation, à des dévastations 'inutiles'[918].

Entre 1948 et 1955, Harroy cumule les fonctions de secrétaire général du nouvel Institut de la Recherche scientifique en Afrique centrale (IRSAC) à Bruxelles et celles de professeur d'Économie coloniale et de Colonisation et Politique Coloniale à l'ULB, avant de devenir gouverneur du Ruanda-Urundi, à la demande du ministre libéral des Colonies, Auguste Buisseret. Sa carrière internationale prend de l'ampleur grâce à son engagement désormais reconnu. Nommé secrétaire général de l'Union internationale pour Protection de la Nature (UIPN), officialisée en 1948 lors de la Conférence de Fontainebleau, il participe concrètement à cet événement majeur dans l'histoire de la protection internationale de la nature qui concrétise la « ligue internationale » proposée par Sarasin en 1913. Durant cette période, les publications de Harroy portent essentiellement sur le problème du lien entre les questions d'économie rationnelle basée sur un programme d'assistance technique et les résultats de la recherche scientifique. Ce sont des élites bien préparées, conscientes de la multiplicité des facteurs en cause et capables d'apporter des solutions éclairées par une recherche scientifique spécifique et pluridisciplinaire (sciences naturelles, anthropologie sociale, économie), qui constituent, d'après lui, les principaux acteurs de ce changement[919].

À une époque où les best-sellers de Henry Fairfield Osborn et William Vogt[920] dénoncent, avec une vision prophétique, les dangers entraînés par

---

[918] *Ibid.*, p. 95.
[919] Harroy, J.-P., *Protégeons la Nature, op. cit.*, p. 15.
[920] Osborn, H. F., *Our Plundering Planet*, Boston, Little, Brown & Co, 1948 et Vogt, W., *Road to Survival*, New York, William Sloane Associates, Inc., 1948.

un début d'explosion démographique et le conflit grandissant de l'homme avec la nature, plus meurtrier encore que les conflits armés[921], et qu'Aldo Leopold publie *A Sand County Almanac* (1949), ouvrage qui jouera un rôle capital dans une nouvelle attitude en matière de conservation des ressources naturelles[922], les réflexions de Harroy portent également sur les dangers que représentent la surpopulation humaine, l'urbanisation galopante, l'agriculture et la ligniculture pour l'environnement global. Pressentant que le respect de la nature est en relation avec les efforts contre la faim, pour la paix et le désarmement, ces auteurs considèrent la question démographique comme le nœud du problème, ce qui sera confirmé dès 1958, lorsque la population mondiale commencera à s'accroître plus rapidement que les ressources alimentaires. Président, entre 1966 et 1972, de l'Union internationale pour la Conservation de la Nature (UICN) (1956), Harroy associe de plus en plus vigoureusement les courants néomalthusianiste et conservationniste pour faire de la problématique de l'environnement celle du développement. Cette préoccupation reflète le souci progessivement ressenti sur le plan international de concilier les objectifs de la conservation et des plans nationaux pragmatiques de développement, en rapport avec la croissance démographique et la crise alimentaire planétaire qui touche surtout ce que l'on nomme alors le « Tiers Monde ». Parmi ses nombreux articles et publications, il faut citer en particulier *Demain la Famine ou la Conspiration du Silence* (1979) qui dénonce, une fois encore, les famines qui étranglent le Sud et le saccage de ses ressources naturelles renouvelables combiné à son lot d'effets collatéraux : déforestation, érosion, aridification.

4.3. Vers une expertise de la conservation : la Conférence de Bukavu (1953)

Afrique, terre qui meurt, ouvrage-phare de Harroy, fait donc écho à la volonté internationale de développer une conservation plus technique des ressources naturelles. Après la Deuxième Guerre mondiale, l'UICN devient l'un de ces instruments supragouvernementaux qui mettent les programmes de conservation de l'environnement au centre de leurs

---

[921] MRAC/Hist : Fonds J.-P. Harroy (HA.01.0106) : note dactylographiée de Harroy intitulée *Démographie et ressources. Deux souvenirs d'un pionnier UICN*, Bruxelles, nov. 1990.
[922] Nicholson, M., *The New Environmental Age, op. cit.*, p. 13.

efforts. De leur côté, les gouvernements coloniaux coordonnent des programmes de planification pour le développement[923]. Au Congo, le *Plan Décennal pour le développement économique et social du Congo belge*, paru en 1949, démontre la volonté du gouvernement belge de donner une nouvelle impulsion à une économie congolaise qui s'épuise surtout depuis la Deuxième Guerre mondiale et qui doit être restructurée et modernisée afin de favoriser la prospérité de la colonie[924]. Reconnaissant que les ressources naturelles constituent « un patrimoine public dont toute la collectivité doit pouvoir tirer profit »[925], ce Plan vise, de manière optimiste, à organiser un programme d'exploitation rationnelle pour éviter leur dilapidation. À cette époque, l'idée de la conservation du sol, élaborée sur base de données techniques, sociales, politiques, économiques et administratives, fait son chemin[926]. Tandis que la Conférence des Sols de Goma (1948) a mis un terme au mythe de la fertilité inépuisable des sols africains et a reconnu des disparités régionales et même locales au niveau de leur qualité[927], l'INEAC développe des programmes de division des terrains agricoles par spéculations culturales, zootechniques et forestières spécifiques en fonction de leurs caractéristiques écologiques, économiques et sociales[928]. De même, une Mission de Conservation des Sols, appelée aussi Mission antiérosive, est planifiée à l'Est de la colonie pour lutter contre les menaces de dégradations combinées à la densité humaine et au relief du sol. À l'échelle continentale, des institutions scientifiques internationales comme la Commission pour la Coopération technique en Afrique au Sud du Sahara (CCTA) et le Conseil scientifique de l'Afrique au Sud du Sahara (CSA), créés en 1950, s'engagent à développer des programmes d'actions techniques concertées entre gouvernements

---

[923] Citons, notamment, pour le cas britannique, Hodge, J. M., *Triumph of the Expert : Agrarian Doctrines of Development and the Legacies of British Colonialism*, Athens, Ohio Univ. Press, 2007 et Cooper, F., *Africa since 1940 : The Past of the Present*, Cambridge, Cambridge Univ. Press, 2002.

[924] Vanthemsche, G., *Genèse et portée du « Plan Décennal » du Congo belge (1949-1959)*, Mémoires de l'ARSOM, Cl. Sciences morales et politiques, t.51/4, Bruxelles, ARSOM, 1994.

[925] *Plan Décennal pour le développement économique et social du Congo belge*, t. I, Bruxelles, Édit. De Visscher, 1949, p. 13.

[926] Tondeur, G., « La conservation du sol au Congo belge », in *Bulletin Agricole du Congo belge*, n° 38-2, 1947, p. 211-314.

[927] « La Conférence des sols à Goma », in *Bulletin Agricole du Congo belge*, n° 60/1, 1949.

[928] *Plan Décennal...*, *op. cit.*, t. 2, p. 327-340.

pour régler des problématiques communes[929]. Les Européens, que Van Straelen et Harroy accusent de détruire les environnements africains, sont désormais appelés à jouer un rôle d'experts dans la transmission d'outils scientifiques et techniques avérés dans le but de développer le bien-être économique et social des colonies.

Poursuivant les travaux de la Conférence de Londres (1933), une Troisième Conférence internationale pour la Protection de la Faune et de la Flore en Afrique se tient à Bukavu en octobre 1953, en lieu et place d'une rencontre internationale avortée suite au déclenchement de la Deuxième Guerre et qui voulait ouvrir la Convention de 1933 aux pays du Pacifique et de l'Extrême-Orient. De leur côté, les États-Unis signaient en 1940 à Washington une Convention on Nature Protection and Wild Life Preservation in the Western Hemisphere qui visait à assurer une conservation panaméricaine de biotopes, de la faune et de la flore. La proposition de réunir une nouvelle conférence internationale est remise sur les rails en 1949, lors des conférences tenues en parallèle à Lake Success : la Conférence scientifique des Nations Unies sur l'utilisation et la conservation des ressources naturelles (UNSCCUR), organisée par l'ONU, qui légitimise la nécessité d'une expertise conservationniste globale dans l'utilisation des ressources et porte une attention accrue sur la surexploitation désastreuse des environnements[930] ; la Conférence technique internationale sur la Protection de la Nature (CTIPN), organisée par la tendance préservationniste de l'UIPN, Julian S. Huxley en particulier et l'UNESCO, et qui se montre particulièrement critique

---

[929] Le CCTA se composait des gouvernements du royaume de Belgique, de la Fédération de la Rhodésie et du Nyassaland, de la France, du Ghana, du Liberia, du Portugal, du Royaume-Uni et de l'Union Sud-Africaine. Il traitait de tous les sujets concernant la coopération technique des gouvernements membres et possédait un rôle d'impulsion, d'expertise et d'avis auprès des gouvernements respectifs dans cette matière. Le CSA était le conseiller scientifique du CCTA, créé en novembre 1950 suite à la Conférence scientifique de Johannesburg (1949), en vue de favoriser l'application de la science à la solution des problèmes africains ; ce conseil et était composé de scientifiques éminents, tels que J. P. Lebrun et L. Van Den Berghe pour la Belgique (Harroy, J.-P., « Le Katanga et la gestion de ses ressources naturelles », in *Comptes rendus du Congrès scientifique, Élisabethville 1950, 13-19 août*, n° 2/1, Commémoration du 50ᵉ anniversaire du Comité spécial du Katanga, Travaux de la Commission agricole, zootechnique et forestière, communication n° 56, p. 25-35).

[930] Mahrane, Y., et al. « De la nature à la biosphère. L'invention politique de l'environnement global, 1945-1972 », in *Vingtième Siècle. Revue d'histoire*, n° 113/1, 2012, p. 127-141.

à l'égard des dégâts environnementaux collatéraux aux grands projets de développement des pays du Sud[931]. En 1953, il revient à la CCTA de charger le gouvernement belge d'organiser la rencontre internationale de Bukavu (Kivu) et de convoquer les cosignataires de Londres.

Présidée par l'agronome Pierre Staner, organisateur de la Conférence des Sols de 1948, inspecteur royal à la Direction générale du ministère des Colonies, cette importante manifestation rassemble les gouvernements coloniaux d'Afrique ainsi que des organisations scientifiques et techniques telles que l'INEAC et l'IPNCB[932], afin de faire le point sur les avancées en la matière. Un questionnaire de l'UIPN sur les réalisations concrètes des États participants en matière de conservation, d'exploitation rationnelle et de gestion de la faune et de la flore depuis 1933 révèle des résultats peu encourageants. Les scientifiques et membres des associations présentes s'y mobilisent dès lors contre la dilapidation des ressources naturelles et indiquent leur volonté commune de rationaliser leur exploitation. Ils revendiquent aussi une meilleure reconnaissance des expertises de terrain et la prise en compte de l'évolution des connaissances en écologie. Le lien de cause à effet entre le recul alarmant du couvert végétal continental et la disparition de la faune sauvage est mis en évidence, tout comme l'ouverture de la protection de la nature à des problématiques pluridisciplinaires, deux thèmes clés du manifeste de la 3ᵉ Assemblée générale de l'UIPN tenue à Caracas (1952) qui se penche sur les problématiques de la conservation et de la préservation des ressources naturelles du continent sud-américain[933]. À l'instar de celle-ci, la Conférence de Bukavu propose

---

[931] UNESCO, *Conférence technique internationale pour la Protection de la nature : procès-verbaux et rapports, Lake Success, 1949*, Paris – Bruxelles, IUPN, 1950.

[932] Parmi ces organisations se trouvaient également le CCTA, l'International Bureau of Epizootic Diseases (IBED), le Comité international pour la Protection des Oiseaux (CIPO), le Comité national du Kivu (CNKi), le CSA, l'Institut Pasteur, l'Institut pour la Recherche scientifique en Afrique Centrale (IRSAC), l'Union congolaise pour la Protection de la Nature (UCPN), l'Union internationale pour la Protection de la Nature (IUPN), la United Nations Educational, Scientific and Cultural Organization (UNESCO) et l'Université de Liège.

[933] L'Assemblée générale de l'UIPN à Caracas fut la première grande conférence internationale sur la conservation à se tenir en Amérique latine. Elle aborda plusieurs grandes thématiques : la surpopulation humaine, l'hydroélectricité et son impact sur la protection de la nature, la préservation de la faune sauvage dans les régions semi-désertiques, spécialement en Amérique centrale et du Sud, les conflits entre les besoins agricoles et la conservation, y compris le problème des feux, la protection des espèces endémiques de la faune et de la flore dans les petites îles, en particulier

aux gouvernements responsables de l'avenir du continent sub-saharien la réalisation d'une charte africaine pour la défense de ses ressources naturelles.

La disparition inquiétante de la faune représente un chapitre important de la rencontre. Analysée sous les angles de la conservation, du *game control* et de la recherche scientifique, la présence inégale des réserves naturelles intégrales est soulignée par les experts. Ces réserves sont largement déficitaires, voire absentes, dans les colonies britanniques et portugaises, mais bien organisées dans les territoires français et belges. De manière globale, ils relèvent les nombreuses menaces qui pèsent sur la faune sauvage et appellent à une définition plus précise et un classement permettant de trouver des solutions adaptées à chaque situation. Par ordre décroissant sont mis en cause la transformation des environnements naturels par les activités anthropiques[934], surtout celles issues des mouvements d'immigration, les mesures de protection des cultures et du bétail contre les déprédations et les maladies de la faune, les chasses pour des besoins divers, les facteurs externes stimulant la destruction de la faune (liberté de mouvement, amélioration des moyens de communication et des voies de transport, activités commerciales), les causes naturelles (aridité et inondations des terres) et enfin, l'interdiction des feux de brousse reconnus plutôt comme un facteur inhérent aux conditions écologiques favorables à certaines espèces. Des discussions portent également sur les chasseurs africains, considérés comme les principaux destructeurs du gibier. Une révision de la législation sur la chasse commerciale[935] est proposée, sans

---

dans les Caraïbes, l'élevage des animaux sauvages en semi-captivité en dehors de leurs habitats naturels (Holgate, M., *The Green Web, op. cit.*, p. 56-58).

[934] Cette raison est notamment remise en cause par F. Matagne, chef de la section Chasse et Pêche de la Direction de l'Agriculture du Gouvernement général à Léopoldville. Si celui-ci reconnaît le fait que l'appauvrissement faunique du Congo est un phénomène inhérent à la mise en exploitation du territoire coloniale, il mentionne, chiffres à l'appui, que de nombreuses espèces animales occupent 94% d'un territoire vierge et que la faible densité de la population humaine en zones rurales, étudiée récemment par Pierre Gourou – une moyenne de 4,35 habitants/km2 mais pouvant atteindre des pics de 19,28 hab./km2 dans les régions montagneuses – ne justifie que d'une manière limitée le recul du gibier (Matagne, F., « Causes de l'appauvrissement et de l'altération de la Faune », in *Communications présentées lors de la Troisième Conférence internationale...*, *op. cit.*, p. 244-265).

[935] De Waersegger, L., « Note relative à la révision de la législation sur la chasse », in *ibid.*, p. 224-238.

que celle-ci ne remette en cause l'exercice des droits des autochtones[936], ainsi que l'élaboration d'un programme d'éducation et sensibilisation à la protection et à la conservation de la faune par l'intermédiaire de sociétés de chasse par exemple[937]. Le procès-verbal de la Conférence mentionne aussi la proposition de certains experts[938] de remettre en usage des pratiques autochtones par intervention des autorités coutumières en jugeant souhaitable

> [qu'] en collaboration avec les autorités coutumières, il soit procédé à une coordination du droit coutumier et du droit écrit afin que les indigènes puissent se rendre compte que l'on ne poursuit pas un autre but que celui visé par la loi de leurs ancêtres, à savoir, la conservation des sources d'alimentation carnée[939].

Une gestion scientifique efficace de la faune constitue une autre préoccupation de la Conférence. Celle-ci engage les États à prendre les mesures de police adéquates sur les armes, les épizooties et les déprédations, afin de contrôler et de limiter les causes de la diminution de la faune. Les propositions de contrôles biologiques (application des insecticides et leur suivi) et d'installations de barrières à gibier sont nouvellement préconisées, tout comme l'application de méthodes communes pour recenser, marquer ou baguer les espèces, les oiseaux migrateurs en particulier[940]. Enfin, la recherche scientifique sur la faune est soutenue selon deux axes, l'un, écologique et expérimental, vise notamment à étudier les épizooties, l'autre, systématique, souhaite impulser un effort accru pour la taxinomie.

La catégorisation d'espèces zoologiques protégées, telle que définie en 1933, se trouve complètement remaniée et renforcée par la création d'une nouvelle classe (C) énumérant les espèces menacées d'extinction et méritant une protection particulière dans certaines aires géographiques

---

[936] Vœu de P. Staner, émis lors de la séance du 30/10/1953, Section « Faune », in *Troisième Conférence…, ibid.*, p. 61.

[937] Vœu de P. Humblet, émis lors de la séance du 30/10/1953, Section « Faune », in *ibid.*, p. 64.

[938] P. Humblet, directeur du service des Eaux et Forêts du gouvernement général et T. G. C. Vaughan-Jones, du Department of Game and Tsetse Control de la Rhodésie du Nord.

[939] Comptes rendus des séances, in *Troisième Conférence Internationale…, op. cit.*, p. 65.

[940] D'après la demande de James Chapin, proposant un plan de baguage d'oiseaux du Congo belge lors de la séance du 26/10/1953, in *ibid.*, p. 34.

déterminées[941]. Les observations écologiques sur le léopard par exemple, espèce jusqu'ici considérée comme nuisible, le font intégrer cette classe, car il est désormais acquis que sa disparition contribue à engendrer des déséquilibres préjudiciables pour l'homme. Par contre, certains aménagements entre les classes A et B suscitent des controverses, notamment de la part de l'IPNCB[942]. Tel est le cas du déclassement du gorille des plaines de la classe A (danger imminent d'extinction) vers la classe B (menace d'extinction sans la prise de mesures), une décision destinée à satisfaire les autorités françaises qui détournent ainsi les critiques[943] sur leur tolérance à abattre des animaux de classe A tout en leur permettant de percevoir des taxes pour le permis et d'autoriser des prélèvements de dépouilles.

La Conférence de Bukavu témoigne de l'orientation future de la conservation de la nature vers l'aménagement d'espaces davantage définis selon des programmes et perspectives particuliers. Ses résultats mettent en lumière que la création de réserves naturelles et la protection de certaines espèces rares ou en voie de disparition, désormais qualifiées d'espèces en voie « *d'extermination* », ne peuvent à elles seules résoudre le problème vital de la sauvegarde de l'habitat humain qui se pose sur l'ensemble du continent africain. L'élaboration d'une politique générale de protection de la nature est appelée à combiner les vœux des conférences techniques en matière de protection du sol, du tapis végétal, des ressources hydriques en vue de garantir la conservation de la couverture végétale spontanée, des sols, des eaux et des ressources naturelles dans l'intérêt principal des populations africaines.

---

[941] Recommandations et Vœux, Proposition d'amendements n° 2 et n° 3, in *ibid.*, p. 127-135.

[942] Comité de direction, séance du 20/02/1954, p. 8-9.

[943] Ces reproches émanent notamment du colonel P. Bourgoin, inspecteur général des Chasses et de la Protection de la Faune au ministère de la France d'Outre-Mer, qui relevait la destruction annuelle en Afrique équatoriale française, d'un millier de gorilles des plaines sur une population totale estimée à 50 000 individus, dans le but de protéger les cultures et les personnes (Séance du 28/10/1953, in *Troisième Conférence...*, *ibid.*, p. 41).

4.4. Épilogue. Entre espoirs et désillusions

Dans les années 1950, des structures et des instruments intergouvernementaux et internationaux sont donc créés pour répondre à la nécessité de développer une expertise scientifique et technique de la conservation des ressources naturelles. Ils coïncident avec l'élaboration de planifications nationales et coloniales des économies, tandis que des conférences internationales mettent un terme à plusieurs croyances telles que la fertilité inépuisable des sols africains ou le danger des feux de brousse, par exemple. Ces réalisations témoignent, de manière de plus en plus précise, de la volonté d'adapter les modes d'exploitation aux caractéristiques inhérentes aux milieux économiques, sociaux et aussi écologiques. La dénonciation par certains scientifiques des pratiques coloniales destructives de l'environnement africain, entraînant des bouleversements dramatiques des économies agricoles locales, des famines et des luttes pour les terres, amène à reconsidérer le rôle des experts scientifiques comme les plus aptes à freiner les phénomènes en proposant à l'État des programmes cohérents en matière de protection et de conservation de l'environnement. La Troisième Conférence internationale pour la Protection de la Faune et de la Flore en Afrique à Bukavu (1953) procède à la fois d'une déclaration officielle de reconnaissance, par le monde scientifique et associatif, de la destruction inconsidérée des ressources naturelles du continent et d'une volonté commune de voir leur exploitation désormais rationalisée grâce à la coopération permanente et continue de spécialistes multidisciplinaires. Il y a une conviction d'associer la conservation de l'environnement aux progrès de la recherche dans l'intérêt principal des populations africaines.

Fin des années 1950, peu avant l'indépendance, la colonie belge s'est à son tour dotée de structures et de cadres spécialisés en matière de chasse, afin de gérer la faune sauvage de manière rationnelle et optimale et d'assurer ainsi sa protection. Une police des animaux sauvages s'est mise en place dans la Station de Chasse de la Province-Orientale et tente ses premiers essais. Un Office de la Chasse et de la Pêche vise à assurer la surveillance des réserves et domaines de chasses sur l'ensemble du territoire colonial en dehors des parcs nationaux. Une législation dense et constamment remaniée assure l'encadrement et le contrôle des actes de chasse, du braconnage, du commerce licite et illicite des espèces et ressources animales, ivoire en tête, mais aussi peaux de crocodiles et trophées de grands mammifères et de primates. En 1956, Henri De

Saeger, secrétaire du Comité de direction de l'IPNCB, dressait pourtant un sombre panorama de la destruction accélérée des ressources naturelles planétaires, dont la faune sauvage d'Afrique constituait un exemple affligeant :

> Nul continent ne possédait une faune aussi variée, aussi abondante [....]. Que reste-t-il de cette faune admirable ? Quelques fragments éparpillés, refoulés par les aménagements humains dans des régions reculées. Ailleurs, bien peu de chose. Les grands troupeaux, comptant parfois des milliers d'individus, n'existent plus[944].

Malgré la diversification des mesures prises, la politique de gestion et de protection de la faune est largement inefficace à cause des carences en compétences et en personnel, du développement important du commerce de viande de brousse, et de trophées et d'actes de braconnage dans toutes les régions.

Émergent alors une remise en question fondamentale du système introduit et la nécessité d'instaurer une meilleure répartition des responsabilités entre les autorités coloniales et coutumières, en affirmant la nécessité d'associer les chefs autochtones aux décisions en la matière et en reconnaissant le côté protectionniste des pratiques coutumières des chasses africaines. La proposition d'un nouveau décret en ce sens sera suspendue dans le contexte de l'indépendance où l'agitation sévit également dans les parcs nationaux qui, jusqu'ici, ont âprement défendu et assuré une conservation maximale de ces zones enclavées dans l'espace colonial. Relayant, en 1960, les informations confirmant de toutes parts les difficultés sur place (les conditions d'insécurité, les milices et les populations civiles armées et incontrôlables, l'absence de tribunaux compétents, les nombreuses arrestations arbitraires, la mutinerie de la Force publique et le départ de quasi toute l'administration belge), Victor Van Straelen évoque la nécessité de prendre des mesures appropriées en Belgique pour éviter que les parcs nationaux ne disparaissent avec les Belges, ce qui, selon lui, infligerait « une incommensurable perte morale infligée à la Nature »[945] d'un patrimoine scientifique international.

Chargé par le nouveau gouverneur de la Province du Kivu de reprendre les rênes du Parc national Albert, l'agronome Anicet Mburanumwe,

---

[944] De Saeger, H., « Les Parcs nationaux du Congo belge où la nature est menacée », in *Parcs nationaux*, n° 9/4, 1956, p. 109.
[945] AA/Agri 39 : lettre de Van Straelen au min. Col., Bruxelles, 29/02/1960.

Épilogue. Entre espoirs et désillusions

adresse une lettre à tous les conservateurs des Parcs nationaux du Congo et du Ruanda-Urundi, leur demandant de se mobiliser pour continuer l'œuvre entreprise par la Belgique :

> Le grand danger auquel nous devons veiller avec une vigilance inlassable est que d'aucuns mêlent tout organisme et son organisation, même indépendant, à la politique et à l'égoïsme. Les Parcs sont les patrimoines nationaux appartenant à tout le monde formant une nation, à toute la population, et pas à un seul clan ou à une seule tribu pouvant se prétendre le droit de premier occupant ou d'ayant droit foncier. La situation chez les politiciens est bien confuse pour le moment, vous le constatez tous les jours. Chez nous pas de problèmes. Notre domaine est le seul à pouvoir actuellement lancer l'idée d'union et d'unité pour favoriser le climat touristique et scientifique. Pour cela, l'entente entre tous les domaines du Congo est indispensable dans notre matière[946].

L'histoire de la gestion et de la protection de la faune sauvage, ainsi que la conservation de la nature, a tourné la page coloniale. La période post-indépendante connaîtra la poursuite et la recrudescence de problèmes qui étaient en germe ou en pleine expansion au Congo belge. Elle en créera aussi d'autres, en fonction des aléas politiques et des enjeux économiques nationaux et internationaux. Cette histoire reste encore à écrire.

---

[946] *Ibid.* : dossier 28 : lettre de A. Mburanumwe aux conservateurs des parcs nationaux du Congo et du Ruanda-Urundi, Rumangabo, 09/11/1960.

Principaux fonds d'archives consultés

Ministère des Affaires étrangères (AE et AA, Bruxelles)

Archives Affaires étrangères (AE)
Conventions et traités internationaux
Liasse 322-337(dossiers 434-439, 490-499), 3250 (dossiers 1507, 1508, 1510)

Archives Africaines (AA)
Fonds AGRI
Parcs nationaux (38, 39, 40, 41, 42, 43, 44, 45, 46, 47, 48, 49, 189, 192, 414, 415,416, 417, 418,419, 420, 421, 422, 423, 424)
Chasse (184, 185, 186, 187, 188, 189, 192, 390, 412, 413)
Chasse et Pêche (439, 440, 441, 442, 443, 445)
Voyages et missions agricoles (359, 628, 629, 630, 631, 632)

Fonds PPA
Chasse et Pêche (3505, 3507, 3508)

Musée royal de l'Afrique centrale (MRAC, Tervuren)

Archives historiques privées
Archives de l'Institut des Parcs nationaux du Congo belge (1929-1958)
Archives du Comité spécial du Katanga
Archives de la Section Zoologie (Vertébrés et Invertébrés)
Archives du secrétariat du Musée du Congo belge

Palais Royaux (PR, Bruxelles)

Archives du secrétaire du roi Albert Ier, Max-Léo Gérard (1919-1924)
Archives du cabinet du roi Albert Ier (1909-1914) et (1919-1934)
Archives du grand maréchal de la Cour (Albert Ier, 909-1934)
Archives du secrétariat privé du roi Albert Ier
Archives du secrétariat du roi Léopold III, Capelle
Archives du cabinet du roi Léopold III (correspondances)
Archives du grand maréchal de la Cour (Léopold III, 1934-1950)

Institut royal des Sciences naturelles de Belgique (IRSNB, Bruxelles)

Archives de la direction
Archives du patrimoine
Archives de la cartothèque

Union internationale pour la Conservation de la Nature (UICN, Gland, Suisse)

Archives de l'Office international de Documentation et de Corrélation pour la protection de la nature (OIPN) (1929-1941).
Reliquat de la bibliothèque P.-G. Van Tienhoven

Stadsarchief (Amsterdam)

Archives de la Nederlandsche Commissie voor internationale Natuurbescherming

Bibliographie sélective

Sources officielles

Annuaire officiel du Ministère des Colonies, Bruxelles, S.A. Annuaires Lesigne, 1903-1960.

Annuaire statistique de la Belgique et du Congo belge, ministère de l'Intérieur, Bruxelles, Bruxelles, Impr. A. Lesigne, 1912-{1959}.

Bulletin officiel de l'État indépendant du Congo, Bruxelles, Weissenbruch, 1885-1887 ; Hayez, 1888-1908.

Bulletin officiel du Congo belge, Bruxelles, Hayez, 1909-1922 ; Gand, Vanderpoorten & Co, 1923-1933 ; Dison-Verviers, Disonaise, 1934-1936 ; Bruxelles, Clarence Denis, 1937-1959.

Congrès colonial. Comptes rendus des séances, Bruxelles, 1920-1956.

Droits de Chasse dans les Colonies et la Conservation de la Faune indigène (Les), Institut Colonial International, 10ᵉ série, 3 vol., Bruxelles-Paris-Londres-Berlin-La Haye, 1911.

« General Act of the Brussels Conference relative to the African Slave Trade, signed at Brussels, July 2, 1890 », in *Treaty Series*, n°7, Londres, Harrison & Sons, 1892.

Législation générale de l'État indépendant du Congo, Bruxelles, Hayez, 1907.

Louwers, O., *Lois en vigueur dans l'État indépendant du Congo*, Bruxelles, P. Weissenbruch, Bruxelles, 1905.

Louwers, O. et Grenade, I., *Codes et Lois du Congo belge*, Bruxelles, M. Weissenbruch, 1927.

Lycops, A., *Codes Congolais et Lois Usuelles en vigueur au Congo collationnés d'après les textes officiels et annotés*, Bruxelles, Vve F. Larcier, 1900.

Manuel du Voyageur et du Résident au Congo, 3 vol., Société d'Études Coloniales, Bruxelles, Weissenbruch, 1900.

Novelles (Les), Corpus Juris Belgici. Droit Colonial, t. 1 et 4, Bruxelles, éd. Ed. Picard, 1931 et F. Larcier, 1948.

Piron, P. et Devos, J., *Codes et Lois du Congo belge, t. 3, Matières sociales et économiques*, Bruxelles – Léopoldville, F. Larcier – éd. Codes et Lois du Congo belge, 1959.

Plan décennal pour le développement économique et social du Congo belge, 2 vol., éd. De Visscher, Bruxelles, 1949.

Plan Décennal pour le développement économique et social du Ruanda-Urundi, éd. De Visscher, Bruxelles, 1951.

Quinze Codes (Les -). Codes Edmond Picard en concordance avec les Pandectes Belges, Bruxelles, Vve F. Larcier, 1926.

Rapport annuel sur l'Administration de la Colonie du Congo belge, Chambre des Représentants, Bruxelles, 1909-1959.

Rapport annuel présenté par le Gouvernement belge au Conseil de la Société des Nations au sujet de l'administration du Ruanda-Urundi, ministère des Colonies, Bruxelles, 1921-1939.

Rapport annuel présenté par le Gouvernement belge à l'Assemblée générale des Nations-Unies, ministère des Colonies, Bruxelles, 1946-1961.

Recueil à l'usage des fonctionnaires et des agents du service territorial au Congo belge, Bruxelles, M. Weissenbruch, 1930.

Van Grieken, M. (éd.), *Décrets de l'État indépendant du Congo non publiés dans le Bulletin officiel, Ière Partie (1886-1895)*, Tervuren, 1967.

Statistique de la Belgique. Tableau général du commerce avec les pays étrangers, 1889-1921.

Sources éditées (1863-1972)

Akeley, C.E., *In Brightest Africa*, New York, Doubleday, Page & Cie, 1923.

Arnot, F.D., *Garenganze ; or, Seven Years's Pionner Mission work in Central Africa*, Londres, J.E. Hawkins, 1889.

Augouard, P., *Vingt huit Années au Congo. Lettres de Mgr Augouard*, public. de l'auteur, Poitiers, s.d. {ca 1902}.

Baeyens, J., *Les sols de l'Afrique centrale et spécialement du Congo belge, t. 1, le Bas-Congo*, Bruxelles, INEAC, 1938.

Bailleul, L., *Les chasseurs d'ivoire*, Paris, Théodore Lefèvre, s.d.

Baker, S.W., *Ismaïlia. Récit d'une expédition dans l'Afrique centrale pour l'abolition de la traite des Noirs*, Paris, Librairie Hachette, 1875.

Baker, S.W., *The Nile Tributaries of Abyssinia and the Sword Hunters of the Hamram Arabs*, Londres, Macmillan & Co, 1867.

Baker, S.W., *The Albert N'Yanza, great basin of the Nile, and explorations of the Nile sources*, 2 vol., Londres, Macmillan & Co, 1867.

Baldwin, W.C., *African Hunting and Adventure from Natal to the Zambezi 1852–1860*, Londres, Richard Bentley, 1863.

Barns, T.A., *An African Eldorado. The Belgian Congo*, Londres, Methuen & Co. Ltd., 1926.

Barns, T.A., *Tales of the Ivory Trade*, Londres, Mills & Boon Limited, 1923.

Barns, T.A., *The Wonderland of the Eastern Congo. The Region of the Snow-Crowned Volcanoes – The Pygmies, the Giant Gorilla and the Okapi*, Londres – New York, G.P. Putnam's Sons, 1922.

Becker, J., *La troisième expédition belge au pays noir*, Bruxelles, J. Lebègue et Cie, {1884}.

Becker, J., *La vie en Afrique ou Trois ans dans l'Afrique centrale*, 2 tomes, Paris – Bruxelles, J. Lebègue & Cie, 1887.

Böhm, R., *Von Zansibar zum Tanganjika. Briefe aus Ostafrika*, Leipzig, F.U. Brodhaus, 1888.

Bourdarie, P., *L'éléphant d'Afrique. Mesures internationales de protection*, extrait du *Compte rendu du Congrès international colonial de Bruxelles 1897*, Bruxelles, Impr. Travaux Publics, 1898.

Bridges, C., *Les Réserves de Bêtes sauvages*, Paris, Payot, 1938.

Bronsart von Schellendorff, F., *Wildschutz in Deutsch-Ostafrika*, Berlin, Julius Gittenfeld, s.d.

Bonsart von Schellendorff, F., *Afrikanische Tierwelt VI, Erhaltung, Fang und Nutzbarmachung Afrikanischen Wildes*, Leipzig, E. Haberland, 1922.

Bula N'Zau (Bailey, H.), *Travel and adventures in the Congo Free State and its Big Game Shooting*, Londres, Chapman & Hall, Ltd., 1894.

Burbridge, B., *Gorilla. Tracking and capturing the Ape-Man of Africa*, Londres – Bombay – Sydney, George G. Harrap & Co Ldt, 1928.

Burrows, G., *The Land of the Pigmies*, Londres, C. Arthur Pearson Limited, 1898.

Burton, R.F., *The Lake regions of central Africa. A picture of exploration*, 2 vol., Londres, Longman, Green, Longman, and Roberts, 1860.

Burton, R.F., *Two trips to Gorilla Land and the cataracts of the Congo*, 2 vol., Londres, Sampson Low, Marston, Low, and Searle, 1876.

Buttikofer, J., *International Conference for the Protection of Nature*, Brunnen, 1947.

Calmeyn, M., *Au Congo belge. Chasses à l'Éléphant – Les Indigènes – L'Administration*, Paris, Flammarion, 1912.

Cambier, E., *Rapport de l'excursion sur la route de Mpwapwa (Zanzibar, 30 mars 1878)*, Association internationale africaine, Bruxelles, 1879.

Campbell, D., *Wanderings in Central Africa*, Londres, 1929.

Capello, H. et Ivens, R., *De Benguella as Terras de Jacca*, 2 tomes, Lisbonne, Imprensa Nacional, 1881.

Capus, G. et de Rochebrune, A.T., *Le guide du naturaliste préparateur et du voyageur scientifique*, Paris, Edit. J.B. Baillère & Fils, 1883.

Casati, G., *Dix années en Equatoria. Le retour d'Emin Pasha et l'expédition Stanley*, Paris, Librairie de Firmin-Didot et Cie, 1892.

Chaudoir, P., *Dans la Brousse du Kivu*, Bruxelles, Lebègue et Cie, 1919.

Christy, C., *La grande chasse aux pays des Pygmées*, Paris, Payot, 1952.

Comptes rendus du Premier Congrès international pour la Protection des Paysages, 17-20 octobre 1909, Paris, 1909.

Conférence internationale pour la Protection de la Nature (Brunnen, 28 juin – 3 juillet 1947). Procès-verbaux, Résolutions et Rapports, Bâle, UIPN, 1947.

Congo à l'Exposition Universelle d'Anvers 1894 (Le), Catalogue de la Section de l'EIC, Bruxelles, O. De Rycker et Cie, 1894.

Congrès colonial national (Bruxelles, 18-20 décembre 1921), Compte rendu des séances, Bruxelles, A. Lesigne, 1921.

Congrès international colonial, Compte-rendus. Exposition internationale de Bruxelles 1897, Bruxelles, Impr. des Travaux Publics, 1897.

Contribution à l'étude des réserves naturelles et des parcs nationaux, Mémoires de la Société de Biogéographie, Paris, P. Lechevalier, 1937.

Coquilhat, C., *Sur le Haut-Congo*, Paris, J. Lebègue et Cie, 1888.

d'Uzès (Duchesse), *Le voyage de mon fils au Congo*, Paris, E. Plon, Nourrit et Cie, 1894.

Daly, D., *Big Game Hunting and Adventure, 1897-1936*, Londres, 1937.

Damas, H., *Recherches Hydrobiologiques dans les Lacs Kivu, Édouard et Ndalaga*, Bruxelles, IPNCB, 1937.

Darwin, Ch., *On the Origin of Species by Means of Natural Selection, or The Preservation of Favored Races in the Struggle of Life*, The world's classics, 11, Oxford, Milford, 1914 (1ᵉ éd. 1859).

Darwin, Ch., *A Naturalist's Voyage (Journal of Researches into the Natural History and Geology of the Countries visited during the Voyage of H.M.S. Beagle round the World)*, Londres, 1890 (1ᵉ éd. 1845).

de Bouveignes, O., *La légende héroïque des bêtes de la brousse*, Louvain, éd. AUCAM, 1932.

de Grunne, X. – Hauman, L. – Bourgeon, L. – Michot, P., *Vers les glaciers de l'Équateur. Le Ruwenzori. Mission scientifique belge 1932*, Bruxelles, R. Dupriez, 1937.

de Hemptinne, P., *Sur les Pistes africaines. Récit du Raid Africain entrepris en 1932 par S.A. le Prince de Ligne, le comte Baudouin van der Burch, le comte René de Liederkerke et l'Auteur (mars-juin 1932)*, Bruxelles, Ed. Jean Vromans, 1934.

de Lamarck, J.-B., *Philosophie zoologique*, Paris, GF-Flammarion, 1994 (1ᵉ éd. 1809).

de Landtsheer, R., *Chasses au Congo. Buffles et Eléphants*, Lille-Paris-Bruges, Desclée-De Brouwer et Cie éd., 1925.

de Ligne, E. (Prince -), *Africa. L'évolution d'un continent vue des volcans du Kivu*, Bruxelles, Librairie Générale, 1961.

Delmont, J., *De vangst van groot wild en van Olifanten. De grootste Europeesche dierenvanger vertelt zijn avonturen*, Antwerpen, J. Dupuis, Zonen en Co, {1935}.

de Martrin-Donos, Ch., *Les Belges dans l'Afrique centrale. Voyages, aventures et découvertes d'après les documents et journaux des explorateurs*, 2 vol., Bruxelles, P. Maes, 1886.

Dennett, R.E., *Seven Years among the Fjort, being an English trader's experiences it the Congo district*, Londres, Sampson Low, Marston, Searle & Rivington, 1887.

Derscheid, J.-M., *La protection de la nature en Belgique envisagée particulièrement au point de vue scientifique*, Congrès national des Sciences, s.d.n.l.

Derscheid, J.-M., *La protection scientifique de la nature*, Bruxelles, Henri Kumps, 1927.

Derscheid, J.-M., « Rapport sur la protection de la nature en Belgique », in *La protection de la nature et l'Union Internationale des Sciences Biologiques. Communications présentées aux assemblées générales de 1925, 1926, 1927 et 1928*, Office International pour la Protection de la Nature, Bruxelles, nov. 1929.

De Saeger, H., *Exploration du Parc national de la Garamba. Introduction*, Bruxelles, IPNCB, 1954.

de Savoie, L.-A. (prince -), *Le Ruwenzori et les Hautes Cîmes de l'Afrique centrale*, Paris, Plon-Nourrit & Cie, 1909.

Dewèvre, A., *Les plantes utiles du Congo*, Bruxelles, Lamertin, 1894.

De Wildeman, E., « Protection de la Nature, protection de l'Agriculture. Les problèmes qu'elles soulèvent », in *Bulletin des Séances*, Institut royal colonial belge, n°4/2, 1932, p. 386–428.

De Wildeman, E., *Sciences biologiques et colonisation*, Bruxelles, Castaigne, 1909.

De Witte, G.-F., *Batraciens et Reptiles*, Bruxelles, IPNCB, 1941.

De Wouters de Bouchout, *Quarante-six années de brousse et de chasse en Afrique*, Bruxelles, éd. DMN, 1972.

Delcommune, A., *Vingt années de Vie africaine. Récits de Voyages, d'Aventures et d'Exploration au Congo belge, 1874–1893*, 2 vol., Bruxelles, Vve Ferdinand Larcier, 1922.

Donny, A. (dir.), *Manuel du Voyageur et du Résident au Congo*, Société belge d'Études coloniales, Bruxelles, 1900.

Du Chaillu, P., *Explorations and adventures in Equatorial Africa ; with accounts of the manners and customs of the people, and of the chace of the gorilla, crocodile, leopard, elephant, hippopotamus, and other animals*, Londres, John Murray, 1861.

Dugmore, A. R., *Les Fauves d'Afrique photographiés chez eux*, Paris, Hachette, 1910.

Dupont, E., *Lettres sur le Congo. Récit d'un voyage scientifique entre l'embouchure du fleuve et le confluent du Kassaï*, Paris, C. Reinwald, 1889.

Dybowski, J., *Le Congo méconnu*, Paris, Librairie Hachette et Cie, 1912.

Fallon, F., *L'éléphant africain*, Institut royal colonial belge, sect. Sc. Nat. et Méd., Mémoires, t. 8/2, Bruxelles, 1944.

Foà, E., *Chasses aux grands fauves pendant la traversée du continent noir du Zambèze au Congo Français*, Paris, Plon – Nourrit, 1899.

Foà, E., *La traversée de l'Afrique du Zambèze au Congo Français*, Paris, Plon-Nourrit et Cie, 1900.

Frechkop, S., *Mammifères et oiseaux protégés au Congo belge*, Bruxelles, IPNCB, 1936.

Glave, E.J., *Six Years of Adventure in Congo-Land*, Londres, Sampson Low, Ldt, 1893.

Gorillas in a Native Habitat. Report of the Joint Expedition of 1929–1930 of Yale University and Carnegie Institution of Washington for psychobiological study of mountains gorillas (Gorilla beringei) in Parc national Albert, Belgian Congo, Africa, Carnegie Inst., Washington, August 1932, n°426, p. 1–66.

Gregory, W.K. et Raven, H.C., *In quest of Gorillas*, New Bedford, The Darwin Press, 1937.

Hagenbeck, K., *Von Tieren und Menschen. Erlebnisse und Erfahrungen*, Berlin – Charlottenburg, U. Haltern, 1909.

Hailey, W.M., *An African Survey. A Study of problems arising in Africa South of Sahara*, Londres, Oxford Univ. Press, 1938.

Hanolet, L., *Chasse et Pêche, Causeries du Mercredi*, Cercle Africain, Bruxelles, Impr. des Travaux Public, 1906.

Harroy, J.-P., *Les Parcs nationaux du Congo belge en 1939 et 1940*, Bruxelles, Ministère des Colonies, 1941.

Harroy, J.-P., *Afrique, Terre qui meurt. La dégradation des sols africains sous l'influence de la colonisation*, Bruxelles, Marcel Hayez, 1944.

Harroy, J.-P., *Protégeons la nature, elle nous le rendra*, Bruxelles, IPNCB, 1946.

Hediger, H., *La capture des éléphants au Parc national de la Garamba*, Institut royal colonial belge, Bulletin des Séances, section Sc. naturelles et médicales, 1950, p. 218–226.

Hediger, H., *Observations sur la psychologie animale dans les Parcs nationaux du Congo belge*, Exploration des Parcs nationaux du Congo belge, Mission H. Hediger – J. Verschuren (1948), fasc. 1, Bruxelles, IPNCB, 1951.

Heyse, Th., *Domaine de l'État. Domaine public et domaine privé. Régime des Cessions et des Concessions de Terres* (Extrait des *Novelles*, 1er volume de *Droit Colonial*), Bruxelles, éd. A. Puvrez, 1932.

Heyse, Th., *Grandes lignes du régime des terres du Congo belge et du Ruanda-Urundi et leurs applications (1940–1946)*, IRCB, Mémoire de la Section des Sciences morales et politiques, t.15/1, Bruxelles, 1947.

Hinde, S.L., *La chute de la domination des Arabes du Congo*, Société d'Études coloniales, Bruxelles, G. Muquardt, 1897.

Hoier, R., *Contribution à l'étude de la morphologie du volcan Nyamuragira*, Bruxelles, IPNCB, 1939.

Hubert, E., « La faune des grands mammifères de la plaine de la Rwindi-Rutshuru (lac Édouard). Son évolution depuis sa protection totale », in *Exploration du Parc national Albert*, Bruxelles, IPNCB, 1947.

IPNCB, *Animaux protégés au Congo belge et au Ruanda-Urundi*, 3e éd., Bruxelles, 1947 et 4e éd., Bruxelles, 1953.

IPNCB, *Recueil à l'usage des membres du personnel d'Afrique et spécialement des conservateurs de l'Institut des Parcs nationaux du Congo belge*, Bruxelles, 1944.

Jeannest, C., *Quatre années au Congo*, Paris, 1883.

Jobe Akeley, M., *Adventures in the African Jungle*, New York, Dodd, Mead & Co, 1930.

Jobe Akeley, M., *Carl Akeley's Africa*, New York, Dodd, Mead & Co, 1929.

Jobe Akeley, M., *The Wilderness lives again. Carl Akeley and the Great Adventure*, New York, Dodd, Mead & C°, 1940.

Jobe Akeley, M., *Congo Eden {A comprehensive portrayal of the historical background and scientific aspects of the great game sanctuaries of the Belgian Congo with the story of a six months' pilgrimage throughout that most primitive region in the heart of the African continent}*, Londres, Victor Gollancz Ltd, 1951.

Johnson, M., *Safari*, Londres, Harrap, 1930.

Johnson, M., *Congorilla*, Londres, Harrap, 1932.

Johnson, M., *Over African Jungles. The Record from Pen and Camera of a Glorious Adventure over the Big Game Country of Africa*, Londres, Harrap, 1935.

Johnston, H., *The Uganda Protectorate. An attempt to give some description of the physical geography, botany, zoology, anthropology, languages and history of the territories under British protection in east central Africa, between the Congo Free State and the Rift Valley, and between the first degree of south latitutde and the fifth degree of north latitude*, 2 vol., Londres, Hutchinson & Co, 1904.

Johnston, H., *The River Congo, from its mouth to Bolobo ; with a general description of the Natural History and anthropology of its western bassin*, Londres, Sampson Low, Marston, Searle & Rivington, 1884.

Johnston, H., *The Story of my Life*, Londres, Chatto & Windus, 1923.

Junkers, W., *Reisen in Afrika 1875–1886*, Vienne – Olmütz, Eduard Hölzel, 1891.

Kandt, R., *Caput Nili. Eine emfindsame Reise zu den Quellen des Nils*, 2 vol., Berlin, Dietrich Reimer, 1914.

Kearton, Ch. et Barnes, J., *Through Central Africa from East to West*, Londres-New York-Toronto & Melbourne, Cassell & Co, 1915.

Kunz, G.F., *Ivory and the elephant in art, in archaelogy, and in science*, New York, Doubleday, Page & Co, 1916.

Leplae, E., *Les grands animaux de chasse du Congo belge*, Bruxelles, ministère des Colonies, 1925.

Lippens, L., *Parmi les bêtes de la brousse. Instantanés*, Bruxelles, Raymond Dupriez, s.d. [1937].

Livingstone, D., *Dernier Journal, relatant ses explorations et découvertes de 1866 à 1873*, 2 vol., Paris, Librairie Hachette & Cie, 1876.

Livingstone, D., *Explorations dans l'intérieur de l'Afrique australe et voyages à travers le continent de Saint-Paul de Loanda à l'embouchure du Zambèze de 1840 à 1856*, 2e édit., Paris, Hachette, 1873.

Lydekker, R. et Burlace, J.B. (éd.), *Rowland Ward's Records of Big Game*, 7e éd., Londres, Rowland Ward, Ltd, 1914.

Lydekker, R., *The Game animals of Africa*, 2e éd., Londres, Rowland Ward, Ltd, 1926.

Manuel du Voyageur et du Résident au Congo, Bruxelles, Société d'Études coloniales, 1897.

Massart, J., *Pour la protection de la Nature en Belgique*, Bruxelles, H. Lamertin, 1912.

Masui, Th., *Guide de la section de l'État Indépendant du Congo à l'Exposition de Bruxelles-Tervuren en 1897*, Bruxelles, Impr. Vve Monnom, 1897.

Maurice, H.G., *Parle à la Terre. Conférence (Fondation Universitaire, 2 mai 1946)*, Bruxelles, Rue Montoyer, 1946.

Mecklenburg, A.F. (Hezog zu -), *Ins Innerste Afrika. Bericht über den Verlauf der deutschen wissenschaftlichen Zentral-Afrika-Expedition 1907–1908*, Leipzig, Klinkhardt & Biermann, 1909.

Merlon, A., *Le Congo Producteur*, Bruxelles, H. Mommens, 1888.

Michaux, O., *Au Congo. Carnet de Campagne. Épisodes et impressions de 1889 à 1897*, Namur, Librairie Dupagne-Counet, 1913.

Norden, H., *Fresh Tracks in the Belgian Congo, from the Uganda border to the mouth of the Congo*, Londres, H.F. & G. Witherby, 1924.

Offermann, P., « La domestication de l'Éléphant d'Afrique », in *Encyclopédie du Congo belge*, t. 2, Bruxelles, Ed. Bieleveld, s.d., p. 449-468.

Office International pour la Protection de la Nature (L'). Ses origines, son programme, son organisation, 1931.

Osborn, H.F., *Our Plundering Planet*, Boston, Little, Brown & Co, 1948.

Osborn, H.F., *The Origin and Evolution of Life*, New York, Charles Scribner's sons, 1917.

Parc national Albert – Nationaal Park Albert, Bruxelles, Jean Vromans, 1934.

Parcs nationaux du Congo belge, Bruxelles, IPNCB – Office national du Tourisme de Belgique, novembre 1938.

Pescatore, M., *Chasses et voyages au Congo*, Paris, éd. Revue Mondiale, 1932.

Petit, M., *Dix années de chasses d'une jeune naturaliste au Congo*, Evreux, Imprim. De l'Eure, 1926.

Picard, E., *Consultation sur les droits domaniaux de l'État indépendant du Congo*, Bruxelles, Impr. Hayez, 1892.

Pilette, A., *A travers l'Afrique équatoriale*, Bruxelles, O. Lamberty, 1914.

Pitman, C.R.S., *A game warden takes stock*, Londres, James Nisbet & Co, 1942.

Plan décennal pour le développement économique et social du Congo belge, t. 1, Bruxelles, éd. De Visscher, 1949.

Plan décennal pour le développement économique et social du Ruanda-Urundi, Bruxelles, éd. De Visscher, 1951.

Premier Congrès International pour la Protection des Paysages, Paris, 1909.

Protection de la Nature et l'Union internationale des Sciences biologiques. Communications présentées aux assemblées générales de 1925, 1926, 1927 et 1928, Bruxelles, Office international pour la Protection de la nature, novembre 1929.

Radclyff Dugmore, A., *Les fauves d'Afrique photographiés chez eux*, Paris, Librairie Hachette et Cie, 1910.

Rahir, E., *Réserves naturelles à sauvegarder en Belgique*, Fédération nationale pour la défense de la nature, Bruxelles, éd. Touring-Club de

Belgique – Amis de la Commission royale des Monuments et des Sites – Amis de l'Amblève, 1931.

Robyns, *Les Parcs nationaux du Congo belge*, Louvain, Fr. Ceuterick, 1937.

Robyns, *Les territories biogéographiques du Parc national Albert*, Bruxelles, IPNCB, 1948.

Roosevelt, Th., *African Game Trails. An account of the African Wanderings of an American Hunter-Naturalist*, New York, Peter Capstick, 1988 (1e éd. 1910).

Schaller, G., *The mountain gorilla : Ecology and Behavior*, Chicago, University of Chicago Press, 1963.

Schaller, G., *The Year of the Gorilla*, Chicago, University of Chicago Press, 1964.

Schillings, C.B., *Mit Blitzlicht und Büchse. Neue Beobachtungen und Erlebnisse in der Wildnis inmitten der Tierwelt von Üquatorial-Ostafrika*, Leipzig, R. Voigtländer, 1905.

Schouteden, H., « Vue d'ensemble sur la zoologie du Congo belge », extrait du *Troisième rapport annuel de l'IRSAC*, Bruxelles, 1950.

Schubotz, H., « Zoologische Aufzeichnungen Emin's und seine Briefe an Dr. G. Hartlaub », in Stuhlmann, F., *Die Tagebücher von Dr Emin Pascha*, Band VI, Hamburg – Braunschweig, G. Westermann, 1921.

Schubotz, H., *Vorläufiger Bericht über die Reise und die zoologischen Ergebnissen der deutschen Zentralafrika-Expedition, 1907–1908*, Berliner Gezellschaft naturf. Freunde, n°7, 1909.

Schumacher, P., *Anthropometrische Aufnahmen bei den Kivu-Pygmäen*, fasc. 1, Anvers, IPNCB, 1939.

Schumacher, P., *Die Kivu-Pygmäen und ihre soziale Umwelt in Albert-Nationalpark*, fasc. 2, Anvers, IPNCB, 1943.

Schweinfurth, G., *Au coeur de l'Afrique 1868–1871. Voyages et découvertes dans les régions inexplorées de l'Afrique* centrale, 2 vol., Paris, Hachette, 1875.

Sharp, R.R., *En prospection au Katanga il y a cinquante ans*, Elisabethville, Imbelco, 1956.

Speke, J.H., *Les sources du Nil. Journal de voyage*, 3e éd., Paris, Hachette, 1881.

Stanley, H.M., *How I found Livingstone. Travels, Adventures and Discoveries in Central Africa*, Londres, Marston Low, 1872.

Stanley, H.M., *Through The Dark Continent or The Source of The Nil around The Great Lakes of Equatorial Africa and down The Livingstone River to The Atlantic Ocean*, Londres, Marston Low, 1878.

Stanley, H.M., *The Congo and the Founding of its Free State*, 2 vol., Londres, Sampson Low, Marston, Searle, & Rivington, 1885.

Stanley, H.M., *In Darkest Africa or the Quest rescue and Retreat of Emin Governor of Equtoria*, 2 vol., Londres, Sampson Low, Marston, Searle & Rivington, 1890.

Stanley, H.M., *My dark Companions and their Strange Stories*, Londres, Sampson Low, Marston & Company, ltd, 1893.

Strickland, D., *Through the Belgian Congo*, Londres, Hurst & Blackett, 1925.

Stulhmann, F., *Deutsch-Ostafrika ; mit Emin Pascha in Herz von Afrika. Ein Reisebericht mit Beiträge von Dr Emin Pascha, in seinem Auftrage geschildert*, Berlin, Dietrich Reimer, 1894.

Thomson, J., *Au pays des Massaï. Voyage d'exploration à travers les montagnes neigeuses et volcaniques et les tribus étranges de l'Afrique équatoriale*, Paris, Librairie Hachette et Cie, 1886.

Thomson, J., *To the Central African Lakes and back. The narrative of the Royal Geographical Society's East Central African Expedition, 1878–1880*, 2 vol., 2e éd., Londres, Frank Cass & Co Ltd, 1968.

Thonner, F., *Dans la grande forêt de l'Afrique centrale. Mon voyage au Congo et à la Mongala en 1896*, Bruxelles, Société belge de Librairie, 1899.

Thys, A., *Le Congo à l'Exposition d'Anvers. Étude jointe au Rapport de M.A. Geelhand, conseiller provincial à Anvers*, Anvers, Bellemans Fères, 1886.

Troisième Conférence internationale sur la Protection de la Faune et de la Flore en Afrique, Conférence de Bukavu, Congo belge, Bruxelles, Clarence Denis, 1953.

Tuckey, J.K., *Narrative of an Expedition to explore the River Zaire Usually called the Congo in South Africa, in 1816*, Londres, John Murray, 1818.

Union internationale pour la Protection de la Nature créée à Fontainebleau le 5 octobre 1948, Bruxelles, M. Hayez, 1948.

Vandervelde, E., *Les derniers jours de l'État du Congo. Journal de voyage (juillet-octobre 1908)*, Paris-Mons, éd. Société Nouvelle, 1909.

Van Straelen, V., *Résultats scientifiques du voyage aux Indes orientales néerlandaises de L.A.A.R.R. le Prince et la Princesse Léopold de Belgique*, 57 vol., Bruxelles, Musée royal des Sciences naturelles de Belgique, 1933.

Van Straelen, V., « Le concept de la réserve naturelle intégrale au Congo belge », in *Bulletin des Séances de l'IRCB*, t. 14/2, 1943, p. 397-417.

Van Straelen, V., « La protection de la nature. Sa nécessité et ses avantages », in *Les Parcs nationaux et la protection de la nature*, Bruxelles, IPNCB, 1937.

Van Wincxtenhoven, M., *Exposition universelle d'Anvers de 1894. Les colonies et l'État indépendant du Congo. Rapport*, publié par le Commissariat Général du Gouvernement, Bruxelles, F. Hayez, 1895.

Verbeke, J., *Mission d'Étude des Lacs Kivu, Édouard et Albert*, IPNCB, 1955.

Verdick, E., *Les premiers jours au Katanga (1890-1903)*, Elisabethville, CSK, 1952.

Verhoogen, J., *Les éruptions 1938-1940 du volcan Nyamuragira*, Bruxelles, IPNCB, 1948.

Vervloet, G., *Aux sources du Nil. Dans la région des volcans, du lac Albert-Édouard et du Ruwenzori. Notice de Géographie descriptive et Aperçu ethnographique*, Bruxelles, A. Berqueman, 1911.

Von Götzen, G.A. (Graf -), *Durch Afrika von Ost nach West. Resultate unde Begebenheiten einer Reise von der Deutsch-Ostafrikanischen Küste bis zur Kongomündung in den Jahren 1893/94*, 2e éd., Berlin, Dietrich Reimer, 1899.

von Wissmann, H., *My second journey through Equatorial Africa from the Congo to the Zambezi in the Years 1886 and 1887*, Londres, Chatto & Windus, 1891.

Waller, H., *Dernier Journal du docteur David Livingstone relatant ses explorations et découvertes de 1866 à 1873*, Paris, Librairie Hachette et Cie, 1876.

Waltz, H., *Das Konzessionswesen im Belgischen Kongo*, Veröffenlichungen des Reichs-Kolonialamts, vol. 9/I, Iena, Verlag Gustav Fischer, 1917.

Wauters, A.J., *L'État indépendant du Congo*, Bruxelles, Librairie Falk Fils, 1899.

Wauters, A.-J., *Voyage au pays de l'ivoire*, Office de Publicité, Bruxelles, Anc. Etabliss. J. Lebègue & Cie, s.d.

Wilmet, L., *L'appel de la brousse. Vingt-trois ans d'aventures congolaises*, Bruxelles-Anvers, éd. Discerner, 1948.

Worthington, E.B., *Science in Africa. A Review of scientific research relating tropical and southern Africa*, Londres, Oxford Univ. Press, 1938.

Yerkes, R.M. et Yerkes, A., *The Great Apes*, New Haven, Yale Univ. Press, 1929.

Travaux (ouvrages parus entre 1938 et 2018)

Acot, P., *Histoire de l'écologie*, Paris, PUF, 1988.

Adams, J.S. et McShane, T.O., *The Myth of Wild Africa. Conservation without Illusion*, Berkeley-Los Angeles-Londres, Univ. of California Press, 1996.

Adas, M., *Machine as the Measure of Men: Science, Technology, and Ideologies of Western Domination*, Ithaca, Cornell Univ. Press, 1989.

Agulhon, M. « Le sang des bêtes : le problème de la protection des animaux en France au 19e siècle », in *Histoire vagabonde*, t. 1, Paris, 1988, p. 243–282.

Alexander, J., McGregor, J. et Ranger, Th., *Violence and Memory. One hundred Years in the 'Dark Forests' of Matabeleland*, Oxford-Portsmouth-New York-Le Cap-Harare, James Currey-Heinemann-David Philip-Weaver Press, 2000.

Alpers, E.A., *Ivory and Slaves in East Central Africa. Changing Patterns of International Trade to the Later Nineteenth Century*, Londres, Heinemann, 1975.

Anderson, D. et Grove, R. (éd.), *Conservation in Africa: people, policies and practice*, Cambridge, Cambridge Univ. Press, 1987.

Anker, P., *Imperial Ecology : Environmental Order in the British Empire, 1895–1945*, Cambridge, Harvard Univ. Press, 2001.

Audouin-Rouzeau, F. et Desse, J. (dir.), *Exploitation des animaux sauvages à travers le temps*, Juan-les-Pins, APDCA, 1993.

Baetens, J. (éd.), *Exotisme*, Louvain, Cultureel Centrum Leuven – Institut voor Culturele Studies, 1997.

Baetens, R., *Le chant du paradis. Le Zoo d'Anvers a 150 ans*, Tielt, Lannoo, 1993.

Bahuchet, S. et de Maret, P. (éd.), *Les Peuples des Forêts tropicales aujourd'hui. Vol. 3, Région Afrique centrale*, Programme Avenir des Peuples des Forêts Tropicales, APFT-CEE, Bruxelles, 2000.

Bancel, N., Blanchard, P. et alii (dir.), *Zoos humains. De la vénus hottentote aux reality shows*, Paris, éd. La Découverte, 2002.

Baratay, E. et Hardouin-Fugier, E., *Zoos. Histoire des jardins zoologiques en Occident (16e-20e siècle)*, Paris, éd. La Découverte, 1998.

Baratay, E., *La société des animaux, de la Révolution à la Libération*, Paris, La Martinière, 2008.

Barton, G.A., *Empire Forestry and the Origins of Environmentalism*, New York, Cambridge Univ. Press, 2002.

Beinart, W. et McGregor, J. (éd.), *Social History and African Environments*, Oxford – Athens – Cape Town, J. Currey – Ohio Univ. Press – David Philip, 2003.

Beinart, W. et Hughes, L., *Environment and Empire*, Oxford, Oxford Univ. Press, 2007.

Blanckaert, C., Cohen, C., et alii (coord.), *Le Muséum au premier siècle de son histoire*, Paris, éd. Muséum national d'Histoire naturelle, 1997.

Bodson, L. (dir.), *Contributions à l'histoire des connaissances zoologiques*, Liège, Univ. de Liège, 1991.

Bodson, L. (dir.), *Des animaux dans l'histoire. L'histoire des animaux*, Liège, Univ. de Liège, 1986.

Bodson, L. (dir.), *Contributions à l'histoire de la domestication*, Liège, Univ. de Liège, 1992.

Bodry-Sanders, P., *African Obsession. The Life and Legacy of Carl Akeley*, 2e éd., Jacksonville, Batax Museum Publishing, 1998.

Bonneuil, Ch., « Le Muséum national d'Histoire naturelle et l'expansion coloniale de la Troisième République (1870–1914) », in *Revue française d'histoire d'outre-mer*, n°86/322–323, 1999, p. 143–169.

Bramwell, A., *Ecology in the 20th Century. A History*, New Haven – Londres, Yale Univ. Press, 1989.

Brien, P., « Esquisse d'une Histoire de la Zoologie et de la Biologie animale en Belgique pendant le 19e siècle et le début du 20e », in *Florilège des Sciences en Belgique pendant le 19e siècle et le début du 20e*, Académie royale de Belgique, Classe Sciences, t. I, Bruxelles, 1968, p. 751–797.

Buican, D., *L'évolution et les théories évolutionnistes*, Paris, Masson, 1997.

Burk III, E. et Pomeranz, K. (éd.), *The Environment and World History*, Berkeley, 2009.

Cadoret, A. (éd.), *Protection de la nature : histoire et idéologie : de la nature à l'environnement*, Paris, L'Harmattan, 1985.

Caldwell, L.K., *In Defense of Earth : International Protection of the Biosphere*, Bloomington – Londres, Indiana Univ. Press, 1972.

Carruthers, J., *The Kruger National Park. A Social and Political History*, Pietermaritzburg, University of Natal Press, 1995.

Carruthers, J., *National Park Science : A Century of Research in South Africa*, Cambridge, Cambridge Univ. Press, 2017.

Cell, J.W., *Hailey. A Study in British Imperialism, 1872–1969*, Cambridge, Cambridge Univ. Press, 1992.

Chastenet, M. (dir.), *Plantes et paysages d'Afrique. Une histoire à explorer*, Paris, Karthala, 1998.

Cittadino, E., *Nature as the laboratory : Darwinian plant ecology in the German empire, 1880–1900*, Cambridge, Cambridge Univ. Press, 1990.

Coombes, A.E., *Reinventing Africa. Museums, Material Culture and Popular Imagination*, New Haven – Londres, Yale Univ. Press, 1994.

Cornet, A., *Histoire d'une famine : Rwanda 1927–1930. Crise alimentaire entre tradition et modernité*, Enquêtes et documents d'histoire africaine, vol. 13, Louvain-la-Neuve, Univ. de Louvain, 1996.

Cornet, R.J., *Les phares verts*, Bruxelles, éd.L. Cuypers, 1965.

Couttenier, M., *Congo tentoongesteld. Een geschiedenis van de Belgische antropologie en het museum van Tervuren (1882–1925)*, Louvain, Acco, 2005.

Crosby, A.W., *Ecological Imperialism. The Biological Expansion of Europe, 900–1900*, Cambridge, Cambridge Univ. Press, 1986.

Crumley, C.L. (éd.), *Historical Ecology. Cultural knowledge and changing landscapes*, Santa Fe, School of American Research Press, 1993.

Davis, D. K., *Les mythes environnementaux de la colonisation française au Maghreb*, Seyssel, Champ Vallon, 2012.

Davis, M., *Génocides tropicaux. Catastrophes naturelles et famines coloniales. Aux origines du sous-développement*, Paris, La découverte, 2003.

De Bont, R., *Darwins kleinkinderen. De evolutietheorie in België 1865–1945*, Nijmegen, Vantilt, 2008.

Delort, R., *Les animaux ont une histoire*, Paris, Seuil, 1984.

Delort, R., *Les éléphants, piliers du monde*, Paris, Découvertes Gallimard, 1990.

Delort, R. et Walter, F., *Histoire de l'environnement européen*, Paris, PUF, 2001.

Digregio, M.A., *T.H. Huxley's Place in Natural Sciences*, New Haven, Yale Univ. Press, 1984.

Drachoussoff, V., Focan, A. et Hecq, J. (coord.), *Le développement rural en Afrique centrale, 1908–1960/1962. Synthèse et réflexions*, 2 vol., Bruxelles, Fondation Roi Baudoin, 1991.

Drayton, R., *Nature's Government. Science, Imperial Britain, and the 'Improvement' of the World*, New Haven – Londres, Yale Univ. Press, 1999.

Drouin, J.-M., *L'écologie et son histoire. Réinventer la nature*, Paris, Flammarion, 1993.

Dubrunfaut, P., *Introduction à l'étude des armes à feu de traite en Afrique à la veille de la colonisation européenne*, Exposition du Crédit Communal (Galerie du Crédit Communal, Bruxelles, 18/12/1992-28/02/1993), Bruxelles, 1992, p. 134–135.

Ellen, R. et Fukui, K., *Redefining Nature. Ecology, Culture and Domestication*, Oxford-Washington D.C., Berg, 1996.

Ellis, J., *The social history of the Machine Gun*, Londres, Pimlico, 1976.

Feest, C., *L'art de la Guerre*, Paris, Rive Gauche Productions, 1979.

Ferry, L., *Le nouvel ordre écologique. L'arbre, l'animal et l'homme*, Paris, Grasset et Fasquelle, 1992.

Fitter, R. et Scott, P., *The Penitent Butchers. 75 years of wildlife conservation. The Fauna Preservation Society 1903–1978*, Londres, Collins, 1978.

Ford, J., *The Role of Trypanosomiases in African Ecology : a Study of the Tsetse Fly Problem*, Oxford, Clarendon Press, 1971.

Gautier, A., *La domestication. Et l'homme créa les animaux* (dir. A. Muzzolini), Paris, éd. Errance, 1990.

Giblin, J.L., *The politics of environmental control in northeastern Tanzania, 1840–1940*, Philadephia, University of Pennsylvania Press, 1992.

Giordan, A., *Histoire de la biologie*, t. 1, Paris, Lavoisier, 1987, p. 199–242.

Gissibl, B., Höhler, S. et Kupper, P. (éd.), *Civilizing nature. National Parks in Global Historical Perspective*, New York – Oxford, Berghahn Books, 2012.

Gissibl, B., *The Nature of German Imperialism. Conservation and the Politics of Wildlife in Colonial East Africa*, The Environment in History : International Perspectives series, New York – Oxford, Berghahn, 2016.

Gossiaux, P.-P., *L'homme et la nature. Genèse de l'anthropologie à l'âge classique, 1580–1750, Anthologie*, Bruxelles, De Boeck Université, 1993.

Grand Livre de la Faune Africaine et de sa Chasse, 2 vol., Monaco, Union européenne d'Editions, 1954.

Griffiths, T. et Robin, L., *Ecology and Empire. Environmental History of Settler Societies*, Edinburgh, Keele Univ. Press, 1997.

Groves, C.P., *Primate Taxonomy*, Washington – Londres, Smithsonian Institution Press, 2001.

Grove, R., *Green Imperialism, Colonial Expansion, Tropical Island Edens and the Origins of Environmentalism, 1600–1860*, Cambridge, Cambridge Univ. Press, 1995.

Grove, R., *Ecology, Climate and Empire. Colonialism and global environmental history 1400–1940*, Cambridge, The White Horse Press, 1997.

Guha, R., *Environmentalism. A Global History*, New York, Longman, 2000.

Hailey, W.M., *An African Survey. A Study of problems arising in Africa South of the Sahara*, Londres-New York-Toronto, Oxford Univ. Press, 1938.

Halleux, R., Opsomer, C. et alii (dir.), *Histoire des sciences en Belgique de l'Antiquité à 1815*, 2 vol., Bruxelles, Crédit Communal, 1998.

Halleux, R., Vandersmissen, J. et alii (dir.), *Histoire des sciences en Belgique, 1815–2000*, 2 vol., Bruxelles, La Renaissance du Livre, 2001.

Haraway, D., *Primate Visions. Gender, Race, and Nature in the World of Modern Science*, New York, Routledge, 1989.

Harms, R.W., *River of Wealth, River of Sorrow. The Central Zaire Basin in the Era of Slave and Ivory Trade, 1500–1891*, New Haven – Londres, Yale Univ. Press, 1981.

Harms, R.W., *Games against Nature. An eco-cultural history of the Nunu of Equatorial Africa*, Cambridge, Cambridge Univ. Press, 1999.

Harroy, J.-P. (dir.), *World National Parks. Progress and opportunities*, Bruxelles, Hayez, 1972.

Harroy, J.-P., « Contribution à l'histoire jusque 1934 de la création de l'Institut des Parcs nationaux du Congo belge », in Thoveron, G. et Legros, M., *Mélanges Pierre Salmon, t. II : Histoire et ethnologie africaines*, Bruxelles, ULB, 1993, p. 427–442.

Headrick, D., *The Tentacles of Progres : Technology Transfer in the Age of Imperialim, 1850–1940*, Oxford, Oxford Univ. Press, 1998.

Herzfeld C., *Petite histoire des grand singes*, Paris, Seuil, 2012.

Herzfeld, C., *The Great Apes. A Short Story*, New Haven – Londres, Yale Univ. Press, 2017.

Holdgate, M., *The Green Web. A Union for World Conservation*, IUCN, Londres, Earthscan Publications ltd, 1999.

Hunter, M.L., *Fundamentals of Conservation Biology*, 2ᵉ éd., Malden, Blackwell Science, Inc., 2002.

Janssens, P.G., Kivits, M. et Vuylsteke, J., *Médecine et Hygiène en Afrique centrale de 1885 à nos jours*, vol. 2, Bruxelles, Fondation Roi Baudouin, 1992.

Kempf, E. (ed.), *The Law of Mother. Indigenous peoples and protected areas*, Gland, IUCN, 1993.

Kjeksus, H., *Ecology Control and Economic Development in East African History. The Case of Tanganyika 1950–1950*, 2ᵉ éd., Londres-Dar es Salaam-Nairobi-Kampala-Athens, James Currey-Mkuki na Nyota-EAEP-Fountain Publishers-Ohio Univ. Press, 1996.

Koch, E., Cooper, D. et Coetzee, H., *Water, Waste and Wildlife : The Politics of Ecology in South Africa*, Londres, Earthscan, 1990.

Koponen, J., *Development for Exploitation. German colonial policies in Mainland Tanzania, 1884–1914*, Helsinki – Hambourg, Lit Verlag, 1994.

Köstering, S., *Natur zum Anschauen. Das Naturkundemuseum des deutschen Kaiserreichs, 1884–1914*, Cologne – Weimar, Böhlau Verlag, 2003.

Landau, P.S. et Kaspin, D. (éd.), *Images and Empires : Visuality in Colonial and Post-Colonial Africa*, Berkeley-Los Angeles-Londres, Univ. of California Press, 2002.

Languy, M. et de Merode, E. (éd.). *Virunga, Survie du Premier Parc d'Afrique*, Tielt, Editions Lannoo, 2006.

Larrere, C., *Les philosophies de l'environnement*, Paris, PUF, 1997.

Leakey, R. et Lewin, R., *The Sixth Extinction. Patterns of Life and the Future of Humankind*, Londres, Doubleday Dell, 1995.

Leblan, V. et Juhé-Beaulaton, D. (dir.), *Le spécimen et le collecteur. Savoirs naturalistes, pouvoirs et altérités en Afrique (XVIIe-XXe siècles)*, Coll. Archives du Muséum national d'histoire naturelle de Paris, Paris, 2018.

Le Dinh, D., *Le Heimatschutz, une ligue pour la beauté. Esthétique et conscience culturelle au début du siècle en Suisse*, Lausanne, Antipodes, 1992.

Legros, H., *Chasseurs d'ivoire. Une histoire du royaume yeke du Shaba (Zaïre)*, Bruxelles, éd. de l'ULB, Bruxelles, 1996.

Le Roy Ladurie, E., « Introduction », in *Annales ESC, n° spécial, Histoire et environnement*, n°29/3, 1974.

Livingstone, D.N., *Putting Science in Its Place. Geographies of Scientific Knowledge*, Chicago, Chicago Univ. Press, 2003.

Livre Blanc. Apport scientifique de la Belgique au développement de l'Afrique centrale, Académie royale des Sciences d'Outre-Mer, 3 vol., Bruxelles, ARSC, 1962-1963.

Luwel, M., *Rapport sur le dossier : Organisation de l'exploration scientifique du Congo (1889–1894)*, Bulletin des séances, nouvelle série, I-6, Bruxelles, ARSC, 1955.

Luwel, M. et Bruneel-Hye de Crom, M., *Tervueren 1897*, Tervuren, MRAC, 1967.

Lyons, M., *The Colonial Disease : A social History of Sleeping Sickness in Northern Zaire, 1900–1940*, New York, Cambridge Univ. Press, 1992.

MacKenzie, J., *The Empire of Nature. Hunting, conservation and British Imperialism*, Manchester-New York, Manchester Univ. Press, 1988.

MacKenzie, J. (éd.), *Imperialism and Popular Culture*, Manchester-New York, Manchester Univ. Press, 1986.

MacLoed, R. (éd.), *Nature and Empire. Science and the Colonial Enterprise*, in *Osiris*, vol. 15, New York, Cornell University, 2000.

Macola, G., *The Gun in Central Africa. A history of technology and politics*, Athens, Ohio Univ. Press, 2016.

McCann, J.C., *Green Land, Brown Land, Black Land: An Environmental History of Africa, 1800–1990*, Westport, CT, Heinemann, 1999.

McCormick, J., *The global environmental Movement. Reclaiming Paradise*, Londres, Belhaven Press, 1989.

Maddox, G., Giblin, J. et Kinama, I.N. (éd.), *Custodians of the Land. Ecology and culture in the history of Tanzania*, Londres-Dar es Salaam-Nairobi-Athens, James Currey Ltd, 1996.

Malaisse, F., *Se nourrir en forêt claire africaine. Approche écologique et nutritionnelle*, Gembloux, Presses Agronomiques de Gembloux – Centre technique de Coopération agricole et rurale, 1997.

Mantel, R. *Geleert in de Tropen. Leuven, Congo en de wetenschap, 1885–1960*, Leuven, Universitaire Pers, 2007.

Murray, J.A. (éd.), *Wild Africa Three Centuries of Nature Writing from Africa*, New York – Oxford, Oxford Univ. Press, 1993.

Nash, R., *The American Environment : Readings in the History of Conservation*, Reading, Addison-Wesley Pub. Co., 1968.

Neumann, R.P., *Imposing Wilderness. Struggles overs Livelihood and Nature Preservation in Africa*, Berkeley -Los Angeles -Londres, University of California Press, 1998.

Newman, J.L., *Encountering gorillas. A chronicle of discovery, exploitation, understanding and survival*, Lanham-Boulder-New York-Londres, Rowman & Littlefield, 2017.

Nicholson, M., *The New Environmental Age*, Cambridge-New York-Port Chester-Melbourne-Syndney, Cambridge Univ. Press, 1987.

Ofcansky, T.P., *A History of Game Preservation in British East Africa, 1895–1963*, Morgantown, West Virginia Univ. Press, 1987.

Osborne, M., *Nature, the Exotic, and the Science of French Colonialism*, Bloomington, Indiana Univ. Press, 1994.

Osborne, M., « The role of exotic animals in the scientific and political culture of nineteenth century France », in Bodson, L. (ed.), *Les Animaux domestiques dans les relations internationales*, Liège, Univ. de Liège, 1998, p. 15–32.

Osborne, M., « La Brebis égarée du Muséum : la Société zoologique d'acclimatation entre la guerre franco-prusienne et la Grande Guerre », in Blanckaert, C. et alii (eds), *Le Muséum au premier siècle de son histoire*, Paris, éd. Muséum national d'Histoire naturelle, 1997, p. 125–155.

Palladino, P. et Worboy, M., « Science and Imperialism », in *Isis*, n°84, 1993, p. 91–102.

Pelzers, E., *Geschiedenis van de Nederlandse Commissie voor Internationale Natuurbescherming, de Stichting tot Internationale Natuurbescherming en het Office International pour la Protection de la Nature*, Nederlandsche Commissie voor Internationale Natuurbescherming, Mededelingen, 29, 1994.

Pomian, K., *Collectionneurs, amateurs et curieux. Paris, Venise : XVIe-XVIIIe siècles*, Paris, Gallimard, 1987.

Pouchedapass, J., « Colonisations et environnement », in *Revue française d'histoire d'outre-mer*, n°80/298, 1993, p. 5–22.

Quenet, G., *Qu'est-ce que l'histoire environnementale*, Ceyzérieu, Champ Vallon, 2014.

Ranger, T., *Voices from the Rocks. Nature, Culture and History in the Matopos Hills of Zimbabwe*, Harare-Bloomington-Indianapolis-Oxford, Baobab-Indiana Univ. Press-James Currey, 1999.

Rodary, E. et Castellamet, Ch., *Conservation de la nature et développement. L'intégration impossible*, Paris, Karthala, 2003.

Regal, B., *Henry Fairfield Osborn : Race and the Search for the Origins of Man*, Aldershot, Ashgate Publishing Company, 2002.

Samarin, W.J., *The Black Man's Burden. African Colonial Labor on the Congo and Ubangi Rivers, 1880–1900*, San Francisco-Londres, Westview Press, Boulder, 1989.

Schildkrout, E. et Keim, C. (éd.), *The Scramble for art in Central Africa*, Cambridge, Cambridge Univ. Press, 1998.

Schmitz, *La vie d'une institution scientifique. L'Institut royal des Sciences naturelles de Belgique. Sa genèse, son développement et son avenir*, 3 tomes, {Bruxelles}, 1964.

Sebeok, Th.A., *The Swiss Pioneer in Nonverbal Communication Studies : Heini Heidiger (1908–1992)*, Ottawa-Toronto, Legas, 2001.

Sheriff, A., *Slaves, Spices and Ivory in Zanzibar. Integration of an East African Commercial Empire into the World Economy, 1770–1873*, Londres-Nairobi, James Currey-Heinemann Kenya, 1987.

Sibeud, E., *Une science impériale pour l'Afrique. La construction des savoirs africanistes en France 1878 – 1930*, Paris, éd. EHESS, 2002.

Steinhart, E.I., *Black Poachers, White Hunters. A Social History of Hunting in Colonial Kenya*, Oxford-Nairobi-Athens, James Currey-EAEP-Ohio Univ. Press, 2006.

Sontag, S., *On Photography*, New York, Dell, 1973.

Swain, D.C., *Wilderness Defender. Horace M. Albright and Conservation*, Chicago-Londres, Univ. of Chicago Press, 1970.

Theodorides, J. et Petit, G., *Histoire de la Zoologie des origines à Linné*, Paris, Sorbonne, 1962.

Thomas, K., *Man and the Natural World : Changing Attitudes in England, 1500–1800*, Londres, Allen Lane, 1983.

Tilley, H., *Africa as a 'living laboratory': African Research Survey and the British Colonial Empire: consolidating environmental, medical, and anthropological debates, 1920–1940*, Oxford, Oxford Univ. Press, 2001.

Tilley, H., *Africa as a Living Laboratory. Empire, Development and the Problem of Scientific Knowledge, 1870–1914*, Chicago, Chicago Univ. Press, 2011.

Trefon, T. et De Putter, T. (dir.), *Ressources naturelles et développement. Le paradoxe congolais*, Cahiers Africains, Tervuren – Paris, MRAC – L'Harmattan, 2017.

Troncale, A., *The Field Photographs of Herbert Lang from the American Museum Congo Expedition, 1909–1915*, American Museum Congo Expedition, AMNH Digital Library, New York, AMNH, 2002.

UICN, *Derniers refuges. Atlas commenté des Réserves Naturelles dans le monde*, Paris- Amsterdam, Elsevier, 1956.

Vansina, J., *Les anciens royaumes de la savane*, Léopoldville, Univ. de Lovanium, 1965.

Vansina, J., *The Tio Kingdom of the Middle Congo 1880–1892*, Oxford, Oxford Univ. Press, 1973.

Vangroenweghe, D., *Voor rubber en ivoor : Leopold II en de ophanging van Stokes*, Leuven, Van Halewyck, 2005.

Van Museum tot Instituut, 150 jaar Natuurwetenschappen, IRSNB, Bruxelles, Erasmus, 1996.

Van Schuylenbergh, P. et De Koeijer, H. (éd.), *Virunga, archives et collections d'un Parc national d'exception*, Collections MRAC-IRSNB, Tervuren, 2017.

Vellut, J.-L. (dir.), *La mémoire du Congo. Le temps colonial*, Tervuren-Gand, MRAC-Snoeck, 2005.

Vellut, J.-L., *Congo. Ambitions et désenchantements 1880–1960*, Paris, Karthala, 2017.

Verschuren, J., *Ma Vie. Sauver la Nature*, Sint-Martens-latem, éd. de la Dyle, 2001.

Verschuren, J., *Mourir pour les éléphants*, Bruxelles, éd. L. Cuypers, 1968.

Victor Van Straelen. Tel qu'il demeure, Bruxelles, Renson International Marketing, 1964.

Walter, F., *Les Suisses et l'environnement. Une histoire du rapport à la nature du 18e siècle à nos jours*, Genève, éd. Zoé, 1990.

Worster, D., *Nature's Economy. A History of Ecological Ideas*, 2e éd., Cambridge, Cambridge Univ. Press, 1994.

Worster, D., *The End of Earth. Perspectives on Modern Environmental History*, New York, Cambridge Univ. Press, 1988.

Worthington, E.B., *Connaissance scientifique de l'Afrique*, Paris, Berger-Levrault, 1960.

Worthington, E.B., *The Ecological Century. A personal appraisal*, Oxford, Clarendon Press, 1983.

Wynants, M., *Des ducs de Brabants aux villages congolais. Tervuren et l'Exposition coloniale de 1897*, Tervuren, MRAC, 1997.

Mémoires, thèses et travaux non publiés

de Merode, E., *Protected Areas and Rural Liverlihoods: Contrasting systems of Wildlife Management in the Democratic Republic of Congo*, thèse de doctorat, University College Londres, University of Londres, 1998.

Dubrunfaut, P., *Armes à feu de traite en Afrique noire. Aspects technique, artistique et ethnologique. Proposition d'une typologie*, mémoire de licence, ULB, Fac Philo et Lettres, Bruxelles, 1984.

Liamine, N., *L'Union International pour la conservation de la Nature et de ses ressources, 1948–1988*, Mémoire de Maîtrise (dir. Prof. Frank), Univ. de Paris-Nanterre, U.E.R. d'Histoire, session d'octobre 1989.

Mumbanza mwa Bawele, *Histoire des peuples riverains de l'entre Zaïre-Ubangi : évolution sociale et économique (ca. 1700–1930)*, thèse de doctorat en Histoire, UNAZA., Lumumbashi, décembre 1980.

Nzanbandora Ndi Mubanzi, J., *Histoire de conserver : Evolution des relations socio-économiques et ethnoecologiques entres les Parcs nationaux du Kivu et les populations avoisinantes*, thèse de doctorat – Fac. Sciences sociales, politiques et économiques, sect. Sc. Sociales-Anthropologie, P. de Maret (prom.), ULB, 2002–2003.

Vanden Bossche, A.-M., *Het Witte Goud. Een ecologisch schandaal « avant la lettre »*, *(ca. 1885–1920)*, licenciaat verhandeling, Ugent, Faculteit Letteren en Wijsbegeerte, Gent, 1992–1993.

Vints, L., *Het miskende Eldorado op het zilveren scherm. Exotische films en Kongopropaganda 1895–1940*, licenciaat verhandeling, K.U.L., Faculteit der Letteren en Wijsbegeerte, Leuven, 1981.

Vive, A., *Du Musée Royal d'Histoire Naturelle de Belgique à l'Institut Royal des Sciences Naturelles de Belgique. Développement d'un Etablissement scientifique de l'État (1909–1914)*, 2 vol., Mémoire de licence, Histoire (prom. G. Kurgan), ULB, année acad. 1993–1994.

Périodiques

Contemporains (1885-1960)

Agriculture et Élevage au Congo
Annales du Musée du Congo belge
Bulletin agricole du Congo belge et du Ruanda-Urundi
Bulletin d'Information de l'INEAC
Bulletin de la Société belge d'Études coloniales
Bulletin de la Société royale belge de Géographie
Bulletin du Cercle zoologique congolais
Chasse et Pêche
Congo. Revue générale de la Colonie belge
L'Essor colonial et maritime
L'Afrique belge
L'Expansion belge
La Belgique coloniale
La Vie rustique. Revue des choses de la Nature
Le Mouvement géographique
Musée du Congo belge. Liste des publications
Revue coloniale belge, puis Belgique d'Outremer
Revue de Zoologie et de Botanique africaines
Revue du Corps des lieutenants-honoraires de Chasse
The American Museum Journal, puis Natural History
Touring-Club du Congo belge
Zooleo. Bulletin publié par la Société de Botanique et de Zoologie Congolaises

Après 1960

Ardenne et Gaume
Bulletin de la Société royale belge de Géographie

Bulletin de séances de l'Institut royal colonial belge, devenant Académie royale des Sciences coloniales (ARSC), puis Académie royale des Sciences d'outre-mer (ARSOM)

Canadian Journal of African Studies – Revue canadienne des études africaines

Environmental History

Géo-Eco-Trop. Revue internationale d'Écologie et de Géographie tropicale

Revue française d'histoire d'outre-mer

History and Environment

Outre-Mers

Malgré certaines idées reçues au sujet de la globalisation, celle-ci ne constitue pas un phénomène récent. Au fil du temps, les différentes parties du monde ont été intégrées, selon des rythmes et une amplitude variant de l'une à l'autre, à un système économique et social dominant.

L'histoire de ces régions est aussi devenue celle de l'Europe pour laquelle elles sont devenues autant d'Outre-Mers.

C'est aux travaux consacrés à ces Outre-Mers, d'une part; aux rapports qu'ils ont entretenus avec l'Europe, d'autre part, que cette collection est ouverte dans le souci d'accueillir des approches privilégiant les regards croisés plutôt que les lectures fondées sur des confrontations radicales le plus souvent univoques.

Au côté de monographies et résultats de recherches collectives, la collection ménage une place aux éditions de documents et aux instruments de travail destinés à contribuer au renouvellement des problématiques mais aussi à faciliter l'exploitation de sources peu ou pas encore connues.

La collection est placée sous la direction de Michel Dumoulin (Université catholique de Louvain) et Patricia Van Schuylenbergh (Musée royal de l'Afrique centrale et Université catholique de Louvain) secondés par un comité éditorial.

Directeurs de collection

Michel Dumoulin (UCLouvain et Académie royale de Belgique) et
Patricia Van Schuylenbergh (Musée royal de l'Afrique centrale)

Comité scientifique

Rosario Francesco Giordano (Università della Calabria)
Charles-Didier Gondola (Indiana University-Purdue University)
Mathilde Leduc-Grimaldi (Musée royal de l'Afrique centrale)
Giacomo Macola (University of Kent)
Pierre-Luc Plasman (UCLouvain)
Pierre Singaravélou (Université Paris I Panthéon-Sorbonne)
Matthew G. Stanard (Berry College)

Ouvrages parus

Vol. 8 Patricia Van Schuylenbergh, *Faune sauvage et colonisation. Une histoire de destruction et de protection de la nature congolaise (1885–1960)*, 2020.

Vol. 7 Yves Denéchère (dir.), *Enjeux postcoloniaux de l'enfance et de la jeunesse. Espace francophone (1945–1980)*, 2019.

Vol. 6 Emmanuel Blanchard, Marieke Bloembergen & Amandine Lauro (eds.), *Policing in Colonial Empires. Cases, Connections, Boundaries (ca. 1850–1970)*, 2017.

Vol. 5 Jacques Brassinne de la Buissière, *La sécession du Katanga: témoignage (juillet 1960 – janvier 1963)*, 2016.

Vol. 4 Anne-Sophie Gijs, *Le pouvoir de l'absent. Les avatars de l'anticommunisme au Congo (1920–1961)*, 2016.

Vol. 3 Isabelle Delvaux, *Ces Belges qui ont soutenu l'apartheid. Organisations, réseaux et discours*, 2014.

Vol. 2 Patricia Van Schuylenbergh, Catherine Lanneau & Pierre-Luc Plasman (dir.), *L'Afrique belge aux XIXe et XXe siècles. Nouvelles recherches et perspectives en histoire coloniale*, 2014.

Vol. 1 Michel Dumoulin, Anne-Sophie Gijs, Pierre-Luc Plasman & Christian Van de Velde (dir.), *Du Congo belge à la République du Congo. 1955–1965*, 2012.

www.peterlang.com